宜昌市矿产资源

Yichangshi Kuangchan Ziyuan

姚敬劬　刘明忠　主编

中国地质大学出版社有限责任公司

图书在版编目(CIP)数据

宜昌市矿产资源/姚敬劬,刘明忠主编. —武汉:中国地质大学出版社有限责任公司,2012.10
ISBN 978-7-5625-2968-2

Ⅰ.①宜…
Ⅱ.①姚…②刘…
Ⅲ.①矿产资源-概况-宜昌市
Ⅳ.①P617.263.3

中国版本图书馆 CIP 数据核字(2012)第 228668 号

宜昌市矿产资源

姚敬劬　刘明忠　主编

责任编辑:刘桂涛　　　　　　　　　　　　　　　　　　　　　　　责任校对:张咏梅

出版发行:中国地质大学出版社有限责任公司(武汉市洪山区鲁磨路388号)	邮政编码:430074
电　　话:(027)67883511　　传真:67883580	E-mail:cbb@cug.edu.cn
经　　销:全国新华书店	http://www.cugp.cug.edu.cn
开本:880毫米×1 230毫米 1/16	字数:641千字　印张:20.25
版次:2012年10月第1版	印次:2012年10月第1次印刷
印刷:荆州鸿盛印务有限公司	印数:1—1 000册
ISBN 978-7-5625-2968-2	定价:158.00元

如有印装质量问题请与印刷厂联系调换

《宜昌市矿产资源》编委会

主　　任：李乐成

副主任：郑兴华　　李全新　　刘明忠　　郭茂生

委　　员：陈泽云　　秦元奎　　孙亚明　　张华成

主　　编：姚敬劬　　刘明忠

参加编写人员：秦元奎　　陈泽云　　张华成

前言

本书是宜昌市国土资源局委托中南冶金地质研究所组织人员编写的。

这是一本全面阐述宜昌市矿产资源的专著,分门别类地阐明了宜昌市境内产出各矿种的产地、资源储量、矿床特征、矿石性质、开采技术条件和开发利用状况,并对各种矿产资源的开发利用条件作了简要的评述,对今后的开发利用方向提出了建议。为从事宜昌市矿产资源勘查、开发、管理的人员编撰一本具有基础性、学术性、前瞻性和实用性的工具书,使读者"一册在手,全局皆明",是本书编者的初衷。

本书充分利用了长期在宜昌市从事矿产勘查和资源开发的地矿、冶金、化工、煤炭、建材、非金属等部门地质勘探队和矿山企业的工作成果,以及宜昌地质矿产研究所和中南冶金地质研究所的研究成果。上述各单位对宜昌市的地层、构造、矿物岩石、地球化学等基础地质做了许多工作,颇有建树,近年来在磷、铅、锌等矿产研究及找矿方面也有新的成果。中南冶金地质研究所自 1965 年建所至转制前 34 年间共完成直接与宜昌矿产资源有关的地质、物化探、遥感、物质成分、选矿、岩矿测试及资源工业利用的项目有 80 多项,并建立了石榴石磨砂和微粉的生产企业。1999 年为宜昌市编制了第一张《宜昌市矿产地质图(1:20 万)》电子图件。2002—2003 年接受市国土局的委托编制了《宜昌市矿产资源总体规划》及兴山、长阳、宜都、远安等县市的矿产资源总体规划。2000—2009 年中南冶金地质研究所为地方完成资源勘查、储量检测、矿山测量、矿山环评项目 300 多项。这些工作今后仍将继续进行。以上各项工作成果既为宜昌市矿业发展作出了贡献,又为本书的编写奠定了基础。

考虑到不同读者的需求,本书除阐述了矿产资源的基本特征和资源储量、矿体规模、品位等主要数据外,还用较多的篇幅汇集了对煤、铁、锰、铬、磷、石墨、金、银、石灰岩、石榴石、高岭土、玻璃原料等矿产的成矿地质条件、成矿规律和矿床成因,以及矿石性质的研究成果,这些内容使本书具有相当的学术性,它对深化宜昌市矿产资源的认知,部署今后的地质调查评价、矿产勘查和开发利用,是很有必要的。鉴于对许多矿产,特别是非金属矿产的利用途径和资源的工业要求并非为人熟知,在书中也作了适当的知识性、资料性的介绍,这无论是对于初涉矿业领域的人,或是已从事过矿产工作的技术或管理人员,或许都是有益的。

本书的编写力求条理、层次分明和图文并茂。矿种划分基本按照目前通行的划分法,即将矿产分为能源矿产、黑色金属矿产、有色金属矿产、贵金属矿产、稀有稀土分散元素矿产、冶金辅助原料非金属矿产、化工原料非金属矿产、建筑材料及其他非金属矿产、地下水矿产共 9 类,按章节分别阐述。为阅读方便和具有空间概念,分矿种编制了矿产分布图,大中型矿床都附有地质图、剖面图,并附彩色矿石标本和显微镜照片。书中插图很大一部分是本书自编的,引用的插图都重新制作,说明了出处。矿石标本为中南冶金地质研究所标本陈列室多年来的珍藏,特意请专业人员摄制照片。

由于本书利用的地质勘查资料时间跨度很长,自 20 世纪 50 年代直至 2010 年,有关矿产资源储量的划分标准曾多次变更,再加之储量审批、补充、套改等原因,数字多不统一。本书基本采纳湖北省国土资源厅编制的《湖北省矿产资源储量表》2010年版的数字。我国自2000年开始先后颁布了一套新的矿产地质勘查规范,对原有的矿产工业指标作了修改,对于这些新的要求在报告中作了相应的注解,但对所引用资料中依据当时勘查规范确定的资源储量、矿石品级等数字仍保持原样。同样,区域地层划分变更情况复杂,且难统一,故本书对引用资料地层名称一般不作修改。

进入21世纪以来,随着全球环保意识强化和科学发展观在我国的深入,传统的矿业和矿产品加工业将被注入现代科技的活力和人与自然和谐的理念。资源环境得到最大的保护,矿产得到最合理、最有效、最科学利用的新型绿色矿业是今后矿业发展的基本方向。

宜昌市的矿业也将进入循环经济、低碳经济的发展轨道,以崭新的面貌出现:地质勘查不断发现新的矿产资源,矿产资源开发管理井然有序,采掘和加工业实现规模化、现代化,矿产资源在更高的层次上得到充分而有效的利用,宜昌市的矿业将与水电、旅游、轻工等产业交相辉映,独树一帜。

本书是在市政府领导下进行编写的。市国土资源局给予了大力的支持和具体的指导;中南冶金地质研究所为本书的编写和出版做了大量的工作;郭茂生、金光富、聂开红、张清才等同志详细地审阅了书稿,并提出了宝贵的意见;矿山企业为宜昌矿产开发利用情况提供了照片和文字资料,丰富了本书的内容,在此一并表示诚挚的谢意!

编 者
2011年12月

典型矿石标本

硅石矿　　　　　磷矿　　　　　橄榄岩矿

蛇纹岩矿　　　　硫铁矿　　　　石墨矿

高岭土矿　　　　透辉石矿　　　辉长岩饰面石材矿

花岗岩饰面石材矿　　石榴石矿　　角石化石工艺品材料矿

典型矿石标本

宜昌磷矿开发龙头企业
——湖北宜化集团

磷铵生产区鸟瞰

花果树选矿厂

硫酸尾气烟囱

湖北宜化集团是全国500强企业、石化行业最具影响力企业，在宜昌市范围内，充分依托宜昌丰富的磷矿资源，不断做大做强磷化工产业。旗下宜化矿业公司主要从事磷矿资源探、采、选及矿产资源开发业务，是国内磷矿开采技术实力较强的矿山开采企业。现拥有三家生产矿山（总开采能力达280万吨），一家选矿能力为120万吨/年选矿厂。拥有的殷家坪等六个资源储备矿区，资源储量达3亿多吨，是宜化集团磷化工原料的重要供应基地。旗下宜化肥业公司和宜都大江公司主要从事磷矿石深加工生产和销售业务，主要产品及产能分别为年产46万吨磷酸一铵、70万吨磷酸二铵和40万吨NPK。磷化工产业产值达52亿元。

磷化工作为宜化集团重要的支柱产业，一直本着科学开发、节约资源、综合利用的方针，2006年成功攻克了中低品位难选胶磷矿选矿的世界难题，获得国家科学技术进步奖二等奖，"宜化牌磷酸二铵"获得"中国名牌产品"称号。近几年建成了170万吨/年磷复肥生产能力、160万吨/年矿产品（折合28%）的采矿能力、120万吨/年重介质选矿和120万吨/年双反浮选能力，有效利用中低品位矿生产磷铵，结束了不能单独使用宜昌矿生产磷铵的历史。渣场回水全部回收利用。通过试验，提高原料质量，优化磷铵生产工艺，使宜化磷酸一铵和磷酸二铵产品内质外观达到国内同行业产品一流水平。

矿产资源开发利用

生产线外景

开采磷矿

磷酸新过滤系统

酸性水收集站

利用磷铵生产中的废水，使得渣场回水全部回收利用，有效改善磷复肥环保问题。

中国磷酸盐第一强
——兴发集团

兴发集团办公大楼

兴发集团楚烽磷矿矿区办公楼

兴发集团楚烽磷矿矿区

兴发集团是三峡库区最大的移民搬迁企业，中国最大的精细磷产品和世界最大的六偏磷酸钠生产企业。公司现拥有1家上市公司和10多家全资子公司，总资产108亿元，员工6200多人，位居中国无机盐20强第1位，中国磷酸盐50强第1位，中国化工500强第63位，湖北企业100强第31位。

磷矿是湖北省的优势矿产，资源储量丰富，比较优势明显，开发利用前景广阔。目前，正在建设全国重要的精细磷化工生产基地。兴发集团坚持以科学发展观为指导，通过收购重组在兴山、神农架、保康三个地区分别建设了较大规模的矿山，坚持科学开采、有效利用，不断提高磷矿资源综合利用率。

兴发集团以争创全国磷矿资源合理开采利用样板企业为目标，狠抓保护开发和综合利用，荣获全国首批矿产资源综合利用示范基地，率先在国内建立了"电矿化"一体的运行模式，公司磷矿年生产能力达到250万吨，自给率达到50%。

公司不断加大硬件设施投入，引进先进生产装置和技术。先后投资近5000万元，从法国和瑞典引进8台国际上最先进的凿岩台车、锚杆台车和铲运车，实现了机械化开采，提高了采矿安全系数。自主研发的"钢网锚杆护顶、切顶分层房柱法"的采矿技术，破解了特别厚大矿体开采这一世界性难题，填补了国内技术空白。所开发的光面爆破、锚杆网锚索控顶、喷浆护顶护帮、岩音地压仪顶板管理、远程危岩体检测监控、井下监控等技术处于国内先进水平。

矿产资源开发利用

宜昌精细化工园全景

兴发集团宜昌精细化工园一角

矿山坚持科学开采，以磷矿资源合理开采利用样板企业为目标，不断提高资源回收率和综合利用率。

兴发集团瓦屋磷矿

目 录

第一章 概 述 ··· (1)
第一节 自然地理 ··· (1)
第二节 地质概况 ··· (1)
第三节 矿产资源基本状况 ··· (4)
一、矿种资源储量 ··· (4)
二、矿产时空分布 ··· (7)
三、宜昌市矿产资源优势程度分析 ··· (11)
第四节 宜昌市矿产开发利用现状 ·· (16)
一、地质勘查现状 ··· (16)
二、矿产采、选加工业现状 ··· (17)
三、矿产资源管理及矿业活动监督管理现状 ··· (18)
第五节 矿产资源潜力 ·· (19)

第二章 能源矿产 ··· (20)
第一节 煤 ·· (20)
一、资源储量分布 ··· (20)
二、含煤层特征 ·· (20)
三、含煤区特征 ·· (23)
四、煤矿资源勘查和开发 ·· (25)
第二节 石煤 ·· (25)
第三节 铀 ·· (26)

第三章 黑色金属矿产 ··· (27)
第一节 铁矿 ·· (28)
一、宁乡式铁矿资源储量分布 ··· (28)
二、宁乡式铁矿形成的地质条件 ·· (28)
三、宁乡式铁矿矿石酸碱类型品级和含磷量 ·· (35)
四、宁乡式铁矿富矿分布和产出特征 ··· (36)
五、宁乡式铁矿开采技术条件 ··· (45)
六、宁乡式铁矿矿石物质组成及选冶加工技术条件 ·· (49)
七、宁乡式铁矿开发现状和方向 ·· (75)
八、宁乡式铁矿资源潜力分析 ··· (77)
九、宁乡式铁矿主要铁矿床 ··· (78)
十、其他类型铁矿 ··· (95)
第二节 锰矿 ·· (98)
一、概述 ··· (98)

I

二、主要锰矿类型及其特征 …………………………………………………………………… (100)
　　三、锰矿开发利用 ………………………………………………………………………………… (104)
　　四、古城锰矿 ……………………………………………………………………………………… (104)
 第三节　铬矿 ………………………………………………………………………………………… (109)
　　一、概述 …………………………………………………………………………………………… (109)
　　二、太平溪铬矿 …………………………………………………………………………………… (110)
 第四节　钒矿 ………………………………………………………………………………………… (116)

第四章　有色金属矿产 …………………………………………………………………………… (118)
 第一节　铜矿 ………………………………………………………………………………………… (119)
 第二节　铅矿 ………………………………………………………………………………………… (121)
 第三节　锌矿 ………………………………………………………………………………………… (123)
 第四节　宜昌市铅锌矿地质勘查进展 …………………………………………………………… (127)
　　一、概述 …………………………………………………………………………………………… (127)
　　二、勘查的主要矿区 ……………………………………………………………………………… (128)
 第五节　镁镍钴锡钼矿 ……………………………………………………………………………… (139)
　　一、镁矿 …………………………………………………………………………………………… (139)
　　二、镍矿 …………………………………………………………………………………………… (139)
　　三、钴矿 …………………………………………………………………………………………… (139)
　　四、锡矿 …………………………………………………………………………………………… (139)
　　五、钼矿 …………………………………………………………………………………………… (140)
 第六节　汞矿 ………………………………………………………………………………………… (141)

第五章　贵金属矿产 ……………………………………………………………………………… (142)
 第一节　金矿 ………………………………………………………………………………………… (143)
　　一、概述 …………………………………………………………………………………………… (143)
　　二、金矿类型及其地质特征 ……………………………………………………………………… (145)
　　三、宜昌市主要金矿 ……………………………………………………………………………… (152)
 第二节　银矿 ………………………………………………………………………………………… (161)
　　一、概述 …………………………………………………………………………………………… (161)
　　二、兴山白果园银钒矿 …………………………………………………………………………… (162)
　　三、银矿开发利用方向 …………………………………………………………………………… (165)

第六章　分散元素矿 ……………………………………………………………………………… (167)

第七章　化工原料非金属矿产 ………………………………………………………………… (168)
 第一节　磷矿 ………………………………………………………………………………………… (168)
　　一、概述 …………………………………………………………………………………………… (168)
　　二、资源储量勘查程度 …………………………………………………………………………… (168)
　　三、形成地质条件 ………………………………………………………………………………… (175)
　　四、矿床地质特征 ………………………………………………………………………………… (178)
　　五、矿石物质组成及工艺矿物学性质 …………………………………………………………… (182)
　　六、开发利用与资源保护 ………………………………………………………………………… (190)
　　七、主要磷矿 ……………………………………………………………………………………… (192)
 第二节　硫铁矿 ……………………………………………………………………………………… (201)

一、概述	(201)
二、主要硫铁矿	(202)
第三节 重晶石矿	(203)
一、概述	(203)
二、主要重晶石矿	(204)
第四节 电石用灰岩矿	(205)
第五节 化工用白云岩矿	(206)
第六节 含钾砂页岩矿	(206)
第七节 化肥用橄榄岩矿	(208)
第八节 化肥用蛇纹岩矿	(209)
第九节 碘矿	(212)
第十节 泥炭矿	(213)

第八章 冶金辅助原料非金属矿产 (216)

第一节 萤石矿	(217)
第二节 熔剂用石灰岩矿	(217)
一、概述	(217)
二、主要矿区	(219)
第三节 冶金用白云岩矿	(220)
一、概述	(220)
二、主要矿区	(222)
第四节 冶金用砂岩矿	(224)
第五节 耐火粘土矿	(226)
第六节 矽线石矿	(226)

第九章 建材及其他非金属矿产 (228)

第一节 石墨矿	(228)
一、概述	(228)
二、成矿地质条件	(228)
三、矿床地质特征	(230)
四、石墨矿的开发利用	(231)
五、主要石墨矿	(232)
第二节 石榴石矿	(235)
一、概述	(235)
二、成矿条件和资源远景	(235)
三、主要石榴石矿	(235)
第三节 石膏矿	(252)
一、概述	(252)
二、石膏矿开发利用	(254)
三、当阳高店子石膏矿	(255)
第四节 水泥用灰岩矿	(256)
一、概述	(256)
二、矿床地质特征及矿石特征	(258)
三、宜昌市水泥灰岩的开发利用	(260)

  四、宜都杨树坪石灰岩矿 …………………………………………………………………（260）

 第五节 玻璃用砂岩矿 …………………………………………………………………………（267）

  一、概述 ……………………………………………………………………………………（267）

  二、玻璃砂岩矿地质特征 …………………………………………………………………（267）

  三、开发利用 ………………………………………………………………………………（268）

  四、当阳岩屋庙石英砂岩矿 ………………………………………………………………（270）

 第六节 水泥配料用砂岩矿 ……………………………………………………………………（274）

 第七节 水泥配料用页岩矿 ……………………………………………………………………（274）

 第八节 高岭土矿 ………………………………………………………………………………（275）

  一、概述 ……………………………………………………………………………………（275）

  二、高岭土矿地质特征 ……………………………………………………………………（276）

  三、高岭土矿的应用 ………………………………………………………………………（282）

  四、主要高岭土矿床 ………………………………………………………………………（285）

 第九节 水泥配料用粘土矿 ……………………………………………………………………（285）

 第十节 饰面石材 ………………………………………………………………………………（287）

  一、概述 ……………………………………………………………………………………（287）

  二、饰面用花岗岩矿及大理岩矿 …………………………………………………………（289）

第十章 其他矿产 ……………………………………………………………………………（293）

 第一节 制灰用灰岩 ……………………………………………………………………………（293）

 第二节 方解石矿和透辉石矿 …………………………………………………………………（293）

 第三节 陶粒页岩矿 ……………………………………………………………………………（295）

 第四节 工艺品原料 ……………………………………………………………………………（297）

 第五节 饮料矿泉水 ……………………………………………………………………………（300）

 第六节 建筑用石料与砂 ………………………………………………………………………（301）

主要参考文献 ……………………………………………………………………………………（304）

第一章 概　述

　　三峡名城宜昌市,物华天宝。在其所辖的 8 县(市)5 区 21 084km² 的范围内蕴藏着丰富的矿产资源,凭借矿产资源建立起来的矿业和矿产加工业已成为宜昌市经济支柱、外贸主力,在全国矿业城市中崭露头角,在长江沿江经济带中熠熠生辉。

　　宜昌为三峡工程所在地,三峡工程使宜昌成为世界电都,战略地位突出,对国内外资金、技术、人才的汇聚有很强的吸引力。宜昌丰富的矿产资源为三峡地区经济的进一步发展提供了条件,在科学发展观的指导下,按照新型工业化的模式,集约、高效、环保地开发这些矿产资源,将使宜昌市成为集水电、矿产加工、轻工业和旅游业为一体的我国中部又一经济高地。

第一节　自然地理

　　宜昌市位于湖北省西南部,地处长江中上游结合处。东接荆门、荆州,西连重庆,北邻襄阳、神农架,西毗恩施州,南临湖南,素以"三峡门户"、"川鄂咽喉"著称。地理坐标为东经 110°15′—112°04′,北纬 29°56′—31°34′,总面积 21 084km²,总人口 405.97 万(2010 年)。

　　宜昌地处云贵高原武陵山地和渝东大巴山向江汉平原的过渡地带,海拔从 2 427m(兴山县仙女峰)至 35m(枝江杨林湖),垂直高差达 2 392m,出现自西向东逐级下降的态势,平均坡降 14.5‰,形成了山地(高山、半高山、低山)、丘陵和平原三大基本地貌类型,其中山地面积占 69%,丘陵占 21%,平原占 10%,俗称"七山二丘一分平"。宜昌市卫星像片见图 1-1,明显地反映了本区河流山脉走势和地貌特征。

　　宜昌气候属亚热带季风气候,处于中亚热带和北亚热带交汇地带。受地形地貌条件的影响,形成了春早、夏温、秋迟、冬暖,春雨多于秋雨,夏季降水集中,雨热同季的气候特征。年平均气温在 13.1℃至 18℃之间。年降水量 960～1600mm,年日照时数 1542～1904 小时。大部分区域无霜期 256～310 天。由于境内积温较高,相对湿度大,是常绿区热带柑橘、茶叶等作物的最佳生长地带。

　　宜昌适宜动植物生长繁衍,生物分布广泛,且具多样性。据不完全统计,全市有各种生物资源 2425 种,其中林果、药杂 766 种,牧草 249 种,农作物 1410 种。

　　宜昌市自然资源丰富,有很大开发潜力。水能、矿产、林特、旅游为宜昌市四大优势资源,为经济和社会的发展提供了得天独厚的条件和强有力的支撑,宜昌市借助于资源优势已建成全国最大的水电城、重要的矿产品基地、著名的林特产区和重点旅游城市。

第二节　地质概况

　　宜昌市境内大地构造位置大部分属扬子准地台上扬子台坪,只有东南部枝江一带属扬子准地台两湖断拗的江陵凹陷。上扬子台坪又可细分为鄂中褶断区和八面山台褶带。宜昌市境横跨了鄂中褶断区的神农架断穹、秭归台褶束(主体是由三叠系和侏罗系组成的秭归盆地)、黄陵断穹(即黄陵背斜)、远安台褶束(包括荆当盆地和聚龙山褶皱束)和八面山台褶带的长阳台褶束及恩施台褶束的东北端。

　　区内地层发育齐全,自新太古界-古元古界至第四系的地层均有分布(图 1-2)。新太古界-古元古

图 1-1 宜昌市卫星像片

界原称为崆岭群,现已分为新太古界东冲河岩群和古元古界水月寺群,两者为假整合接触。前者为混合岩化黑云斜长变粒岩或片麻岩和斜长角闪岩,厚 2900m 以上,原岩属钙碱性火山岩——杂砂岩建造,含 TTG 岩套;后者以黑云母斜长片麻岩为主,夹片岩、(磁铁)斜长角闪岩、大理岩、混合岩等,含石墨、矽线石等,厚 2150～3920m,原岩属砂泥质岩和碳酸盐岩,局部具孔兹岩系特点。震旦系下部现已划归南华系。南华系的下统包括莲沱组、古城组和大塘坡组,由一套陆源碎屑沉积、冰碛层及间冰期海相沉积组成;上统为南沱组冰碛层,主要为灰绿色、灰色及少量紫红色块状冰碛砾岩和冰碛纹泥岩。现震旦系只是原震旦系的上部,由下统陡山沱组和上统灯影组组成。陡山沱组主要为含硅质碳酸盐岩建造,由微晶白云岩、含硅质或锰质微晶白云岩、灰质白云岩组成,夹黑色碳质页岩、含磷和黄铁矿。灯影组均为碳酸盐岩建造,由白云岩、鲕状白云岩、硅质条带或硅质结核白云岩等组成。

寒武系发育齐全,由一套碳酸盐岩、黑色页岩等组成;奥陶系由灰岩和白云岩组成,夹页岩;志留系为细砂岩、砂质页岩、泥岩、粉砂岩组成的一套陆源碎屑沉积。由于受加里东运动影响,早泥盆世早期区内基底抬升成古陆,直至早泥盆世晚期开始又接受沉积。因此下泥盆统缺失,中泥盆统为纯净的石英砂岩。至晚泥盆世发育了一套陆源碎屑和碳酸盐岩交替的沉积,形成了丰富的鲕状赤铁矿。

石炭系下部有砂岩、页岩产出,有时夹煤线及灰岩透镜体,中上部为白云岩和灰岩。二叠系下统由下部煤系地层和上部硅质岩、碳酸盐岩组成;上统下部以灰岩为主体,夹硅质页岩和薄煤层,上部为一套

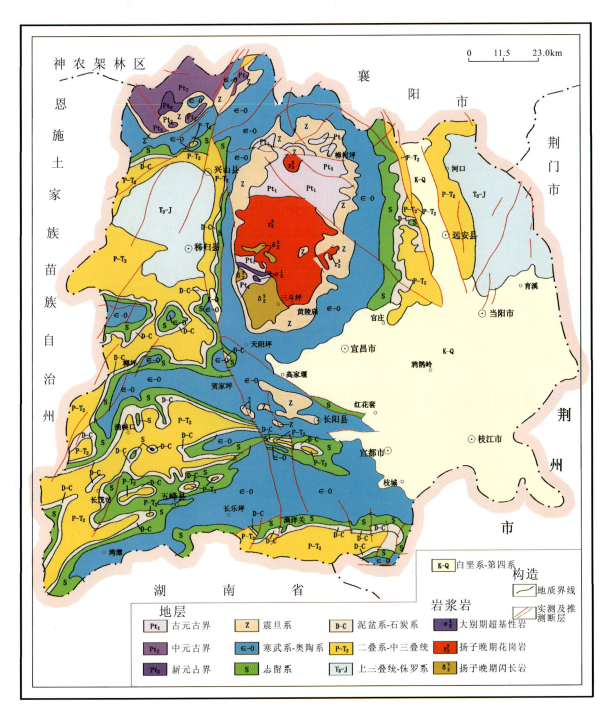

图1-2 宜昌市地质略图

硅质碎屑岩地层。三叠系下部为碳酸盐岩地层,上部由粉砂岩、砂岩、碳质页岩等组成,夹煤线或煤层。侏罗纪至早第三纪(古近纪)地层为一套山间断陷盆地沉积,晚第三纪(新近纪)则转变为河湖相沉积。

宜昌市境内的岩浆岩分属于早元古代大别期和中晚元古代扬子期。火山岩为大别期钙碱性火山岩系,经中、深区域变质作用改造后,形成以斜长角闪岩、片麻岩、变粒岩为主的岩石组合。侵入岩则有地槽发展阶段形成的基性、超基性岩。主要超基性岩体有太平溪岩体,呈大岩墙状横贯于黄陵背斜南部;扬子期中酸性侵入岩发育,主要岩体有三斗坪石英闪长岩体、黄陵斜长花岗岩体等分布于雾渡河断裂以南,占据了黄陵背斜核部的南半部。

宜昌大地构造演化经历了3个阶段,即地台基底形成阶段、地台盖层发育阶段和大陆边缘活动阶段。①地台基底形成阶段(新太古代至中新元古代早期)形成古陆核,由水月寺岩群组成,出露于黄陵背斜的核部。②地台盖层发育阶段,在加里东旋回时形成下构造层(Z-S),沉积了一套海相冰碛层、碳酸盐岩及碎屑岩、泥岩建造;印支-海西旋回时形成了上构造层($D-T_2$),沉积了海相碎屑岩、泥岩、碳酸盐岩夹有海陆交互相含煤沉积。晚三叠世结束海相沉积。在地台盖层发育阶段,广西运动、淮南运动为升降运动,印支运动为强烈的褶皱运动,宜昌境内一系列北东、东西向紧密的褶皱变形主要是印支期形成的。③大陆边缘带活动阶段形成了大陆边缘构造层(T_3-Q),由含煤复陆屑建造、杂色复陆屑建造等组成。

在长期地史发展过程中,宜昌产生了不同时期、不同规模、不同方向的断裂,彼此相互交切、相接,构成有规律的网络状格局。主要深大断裂有北北东向的新华断裂、北西向的雾渡河断裂、通城河断裂、远安断裂、仙女山断裂、天阳坪-监利断裂。

第三节 矿产资源基本状况

一、矿种资源储量

(一)矿种

截止2009年底,宜昌市发现矿产资源的矿种(包括亚种)88种(表1-1),占全国已发现矿种数的51.5%,占湖北省发现矿种的62%。矿种多样性是宜昌市矿产资源的一个重要特点。

88种矿产中,经地质勘查查明并上了湖北省矿产资源储量平衡表的有8类46种(表1-2),包括:能源矿产2种,黑色金属矿产4种,有色金属矿产8种,贵金属矿产2种,稀有分散元素矿产4种,冶金辅料非金属矿产6种,化工原料非金属矿产10种,建材及其他非金属矿10种。

其他未上表的42种矿产可分成几种情况:一是工作程度不够,但具有较大资源前景,值得进一步工作的矿种,如煤层气、陶粒页岩、饰面大理石、透辉石、矽线石、饰面用辉绿岩、观赏石、雕刻石等;二是仅在区域地质调查时发现,在今后工作中应注意的矿种,如玛瑙、水晶、钨、镓、透辉石翡翠、刚玉等。

宜昌市各类矿种产出并不均衡,矿种丰欠悬殊,地域特点鲜明。首先,非金属矿矿种多,占矿种总数的64.77%,且资源丰富,有一批大型矿床产出,在全国都有影响。矿石品质优良或尚佳,矿种优势明显;其次,黑色金属矿种除钛以外其余各种都有产出,特别是铁、锰资源丰富,大中型矿床星罗棋布,亦具全国影响,开发利用前景可观,应为宜昌市另一类重要优势矿种。因此,就矿产资源而言,宜昌市堪称非金属矿和黑色金属矿之乡。与此相反,有色金属、油气为宜昌市短缺矿种,矿小量少,在省内只占很次要位置。而贵金属矿金、银以及能源矿产煤等,介于上述两者之间,在全国不一定有影响,但在湖北省有着重要的地位,属于湖北省和宜昌市的重要矿产。

(二)资源储量及潜在价值

据《湖北省矿产资源储量表2010年》,46种上表矿产累计探明资源储量以及相关情况见表1-2,未上表矿产已有资源储量的见表1-3。由表知,宜昌市矿产资源储量总量巨大。据中南冶金地质研究所(2001)对宜昌市矿产资源潜在价值的估算,总潜在价值为1843.48亿元,人均潜在价值4.638万元,每平方千米潜在价值847.35万元。该市人均矿产资源潜在价值位于全省前列。

潜在价值较大的矿产为:煤矿、磷矿、铁矿、钒矿、石膏、银矿、水泥用灰岩、冶金用白云岩、熔剂用灰岩、硫铁矿、含钾页岩、饰面花岗岩、锰矿、石墨、玻璃用砂岩、化肥用蛇纹岩。

表 1-1 宜昌市已发现的矿种

序号	类	种/亚种	主要分布区	备注	序号	类	种/亚种	主要分布区	备注
1	能源矿产	煤炭	各县市区（枝江除外）	上表	44	化工原料非金属矿产	含钾砂页岩	夷陵区	上表
2		石煤	宜都	上表	45		化肥用橄榄岩	夷陵区	上表
3		泥炭	宜都、长阳	上表	46		化肥用蛇纹岩	夷陵区	上表
4		油气苗	秭归	据区测	47		碘/伴生	夷陵区	上表
5		煤层气	远安、当阳、秭归		48		氟/伴生	夷陵区	上表
6		铀	当阳	伴生,上表	49		化工用泥炭	宜都	上表
7		地热	长阳		50		磷	夷陵区、兴山、远安	上表
8	黑色金属矿产	铁/磁铁矿	夷陵区	上表	51		砷	夷陵区	
		铁/赤铁矿	长阳、五峰、夷陵区		52		化工用石英岩	兴山、长阳、五峰	
9		锰/碳酸锰	长阳		53		石墨	夷陵区	上表
		锰/氧化锰	长阳		54		石榴子石	兴山、夷陵区	上表
10		铬	夷陵区	上表	55		石膏	当阳	上表
11		钒	兴山、长阳		56		水泥用灰岩	各县市区（枝江除外）	上表
12	有色金属矿产	铜	远安、当阳、秭归、夷陵区	上表	57		玻璃用砂岩	当阳	上表
13		铅	长阳、远安、当阳、兴山	上表	58		水泥用页岩	秭归、长阳	上表
14		锌	长阳、远安、当阳、兴山	上表	59		水泥用粘土	枝江、宜都、夷陵区	上表
15		镁	兴山		60		高岭土	宜都、当阳	上表
16		钴	当阳		61		饰面花岗岩	兴山、夷陵区	上表
17		钼	兴山、夷陵区	上表	62		水泥用砂岩	宜都	上表
18		汞	长阳	上表	63	建材及其他非金属矿产	制灰用灰岩	兴山、夷陵区	
19		镍	长阳		64		建筑用花岗岩	兴山	
20		钨	夷陵区		65		建筑用灰岩	各县市区（枝江除外）	
21		锡	远安	上表	66		建筑用砂岩	各县市区	
22	贵金属矿产	金/岩金	兴山、秭归、夷陵区	上表	67		建筑用砾岩	各县市区	
23		金/砂金	枝江		68		建筑用砂	各县市区	
24		金/伴生金	兴山		69		饰面用大理岩	夷陵区、五峰	
25		银/银钒矿	兴山、长阳	上表	70		陶粒页岩	夷陵区、秭归	
26		银/伴生银	远安、长阳	上表	71		方解石	夷陵区、长阳、五峰	
27	稀散元素矿产	铊	当阳	上表	72		透辉石	夷陵区	
28		镉	当阳、远安	上表	73		钾长石	秭归	
29		硒	兴山	上表	74		石棉	夷陵区	
30		锗	远安	上表	75		滑石	夷陵区	
31		镓	长阳		76		陶土	宜都、夷陵区	
32	冶金辅助原料非金属矿产	萤石	兴山	上表	77		建筑用辉绿岩	兴山、夷陵区	
33		熔剂灰岩	宜都、长阳	上表	78		白云母	秭归	
34		冶金白云岩	宜都、长阳、夷陵区	上表	79		蛭石	夷陵区	
35		冶金用砂岩	夷陵区	上表	80		刚玉	夷陵区	
36		耐火粘土	宜都	上表	81		透辉石翡翠	远安	
37		矽线石	兴山	上表	82		蔷薇辉石	夷陵区	
38		蓝晶石	兴山	上表	83	宝玉石地下水矿产	玛瑙	枝江、夷陵区	
39	化工原料非金属矿产	硫铁矿	夷陵区、宜都、兴山	上表	84		水晶	兴山	
40		伴生硫	当阳	上表	85		工艺品原料	兴山、夷陵区	
41		重晶石	宜都、五峰	上表	86		雕刻石	兴山、夷陵区	
42		电石用灰岩	长阳	上表	87		观赏石	兴山、夷陵区	
43		化工用白云岩	夷陵区	上表	88		矿泉水	长阳、五峰、枝江、秭归、夷陵区	

表 1-2 宜昌市上表矿产累计查明资源储量

序号	矿产名称	资源储量单位	资源储量	占全省比例(%)	全省排名	开发利用情况
1	煤炭	(矿石)千吨	346592	30.12	2	已
2	石煤	(矿石)千吨	19490	5.86	2	未
3	铁矿	(矿石)千吨	702276	21.49	2	未
4	锰矿	(矿石)千吨	14575	80.57	1	已
5	铬矿	(矿石)千吨	172	100	1	未
6	钒矿	(V_2O_5)吨	303051	11.07	2	未
7	铜矿	(铜)吨	26247	0.69	4	已
8	铅矿	(铅)吨	25798	6.59	4	已
9	锌矿	(锌)吨	44902	3.79	3	已
10	镁矿	(炼镁白云岩)千吨	1746	9.41	3	未
11	钴矿	(钴)吨	104	0.18	3	未
12	钼矿	(钼)吨	4253	5.75		
13	汞矿	(汞)吨	1314	100	1	未
14	锡矿	(锡)吨	808	100		
15	岩金	(金)千克	10482	7.58	4	已
16	银矿	(银)吨	2055	53.49	2	未
17	锗矿	(锗)吨	34	100	1	未
18	铊矿	(铊)吨	63	100	1	未
19	镉矿	(镉)吨	375	16.50	2	未
20	硒矿	(硒)吨	926	38.19	1	未
21	普通萤石	(CaF_2)千吨	5	0.14		已
22	熔剂用灰岩	(矿石)千吨	276087	39.49	1	未
23	冶金用白云岩	(矿石)千吨	285719	33.90	1	未
24	冶金用砂岩	(矿石)千吨	27007	100	1	已
25	耐火粘土	(矿石)千吨	12884	10.35	4	未
26	硫铁矿(矿石)	(矿石)千吨	29422	15.26	1	已
27	伴生硫	(硫)千吨	31	0.20	4	已
28	重晶石	(矿石)千吨	1418	8.41	3	已
29	化工用白云岩	(矿石)千吨	22991	94.25	1	未
30	含钾页岩	(矿石)千吨	329050	70.67	1	未
31	化肥用蛇纹岩	(矿石)千吨	84766	57.31	1	未
32	化肥用橄榄岩	(矿石)千吨	39856	100	1	已
33	碘矿(固体)	(碘)吨	2957	100	1	未
34	泥炭	(矿石)千吨	2905	80.60	1	已
35	磷矿	(矿石)千吨	1978651	53.71	1	已
36	石墨(晶质)	(矿物)千吨	1552	90.34	1	已
37	石榴子石	(矿物)千吨	4149	17.84	2	已
38	石膏	(矿石)千吨	230054	10.21	4	已
39	水泥用灰岩	(矿石)万吨	52003	13.32	2	已
40	电石用灰岩	(矿石)万吨	2121	1.80	3	已
41	玻璃用石英岩	(矿石)万吨	1229	43.05	2	已
42	水泥配料砂岩	(矿石)万吨	2540	10.84	1	已
43	高岭土	(矿石)千吨	4134	29.41	1	已
44	水泥配料页岩	(矿石)万吨	339	25.66	2	已
45	水泥配料粘土	(矿石)万吨	4672	59.24	1	已
46	饰面花岗岩	(矿石)万立方米	665	49.11	1	已

表 1-3 宜昌市未上表矿产资源储量

序号	矿产名称	资源储量单位	储量	基础储量	资源量	资源储量
1	煤炭	(矿石)千吨	31395	50190	2923	53113
2	金矿	(金)千克	148	372		372
3	冶金用砂岩	(矿石)千吨	66	166		166
4	硫铁矿	(矿石)千吨	508	664		664
5	重晶石	(矿石)千吨	484	957		957
6	石榴子石	(矿石)千吨	104	130		130
7	石膏	(矿石)千吨	19551	19591		19591
8	水泥用灰岩	(矿石)万吨	5824	6033		6033
9	玻璃砂岩	(矿石)万吨	1692	2115		2115
10	高岭土	(矿石)千吨	1623	2029		2029
11	饰面花岗岩	(矿石)万立方米	37	78		78
12	方解石	(矿石)千吨	1107	1381		1381
13	硅灰石	(矿石)万吨	397	489		489
14	制灰用灰岩	(矿石)万吨	3080	3850		3850
15	饰面用大理岩	(矿石)万立方米	2	2		2
16	建筑用大理岩	(矿石)万立方米	684	856		856
17	透辉石	(矿石)千吨	506			506

二、矿产时空分布

(一)时间分布

宜昌市含矿产时段分布跨度大,自新太古代至第四纪都有矿产产出,并受构造演化阶段的控制(表1-4)。宜昌大地构造演化经历了3个阶段,即地台基底形成阶段、地台盖层发育阶段和大陆边缘活动阶段。

地台基底形成阶段(新太古代至中新元古代早期)形成古陆核,由水月寺变质岩群及古老基性超基性、花岗岩、闪长岩的侵入体组成,分布于黄陵背斜核部,相应地形成了与变质作用与岩浆作用有关的矿产:金、石墨、花岗岩饰面石材、石榴子石、铁、铬、橄榄岩、蛇纹岩等。

地台盖层发育阶段分为两个构造旋回时期。下构造层(Nh-S),沉积了一套海相冰碛层、碳酸盐岩及碎屑岩、泥岩建造,其中南华系地层中有锰矿;震旦系有汞、银、钒、磷、含钾页岩、灰岩、白云岩、铅锌矿产出,是宜昌矿产赋存的最重要的层位之一;寒武系有钒、石煤、灰岩、白云岩、铅锌产出;奥陶系有锰、灰石、白云石、重晶石矿产出;志留系则有陶粒页岩分布。印支-海西旋回时期形成了上构造层(D-T₂),沉积了海相碎屑岩、泥岩、碳酸盐岩及海陆交互相含煤沉积。泥盆纪形成了规模巨大的沉积铁矿和硅石矿;石炭纪形成了灰岩、白云岩矿;二叠系是宜昌重要的含煤地层,约有一半以上的煤产于该地层,同时有灰岩、硫铁矿、高岭土、耐火粘土、泥炭矿产出,因此也是宜昌市最重要的赋矿层位之一;三叠系有煤和灰岩等矿产出。

表 1-4 宜昌市主要矿产时间分布

构造演化阶段	地质时代	赋存矿产	构造演化阶段	地层时代	赋存矿产
大陆边缘活动阶段（T_3-Q）	第四系	砂金、砂、砾石、粘土、黄土	地台盖层形成阶段，下构造层形成时期（Nh-S）	泥盆系	铁矿、硅石矿
	第三系	石膏、石灰岩		志留系	页岩
	白垩系	玻璃用砂岩		奥陶系	锰、石灰岩、白云岩、重晶石
	侏罗系	煤		寒武系	钒、石煤、石灰岩、白云岩、铅锌
	三叠系	煤、石灰石		新元古界（震旦系南华系）	锰、汞、银、钒、磷、含钾页岩、石灰岩、铜、铅锌
地台盖层形成阶段，上构造层形成时期（D-T_2）	二叠系	煤、石灰岩、硫、高岭土、耐火粘土、泥炭	地台基底形成阶段（AnZ）	中晚元古界	铁、脉石英、铬、金、橄榄岩、蛇纹岩、花岗岩
	石炭系	石灰岩、白云岩		早元古界—晚太古界	金、石墨、石榴子石、矽线石

大陆边缘带活动阶段（T_3-Q），由含煤复陆屑建造、杂色复陆屑建造等组成。相应形成的矿产有：侏罗系煤矿；白垩系玻璃砂岩矿；第三系石膏、泥灰岩矿、砂岩矿；第四系砂金、建筑用砂、砾石、粘土矿。

宜昌市主要矿产分布时代见表1-5。

表 1-5 宜昌市主要矿产分布时代

矿产	分布时代	矿产	分布时代	矿产	分布时代	矿产	分布时代
煤	P_1、P_2、T_3-J_1	银	Z_1、ϵ_1	含钾砂页岩	Z_1	玻璃用砂岩	K
石煤	P_1	熔剂用灰岩	C_2	化肥用橄榄岩	AnZ	水泥配料用砂岩	E
铁	D_3	冶金用白云岩	Z_1、C_2、ϵ_1	化肥用蛇纹岩	AnZ	高岭土	P、Q
锰	Nh_1、O_2	冶金用砂岩	D_2	泥炭	P_1	水泥配料用粘土	Q
铬	AnZ	耐火粘土	P_1	磷	Z_1	饰面花岗岩	AnZ
钒	Z_1、ϵ_1	硫铁矿	P_1、ϵ_1	石墨	AnZ	陶粒页岩	S
铜	Z、K	重晶石	O	石榴子石	AnZ		
铅锌	Z_2、ϵ_1、T、K	电石灰岩	C_1	石膏	E		
金	AnZ	化工用白云岩	Z_1	水泥用灰岩	C_2、ϵ_1、E、P_1、O_1、T_1		

由表1-5知，多数矿产的时代专属性很强，如磷、铁、锰、金、银钒、铬、石墨、石榴子石、蛇纹岩、橄榄岩、玻璃用砂岩、饰面花岗岩、陶粒页岩、石膏等分布在特定的时代和特定的岩石中；而煤、铅锌、冶金用白云岩、水泥用灰岩则为多时代分布，具有多个赋矿层位。

（二）空间分布

宜昌市矿产空间分布很广，1000余处矿产地，377个矿床，广布于全市各县（市）区。但已探明的大中型矿床相对集中，形成12个矿产集中区（图1-3，表1-6）。各矿产集中区在矿种分布上显示出地域差异，大致呈现"北磷南铁东建材"的趋势，这种格局是由宜昌市的地质构造格局所决定的。

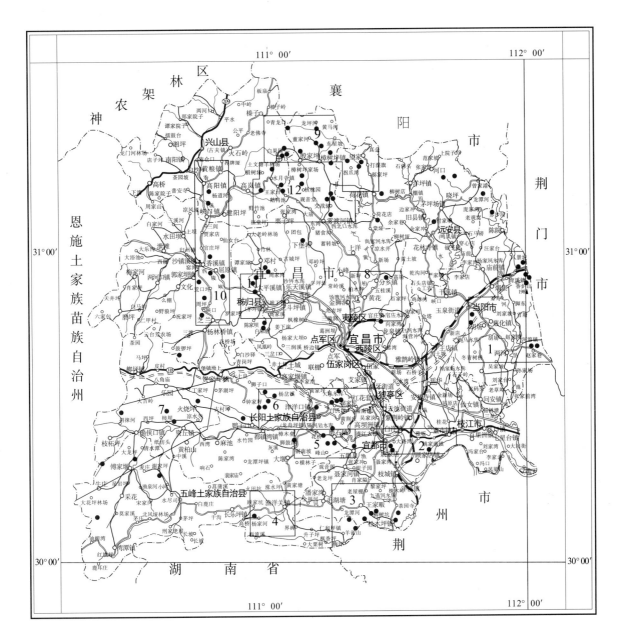

图 1-3 宜昌市矿产集中产区

（小圆点表示主要矿产地）

1.花园冲-河溶铜铅锌多金属及石膏高岭土玻璃用砂岩矿集中产区；2.蔡家河-姚家店灰岩、白云岩、粘土矿集中产区；3.松木坪-仁和坪煤、铁、硫铁矿、灰岩、粘土、建材矿集中产区；4.渔洋关-松林坪铁矿集中产区；5.马鞍山煤、铁、灰岩、白云岩矿集中产区；6.长阳白岩铺-杨家溪锰、汞、铅锌、银钒、熔剂灰岩及建材矿产集中区；7.火烧坪-龙角坝铁、硅石矿集中产区；8.黄花-官庄铁、硅石、灰岩矿集中产区；9.殷家坪-樟村磷矿、含钾页岩、银钒矿集中产区；10.兴山仙女山-秭归周坪煤、重晶石、建材矿集中产区；11.茅坪-邓村金、铬、橄榄岩、蛇纹岩、大理石矿集中产区；12.水月寺-雾渡河石墨、石榴子石-矽线石、金、硫铁矿集中产区

表 1-6 宜昌市矿产集中区划分表

矿产集中区编号	矿产集中产区名称	控矿地质条件	主要矿产地	矿产集中区构造阶段
1	花园冲-河溶铜铅锌多金属及石膏、玻璃用砂岩、高岭土矿集中产区	当阳中生代盆地东部	花园冲铜铅锌矿,铜家湾铅锌铊硫矿,高店子石膏矿、百步梯砂岩矿,庙前高岭土矿	大陆边缘活动带发展阶段
2	蔡家河-姚家店灰岩、白云岩、粘土矿集中产区	毛家沱背斜、姚家店第三纪盆地	毛家沱灰岩、白云岩矿,杨树坪灰岩矿,车家店、许家店粘土矿	
3	松木坪-仁和坪煤、铁、硫铁矿、熔剂用灰岩、粘土、建材矿产集中区	松木坪次级向斜	松木坪铁矿、灰岩、白云岩矿,夏家湾粘土矿,尖岩河硫铁矿	地台盖层发展阶段
4	渔洋关-松林坪铁矿集中产区	松林坪次级背斜	洞和、阮家河、渭水湾、唐家河、张家淌铁矿	
5	马鞍山煤、铁、灰岩、白云岩矿集中产区	马鞍山向斜	青岗坪、狮子包、马鞍山铁矿,灰岩、白云岩矿	
6	长阳白岩铺-杨家溪锰、汞、铅锌、钒银、熔剂灰岩及建材矿产集中区	长阳背斜	古城锰矿,钟鼓湾汞矿,流溪钒矿,向家岭银钒矿,王家湾铅锌矿,津洋口白云岩矿,鄢家沱白云岩、灰岩矿	
7	火烧坪-龙角坝铁、硅石矿集中产区	都镇湾-牛庄向斜束	火烧坪、龙角坝、石板坡、谢家坪、黄粮坪铁矿,渔峡口硅石矿	
8	黄花-官庄铁、硅石、灰岩矿集中产区	黄陵背斜东南翼	官庄铁矿、硅石矿,黄花灰岩矿	
9	殷家坪-樟村坪磷、含钾页岩、银钒矿集中产区	黄陵背斜东北缘、震旦系发育区	树空坪、栗西、殷家坪、店子坪磷矿,含钾砂页岩,白果树银钒矿	
10	兴山仙女山-秭归周坪煤、重晶石、建材矿产集中产区	秭归中生代盆地东南缘	怀抱石重晶石矿,新滩、长石碴灰岩矿,盐关、向家店、郭家坝煤矿,兴山黄粮镇陶土	
11	茅坪-邓村金、铬、橄榄岩、蛇纹岩、大理岩矿产集中产区	太平溪超基性岩体及周围	茅坪金矿,梅子厂橄榄岩、蛇纹岩矿,天花寺铬矿,大坪蛇纹岩矿,太平溪大理岩矿,邓村透辉石矿	地台基底形成阶段
12	水月寺-雾渡河石墨、石榴子石-矽线石、金、硫铁矿集中产区	黄陵背斜核部,雾渡河断裂南北两侧,前震旦系发育区	老林沟、清凉寺石榴子石-矽线石矿,三岔垭、潭家河、二郎庙石墨矿,水月寺金矿、硫铁矿,砂尖寨花岗岩矿	

(1)北部殷家坪-樟村坪磷、含钾页岩、银钒矿集中产区(9区),构造位置为黄陵背斜东北缘震旦系发育区,不仅为宜昌市也为全国陡山沱期主要磷矿集中产区,分布有栗西、丁家沟、樟村坪、店子坪、桃坪河、树空坪等13处大型磷矿和一批中小矿床,磷矿总资源储量超过20亿t。同时共生有含钾页岩、化工

用白云岩、伴生碘、氟等矿产。与磷同一个层位的矿产还有百果园银钒矿，是一个大型矿床，伴生有大型硒矿。

（2）水月寺-雾渡河石墨、石榴子石-矽线石、金、硫铁矿集中产区（12区），构造位置为黄陵背斜核部，雾渡河断裂南北两侧，前震旦系发育，有老林沟石榴子石-矽线石矿、三岔垭石墨矿、水月寺金矿、硫铁矿及砂尖寨花岗岩矿等分布。

（3）长阳白岩铺-杨家溪锰、汞、铅锌、钒银、熔剂灰岩及建材矿产集中产区（6区），地处长阳背斜，核部南华系地层有古城锰矿产出；震旦系灯影组中有钟鼓湾汞矿分布；寒武系则为向家岭银钒矿的赋矿层位。

（4）火烧坪-龙角坝铁矿和硅石矿集中产区（7区），构造位置属都镇湾-牛庄向斜束，龙角坝、火烧坪、青岗坪、石板坡等一批大中型铁矿沿上泥盆统地层星罗棋布，铁矿总资源储量接近7亿t。中泥盆统为硅石矿的赋矿层位，有渔峡口等硅石矿分布。

（5）宜昌市东部的1、2、3矿产集中区，是以建材矿产为主的矿产集中区。1区花园冲-河溶区，地处中生代盆地，集中产出了高店子石膏矿、百步梯-岩屋庙玻璃用石英砂岩矿和庙前高岭土矿，同时有小型铜铅锌多金属矿分布。2区蔡家河-姚家店区，构造位置为毛家沱背斜和姚家店第三纪（古近纪+新近纪）盆地，杨树坪大型灰岩矿、毛家沱中型灰岩矿及车家店、许家店水泥用粘土矿均分布于该区。3区松木坪-仁和坪区，地处松木坪次级向斜，分布有松木坪煤矿、铁矿、灰岩、白云岩矿，以及夏家湾粘土矿、尖岩河硫铁矿和耐火粘土矿。

（6）至于煤矿，因为有多个含煤层位，在前印支期构造区和中新生代盆地区均有含煤地层分布，因此除枝江市外，全市各县市区均有煤矿产出。

宜昌市矿产资源分区集中产出为建设各具特色的矿业经济区提供了基础条件，以分区内矿产资源为依托目前已建立起4大矿业经济区和8大矿业基地。

三、宜昌市矿产资源优势程度分析

矿产资源优势程度评价准则主要为矿产资源地质条件、开发利用可行性及矿产的经济和社会意义。

（一）地质条件优势程度

资源地质条件优势程度评价的内容包括资源储量及资源潜力，矿石品质及矿石加工技术条件，开采技术条件（水文、工程、环境地质条件）等。

1. 资源储量及宜昌市优势矿种的确定

矿产资源储量是物质基础，因此是确定优势矿种的基本依据，根据矿产资源储量优势程度对比（表1-7），确定宜昌市优势矿产的矿种有：铁矿、锰矿、银钒矿、熔剂用灰岩矿、冶金用白云岩矿、冶金用砂岩矿、石墨矿、石榴石矿、磷矿、水泥用灰岩矿、玻璃用砂岩矿、高岭土矿、饰面花岗岩矿共13种。这些矿产探明资源储量大，且有较大的资源前景。资源储量主要集中在整装型大中型矿床中，资源储量占湖北省的比例高，在全国也有影响。

煤、钒、汞、金、硒、耐火粘土、化工用白云岩、含钾页岩、化肥用橄榄岩、化肥用蛇纹岩、伴生碘、石膏、水泥配料用粘土等矿产属于湖北省和宜昌市的重要矿产。这些矿产有一定的资源储量，但规模不是很大，资源储量前景中等，主要以中小型矿床产出，在全国影响不大，但是在省内是唯一的矿产或占的比例较高的矿产，具有重要意义。

2. 矿石选冶加工技术条件优势程度

优势矿产的矿石品质和选冶加工技术条件对比见表1-8。

表 1-7 宜昌市矿产资源储量优势程度对比

矿产	探明资源储量	占湖北省比例	在省内排名	在国内影响	资源潜力	矿床规模			评价
						大型矿床数	中型矿床数	小型矿床数	
煤	346592 千 t	30.12	2	小	中			81	重要矿产
铁矿	702276 千 t	21.49	2	大	大	2	10	9	优势矿产
锰矿	14575 千 t	80.57	1	大	中	1		25	优势矿产
铬	172 千 t	100	1	小	小			3	
钒	(V$_2$O$_5$)303051t	11.07	2	中	中		1	6	重要矿产
铜	(Cu)26247t	0.69	4	小	小			6	
铅	(Pb)25798t	6.59	4	小	中			5	
锌	(Zn)44902t	3.79	3	小	中			4	
镁	(矿石)1746 千 t	9.41	3	小	中			1	
钴	(Co)104t	0.18	3	小	小			1	
汞	(Hg)1314t	100	1	小	中		1	1	重要矿产
锡	(Sn)808t	100	1	小	小			1	重要矿产
银	(Ag)2111t	54.58	2	中	中	1	1	1	优势矿产
锗	(Ge)34t	100	1	小	小			1	
铊	(Tl)63t	100	1	小	小		1		
镉	(Cd)375t	16.5	2	小	小			1	
硒	(Se)926t	38.19	1	中	中		1		重要矿产
萤石	(CaF$_2$)5 千 t	0.14		小	小				
熔剂用灰岩	276087 千 t	39.49	1	中	大	3			优势矿产
冶金用白云岩	285719 千 t	33.90	1	中	大	3	1	1	优势矿产
冶金用砂岩	27007 千 t	100	1	中	大	1			优势矿产
耐火粘土	12884 千 t	10.35	4	中	大	1		1	重要矿产
硫铁矿	29422 千 t	15.26	1	小	中		1	7	
重晶石	1418 千 t	8.41	3	小	中			3	
化工用白云岩	22991 千 t	94.25	1	中	大		1		重要矿产
含钾页岩	329050 千 t	70.67	1	小	大		2	2	重要矿产
化肥用橄榄岩	39856 千 t	100	1	小	中		1		重要矿产
化肥用蛇纹岩	84766 千 t	57.31	1	小	中			3	重要矿产
伴生碘	2957t	100	1	中	大		2	1	重要矿产
磷	1978651 千 t	54.58	1	大	大	13	14	3	优势矿产
石墨	(矿物)1552 千 t	90.34	1	中	中		3	1	优势矿产
石榴子石	(矿物)4149 千 t	17.84	2	中	大		2		优势矿产
石膏	230054 千 t	10.21	4	中	中	1		8	重要矿产
水泥用灰岩	52003 万 t	13.32	2	中	大	2	5	6	优势矿产
电石用灰岩	2121 万 t	1.8	3	小	中			1	
玻璃用砂岩	1129 万 t	43.05	2	中	大		2	1	优势矿产
水泥配料用砂岩	2540 万 t	10.84	3	小	中		2		
高岭土	4136 千 t	29.41	2	中	中		2		优势矿产
水泥配料用页岩	339 万 t	25.66	2	小	中			2	
水泥配料用粘土	4672 万 t	59.24	1	小	中	1	1	2	重要矿产
饰面花岗岩	665 万 m^3	49.11	1	中	大	1		3	优势矿产

表 1-8　矿石选冶加工技术条件优势程度

矿产	品位及品级	选冶加工技术条件	优势程度
铁矿	总体品位较低,其中富矿和自熔性矿石约占 41%	矿石结构构造复杂,含磷高,机械选矿富铁降磷困难,冶炼脱磷实验室和工厂试验成功,需工业化试验	难利用,有望突破
锰矿	品位较低,有一定数量富矿,属碳酸锰矿石	降磷用作冶金矿石困难;电解锰工艺成功投产	用作电解锰,尚优
银钒矿	银品位较低,银钒共生,伴生有硒	一般方法难选冶;用"酸法提取银钒工艺技术路线",浮选脱钙可获 V_2O_5 回收率>80%,Ag 回收率>70%指标,待工业化试验	难利用,有望突破
熔剂用灰岩矿	高品位,高品级(一级品为主)	可直接利用	优
冶金用白云岩矿	矿石质量高,I 级品占相当比例	可直接利用	优
冶金用砂岩矿	矿石质量好,特级品、I 级品占相当比例	可直接利用	优
磷矿	贫矿为主,$P_2O_5>30\%$ 的富矿占 8.29%	富矿可直接利用,贫矿可选	尚优
石墨矿	矿石品质好,大鳞片石墨	易选	优
石榴石矿	品位富,矿物质量好	易选	优
水泥用灰岩矿	矿石质量符合要求	直接利用	优
玻璃用砂岩矿	矿石质量符合要求	易选	优
高岭土矿	矿石质量符合要求	直接利用	优
饰面花岗岩矿	装饰性好	成荒率、成材率、磨光性好	优

矿石品质和加工技术条件的优势程度分为 3 类。

第一类:品质优,加工技术条件好的有石墨、石榴子石、饰面花岗岗、建材用灰岩、砂岩、白云岩、玻璃用砂岩及高岭土。其中石墨、石榴子石和饰面花岗岩优势突出。石墨为国内闻名遐尔的优质鳞片石墨矿,石榴子石硬度、韧性、磨削力在国内名列前茅,饰面花岗岩"三峡红"、"三峡浪"已成知名品牌。

第二类:品质尚优,加工技术条件尚好的矿产有锰矿和磷矿。锰矿和磷矿均以低品位矿石为主,但就其产出的矿床类型而言,是同类型矿床中品位较高者,同时有一定数量的富矿产出。锰矿由于含磷高,不适合作为冶金用矿石,长期以来得不到开发利用,近年来引进碳酸锰矿石电解锰技术,在生产上获得成功。磷矿富矿可直接利用,历来是主要开采对象,贫矿选矿在技术上已有突破,在经济上还要进一步降低成本。

第三类:矿石品质存在问题,选冶困难需要进一步技术攻关的矿产有铁矿和银钒矿。铁矿以贫矿为主,由于结构复杂、含磷高,机械选矿富铁降磷难以达到要求,但是多次实验室和工厂试验表明,通过冶炼的方法可以利用这种矿石,并可综合回收磷,只是需要进一步工业化试验,进行经济技术论证。据目前攻关试验的情况和钢铁工业技术水平的进步,本区铁矿规模开发利用只是时间问题。银钒矿的情况与铁矿相似,矿石中银含量不高,但共生有钒和硒。有用元素的赋存状态复杂,用一般的选冶方法难以解决问题。近年来酸法提取银钒工艺技术路线有一定的突破,通过进一步的努力,银矿利用如同锰矿利用问题一样会得到解决。

3. 矿床开采技术条件优势程度

矿产、矿床开采技术条件优势程度见表1-9。

表1-9　开采技术条件优势程度

矿产	开采方法	水文地质条件	工程地质条件	环境地质条件	优势程度
铁	地下开采,薄,缓倾,较难采	简单	尚可	尚可	尚可
锰	地下开采,薄,缓倾,较难采	简单	尚可	尚可	尚可
银钒	地下开采,薄,缓倾,较难采	简单	尚可	尚可	尚可
熔剂用灰岩	露天开采,易采	简单	尚可	尚可	优
冶金用白云岩	露天开采,易采	简单	尚可	尚可	优
冶金用砂岩	露天开采,易采	简单	尚可	尚可	优
磷	地下开采,薄,缓倾,较难采	简单	尚可	尚可	尚可
石墨	露天开采,易采	简单	尚可	尚可	优
石榴子石	露天开采,易采	简单	尚可	尚可	优
水泥用灰岩	露天开采,易采	简单	尚可	尚可	优
玻璃用砂岩	露天开采,易采	简单	尚可	尚可	优
高岭土	露天开采,易采	简单	尚可	尚可	优
饰面花岗岩	露天开采,易采	简单	尚可	尚可	优

由表1-9知,矿产开采技术条件基本上可分为两类:一类是矿层埋藏较深、产状缓、矿层薄,需要地下开采的矿产,如铁矿、锰矿、银矿、磷矿等,采矿虽然比较困难,但仍可正常进行,因此优势程度评价为"尚可";另一类是矿体厚大、埋深小、可露天开采的矿产,有石墨、石榴子石、高岭土、花岗岩以及灰岩、白云岩、玻璃用砂岩等,评价为优。

矿床开采技术条件对矿产开发利用有重大影响。就开采方式而论,露天开采有很大的优越性,矿山规模大,建设周期短,生产成本低,劳动条件好,生产效率高,矿石贫化率低,采矿回收率高。据以往经验,国内建设一座大型露天矿山,只要2～3年时间,而建设同样规模的地下矿山,则时间要长一倍以上。同时,露天开采工效比地下开采高6～7倍,成本降低1/2～1/3。

本区铁矿虽然规模大,但一般矿层都是大延长、小厚度、缓倾斜,根据矿体这种几何参数特征及矿体埋深条件,矿床主体只能地下开采。在采矿方法选择上,根据矿层特点,只宜采用崩落法和房柱法。房柱法采准工作量大,采矿强度小,需留较多矿柱,矿石损失率大。崩落法则采准工程量大,出矿时安全情况较差,采矿贫化率高。不管采用哪一种方法采矿,都难以进行高强度采矿,掘采比高,需要掘进的巷道长,巷道维护时间及维护成本高。

磷矿的开采技术条件与铁矿相似,需地下开采,目前采矿回收率70%～85%。另外由于矿层具有特殊的"两贫夹一富"的结构,如何从采矿方法上实现贫富兼采,以及如何回采磷矿上下围岩中共生白云岩、含钾页岩的问题,是宜昌磷矿今后发展在采矿方面的重点研究课题之一。

在矿产的环境地质方面,由于矿区多分布于山区或丘陵区,环境地质条件不会太好,地质灾害易发是一个普遍现象。采矿活动诱发崩塌、滑坡、泥石流及地面塌降灾害可能性较大。但是只要严格按照矿山地质灾害防治办法采取预防性措施(采空坑道回填、弃渣集中排放、修建牢固尾矿库等)和补救性措施(修治危岩、复垦绿化),环境地质问题是可防可控可治的。

(二)矿产开发利用可行性及经济意义对比

矿产资源开发利用的可行性取决于矿产的国内外需求情况,国内外同类矿产的生产能力,以及矿产品质量、成本和销售价格的竞争能力(实际上包含了资源的禀赋、生产技术水平、环境成本和社会经济条件等内在因素)。矿产资源开发利用可行性最终落脚为矿产开发的经济意义。宜昌市矿产可行性条件及经济意义对比见表1-10。

表1-10 宜昌市优势矿产可行性条件和经济意义对比

矿产	需求	国内生产能力	产品竞争力(质量、成本)	水、能源、配套资源保障	交通条件	环境承载能力	经济意义
铁矿	国内铁矿需求强烈	国内矿石生产能力仅能保证1/2	较弱	水、能源能满足要求,辅助配套资源丰富	尚好	采取控制保护措施,尚能承载	采用先进技术,大规模开发可成为经济的
锰矿	国内需求强烈,但电解锰渐趋饱和	国内矿石生产能力仅能满足2/3	中等	水、能源能满足要求,辅助配套资源丰富	尚好	采取控制保护措施,尚能承载	经济的
银钒矿	国内需求旺盛,年消费白银1000t以上	银矿供不应求	较弱	水、能源能满足要求,辅助配套资源丰富	尚好	采取控制保护措施,尚能承载	采用先进技术、规模开发可成为经济的
熔剂用灰岩矿	取决于本区铁矿是否开发	生产能力大	优	水、能源能满足要求,辅助配套资源丰富	好	采取控制保护措施,尚能承载	经济的
冶金用白云岩矿	取决于本区铁矿是否开发	生产能力大	优	水、能源能满足要求,辅助配套资源丰富	好	采取控制保护措施,尚能承载	经济的
冶金用砂岩	目前需求少	生产能力大	优	水、能源能满足要求,辅助配套资源丰富	好	采取控制保护措施,尚能承载	经济的
磷	国内需求旺盛并有出口	磷矿生产能力不足	中等	水、能源能满足要求,辅助配套资源丰富	中等	采取控制保护措施,尚能承载	经济的
石墨	国内有需求并有出口	矿石生产能力不足	优	水、能源能满足要求,辅助配套资源丰富	中等	采取控制保护措施,尚能承载	经济的
石榴子石	国内有需求并有出口	矿石生产能力不足	优	水、能源能满足要求,辅助配套资源丰富	中等	采取控制保护措施,尚能承载	经济的
水泥用灰岩	国内有需求	生产能力巨大	优	水、能源能满足要求,辅助配套资源丰富	良好	采取控制保护措施,尚能承载	经济的
玻璃用砂岩	国内有需求	生产能力巨大	优	水、能源能满足要求,辅助配套资源丰富	良好	采取控制保护措施,尚能承载	经济的
高岭土	国内有需求	生产能力巨大	优	水、能源能满足要求,辅助配套资源丰富	好	采取控制保护措施,尚能承载	经济的
饰面花岗岩	国内有需求	生产能力不足	优	水、能源能满足要求,辅助配套资源丰富	好	采取控制保护措施,尚能承载	经济的

由表1-10知,本区优势矿产目前已经开发的矿种,如磷矿、锰矿、石墨矿、石榴石矿、水泥用灰岩、玻璃用砂岩、高岭土和饰面花岗岩等,业已证明开发可行,可获得相应的经济和社会效益。今后的目标是不断更新技术,优化产品结构,提高产品档次,降低成本,以获取更为显著的经济效益。

尚未开发的熔剂用灰岩、冶金用白云岩、冶金用砂岩,据可行性条件分析,开发项目建成后应是可获得经济效益的。这些矿产勘查完成于计划经济时代(20世纪50—70年代),主要目的是与本区铁矿资源相配套,目前由于铁矿开发项目未上马,所以这些矿产也没有得到大规模开发。对这些矿产的利用,不一定要拘泥于用于钢铁冶金,灰岩、白云岩及砂岩具有多领域多种用途。按照非冶金用矿分析它们开发可行性,结论应该也是经济的。例如湖北宜化集团投资开发灰岩生产电石,作为PVC的原料,已具生产电石30万吨/年的规模。

铁矿、银钒矿开发利用可行性及经济意义还需要进一步论证,据现有开发条件,获得产品在技术上是能做到的,唯有选冶成本高,为边际经济的。今后如铁矿价格走势仍处高位,并且优先利用本区的富矿和自熔性矿石,依靠新的工业化选冶技术,则可获得经济效益,成为具有经济意义的矿产。银钒矿的开发利用可行性及经济意义与铁矿相似,主要取决于开发利用技术的突破。

第四节 宜昌市矿产开发利用现状

一、地质勘查现状

2005年以来,地质勘查实行公益性资源调查评价与商业性矿产勘查分制运行的体制已基本建立,地质勘查资金的国家、企业和民间多元投入的局面基本形成,促使地质勘查走出低谷进入了一个新的发展时期。宜昌市优势矿产地质勘查取得了新的进展,提高了开发利用资源保障程度。

"十五"、"十一五"期间国家继续加强对宜昌市磷矿的地质勘查投入,通过"危机矿山接替资源找矿项目"、"地质勘查基金项目"、"矿产资源补偿费矿产勘查项目"等的实施,取得了明显的地质效果。2000—2007年先后完成了江家墩、挑水河、浴华坪、殷家沟、肖家河、孙家墩、董家包、盘古、黑沟等矿区的普查和杉树垭矿区的详查,新增磷矿资源储量超过2.8亿t。2006—2009年进行的远安荷花杨柳磷矿普查,估算全矿区磷矿(333)资源量21749万t,P_2O_5平均品位25.48%,其中Ph_1:15689万t,P_2O_5:26.5%;Ph_2:6060万t,P_2O_5:22.83%。

2008年中央企业联合投资2600万元进行樟村坪磷矿接替资源勘查,发现了黑良山矿床,面积5km^2。初步查明主矿层长3000m,宽2000m,平均厚3.02m,平均品位24.56%;第二矿层长1600m,宽1200m,平均厚2.84m,平均品位24.56%。全区估计磷矿石(333)资源量5994万t,其中富矿占35%。

2000—2009年宜昌的磷矿勘查工作使宜昌磷矿集中区的规模由20世纪12亿t增加到20亿t以上,集中区的范围向北东扩展了5km,并可能与神农架磷矿集中区相连。宜昌磷矿的勘查成果大大提高了磷矿资源的保障程度和资源的可供性。

石墨矿的地质勘查也取得了一定的成绩,2006—2007年中国建材湖北勘查总队对三岔石墨矿Ⅰ-1、Ⅰ-5、Ⅲ-5矿段深部进行普查(全国危机矿山接替资源找矿项目),新增石墨矿石资源量(333)124.76万t,资源量(334)21.03万t。

高岭土矿勘查查明了当阳庙前大型高岭土矿。矿区由湖北省煤炭地质125队(湖北省煤炭勘查院宜昌分院)勘查,2004年提交报告,探明高岭土资源储量2241.9万t,属大型矿床,为当阳陶瓷产业的崛起提供了资源保证。

湖北省宜昌地质勘探大队2003—2009年,对长阳竹林口、远安凹子岗、兴山白鸡河等铅锌矿进行了勘查,在黄陵背斜地区震旦系灯影组中发现了沉积型和沉积改造型铅锌矿。其中远安县凹子岗查明锌资源量8万t,长阳县竹林口查明铅资源量1万t、锌2万t。

2003年中南冶金地质研究所实施了财政部补贴地方勘查项目"湖北省宜昌市夷陵区彭家河石榴子石矿区普查",在矿权范围内探获资源储量石榴子石矿物193.3万t,使宜昌市查明的石榴子石矿的资源储量达420.9万t,为以后大规模的开发作了资源准备。

2007年中南冶金地质研究所实施了"湖北省宜昌地区黄陵背斜及周边锰矿资源潜力和选区研究"项目(湖北省地勘基金项目),提出了一批锰矿预测区,预测锰矿资源量551.75万t。

二、矿产采、选加工业现状

(一)开发程度高的矿产

磷、石墨、水泥用灰岩、高岭土、玻璃用砂岩等矿产已实现现代化规模开发,建立了以资源为基础的资源型产业,磷肥、磷化工及建材从探、采、选到加工制造的工业体系已基本构建完成,确立了矿业和矿产加工业在我市作为经济支柱之一的地位。

经过几十年的建设,特别是改革开放以来磷矿产业的蓬勃发展,使宜昌成为我国主要的磷矿产地和磷矿加工业基地。目前有磷矿山60多家。宜化、东圣等磷肥企业出品的磷肥在全国享有盛誉;宜化、兴发、柳树沟、明珠等磷化企业目前能生产磷化工产品50余种,其中黄磷、五钠、磷酸等产品在全国磷化企业中排第一位,宜化将建成全国最大的磷肥磷化生产企业,兴发集团已跻身于全国化工500强的行列和全国磷酸盐第一强。低品位磷矿选矿技术的突破和新建的一批选矿厂,将使宜昌低品位磷矿的利用得到解决,对宜昌磷矿产业可持续发展起到了至关重要的作用。

石墨矿的开发始于1979年,1980年建成投产,设计规模为年产石墨精矿2000t,因资金和市场销路问题,于1983年停产。1989年矿山复建,改为由中国冶金矿业总公司与湖北恒大石墨集团(股份)有限公司共同投资组建的国有联营企业,隶属于宜昌市夷陵区经贸局管辖。2007年又成立了中科恒达石墨股份有限公司,为一集石墨研发、采选、深加工和进出口贸易于一体的高新技术企业。下属金昌石墨矿,露天开采,中型规模。现采矿最大深度为50m,实际采矿能力年产13.8万t矿石,采用吸附浮选法选矿。企业引进了国外先进石墨烘干分级、超细粉碎、柔性石墨卷材等先进设备和技术,开发了石墨系列产品,包括1.5万t中碳、1万t高碳、1000t可膨胀石墨、1000t柔性石墨板、1000t微粉等,已形成石墨采选—化学提纯—石墨密封产品深加工一条龙生产线,生产各种高质量的系列产品。石墨产品系列、盘根产品系列、填片产品系列、机械密封产品系列、微粉石墨等8种高端产品,列为国家重点新产品。

水泥原料矿产开发利用程度也较高,已建立起葛洲坝、华新(宜昌)、弘洋、昌耀、黄花等30多家水泥生产厂家。

2006年建成的华新宜昌水泥有限公司建有2500t/d和3500t/d两条新型干法水泥熟料生产线,年产优质水泥350万t。该生产线认真执行环保"三同时"原则,安装了4台静电、布袋吸尘器、窑尾安装了粉尘在线监测设备,建设了废水中和、隔油沉淀系统,循环利用废水。对各种噪声采取消音、隔声等措施。厂区绿化率在55%以上,基本上达到了现代水泥厂环保的要求。

葛洲坝当阳水泥有限公司拥有国际先进水平的5000t/d、1200t/d新型干法水泥熟料生产线各一条,年产水泥260万t,主导产品"三峡牌"水泥,立足湖北市场,辐射湘、渝、川等省市。

水泥原料矿山及水泥生产结构调整和产品优化正在继续进行。

高岭土矿的开发使宜都、当阳的陶瓷产业迅速崛起,惠宜、宝加利、天冠、帝豪、帝缘等一大批陶瓷企业涌现,形成了陶瓷产业集群,打造"三峡瓷都"的目标正在逐步实现。

玻璃砂岩矿产的发现导致了宜昌玻璃行业的兴起和发展。20世纪末,以当阳百步梯砂岩为原料建设了当阳玻璃厂,如今已发展成为当玻企业集团。以当玻企业集团为主体的三峡新材公司是湖北玻璃行业唯一一家上市公司和高新企业,位于中国建材产业之前列。主要从事玻璃、玻璃深加工制品及新型建材产品的科研、生产和销售。现拥有450t/d、600t/d浮法玻璃和600t/d自洁玻璃基片3条玻璃原片生产线,年产优质浮法玻璃1000多万重量箱。玻璃深加工线4条,年加工玻璃制品300万 m^2,深加工比例达15%,矿山年产硅砂30万t。

锰矿解决了长期未能突破的利用问题,一举由"呆矿"翻身成为宜昌市主要利用的矿种之一。

古城锰矿为国内重要的碳酸盐型锰矿,因此对其利用技术的研究自矿床发现起一直在进行。在2000年以前研究工作的主要目标是降磷富锰,使之能用作冶金原料,由于矿石结构过于微细和复杂,一直难有突破。2000年以后改作以生产电解锰为目标,一举获得成功,目前已建成1个矿山和5座电解锰生产厂,年产电解锰5万t,并与重庆的秀山、湖南的花垣等地的电解锰企业一起组成了我国重要的电解锰生产基地。

优势矿产的采选加工业已在宜昌市的国民经济中占有重要地位,其对地区GDP的贡献在10%以上。同时,矿产品也是宜昌市主要的出口商品,为外贸主力之一。优势矿产的开发除为经济和社会发展提供了大量产品,还积累了资金、发展了技术和培养了人才,促进了山区人民脱贫致富,推动了城镇化建设和新农村建设。

（二）开发程度中等的矿产

石榴子石矿、饰面花岗岩矿等优势矿产得到了一定程度的开发,虽开发程度不高,但发展空间很大。熔剂灰岩、冶金用砂岩尚未正式开发利用。

花岗岩饰面石材的开发始于20世纪90年代,目前已达到一定的规模。现有石材企业50多家,但规模都不很大,其中晓峰石材厂有4个分厂,设备也较先进,主要产品有"三峡红"、"芝麻绿"等,每年生产花岗石材4万 m^2。夷陵长江石材公司年产花岗石材、大理石材2万 m^2。另有"黑旋风锯业公司",除提供设备外,还自办石材厂。

石榴子石矿也进行了小规模的开发,矿山和选厂主要集中在兴山县,目前有3家生产石榴子石精矿的选矿厂:兴华公司石榴子石选厂、裕兴公司石榴子石选厂及清凉寺石榴子石选厂。选厂均采用重-磁选矿流程,获得铁铝榴石精矿,年产精矿4000～5000t,主要用作磨料。石榴子石深加工目前仅有中南冶金地质研究所2006年成立的"宜昌中研研磨材料有限公司",用沉降法生产石榴子石微粉。

熔剂用灰岩、冶金用砂岩是作为本区铁矿配套矿产勘查评价的,根据实际情况,目前作为其他用途正在开发。

（三）准备规模开发的矿产

火烧坪铁矿国家曾4次规划开发,由于种种原因终未成功。2000年后由于国际铁矿石价格日益高涨,国内再次重视对宁乡式铁矿的开发利用,火烧坪铁矿的开发又重新提到了议事日程上。2006年6月26日,首钢控股有限责任公司与宜昌市人民政府签订项目合作合同,首钢在宜昌设立新首钢资源控股公司,开发长阳、兴山境内的宁乡式铁矿及相关资源。总投资80亿元,计划第一期开发长阳火烧坪铁矿,其后陆续开发青岗坪、田家坪、马鞍山、石板坡、椰坪等铁矿,同时规划设计选矿厂和深加工工厂,一期工程形成年产铁精矿粉200万t及相应规模的球团厂。一旦熔融还原法在澳大利亚完成工业化大规模生产,首先在宜昌利用该技术上相应规模的精矿粉深加工项目。二期工程扩产至800～1000万t铁精粉并建设相应规模的球团厂或熔融还原法的深加工项目。2010年首钢火烧坪铁矿开发试验项目(年采选50万t)已基本建成。

另外,白果园银钒矿也在积极准备开发。

三、矿产资源管理及矿业活动监督管理现状

经过10多年的努力,以矿权市场建设为中心环节的矿业开发管理体制已初步形成,整顿了矿业秩序,加强了对矿业开发的监管。依法办矿、规范开发、保护矿产、整治环境的局面正在巩固和发展。

磷矿是我市重点保护矿种,主要磷矿又为国家规划矿区。宜昌市政府出台了一系列行政法规,从矿

权发放、采、运、销各个环节对宜昌市磷矿的开采总量进行控制和监管。主要磷矿产区的县区,又相继多次开展磷矿企业的专项整治,使本区优势矿产磷矿的合理利用和资源保护取得了明显的进展,得到了国土资源部和湖北省委、省政府领导的高度评价,其管理方面的经验已成为全国同行的表率。

对矿产资源勘查、开发利用状况的动态监测已逐步正规化。严格了对矿权的审核与监督,对开采活动、办矿程序及停办矿山事宜的处理监督,维护了正常矿业秩序。矿产资源储量的动态管理取得了重大进展,各主要矿区储量核查已经完成,并进入了数据库。储量的变动与核销制度已经建立。为加快矿权市场建设,进一步深化矿业权行政审批制度改革,按照公开、公正、公平的原则,建立和完善矿业权流转的机制,对矿业权市场的监督也得到了加强。

针对矿山环境问题多年的欠账,制定了矿山生态环境恢复治理规划,要求对殷家坪、樟村坪、丁家河、店子坪、灰石垭、桃坪河、盐池河等磷矿进行土地整治与复垦,加固治理危岩体,恢复植被,治理水污染,清除废石渣等。2008年市国土局规划了宜北磷矿采矿场土地复垦工程,以矿区废弃土地复垦为主。结合生态环境恢复治理,通过工程、生物等手段,对樟村坪磷矿开采形成的采矿场、渣场等废弃地进行复垦还耕,计划可补充耕地40公顷,并改善区域生态环境。现已在樟村坪水井湾建立了矿山地质环境恢复治理工程示范点。对金昌石墨矿的尾矿库水污染进行防治,整治土地、复垦绿化、恢复生态。

矿业工程的环境影响评价制度得到了有效的贯彻执行,新建矿山事先进行环境评价,项目建设中基本上做到生产与环保"三同时"。例如古城锰矿电解锰项目的环评,提出了可能造成的环境问题和预防措施,对以后锰矿环境保护起到了重要作用。至2007年底,4家锰业公司共投资8000多万元用于环保和安全设施的建设和改造。蒙特公司投资1500万元建设了永久性浆砌尾矿坝。古城锰业公司投资180多万元引进压滤机等多种环保设备,建立3000m³污水处理池,使井下排水经处理后达标排放。

第五节 矿产资源潜力

全国和湖北省成矿规律及成矿区划研究表明,宜昌成矿条件优越,矿产资源远景可观。宜昌各时代地层发育完整,分别赋存有不同的矿产。

黄陵背斜核部由新太古代、古中元古代的变质岩组成,并分布有大别期和扬子期基性、超基性岩和花岗岩,形成了相应的变质矿床、岩浆矿床;沉积盖层则蕴藏有丰富的沉积层控矿产。成矿预测研究表明,龙角坝-铜鼓包、火烧坪-马鞍山、阮家河-松木坪一带具有很大的铁矿资源找矿潜力;黄陵背斜北翼和东北翼发现新的磷矿前景可观;茅坪河、高战垭、韩家河一带有寻找石墨矿的资源潜力;水月寺-雾渡河一带石榴子石矿的潜力巨大,有可能使宜昌市成为全国铁铝榴石的生产基地;当阳张家大冲、高桥庙地区的玻璃用砂岩据初步推测,远景可达5亿t。宜都两河口、长阳、荆当地区的煤也有扩大储量的可能。另外,产于上震旦统的银钒矿层控型铅锌矿、寒武系黑色岩系中的钒铅矿也有找矿前景。

饰面花岗岩、水泥用灰岩、陶瓷用页岩、硅石、白云岩等矿含矿地层出露普遍,发育良好,目前探明的只是其中一小部分,如有需要,投入地质勘查工作,容易获得新的矿产资源量。广布于长阳、五峰、秭归的二叠系粘土矿工作程度较低,某些区段有利于粘土矿的形成,寻找高岭土矿具有潜力。

第二章 能源矿产

宜昌市能源矿产主要是煤,其次为石煤,油气仅发现矿苗(秭归新滩油苗点)。铀矿的资源量小。

第一节 煤

截止2010年底共查明煤矿产地81处,总资源储量34659.2万t,占湖北省煤炭资源储量的30.12%,居全省第二位,产量占全省第一位,是省内主要的煤炭资源储藏地和产地。宜昌煤矿的利用历史从明代起就有记载:"楚之荆州、兴国州及夷陵……皆产石炭。"乾隆五十一年(1776年)《皇朝续文通考》载:秭归香溪、泄滩煤矿,为鄂西最重要矿产,煤质以香溪为优,泄滩煤质逊于香溪。1863年美国人彭北莱对秭归香溪一带煤矿的调查是湖北近代最早的地质矿产调查。1893年英国矿师郭师敦赴荆当进行钎探,并写成荆当煤矿调查报告,称荆当煤田探得窝子沟和三里岗两脉蕴藏量约200万t;窝子沟一脉煤质愈下愈佳,与美国上好的煤无异。1928年孟宪民著有《湖北南漳、远安、当阳等县之煤田地质》,1938年许德佑、岳希新著有《湖北秭归香溪煤田地质简报》。中国煤炭资源储量属世界第三位,至2008年底查明基础储量3261亿t,主要分布在新疆、内蒙古、山西、陕西、贵州、宁夏、甘肃、河南等省区。

一、资源储量分布

宜昌市煤资源在各县(市)区分布情况见图2-1,表2-1。

由表2-1知,宜昌煤矿分布遍及全区,但相对集中,主要产煤的县(市)依资源储量排序为:远安、宜都、长阳、当阳、秭归、夷陵区、兴山、五峰,主要为前5个县(市)。

宜昌煤矿规模小(煤矿区规模划分标准:原煤大型≥5亿t,中型2~5亿t,小型<2亿t),81个煤产地中,资源储量超过1000万t的只有11个(表2-2),占产地数的13.58%,但资源储量有15253.2万t,占全市煤总资源储量的44.01%。

二、含煤层特征

据张玉琪研究(1984),宜昌含煤地层主要有3个层位:二叠系上统(龙潭煤系)、二叠系下统(马鞍煤系)及三叠系上统—侏罗系下统(香溪煤系)。另外,石炭系下统、志留系下统、寒武系下统、震旦系上统,含有劣质煤或石煤。按资源储量统计,产于马鞍煤系中的占48.99%,产于吴家坪煤系中的占7.22%,产于香溪煤系中的占43.80%。

1. 下二叠统马鞍煤系(亦称梁山煤系)

马鞍煤系是本区主要的一个含煤地层,广泛分布于长阳构造带和黄陵背斜东西两翼。

马鞍煤系沉积在中石炭统黄龙灰岩或上石炭统船山灰岩的具有岩溶地貌特征的剥蚀面上。上复地层是下二叠统栖霞组灰岩段。煤系本身是一套滨海相—浅海相的含煤建造,含4个沉积旋回,煤系厚度一般为5~15m左右。松木坪-马鞍山-青岗坪-香炉山一带,成煤古地理处鄂西滨海,沉积物以砂质岩类为主;百里荒-涂家岩和新滩-建阳坪一带,成煤古地理处黄陵隆起区边缘,沉积物以粉砂质和泥质岩类为主。

第二章　能源矿产

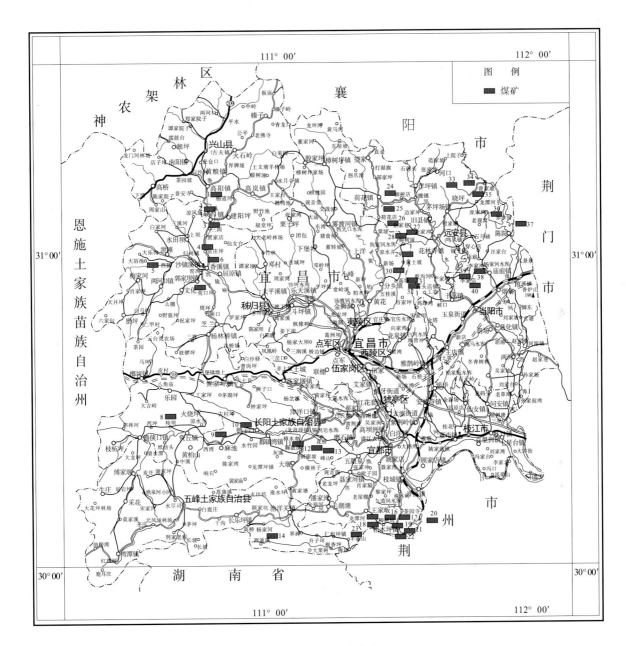

图2-1　宜昌市主要煤矿分布图

1.耿家河-上堡;2.郑家河;3.潘家湾;4.盐关;5.白沙;6.向家店;7.郭家坝;8.小峰垭;9.田家屯;10.青岗坪;11.落雁山;12.泌水坪;13.狮子包;14.张家尚;15.陈家河;16.坛子口;17.狮子河;18.解家坳;19.庙河;20.猴子洞;21.鸽子潭;22.两河口;23.夏家湾;24.杨青林;25.谢家垭;26.石桥坪;27.柳家垭;28.张家坡;29.百里荒天马;30.周家冲;31.百里荒黄土坡;32.百里荒;33.铁炉湾;34.黄茶堰;35.盘龙;36.漳河;37.漳河东;38.三连湾;39.乌龙桥;40.二相湾

表 2-1 宜昌市煤资源分布

行政区	产煤层位	矿产地数	累计探明资源储量（万吨）	占有率（%）
兴 山	T_3、J_1	3	1816.7	5.24
秭 归	J_1、P_2、P_1	14	5522.0	15.93
长 阳	P_1、P_2、T_1	18	5691.6	16.42
宜 都	P_1	7	5704.1	16.46
当 阳	J_1、T_3	13	5536.4	15.97
夷陵区	P_1	4	2649.9	7.65
远 安	J_1、T_3	17	6893.4	19.89
五 峰	P_2、P_1	5	845.1	2.44
总 计		81	34659.2	100.0

表 2-2 宜昌市主要煤矿（资源储量＞1000 万 t）基本情况

矿区（井田）名称	含煤层位	资源储量（万 t）	煤质化验指数（%）	可采煤层数，总厚度（m）	利用情况
宜昌-远安百里荒煤矿天马、百里荒矿区	P_1	2041.9	焦煤 Q:18.7736MJ/kg, V:31.12, A:36.55, M:3.51, S:9.62	可采煤层数1 总厚度0.55	开采矿区
远安县大堰煤矿	T_3	1599.2	无烟煤 Q:20.42MJ/kg, A:41.8, S:16	可采煤层数6	开采矿区
宜昌远安百里荒张家坡、柳树垭煤矿区	P_1	1226.2	瘦煤 V:22.57, A:35.57, M:2.09, S:5.37	可采煤层数1 总厚0.5	开采矿区
秭归白沙勘探区	J_1	2297.4	无烟煤 Q:22MJ/kg, V:9.51, A:35.38, M:2.97, S:0.6	可采层数2 总厚1.55	开采矿区
长阳含煤区落雁山勘探区	P_1	1152.1	瘦煤 Q:23MJ/kg, A:32.43, M:0.97, S:5.58, V:21.23	可采层数1 总厚2	开采矿区
宜都市猴子洞煤矿区	P_1	1148.6	瘦煤 Q:20.8MJ/kg, V:13.68, A:36.6, S:3.33	可采层数1 总厚2.94	开采矿区
宜都市陈家河煤矿	P_1	1114.2	贫煤 A:29.68, S:4.46, Q:23.50MJ/kg, V:15.09	可采层数1 总厚1.49	开采矿区
宜都市尖岩河煤矿	P_1	1036.3	贫煤 Q:40.16MJ/kg, V:10.48, S:3.26, A:44.67	可采层数1 总厚1.2	开采矿区
宜都市坛子口煤矿区	P_1	1469.3	瘦煤 A:31.09, V:12.25, S:4.65, Q:22.48MJ/kg	可采层数1 总厚2.2	开采矿区
兴山郑家河煤矿	T_3	1108.6	气煤 Q:23.85 MJ/kg, S:1.33, V:33.95	可采层数3 总厚1	开采矿区
长阳青岗坪煤矿	P_1	1059.3	贫煤 A:42.39, M:2.56, Q:15MJ/kg, S:13.28, V:25.53	可采层数1 总厚1.31	开采矿区

马鞍煤系含煤4层，Ⅰ煤层位于煤系底部，多不具工业价值；Ⅱ煤层位于煤系中下部，为松宜、马鞍山、百里荒—涂家岩的主要可采煤层；Ⅲ煤层位于煤系中上部，在本区西部发育良好，具有较大的工业意义；Ⅳ煤层位于煤系顶部，不具工业开采价值。

2. 上二叠统龙潭煤系（亦称吴家坪煤系）

二叠系上统吴家坪组，可与华南其他地区的龙潭煤系相对比，也是本区一个重要的含煤地层。分布区域与下二叠统马鞍煤系基本相同。

龙潭煤系假整合在茅口组硅质岩或石灰岩之上，煤系可以明显的分成上下两段，中部和上部为含喇叭鋋的硅质结核灰岩，下部即含煤段，为砂岩、硬砂岩、泥岩和煤层。含煤段厚度一般为5m左右，含3个沉积旋回，系一套海陆交替相含煤建造。

本区西南部，成煤古地理处水下三角洲，沉积物以含大量火山碎屑为特征；东北部远安一带，成煤古地理位于秦淮古陆南坡，沉积物以滨海湖沼相泥质岩类为主。

煤系含煤3层，Ⅰ煤层位于含煤段下部，无工业意义；Ⅱ煤层位于含煤段中部，为主要可采煤层；Ⅲ煤层位于含煤段上部，多不具工业开采价值。

龙潭煤系的找煤地质工作程度较低，西部皮落荒、伍家岩、渔泉洞、狮关洞等地，含煤性良好，五峰县三板桥、长阳旗头山、当阳枣林等地，也见有局部可采煤层。

3. 上三叠统—下侏罗统香溪煤系

三叠系上统—侏罗系下统香溪煤系，是区内又一个主要含煤地层。分布于黄陵背斜东西两侧的荆当、秭归两个向斜盆地中。

香溪煤系下伏地层为中三叠统巴东组紫红色钙质粉砂岩，上覆地层为中侏罗统灰绿、紫红色砂岩、粉砂岩。煤系是在海水退出本区的过程中形成的，聚煤早期为泻湖湖泊沼泽环境，后期转化为内陆湖泊沼泽环境。煤系沉积期间，有急剧的沉降，伴随着频繁的振荡运动，形成了巨厚的煤系地层。煤层层数多，煤层薄。随着地壳振荡运动由弱到强，含煤性自下而上明显变差。

宜昌所产煤的煤质大致分为两类：一类为无烟煤，主要为香溪煤系所产；另一类为瘦煤、贫煤及焦煤，主要为马鞍煤系所产。煤岩分析结果见表2-2。煤含硫量高，燃煤污染大气环境，促使酸雨形成。据研究（金明信，1999），马鞍煤层为海进型成煤环境，煤中含粘土矿物和同生黄铁矿较多，形成煤层特征为高灰高硫煤。香溪煤层成因与二叠系煤层有显著差别，这可能是因为香溪煤层为海退型，在海退过程的滨湖环境形成煤盆地，煤中含粘土矿物和黄铁矿较少，形成相对的低硫煤。

三、含煤区特征

1. 秭归煤田（兴山-秭归含煤区）

秭归煤田位于秭归、兴山、巴东三县境内，南北长43km，东西宽37km，面积约950km²，略呈一个顶角向西的三角形。其东紧靠黄陵背斜，西与奉节复式向斜相接，南临香炉山背斜，北为神农架复式背斜。

秭归煤田为一具拉长的"S"形南北向轴线的向斜盆地。上三叠统—下侏罗统香溪煤系地层，沿盆地周缘出露，盆地中心为中上侏罗统地层覆盖，最大埋藏深度达4000m左右。

该区西南部，断裂构造不发育，主要分布一些与盆缘垂直的花边褶皱，呈倾伏的背向斜相间排列，地层倾角一般较缓。东北部，地质构造比较复杂，发育有两组断裂构造，一组为近南北向的高角度逆断层；另一组为近东西向的平推断层，地层倾角一般较陡。

区内香溪煤系的沉积厚度为119～564m，由东往西，从东南往西北逐渐增厚。煤系共含煤20多层。可分为上、中、下3个煤组：下煤组即沙镇溪组，沉积时代属晚三叠世，厚度为5～150m，一般40m，含煤4层，在煤田东北部的郑家河等矿区内，比较发育，含1～2个可采煤层；中煤组厚31～138m，一般70m，含煤9层，在煤田中部盐关矿区和白沙矿区一线，含煤性较好，含1～2个可采煤层，盐关矿区可采煤层位于该组底部,白沙矿区可采煤层位于本组上部;上煤组厚83～276m,一般160m,含煤12层,一般不具工业意义,仅在煤田西南部局部发育有可采煤层,呈鸡窝状。

秭归煤田内以耿家河至八鸽庙为连线,以东为中、低变质程度的烟煤,以西为无烟煤。

2. 荆当煤田(当阳-远安含煤区)

荆当煤田位于当阳、远安、南漳、荆门4县境内,面积达1500km²。荆当煤田为一状似簸箕的向斜盆地,西北收敛,向南沉没于江汉平原。其西为远安地堑,北邻保康-南漳复式向斜,东有宜城-钟祥断陷,南为江汉坳陷。

向斜平缓而开阔,轴向从南到北,由近南北向转为北西向,呈略向北东凸出的弧形。区内断裂构造发育,一组近南北向,主要分布在东部和南部,另一组呈北北东向,分布于北部和西部,均属成煤后的构造,对煤层有较大的破坏作用。

组成荆当向斜盆地的地层,自三叠系中统至侏罗系中统,总厚在3000m以上,中侏罗统地层仅见于向斜轴部的局部地区,香溪煤系下、中煤组出露于向斜的北部和两翼,而在向斜轴部出露上煤组和中煤组,南部为白垩系—第三系沉积物所超覆。

区内煤系总厚度大于1000m,中、下煤组的沉积时代属晚三叠世,煤系共含煤50余层。下煤组又称九里岗组,厚260～400m,含煤11层,主要发育在煤田西北部的铁炉湾及庙前一带,含1～2个可采煤层。中煤组又称晓坪组,厚600～900m,含煤21层,含煤性较差,可采煤层零星分布在煤田中部的晓坪、马河一带。上煤组又称香溪组,厚180～400m,含煤25层,煤层层位多,分散而薄,仅在煤田东南部见有局部可采煤层。煤层富集区大致呈北西向条带状分布。

荆当煤田所产煤层多属低—中硫无烟煤,仅在南部九指山一带见有烟煤产出。

3. 夷陵-远安含煤区

该含煤区位于夷陵区、远安及当阳三地交界处,南北长60km,东西宽5～15km,面积600km²。其西紧邻黄陵背斜,东为远安地堑西部断裂所切,北有保康-南漳复式向斜,南为宜昌单斜掩覆。

区内地质构造简单,主要由北北东向的石桥坪向斜和标池岗背斜这两个平缓褶皱组成,见有北北东向的压性断裂和与之垂直的横张断裂,地层倾角一般较缓。

该含煤区的主要含煤地层为下二叠统马鞍煤系,煤系厚度5～20m。Ⅰ煤层距底部黄龙灰岩0.2～0.5m,只在谢家堰矿区内局部发育可采。Ⅱ煤层是本区主要的可采煤层,煤层形态复杂,但普遍发育。Ⅲ煤层位于煤系上部,仅在石桥坪矿区局部可采。Ⅳ煤层不具工业意义。

本区在成煤时地处黄陵古陆边缘,沉积基底黄龙灰岩的岩溶地貌以岩溶沟和岩溶漏斗为主,在此基底上接受含煤沉积,故煤系煤层厚度变化大,煤体规模较小,以不稳定至极不稳定型煤层产出。

区内煤层变质程度由南向北,由西向东,逐渐增高,呈焦煤、瘦煤至贫煤的变化趋势。一般为高硫中灰分良好的工业用煤。

该含煤区东南部的枣林矿区,上二叠统煤系地层发育良好,局部含可采煤层。

4. 长阳含煤区

长阳含煤区位于长阳县境内,包括秭归、五峰及宜都县的一部分。二叠系煤系地层分布总面积近两千平方千米。该区北临黄陵构造带,南与地跨宜昌、荆州两地区的松宜煤田相对,西为恩施-来凤复式褶皱,东至江汉坳陷。

区内地质构造以近东西向褶皱为主要特征,有长阳-曲尺河复式大向斜、香炉山背斜和五峰-建始复式大向斜等,褶皱轴向自西向东,由北东、北北东向逐渐转为东西向,在绿葱坡—五峰一线呈向北西突出的弯曲带。北北西向的平推断层在区内特别发育,仙女山、松园坪两断层几乎斜切了所有的东西向褶皱。在褶皱翼部发育近东西的逆断层,背斜核部还发育北北东向及南北向的断裂。北部的香炉山背斜和五龙背斜的周缘伴有北东向及北西向断裂。

长阳含煤区内,下二叠统马鞍煤系发育良好,主要保存在云台荒、长岭、落雁山、马鞍山等向斜构造中。煤系厚度1~25m,总体呈南薄北厚、东厚西薄的趋势。位于煤系底部的Ⅰ煤层,一般无工业意义,仅在马鞍山矿区东部见有局部可采煤层。Ⅱ煤层主要发育在马鞍山煤矿区狮子包井田,其他地区零星发育。Ⅲ煤层是本区主要可采煤层,分布于全区的大部分地区,以落雁山、青岗坪、杨木溪、云台荒、麻沙坪等地的含煤性较好。位于煤系顶部的Ⅳ煤层,一般只有含煤层位,无工业开采价值。

区内煤层以不稳定煤层产出,呈透镜状、藕节状,煤层结构往往比较复杂,含夹矸多层,煤中含硫、灰分一般较高。煤的变质程度从东往西逐渐增强,呈焦煤、瘦煤至贫煤、无烟煤的变化趋势。

本区西部,上二叠统煤系地层也比较发育,具有一定的远景,例如:秭归磨坪、杨林、周坪等区及五峰县西南部。

综上所述,宜昌市煤矿资源具以下特点。

(1)各个地质时期煤的沉积,是在沟通东西海域的扬子峡区这样一个特定的古地理环境内形成的。二叠纪煤层是在大的海侵过程中短暂的间歇期内形成的。中生代煤层是在海水退出本区的过程中形成的。黄陵背斜对于本区3个含煤沉积的古地理形态,起了重要的控制作用。成煤以后,在燕山运动的强烈作用下,本区发生了区域性的褶皱运动,喜山运动进一步复杂了构造格局。二叠系煤层主要保存在长岭、马鞍山、云台荒、石桥坪等向斜构造中,中生代煤层赋存于秭归、荆当两个向斜盆地中。

(2)下二叠统马鞍煤系是本区主要的含煤地层,分布广泛,发育良好。已探明及预测的资源储量约占全区煤矿总资源储量的将近50%。本区马鞍煤系的主要特征是煤系厚度小,煤层层数少,煤层厚度变化大,煤层结构往往比较复杂,煤质多为高硫高灰分,煤种以烟煤为主。煤层区域性发育程度,主要受古地理聚煤环境控制,受聚煤凹陷形态和沉降幅度的控制;局部性变化,即煤体赋存形态,受沉积基底古岩溶微地形的控制。

(3)上二叠统龙潭煤系在本区也有一定的工业意义。区内煤系的主要特征是煤系厚度小,煤层层数少,煤层结构比较简单,煤层厚度尚较稳定。但仅在本区西部的部分地区发育,在平面分布上,与下二叠统马鞍煤系显示了相互消长的关系。

(4)上三叠统—下侏罗统香溪煤系是本区另一个主要的含煤地层,探明及预测的资源储量约占全区总资源储量的45%。香溪煤系的主要特征是煤系厚度大,含煤层数多,煤层厚度一般很薄,并往往以复合煤层产出,煤质以低硫高灰分为主,煤种以无烟煤居多,也有不少烟煤。煤系各个成煤期有明显的聚煤中心,并随着湖盆形态的变迁而发生迁移。煤系自下而上,含煤性明显变差。

四、煤矿资源勘查和开发

多年来宜昌找煤工作的重点在荆当煤田和秭归煤田,这是十分必要的,根据本市煤炭资源分布格局和赋存特征,应加强对二叠系煤层的地质勘查。长阳含煤区和当阳-远安含煤区聚煤条件较好,有不少含煤性较好的(图2-2)煤矿产地,值得进一步工作。近年来煤矿的地质勘查在继续进行,取得了一定的进展。

宜昌煤矿得到了广泛的开发利用,其煤产量在全省占有重要地位。规模较大的煤田,开采技术较为现代,尚注重资源的回收率,各煤矿的资源核查工作已完成。小煤矿经不断地整合,数量逐渐减少,技术装备水平也有所提高。

第二节 石煤

宜昌市经地质勘查获得资源储量的只有一个石煤矿区,即宜都市猴子洞井田跑马岭石煤矿。含石煤地层为下二叠统,可采煤层数1个,总厚度9.96m,倾角10~14°。已查明资源储量1949.0万t,占全省5.86%。尚有预测储量729万t,可供进一步布置地质勘查。煤质化验结果:$Q_{b,ad}$:6MJ/kg,A_d:79.01%,M_{ad}:0.98%,$S_{t,d}$:1.04%,V:4.53%。

图 2-2　长阳天池河煤矿勘查采取的矿芯

另外，长阳流溪钒钼矿产于下寒武统石煤层中，石煤资源量 1000 万 t 以上，发热量 6.87MJ/kg，可综合利用发电。

第三节　铀

根据湖北省核工业地质局的工作，确定我省有 4 个极具找矿前景的铀矿成矿区，其中之一为宜昌当阳铜家湾地区，矿石中铀的品位为 0.041%。该区大于 0.05% 的铀资源量超过 200t，且铀含量高达 0.04% 的 60 万 m^3 的尾渣可提炼出 120t 金属铀，是寻找砂岩型铀矿床和砂岩型铜-铀多金属矿床的有利地段。

第三章 黑色金属矿产

宜昌市已查明的黑色金属矿产有铁、锰、铬、钒等(图3-1),其中铁矿资源量可观,利用前景巨大,正在积极准备开发;锰矿是湖北省内唯一一个大型锰矿,已开发成功;铬矿也是湖北省内唯一获得资源储量的矿产,但资源量少;钒矿多为银钒矿共生,目前尚未开发。

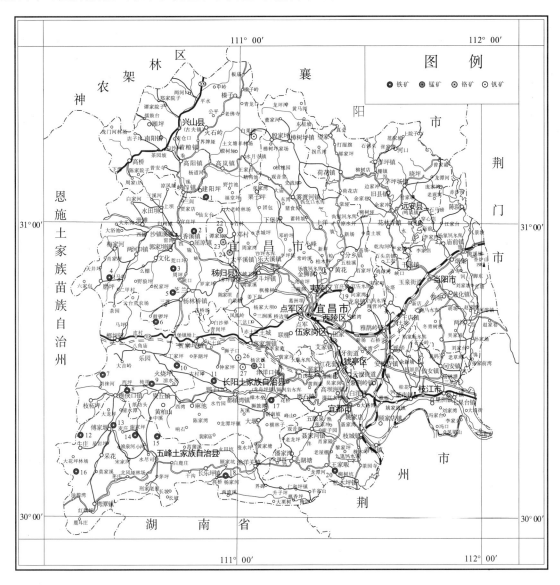

图3-1 宜昌市主要铁锰铬钒矿分布图

铁矿:1.兴山黄粮坪;2.秭归黄粮坪;3.杨柳池;4.白庙岭;5.杨林新村;6.鼓罗坪;7.石板坡;8.茅坪;9.田家坪;10.火烧坪;11.青岗坪;12.龙角坝;13.傅家堰;14.谢家坪;15.五峰黄粮坪;16.石崖坪;17.马鞍山;18.阮家河;19.官庄;20.松木坪。**锰矿**:21.古城。**铬矿**:22.天花寺;23.梅子厂;24.青树岭。**钒矿**:25.白果园;26.流溪;27.向家岭

第一节 铁矿

宜昌市铁矿最主要的是"宁乡式"铁矿——产于泥盆纪地层中的海相沉积铁矿。其他还有少量产于元古界变质岩中的铁矿及产于震旦系、侏罗系地层中的菱铁矿、褐铁矿,均未形成规模。因此通常所称宜昌铁矿即指产于宜昌的宁乡式铁矿。宜昌各类铁矿上表资源储量为70227.6万t,占全省铁矿资源储量的21.49%。至2008年底,我国查明铁矿基础储量226.4亿t,其中富铁矿3.6亿t。未利用的矿石资源储量约占54%,宁乡式铁矿是目前尚未开发利用的最重要的铁矿类型。

一、宁乡式铁矿资源储量分布

本市宁乡式铁矿产地有49处,其中上资源储量表的有21处(表3-1),累计探明总资源储量为70170.1万t;占全市铁矿资源储量99.9%。

宁乡式铁矿主要分布于长阳、五峰、夷陵区、秭归及宜都,分别占全市该类铁矿资源量的49.57%、30.47%、12.24%、6.13%、1.53%。已查明的21个矿床中,大型矿床2个、中型矿床10个、小型矿床9个(铁矿规模划分标准:铁矿石贫矿大型≥1亿t,中型0.1~1亿t,小型<0.1亿t),3类矿床资源储量分别占铁矿总资源量42.78%、51.41%、5.81%,表明资源集中程度高,94.19%的资源储量都集中在大、中型矿床中。

二、宁乡式铁矿形成的地质条件

(一)铁矿产出层位

本区宁乡式铁矿产出层位据赵一鸣厘定(2000),共分4个矿层(Fe_1—Fe_4),均产于上泥盆统。上泥盆统下部称黄家磴组,上部称写经寺组。Fe_1矿层赋存在上泥盆统黄家磴组(D_3h)中部的页岩中,矿层主要由砂质鲕状赤铁矿石组成;Fe_2矿层赋存在黄家磴组上部的页岩夹砂岩或砂岩夹页岩中,矿石主要由砂质鲕状赤铁矿组成;Fe_3矿层赋存在写经寺组(D_3x)下段底部,在多数情况下,底板为石英砂岩,顶板为页岩或泥灰岩,矿石主要为钙质鲕状赤铁矿。Fe_4矿层赋存在写经寺组上段底部页岩夹灰岩中,矿石主要由菱铁矿、鲕绿泥石和鲕状赤铁矿组成。

(二)铁矿形成的构造和岩相古地理条件

1. 成矿的古构造背景

宁乡式铁矿成矿构造背景主体是扬子地台及周边地区(图3-2)。志留纪末,广西运动使华南造山带最终形成,扬子板块与华南板块碰撞叠接形成统一的中国南方板块。海西期中国南方沉积盆地的演化与古特提斯构造域和古西太平洋构造域的发展密切相关。海西早期,从早泥盆世开始,随着古特提斯洋裂谷作用产生的扩张,南方板块向北漂移,扬子陆块仍按逆时针方向旋转,引起南方板块南缘活化,钦防海槽分三支裂谷沿地表活动带向板内发展,使海水逐渐由南向北侵漫。至中泥盆世,海侵扩大,湘、桂、粤、赣广大地区被海水淹没,形成了华南海,华南海有一支深入到上扬子古陆,经黔西一直达到川中。

另在扬子陆块西缘,由于金沙江-红河断裂的活动,使其与古特提斯洋相沟通,形成"滇西海"向北经川中上扬子古陆和松潘古陆之间,与南秦岭海槽沟通。上扬子古陆中泥盆世时,四周已被海洋包围。

表 3－1　宜昌市宁乡式铁矿资源储量表

行政区	矿区名称	资源储量（万吨）	其中富矿量（万吨）	矿石品级及主要化学成分（%）	勘查程度
兴山	黄粮坪-新滩铁矿周家坡矿段	19.40		贫矿　TFe:48.7,S:0.1,SiO$_2$:15.57	普查
秭归	黄粮坪-新滩铁矿铺平矿段	22.20		贫矿　TFe:36.35,S:0.1	普查
秭归	杨林新村及峡口锯齿岩铁矿	379.4		贫矿　TFe:36.53,P:1.064,S:0.037	普查
秭归	白庙岭铁矿	628.6		贫矿　TFe:33.13,P:1.368,S:0.0695,SiO$_2$:31.49	普查
秭归	杨柳池铁矿	2387.9		贫矿　TFe:38.32,P:0.937,S:0.0431,SiO$_2$:22.72	勘探
秭归	白燕山铁矿	889.6		贫矿　TFe:42.25,P:1.1,S:0.035,SiO$_2$:14.09	普查
长阳	马鞍山铁矿	3200.0		贫矿　TFe:39.44,P:1.44,S:0.047,SiO$_2$:17.8	勘探
长阳	茅坪铁矿	414.4		贫矿　TFe:42.26,P:0.825,S:0.025,SiO$_2$:21.0	详查
长阳	田家坪铁矿	2594.1	752.9	碱性、自熔性、酸性矿石　TFe:37.8,酸碱度:1.29,P:0.772,SiO$_2$:13.4,S0.18	勘探
长阳	火烧坪铁矿	16184.9	12160.42	自熔性、碱性、酸性矿石　TFe:37.85,P:0.9,S:0.069,SiO$_2$:9.12,酸碱度:1.03	勘探
长阳	青岗坪铁矿	7479.8	5609.85	一般富矿　TFe:43.7,P:0.845,S:0.026,SiO$_2$:10.83	勘探
长阳	傅家堰铁矿	763.3	310.0	一般富矿、贫矿　TFe:39.07,P:0.846,S:0.06,SiO$_2$:26.72	勘探
长阳	石板坡铁矿	4184.6	3340.2	碱性、自熔性、酸性矿石　TFe:40.61,P:0.82,S:0.081,酸碱度:0.81	勘探
长阳	贺家坪西流溪铁矿	38.5		TFe:39.64	普查
五峰	谢家坪铁矿	2014.0	542	一般富矿、贫矿　TFe:37.77,P:0.564,S:0.067,SiO$_2$:17.66	勘探
五峰	阮家河铁矿	1264.0		贫矿　TFe:43.19,酸碱度:0.2,P:0.8,S:0.035	详查
五峰	石崖坪铁矿	963.0	449.0	一般富矿　TFe:43.44,P:0.915,S:0.063,SiO$_2$:12.16	初查
五峰	黄粮坪铁矿	3300.0		贫矿　TFe47.53	普查
五峰	龙角坝铁矿	13862.5	2648.9	一般富矿、贫矿　TFe:40.95,P:0.796,S:0.139,SiO$_2$:12.26	详查
宜都	松木坪铁矿	1091.2	1047.9	碱性、自熔性、酸性矿石　TFe:45.95,酸碱度:0.86,P:0.99,S:0.03	勘探
夷陵区	官庄铁矿	8488.7	3068.8	碱性矿石、一般富矿、贫矿　TFe:38.72,P:0.424,S:0.12,SiO$_2$:11.62	
	总计	70170.1	29929.97		

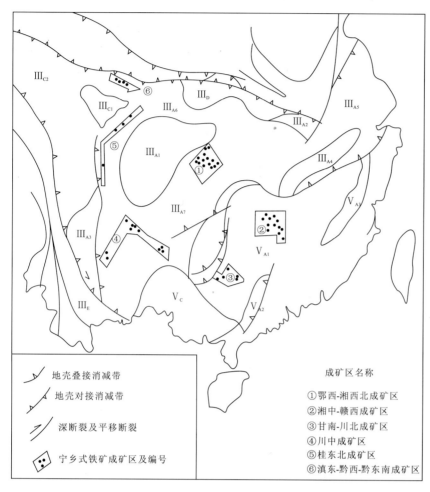

图 3-2 宁乡式铁矿成矿区分布及大地构造背景示意图

2. 铁矿形成的岩相古地理条件

根据华南晚泥盆世岩相古地理分析,晚泥盆世华南海不断向北扩展,中泥盆世在鄂南形成的海湾范围进一步扩大,东部已延展到江西北部和安徽南部,海侵的北部边界到达南漳、安陆、黄梅一线,形成了鄂西南、湘西北铁矿成矿沉积盆地(图 3-3)。

当时鄂南沉积盆地中海湾滨岸带较宽,近岸带发育滨岸潮坪相,远岸带发育海滩相。至黄家磴期,发育陆源碎屑近滨和远滨相,写经寺期则发育陆源碎屑和碳酸盐混合的远滨相。在浅海陆棚相,发生了大规模鲕状赤铁矿的沉积(图 3-4、图 3-5)。

宁乡式铁矿含铁建造大多产于海侵程序沉积岩系中,矿层之下一般为石英砾岩或石英粗砂岩,向上渐变为细砂岩、砂质页岩或页岩,矿层一般产于页岩和粉砂岩中。矿层以上多有碳酸盐岩层产出。

铁矿沉积的古地理环境应是浅、滨海,从含矿层盛产腕足、珊瑚、鱼类、苔藓虫及植物茎、碎片等化石特征,反映湿热气候条件下比较缓慢的沉积和局部海水交替进退情况。赤铁矿和鲕绿泥石的鲕状构造说明沉积时水动力条件相对较强。

宁乡式铁矿中,不同矿石类型反映了沉积的环境和介质条件的差异。在氧化还原电位较高的条件下形成鲕状赤铁矿,在弱还原、弱碱性条件下形成磁铁矿和菱铁矿。同一矿区中不同类型矿石的产出说明整个成矿阶段沉积环境的不均一性和物理化学条件的交替变化。鲕绿泥石的广泛分布则说明海水温度超过 20℃,宁乡式铁矿形成的大气候条件应当是湿热的季节性气候。

第三章 黑色金属矿产

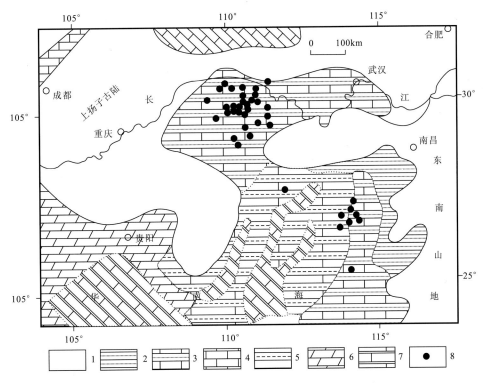

图 3-3 华南晚泥盆世古地理及沉积铁矿的分布(据赵一鸣,2000)
(古地理图据王鸿祯等,1985,修改)

1.古陆;2.海陆交互相碎屑岩组合;3.滨浅海碎屑及碳酸盐组合;4.浅海碳酸盐组合;5.浅海泥质碳酸盐组合;6.浅相镁质碳酸盐组合;7.深浅海硅质碳酸盐组合;8.沉积铁矿床(中型及大型)

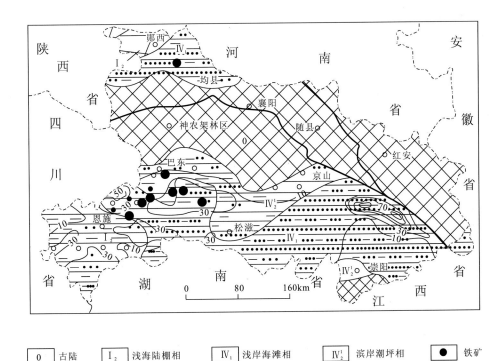

图 3-4 湖北省晚泥盆世黄家磴期岩相古地理图

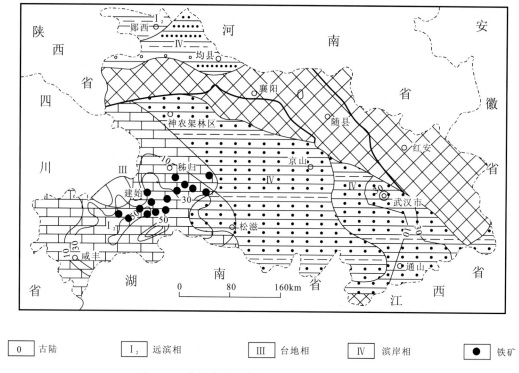

图 3-5 湖北省晚泥盆世写经寺期岩相古地理图

(三)铁矿成矿演化历史

鄂西宁乡式铁矿的成矿历史开始于晚泥盆世黄家磴期的中期,结束于写经寺期的末期,共有 4 个成矿期,分别形成了 Fe_1、Fe_2、Fe_3、Fe_4 四个矿层。根据各矿层在鄂南、湘西北沉积盆地中的分布、发育程度和物质组成的变化,可以推测鄂西宁乡式铁矿成矿演化史。鄂西-湘西北宁乡式铁矿沉积盆地中各矿层的分布和发育程度见表 3-2,图 3-6。

整个成矿过程分为下列 5 个阶段。

1. 成矿准备阶段

黄家磴期随着海侵的扩大,水体加深,沉积物由滨岸碎屑岩转化为泥岩、页岩夹石英砂岩,过渡为远滨陆棚沉积环境。官庄、火烧坪铁矿黄家磴组下部,均有大量石英砂岩产出,其上为细砂岩和页岩,为 Fe_1 铁矿层的沉积作了铺垫。

2. Fe_1 沉积阶段

Fe_1 沉积发生在黄家磴期的中期,在早期石英砂岩、细砂岩、页岩沉积的基础上进行。主要沉积区域在成矿区北部,总的成矿强度不大,除在黄粮坪、白燕山、十八格等地形成不厚的工业矿层外,其余地区均无工业意义,在湘西北则多不发育。铁矿沉积时总体处于氧化环境,形成砂质鲕状赤铁矿,透镜状、似层状产出。

3. Fe_2 沉积阶段

Fe_1 形成后经历了不长的铁矿沉积间歇期,形成了石英砂岩、细砂岩、粉砂岩和页岩后,开始了 Fe_2 的沉积。Fe_2 成矿阶段成矿范围扩大,发展到南部,成矿强度较 Fe_1 要大,在阮家河、清水湄、太清山、麦地坪等地形成工业矿层,且为主矿层;在黄粮坪、杨柳池、黑石板也较发育,可形成工业矿体。铁矿沉积主要处于氧化环境,形成砂质鲕状赤铁矿,矿层的延长和厚度也较 Fe_1 大。

表 3-2 鄂西-湘西北宁乡式铁矿中各矿层发育程度

序号	矿区名称	Fe_1	Fe_2	Fe_3	Fe_4
1	官庄	+	+	+++	+
2	马鞍山	+	+	+++	+
3	青岗坪	+	+	+++	++
4	火烧坪	+	+	+++	+
5	田家坪	−	+	+++	+
6	石板坡	+	+	+++	+
7	黄粮坪	+++	++	+	−
8	谢家坪	−	+	+++	−
9	阮家河	+	+++	+	−
10	龙角坝	+	+	+	+++
11	清水湄	+	+++	+	−
12	白燕山	+++	+	+	−
13	杨柳池	+	++	++	−
14	仙人岩	+	+	+	+++
15	瓦屋场	+	+	+	+++
16	龙坪	+	+	+	++
17	桃花	+	+	++	+
18	十八格	+++	+	+	+
19	大支坪	++	+	+	+
20	太平口	+	+	+	+++
21	官店	+	+	+++	+
22	黑石板	+	++	++	++
23	伍家河	+	+	+++	−
24	火烧堡	−	−	+++	−
25	长潭河	+	+	+++	−
26	马虎坪	+	+	+++	−
27	铁厂坝	+	+	+++	−
28	松木坪	+	+	+++	+
29	太清山	+	+++	+++	−
30	杨家坊	−	−	+++	−
31	新关	−	−	+++	−
32	何家峪	−	−	+++	−
33	小溪峪	−	+	+++	−
34	喻家咀	−	−	+++	−
35	麦地坪	+	+++	+	−
36	西界	−	−	+++	−
37	利泌溪	−	−	+++	−
38	桃子溪	+	−	+++	−
39	槟榔坪	−	−	+++	−

+++很发育,形成主要工业矿体;++发育,能形成工业矿体;+有发育,一般无工业价值;−不发育

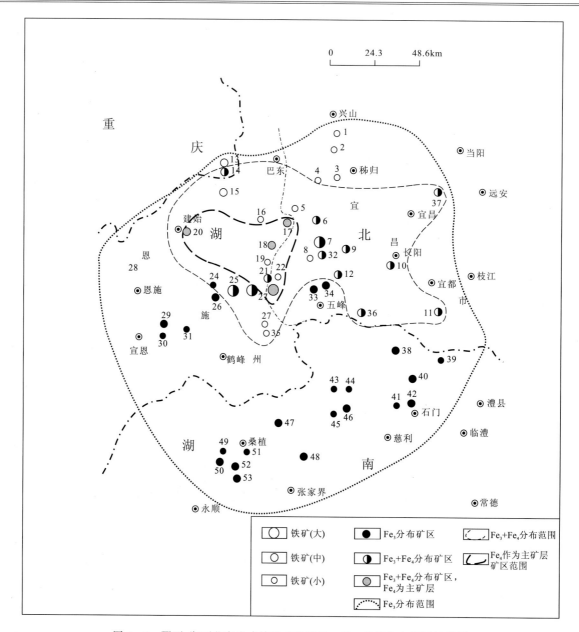

图 3-6 鄂西-湘西北宁乡式铁矿成矿区 Fe_3、Fe_4 矿层分布范围示意图

1.周家坡;2.浦平;3.锯齿岩;4.白燕山;5.白庙岭;6.杨柳池;7.火烧坪;8.茅坪;9.青岗坪;10.马鞍山;11.松木坪;12.石板坡;13.桃花;14.邓家乡;15.十八格;16.大支坪;17.仙人岩;18.瓦屋场;19.铁厂湾;20.太平口;21.龙坪;22.傅家坡;23.龙角坝;24.尹家村;25.官店;26.伍家河;27.红莲池;28.铁厂坝;29.长潭河;30.马虎坪;31.烧巴岩;32.田家坪;33.谢家坪;34.黄粮坪;35.清水湄;36.阮家河;37.官庄;38.太清山;39.火连坡;40.杨家坊;41.何家峪;42.新关;43.石门垭;44.磨市;45.柳枝坪;46.小溪峪;47.麦地坪;48.喻家咀;49.卧云界;50.利泌溪;51.西界;52.桃子溪;53.槟椰坪

4. Fe_3 沉积阶段

Fe_2 沉积后继续处于海进层序,沉积物除砂页岩以外,还出现了泥质灰岩。进入写经寺期,沉积了石英砂岩、细砂页和页岩后,即发生了本区最为强烈的 Fe_3 沉积作用。沉积作用遍及整个区域,成矿范围和成矿强度都达到顶峰。形成了延长数千米至十数千米,厚数米至上十米的矿层,其中包含了大量的富矿,是本区 64.1% 铁矿床的主矿层。铁矿沉积时总体处于氧化环境,形成砂质鲕状赤铁矿,钙质鲕状赤铁矿,局部氧化还原条件有变化,导致有鲕绿泥石、菱铁矿产出。

5. Fe_4沉积阶段

写经寺期早期 Fe_3 沉积后,沉积环境发生了明显的变化,发育了一套类似于碳酸盐台地的沉积:白云质灰岩、泥质灰岩及页岩。至写经寺期晚期即发生本区最后一次铁矿沉积作用,形成了 Fe_4 矿层。Fe_4 矿层形成的范围比 Fe_3 要小,整个成矿区域开始向北收缩,特别是以 Fe_4 为主矿层的矿区,局限于鄂西-湘西北成矿区的西北部,以太平口、龙角坝、仙人岩为顶点的三角形地带,预示着泥盆纪宁乡式铁矿的沉积作用即将结束,并在此收口。

Fe_4 成矿期的沉积环境与 Fe_1、Fe_2、Fe_3 有较大的差别,沉积时的地球化学条件以氧化还原过渡相和还原相为特征:早期以过渡相为主,形成赤铁磁铁矿石;晚期以还原相为主,形成鲕绿泥石菱铁矿石。沉积环境走向还原的过程一直延续到铁矿形成后,以黑色页岩覆盖于铁矿层之上而告终。

至早石炭世,鄂南沉积盆地既继承了晚泥盆世的轮廓,但范围进一步缩小,与外海的流通性也不及晚泥盆世,变成了半流通和半局限状态,形成了以碳酸盐岩为主,并与陆源碎屑交替的沉积。

三、宁乡式铁矿矿石酸碱类型品级和含磷量

(一)酸碱类型

铁矿按《铁、锰、铬地质勘查规范 DZ/T0200-2002》划分矿石酸碱类型(表3-3)。

表3-3 矿石酸碱类型划分标准

矿石类型	酸碱度(SJ)=(CaO+MgO)/(SiO_2+Al_2O_3)
碱性矿石	>1.2
自熔性矿石	1.2~0.8
半自熔性矿石	<0.8~0.5
酸性矿石	<0.5

宜昌市宁乡式铁矿各种酸碱性类型的矿石都有产出(表3-4),但总体以自熔性和碱性矿石为主,分别占资源总量的33.61%和33.66%,酸性矿石则占28.10%,这是本市宁乡式铁矿矿石性质的一个重要特征。全国宁乡式铁矿85%以上为酸性矿石,恩施州的铁矿基本上全为酸性矿石。本区火烧坪、石板坡、松木坪矿区自熔性矿石占有主要地位,官庄铁矿则全部为碱性矿石。在一个矿区中,不同酸碱类型的矿石可同时产出,如火烧坪铁矿酸性矿石占20.44%,自熔性矿石占45.67%,碱性矿石占33.87%。

表3-4 宜昌市主要宁乡式铁矿矿石酸碱度类型

矿区	酸性矿石(万吨)	半自熔性矿石(万吨)	自熔性矿石(万吨)	碱性矿石(万吨)
夷陵区官庄铁矿				8591.7
秭归杨柳池铁矿	2387.9			
长阳马鞍山铁矿	3200			
长阳火烧坪铁矿	3110		6947.0	5154.8
长阳田家坪铁矿	549.95		518.82	1505.33
长阳青岗坪铁矿			5609.85	
长阳石板坡铁矿		2134.1	1799.4	251.1
五峰谢家坪铁矿	2014.0			
五峰阮家河铁矿	1260.4			
五峰黄粮坪铁矿				
五峰龙角坝铁矿				
宜都松木坪铁矿	437.3		628.29	21.83
总计	12959.55	2134.1	15503.36	15524.76
比例%	28.10	4.63	33.61	33.66

(二)矿石品级

铁矿矿石品级按火烧坪铁矿当年勘探时的工业指标(表3-5)划分富矿和贫矿两个品级。富矿分为高炉富矿和自熔性富矿,前者对酸碱度不作要求,后者要求酸碱度≥0.8,因此实际上也包括了碱性富矿石。本市富矿资源总量为29929.97万t,占全市宁乡式铁矿总资源量的42.61%。

表3-5 火烧坪铁矿工业指标表

项目	质量指标			可采厚度及夹层处理(m)		备注
	边界品位 TFe(%)	平均品位 TFe(%)	$CaO+MgO+SiO_2+Al_2O_3$	单层矿	互层矿	原鄂西矿务局601队根据冶金部地质局(57)冶地地字第52号文,冶金部武汉黑色矿山设计院1957年矿设技经字第571号文,冶金部(59)冶文发716号文综合研究确定。工程控制网度地表线距200m 钻探网度: B 400m×400m C 800m×400m
高炉富矿	≥45	≥48		≥0.7	主矿层≥0.5 次矿层>0.3 夹层<0.3	
Ⅰ级自熔高炉富矿	≥35	≥39	≥0.8			
Ⅱ级自熔富矿	≥30	≥35	≥0.8			
贫矿		30~45		≥1.0		
自熔贫矿	≥20	≥25	>0.8			
表外矿石		20~30	<0.8			

(三)含磷量

各矿区中磷的平均含量见图3-7,矿区中磷的平均含量0.424%~1.44%,差别显著。全区磷含量总平均为0.865%。铁矿中伴生磷的总量为1664万t,折合成含P_2O_5:30%的矿石为9370万t,相当于两个大型磷矿的资源量。

鄂西-湘西北宁乡式铁矿中的含磷量并非"铁板一块"的都很高,而是高低分别聚集,分布错落有序。按含量高低可分为3种类型:高磷型,矿石中磷的含量超0.8%;中磷型,矿石中磷含量0.1%~0.8%,相对较低;低磷型,矿石中含磷量特别低(<0.1%)。不同含磷量类型的铁矿在空间上成群聚集,高低相间。低磷型铁矿出现在湘西北桑植地区。鄂西地区以火烧坪、官店、长潭河为中心,形成三个高磷矿集中区,其间夹以谢家坪、黄粮河为中心及伍家河铁矿坝为中心的两个中磷区。出现在成矿区东北边缘的官庄铁矿也属于中磷型。

四、宁乡式铁矿富矿分布和产出特征

(一)富矿的分布

宜昌铁矿富矿分布状况及资源储量见图3-8,表3-6所示。

鄂西铁矿有富矿产出的矿区分布于成矿区中部,周围被贫矿区所包围,中部富矿分布区又可分为东西两部分:西部富集区在恩施州境内,集中产出酸性富矿,特别是伍家河、官店、黑石板、龙坪等大中型矿区富矿的资源量达4.5亿t,约占鄂西铁矿富矿总资源量的55.21%;东部富集区在宜昌长阳县境内,

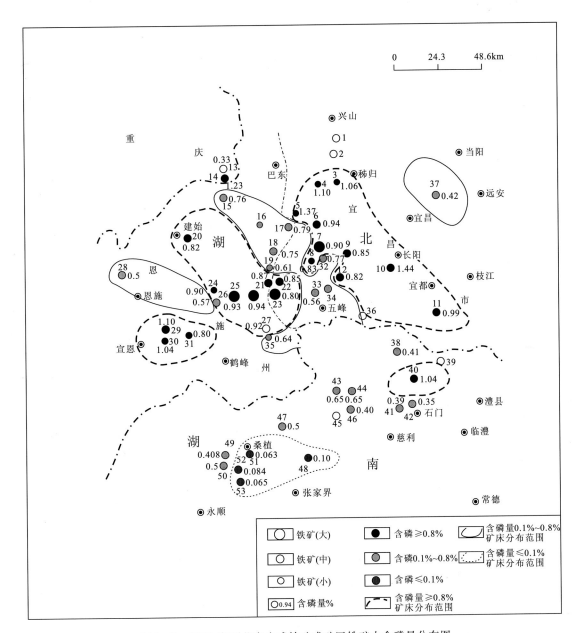

图 3-7 鄂西-湘西北宁乡式铁矿成矿区铁矿中含磷量分布图

1.周家坡；2.浦平；3.锯齿岩；4.白燕山；5.白庙岭；6.杨柳池；7.火烧坪；8.茅坪；9.青岗坪；10.马鞍山；11.松木坪；12.石板坡；13.桃花；14.邓家乡；15.十八格；16.大支坪；17.仙人岩；18.瓦屋场；19.铁厂湾；20.太平口；21.龙坪；22.傅家坡；23.龙角坝；24.尹家村；25.官店；26.伍家河；27.红莲池；28.铁厂坝；29.长潭河；30.马虎坪；31.烧巴岩；32.田家坪；33.谢家坪；34.黄粮坪；35.清水湄；36.阮家河；37.官庄；38.太清山；39.火连坡；40.杨家坊；41.何家峪；42.新关；43.石门垭；44.磨市；45.柳枝坪；46.小溪峪；47.麦地坪；48.喻家咀；49.卧云界；50.利泌溪；51.西界；52.桃子溪；53.槟榔坪

以火烧坪为中心的青岗坪、田家坪、石板坡一带，产出的主要为自熔性富矿，总资源量为 2.4 亿 t。富矿分布区处于鄂西宁乡式铁矿成矿区的中心地带，矿床密集分布、规模大、矿层厚且稳定，其南北两侧处于成矿区的边缘地带，矿床规模小且矿石贫，如处于北部边缘的兴山周家坡、浦平铁矿及南部边缘的宣恩马虎坪铁矿、火烧堡铁矿及鹤峰的红莲池铁矿等。

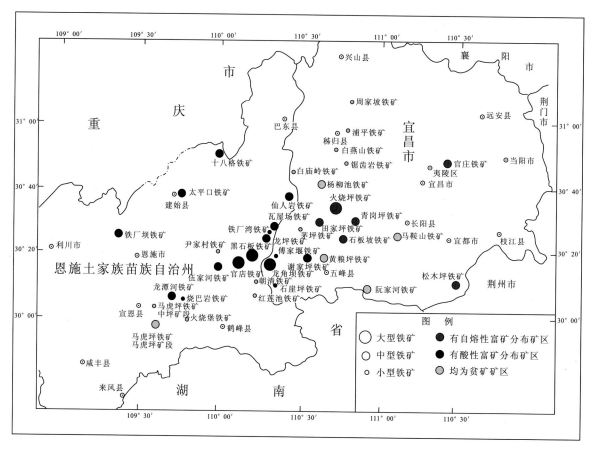

图 3-8 鄂西宁乡式铁矿中富矿分布示意图

表 3-6 宜昌铁矿大中型矿床富矿资源储量

矿区名称	富矿量（万吨）	矿区名称	富矿量（万吨）
宜都松木坪铁矿	1047.9	五峰龙角坝铁矿	2648.9
夷陵区官庄铁矿	3068.8	长阳田家坪	752.9
长阳火烧坪铁矿	12160.42	长阳傅家堰	310.0
长阳青岗坪铁矿	5609.85	长阳石板坡	3340.2
五峰谢家坪铁矿	542	五峰石崖坪	449.0

（二）富矿与产出层位的关系

本区富矿产出与含矿层位有密切关系（表 3-7），主要富矿产于 Fe_3 矿层中，占已查明富矿资源量的 89.33%。Fe_1 矿层也有富矿产出，例如建始十八格铁矿，同一层位的秭归白燕山铁矿则为贫矿。

Fe_2 矿层在本区一些铁矿中也有分布，但因矿层较薄，连续性差，主要为贫矿。

表 3-7　鄂西铁矿产出层位与富矿的关系

层位	以其为主矿层的矿区	与富矿关系	富矿资源量及占全区比例
Fe_1 矿层（产于上泥盆统黄家磴组 D_3h 中部）	<u>建始十八格</u>、<u>秭归白燕山</u>	有富矿产出，但规模小，透镜状，似层状产出，厚度 0.7～1.1m 左右	1523 万 t 1.63%
Fe_2 矿层（产于黄家磴组 D_3h 上部）	湖南石门太清山、桑植麦地坪	主要为砂质鲕状赤铁矿，品位不高，少有富矿产出	415.70 万 t 0.44%
Fe_3 矿层（产于上泥盆统写经寺组 D_3x 下部）	<u>官店</u>、<u>黑石板</u>、<u>火烧坪</u>、<u>青岗坪</u>、<u>田家坪</u>、<u>石板坡</u>、<u>松木坪</u>、<u>宜庄</u>、<u>杨柳池</u>、<u>谢家坪</u>、<u>铁厂坝</u>、<u>伍家河</u>、<u>龙坪</u>	富矿产出的主要层位，规模大，分布连续，可单独计算储量。本区富矿大部分产于该层位	84571.92 万 t 90.28%
Fe_4 矿层（产于写经寺组 D_3x 上部）	<u>太平口</u>、仙人岩、瓦屋场、<u>龙角坝</u>	有富矿产出，下矿层含磁铁矿。鲕绿泥石菱铁矿矿石一般品位较低	7171.8 万 t 7.66%

注：加横线的矿区为有富矿产出的矿区

Fe_4 矿层分为上下两矿层，上矿层为褐铁矿鲕绿泥石矿层，品位一般较低 25%～40%；下矿层在龙角坝地区为鲕状磁铁赤铁矿，有较多富矿产出。

富矿受层位控制在一些多层位铁矿的矿床中表现得很清楚。如火烧坪铁矿出现 Fe_1、Fe_2、Fe_3^2、Fe_3^3 四个层位，Fe_1 和 Fe_2 为酸性贫矿，Fe_3^2 和 Fe_3^3 则为自熔性富矿（图 3-9）。青岗坪铁矿富矿产于 Fe_3^3 层中（图 3-10）。

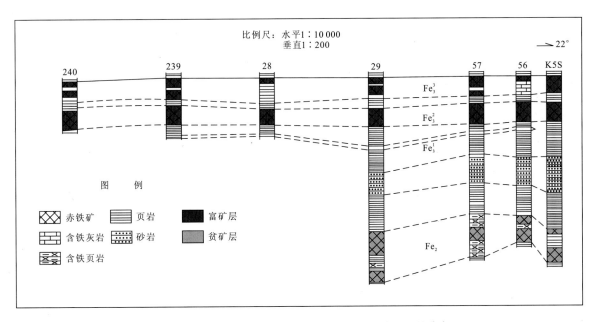

图 3-9　长阳火烧坪铁矿 12 勘探线富矿层和贫矿层的分布

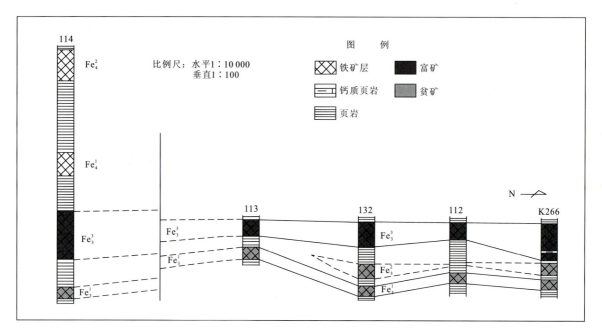

图 3-10 湖北长阳青岗坪铁矿 13 号勘探线富矿层分布图

(三)富矿产出岩相古地理条件

1. 与沉积相的关系

鄂南盆地晚泥盆世沉积相分布及与富矿的关系见图 3-11,表 3-8。

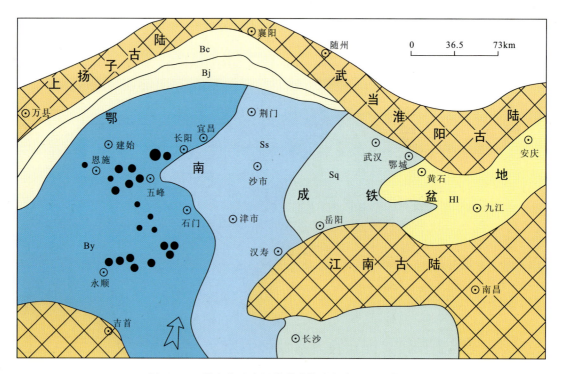

图 3-11 鄂南盆地晚泥盆世晚期岩相古地理示意图

(据徐安武,1992 改编)

Hl. 河流相;Ss. 前三角洲相;Sq. 三角洲前缘相;By. 远滨相;Bj. 近滨相;Bc. 前滨相;黑色圆点为铁矿产区

表 3-8 鄂南盆地晚泥盆世岩相与富矿的关系

岩相	河流相	三角洲前缘相	前三角洲相	前滨相	近滨相	远滨相
分布	鄂东南、大冶、黄石一带	鄂东南仙桃、孝感一带	鄂中荆门、沙市一带	南漳一带	宜城一带	鄂西宜昌、恩施一带
沉积特征	薄层粉砂质细砂岩、粉砂质页岩、粘土岩、粉砂岩、石英砂岩；含植物化石；具楔形、交错层理	粉砂质粘土岩、砂岩；具水平层理和交错层理	粘土岩、粉砂质粘土岩	砂岩、粉砂岩、砾岩；具冲刷层理；含介壳类化石	砂岩、粉砂岩；具纹层构造、交错层理和水平纹层发育	砂岩、粉砂岩、粘土岩、页岩、泥灰岩、灰岩；水平层理发育；含植物及双壳类化石
铁矿含矿性	不含矿	不含矿	不含矿	不含矿	不含矿	铁矿集中产出，中心部位有富矿产出

晚泥盆世鄂南盆地周围基本为古陆包围，只有南部有一通道与湘-鄂海盆相连。北为上扬子古陆和武当淮阳古陆，东南为江南古陆，西南为梵净山古陆。这些古陆为剥蚀区，为鄂南海盆提供陆源充填物。盆地沿着北部和西北部古陆的边缘依次形成前滨相和近滨相，由砾岩、砂岩、粉砂岩等组成，水体很浅，无铁矿形成。

盆地东部黄石大冶一带发育了河流相，上部由浅黄色薄层粉砂质细砂岩、粉砂岩、粘土岩等构成，含植物化石及小个体双壳类化石。河流相的下部则以灰白、肉红色中至厚层或块状石英岩状砂岩、石英砂岩或含铁砂岩为特征。河流相岩层具楔形层理和交错层理，虽有含铁岩石产出，但并无铁矿层分布。

河流相向西在仙桃、孝感一带发育了三角洲前缘相，主要由粉砂质粘土岩、砂岩等组成，发育有水平层理或交错层理。在三角洲前缘相的外侧，为前三角洲相分布区，位于荆门、沙市一带，该相属滨外沉积，已处典型的海洋沉积环境，水深大部分处于波基面以下，主要由粘土岩、粉砂质粘土岩等细粒碎屑岩和泥质岩组成。无论是三角洲前缘相或前三角洲相均无铁矿产出。

盆地西部宜昌、恩施地区发育了远滨相，它是由近滨相演化而来的。晚泥盆世早期该区尚处于近滨相环境，后来随着海侵范围加大，水体加深，成了远滨环境。该相沉积下部相当于黄家磴组，上部相当于写经寺组。黄家磴组岩性为黄绿、灰绿、褐黄、黄灰及紫红等杂色页岩、石英砂岩夹少量泥灰岩、灰岩，普遍夹有鲕状赤铁矿，有时夹鲕绿泥石砂岩，水平层理，有时可见交错层理、斜层理和波痕构造。含植物及双壳类、鱼类、孢子化石。黄家磴组是本区主要含矿层位，Fe_1 和 Fe_2 矿层分别产于其中部和上部。矿层横向变化较大，常相变为铁质砂页岩，自东向西层数及厚度有渐减的趋势。至西南部宣恩县川前河、咸丰县白岩等地矿层完全尖灭。向西至利川文斗仅见一层矿或尖灭。黄家磴组中也有富矿产出，如黑石板矿区、十八格矿区，但产出的量不大。

远滨相上部沉积写经寺组上段为砂页岩段，主要为黄灰、灰绿、灰黑色炭质页岩、砂质页岩、石英砂岩、夹粉砂岩，含鲕绿泥石菱铁矿层（Fe_4）；下段在东部为灰岩段，由灰、深灰色中至厚层状灰岩、泥灰岩夹页岩、钙质页岩及鲕状赤铁矿层（Fe_3）组成。Fe_3 为本区最主要的矿层，产自熔性富矿；西部为页岩夹砂岩段，产酸性富矿。写经寺组除巴东、兴山以北以及利川、咸丰地区外，各地均普遍发育。

2. 与沉积微相的关系

本区远滨相可根据岩性组合细分为砂岩微相，砂岩夹页岩微相、页岩夹砂岩微相和页岩夹灰岩微相，其中砂岩微相基本不产铁矿，其余 3 个微相与富矿及自熔性矿石的关系见图 3-12，表 3-9。

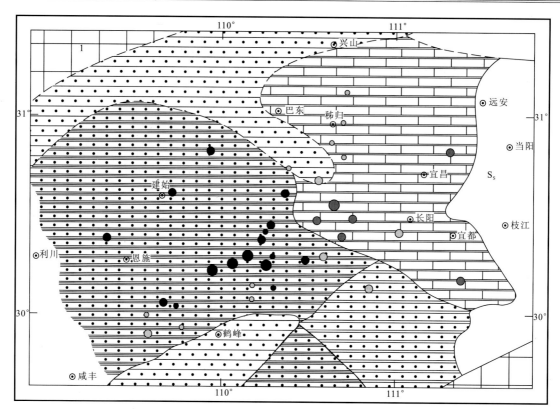

图 3-12 沉积岩相微相与富矿自熔性矿分布的关系

1.古陆；2.砂岩微相；3.页岩夹灰岩微相；4.砂岩夹页岩微相；5.页岩夹砂岩微相；6.前三角洲相；7.酸性富矿产出矿区；8.自熔性富矿产出矿区；9.贫矿矿区

表 3-9 沉积岩相微相与富矿及自熔性矿的关系

相	远滨相												
微相	页岩夹砂岩微相				砂岩夹页岩微相				页岩夹灰岩微相				
分布	恩施地区				湘西北				宜昌地区				
主要矿区化学组成	矿区	TFe (%)	SiO₂ (%)	Al₂O₃ (%)	CaO (%)	矿区	TFe (%)	SiO₂ (%)	Al₂O₃ (%)	CaO (%)	矿区	TFe (%)	SiO₂ (%)	Al₂O₃ (%)	CaO (%)
	铁厂坝	42.83	22.62			杨家坊	40.66	23.56	7.86	2.46	松木坪	45.95	13.95	8.87	5.51
	伍家河	40.11	17.31	10.0	12.50	利泌溪	44.96	13.40	10.60	2.03	官庄	38.72	11.62		
	太平口	41.33	16.46								田家坪	37.80	13.40		
	官店	45.11	12.44	6.67	7.0						火烧坪	37.85	9.12	4.62	14.26
	仙人岩	39.84	16.13	5.19	3.76						青岗坪	43.70	10.83		
	龙坪	43.40	20.19	7.0	5.0						石板坡	40.61	15.10	7.01	7.96
	长潭河	41.95	13.49	6.99	6.89										
	十八格	45.26	12.09	10.47	2.21										
与富矿及自熔性矿的关系	矿石含铁较高，含硅、铝高，含钙偏低，有大量酸性富矿产出				矿石含铝、硅高，含钙低，有部分酸性富矿产出				矿石含硅较低，含铝中等，含钙较高，有大量自熔性富矿产出				

页岩夹砂岩微相主要分布在恩施州范围内,以十八格、仙人岩、龙坪、黄粮坪一线以东与页岩夹灰岩微相为界,南部在鹤峰与砂岩微相为界,在阮家湾以北与砂岩夹页岩微相相邻。该微相岩石组合以页岩为主,夹砂岩,也出现部分灰岩。产于页岩夹砂岩微相中的铁矿密集而规模大,是鄂西宁乡式铁矿的主要产区,其资源储量约占全区的2/3。铁矿的主要化学成分特征为:TFe含量较高,一般矿区平均品位都在40%以上,十八格及官店矿区超过45%;SiO_2的含量较高,一般在15%以上,最高可超过20%;Al_2O_3的含量也较高,一般在7%～10%;CaO含量除个别矿区外都偏低,在7%以下。这种成分特征与微相岩性组合特征是相对应的。鄂西主要酸性富矿都产于这一微相中。

砂岩夹页岩微相分布于盆地南部湘西北地区,其铁矿除阮家湾外都分布在湖南境内。微相的岩石组合以砂岩为主,夹页岩,有时有灰岩产出。所产铁矿SiO_2和Al_2O_3的含量高,杨家坊铁矿SiO_2的平均含量达23.56%,Al_2O_3的含量为8%～10%,钙的含量较低,只有2%～3%。该微相中产出的铁矿常具砂质鲕粒结构,一般品位不高,只有部分酸性富矿产出,但富矿的数量远不及鄂西地区。

页岩夹灰岩微相分布于宜昌市范围内,自长阳县至宜都和夷陵区。微相岩石组合以页岩为主,夹泥灰岩、灰岩,在矿层的夹层中可见含铁介壳灰岩。火烧坪矿区顶底板及夹层岩石多元素分析结果:TFe:8.95%、SiO_2:26.22%、Al_2O_3:9.76%、CaO:23.71%、MgO:2.81%、P:0.395%,可代表页岩夹灰岩微相的化学组成特征。该微相所产铁矿密集,规模也较大,铁矿资源储量约占全区的1/3。该微相中的铁矿化学组成与恩施地区产于页岩夹砂岩微相中的铁矿相比,TFe的含量要低一些,SiO_2的含量则明显偏低,钙的含量明显偏高,铝的含量相近似,与微相中含有较多的碳酸钙成分相一致。铁矿中出现大量自熔性矿石,其中有很大一部分达到了自熔性富矿的要求,成为鄂西地区自熔性富矿的主要产区。

(四) 富矿产出的地球化学条件

1. 沉积水体氧化还原(Eh)和酸碱性(pH)条件

宁乡式铁矿为海相沉积铁矿,铁元素的富集沉淀服从铁在沉积作用中地球化学性质的控制。在海水中,铁呈Fe^{2+}、$Fe(OH)^{2+}$、$Fe(OH)_2^{1+}$、$Fe(OH)^{1+}$等形式存在。Fe^{2+}、Fe^{3+}的溶解度随溶液的酸度增大和Eh值降低而增大。铁的沉淀和形成的矿物组合则取决于pH值、Eh值、溶质的浓度和二氧化碳及硫的逸度(f_{CO_2}、f_{S_2})等因素。这些因素互相影响和相互制约,确定了矿物沉淀的稳定域(图3-13、图3-14)。

宜昌铁矿中出现赤铁矿(Fe_2O_3)、磁铁矿(Fe_3O_4)、菱铁矿($FeCO_3$)和鲕绿泥石(硅酸铁矿物)及黄铁矿5种矿物相,其产出的物理化学条件各不相同。

赤铁矿:赤铁矿的稳定域最大,在氧化条件下只要pH>2即可沉淀。在碱性条件下即使Eh为负值也能出现,和菱铁矿、磁铁矿或鲕绿泥石达到相平衡。因此赤铁矿是本区铁矿中分布最广的铁矿物,不但在鲕状赤铁矿中大量出现,也可在鲕绿泥石菱铁矿矿石或磁铁菱铁矿矿石中出现,构成混合矿石。

菱铁矿:菱铁矿的稳定域比较窄,它产出条件Eh<0,pH7～8,因此可以根据菱铁矿的存在判断沉积环境为碱性还原环境。本区无论是鲕绿泥石菱铁矿矿石,或赤铁菱铁混合矿石均为碱性还原条件下铁沉积的产物。

磁铁矿:据以往对宁乡式铁矿矿物相的研究,磁铁矿仅出现在经受过变质的矿床中,如湖南大坪铁矿、茶陵铁矿、江西的乌石山铁矿。磁铁矿在变质过程中交代原生的沉积赤铁矿或自生结晶而成。本区发现磁铁矿的矿床并未经受过区域变质或接触变质,因此是原生的。对其产出条件的地球化学解释见图3-13。该图表示的是25℃和1个大气压条件下铁的氧化物、硫化物和碳酸盐在水中的稳定关系。据图3-13,图3-14,当Eh=−0.2～−0.6,pH=9～10.5时,菱铁矿和磁铁矿达到平衡,本区"西淌黑矿"菱铁矿和磁铁矿的组合正好代表了这一平衡。而"西淌红矿"为磁铁矿与赤铁矿组合,代表了该相图中Eh=−0.2～−0.5,pH≥8.5,Fe_2O_3—Fe_3O_4的平衡区域。

鲕绿泥石:为硅酸铁矿物,其稳定场据图3-14为Eh=−0.2～−0.6,pH>8.5,并且在溶液中要有非晶质SiO_2存在。在pH减小方向与菱铁矿平衡,在Eh减小方向与赤铁矿平衡。因此鲕绿泥石既

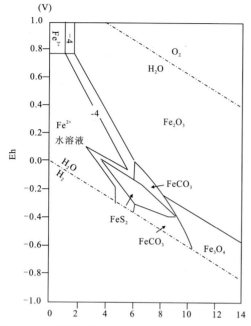

图 3-13 铁的氧化物、硫化物和碳酸盐(在 25℃ 和 1 个大气压的条件下)的水中稳定场关系(据加勒尔斯,1960)溶解的总硫量 $=10^{-6}$ M;溶解的总 $CO_2=10^0$ M;非晶质 SiO_2 不存在;数字-4 为铁的活度对数值,用来表示溶解度的变化率

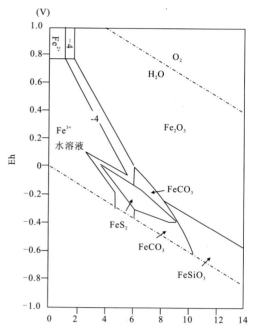

图 3-14 铁的氧化物硫化物、碳酸盐和硅酸盐在水中(条件同左图)稳定场的关系(有非晶质 SiO_2 存在)(据加勒尔斯,1960)

可大量与菱铁矿共生,也可出现在赤铁矿矿石中。在该相图中没有 Fe_3O_4 的存在,与本区大部分铁矿中磁铁矿鲜有所见的情况吻合。另有克莱恩和布里克(1977),用接近含铁建造的热力学数据,模拟近代海水条件编制的 $Fe-SiO_2-O_2-H_2O$ 体系中某些相稳定关系的 Eh-pH 图解表明:在碱性还原条件下硅酸铁与磁铁矿的平衡线,可圆满地解释本区西淌铁矿中磁铁矿—赤铁矿—菱铁矿—鲕绿泥石共生的现象。

黄铁矿:本区铁矿中,特别是某些含硫稍高一点的矿区都可见到星点状的黄铁矿,黄铁矿形成于 Eh $=0\sim-0.35$V,pH $=4\sim9.5$ 的范围内,与菱铁矿的稳定域在碱性部分相近,但与赤铁矿则无平衡反应。因此本区赤铁矿与微量黄铁矿不是同期形成,鲕绿泥石菱铁矿中的黄铁矿,相互间则是共生关系。

根据本区富矿以赤铁矿石为主,并含少量鲕绿泥石和菱铁矿,有时有较多磁铁矿产出,推断其形成的总体物理化学条件为:Eh $=-0.2\sim+0.2$V,pH $=7\sim10$。

2. 沉积地球化学相

铁在海盆地中的沉积一般具有这样的规律,从边缘向深处,沉积物的分布依次是碎屑岩、粘土岩、碳酸盐岩和有机岩,铁矿物也呈不同的相,依次为氧化物相、硅酸盐相、碳酸盐相和硫化物相。这样的环境变化可用地球化学相来说明(表 3-10)。研究认为在本区地球化学相的演变不但表现在横向上,更大范围和更高层次地是表现在纵向上,即表现在随时间推移而形成的沉积程序上。Fe_1—Fe_4 四个矿层,形成时间由早到晚,沉积的地球化学环境和矿物相也相应地发生演变(表 3-11),符合瓦尔特沉积相率叠合原则。

表 3-10 铁的沉积地球化学相（据黎彤，1979）

沉积相	铁离子	主要铁矿物	沉积岩	有机质	Eh(V)	pH
氧化相	Fe^{3+}	赤铁矿 褐铁矿 （磁铁矿）	砂质粉砂质碎屑岩，有少量硅质和钙质结核	无	>0.2	7.2~8.5
过渡相	$Fe^{3+}>Fe^{2+}$ 到 $Fe^{2+}>Fe^{3+}$	海绿石 鳞绿泥石 （磁铁矿）	粉砂质、砂质碎屑岩，硅藻土和磷块岩	少	0.2~0.1	
弱还原相	Fe^{2+}	菱铁矿、鲕绿泥石	泥质沉积	多	0.0~-0.3	7.1~7.8
		铁白云石	白云岩和石灰岩			>7.8
强还原相		黄铁矿、白铁矿	有机质粘土黑色页岩，有机岩	很多	-0.3~-0.5	7.2~9.0

表 3-11 各矿层铁沉积地球化学相

矿层	地球化学相	主要铁矿物	其他沉积物	Eh(V)	pH	与富矿的关系
Fe_1	氧化相	赤铁矿	方解石、白云石、石英、玉髓、粘土矿物、胶磷矿	>0.2	7.2~8.5	有富矿产出，规模不大
Fe_2	氧化相	赤铁矿	方解石、白云石、石英、玉髓、粘土矿物	>0.2	7.2~8.5	有富铁矿产出，规模不大
Fe_3	氧化相	赤铁矿	石英、方解石、白云石、蛋白石、粘土矿物、胶磷矿	>0.2	7.2~8.5	主要富矿产出矿层
Fe_4	过渡相（下矿层）	磁铁矿、菱铁矿、赤铁矿	石英、玉髓、白云石、方解石、粘土矿物、胶磷矿	0.2~0.1	>7.8	有富矿产出
	弱还原相（上矿层）	鲕绿泥石、菱铁矿	石英、玉髓、方解石、白云石、粘土矿物、胶磷矿	0.0~-0.3	>7.8	经表生氧化形成褐铁矿，氧化彻底成富矿

综上述，本区富矿形成于氧化相，特别是 Fe_3 矿层形成时氧化相范围大，氧化程度较高，持续时间长，形成了厚大的富铁矿体。Fe_1 和 Fe_2 矿层沉积时也处于氧化相，但总体成矿作用强度不大，矿层薄，品位较低，部分地区形成富矿，规模不大。Fe_4 下矿层沉积时处于过渡相，以产出磁铁矿—赤铁矿—菱铁矿混合矿石为特征，可以构成品位颇高的富矿。Fe_4 上矿层沉积时处于弱还原相，沉积了鲕绿泥石及菱铁矿矿石，品位不高，只有当接近地表部分经表生富集改造才有可能形成富矿。

五、宁乡式铁矿开采技术条件

宜昌市宁乡式铁矿开采技术条件见表 3-12。

表 3-12　宜昌市宁乡式铁矿开采技术条件

矿区	主矿体特征					水文地质条件	工程地质条件	环境地质条件
	长度(m)	厚度(m)	倾角(°)	埋深(m)	形态			
官庄	4000	1.10	10～30	0～280	似层状	简单	顶底板岩石较稳定	复杂
杨柳池	4650	1.51～1.97	29～32	0～760	似层状	简单	中等稳定	中等
马鞍山	4350	0.4～3.25	20～35	0～600	似层状	简单	不稳定	复杂
田家坪	5000	0.78～1.5	10	400～450	层状	简单	简单	中等
火烧坪	12800	2.4	20～30	0～700	层状	简单	稳定	中等
青岗坪	12300	2.2～2.8	25～35	0～600	层状	简单	构造影响大	中等
石板坡	8060	1.61	20～72	0～870	层状	简单	上下盘围岩易碎	中等
谢家坪	3000	0.99～1.43	16～35	0～320	似层状	简单	顶板易碎	中等
阮家河	4000	0.93～1.25	5～25	0～400	似层状	简单	围岩稳定	简单
黄粮坪	4300	1.2	10～45	0～400	层状矿体	简单	简单	简单
龙角坝	18000	1.05～3.99	24～34	0～500	似层状	简单	简单	简单
松木坪	650	1.68	11～13	0～140	似层状	简单	断裂破坏矿层，顶底板需支护	复杂

(一)矿体产状及几何参数

1. 矿体埋深条件

除个别矿区外，矿体在地表都有出露，并多出露于多山地带，地形切割较深，矿体埋深 0 米至数百米。由于矿体薄，采剥比大，其主体只能采用地下开采方式进行开采，根据每一个矿区矿体赋存条件决定地下开拓类型。火烧坪、青岗坪等铁矿宜用平硐开拓，中小型铁矿可用斜井开拓。有的矿区有些地段矿体产状与地形坡度一致，并且矿体上部覆盖很浅，亦可采用露天采矿的方法进行开采。如火烧坪矿区，局部有大量矿体出露地表，矿体出露区域满足露天开采的技术要求，具备露天矿山前期剥离量小，生产工艺简单，基建工程量小，投产、达产时间较短的特点。官庄铁矿也有部分矿体出露地表正在露天开采。据表 3-12 所列矿体埋深，铁矿开采深度应为 200～800m，与我国多数地下开拓矿山的开采深度的范围相当。

2. 矿体几何参数

(1) 矿体长度

矿体几何参数的特征是"大延长、薄厚度、缓倾斜"。矿体延长一般都为数千米，大型、大中型矿床则延长 10km 以上。火烧坪铁矿延长 12.8km、青岗坪延长 12.3km、龙角坝延长 18km。矿体延长大、储量多，又是整装型，为规模开采创造了有利条件。这类矿区应根据构造、地形、储量分布划分若干个井田(井区、采区)分区开采。

(2) 矿体厚度

矿体的厚度普遍较小，除火烧坪矿区的某些地段厚度大于 4m 外，一般矿区矿体的厚度只有 0.6～3.0m，属极薄矿体和薄矿体。矿体厚度影响采矿方法、落矿方法的选择和采场布置。极薄矿体需考虑削壁，薄层矿和极薄层矿不能采用中深孔落矿，采场只能沿走向布置。

(3) 矿体的倾角

多数矿区矿层倾角较小(10～30°)，属于缓倾斜矿体。由于铁矿体赋存形式受褶皱构造控制，一般单斜层矿区，矿体倾角较小且稳定，大型矿床的铁矿层往往在褶皱构造两翼都有产出，使得矿层倾角倾向均有很大的变化。例如青岗坪矿区，矿层分布在向斜两翼，矿体产状可由陡倾到缓倾。矿体倾角影响采矿场内矿石运输方式,陡倾斜矿体可利用矿石自重搬运,倾斜矿体可采用爆力加机械搬运,缓倾斜矿体则需采用电耙等设备进行搬运。

矿体的厚度和倾角决定了采矿方法的选择,根据矿体几何参数宜采用的采矿方法见表3-13。

表3-13 适合于宜昌宁乡式铁矿的采矿方法

矿体厚度	水平矿体 0~3°	缓倾斜矿体 3~30°	倾斜矿体 30~50°	急倾斜矿体 >50°
极薄矿体 <0.8m	壁式削壁充填法	同左	倾斜削壁充填法	留矿法,分层削壁充填法
薄矿体 0.8~4m	全面法,房柱法,壁式崩落法,壁式充填法	全面法,房柱法,壁式崩落法,壁式充填法,进路充填法等	爆力运矿采矿法,分层崩落法,上向进路充填法等	分段法,留矿法,分层崩落法,水平分层充填法,留矿采矿事后充填法等
中厚矿体 4~10m	房柱法,壁式充填法等	房柱法,分段法,分层崩落法,上向、下向充填法,倾斜分层充填法	爆力运矿采矿法,分段法,分层、分段崩落法,分层、分段充填法等	分段法,留矿法,分段、分段崩落法,分层崩落法,分段充填法,留矿采矿事后充填法等

(二)工程地质条件

1.矿石和围岩力学性质

宁乡式铁矿赋存层位稳定,顶底板岩性组合相似,一般底板为石英砂岩,铁矿产于石英砂岩上面的页岩中,顶板为泥质或硅质灰岩。铁矿石本身为致密块状,比较坚固,但直接顶底板为页岩,或砂岩夹页岩,稳固性差。铁矿层以上的泥岩和硅质灰岩稳固性也不是很好。矿区各种岩矿力学性质测试资料很少,火烧坪铁矿测得矿石体重$3.58t/m^3$,强度系数$f=8\sim11$,湿度<2%;岩石体重$2.78t/m^3$,$f=4\sim6$。青岗坪铁矿各项力学参数为:矿石体重$3.65t/m^3$,$f=7\sim9$,湿度<1%;岩石$f=3\sim6$。

力学测试结果表明矿石稳固性好,底板石英砂岩稳固,矿体直接围岩页岩和夹层不稳固到中等稳固,顶板泥岩为不稳固到稳固。这样的矿石和围岩的稳固性比较适宜的采矿方法为崩落法,也可考虑使用房柱法(表3-14)。湖南已开采的同类型田湖铁矿,围岩强度系数$f=2\sim6$,采用房柱采矿法进行开采。江西乌石山铁矿采用进路房柱法开采。

2.断裂破碎带发育程度

各矿区成矿后断裂构造破坏普遍存在,有的矿区还相当发育。

龙角坝铁矿有龙角坝正断层,长6400m,水平断距120~160m,错断含矿岩系和矿层。火烧坪铁矿有规模较大的断层22条,垂直断距12~40m,最大断距118m,破坏了矿层的连续性。官庄铁矿有断层20条,断距在20m左右。均切过矿体。

表3-14 矿岩稳固性对采矿方法选择的影响

稳固性		较适应的采矿方法
矿石	围岩	
稳固	稳固	空场法
稳固	不稳固	崩落法,充填法
中等稳固或不稳固	稳固	分段法,阶段矿房法,阶段自然崩落法
不稳固	不稳固	下向进路充填法,分层崩落法

以上实例说明铁矿后期断裂构造破坏对开采技术条件的影响不可忽视,断层错断矿层,破坏矿体的连续性和矿块的稳定性,造成极不稳固的破碎带,并且沟通含水层或地表水体,造成严重安全隐患,因此必须加强这方面的勘查评价。

(三) 水文地质条件

据各矿区的地质勘查报告,多数矿区水文地质属简单类型,部分属中等—复杂类型。实际上每个矿区水文地质条件各不相同,因此必须根据实际情况分别评述。现将几个典型矿区水文地质条件简况列于表 3-15。火烧坪、青岗坪、石板坡等矿区矿体都埋藏在当地侵蚀基准面以上,水文地质条件简单,最大涌水量在每日 $n\times 10^2 \sim 1.2\times 10^5 m^3$ 范围内,可以排水疏干。

表 3-15 几个铁矿区水文地质条件概况

矿区	水文地质条件
田家坪	水文地质条件简单,最大涌水量 12148m^3/d
火烧坪	水文地质条件简单,地下水为溶洞裂隙水。田家坪 1400m 标高运输平巷最大涌水量 124485m^3/d
青岗坪	水文地质条件简单,最大涌水量 5337m^3/d
石板坡	水文地质条件简单,最大涌水量 2219m^3/d
谢家坪	水文地质条件简单,最大涌水量 30492m^3/d
松木坪	水文地质条件简单,最大涌水量 1962m^3/d

总体看,各矿区地质勘查对矿区水文地质的研究比较简单,对矿区各含水层和隔水层的岩性、厚度、分布、产状、埋藏条件及含水层的富水性、各含水层的水力联系等问题的调查欠深入,叙述过于简单。宜昌位于我国岩溶地质作用最为强烈的地区,铁矿产于泥盆系地层中,其上下有大量碳酸盐类岩石分布,加之气候和水文条件适宜,岩溶构造十分发育。不仅造成了溶沟、溶斗、溶丘、峰丛、垄脊等岩溶地貌,同时在岩溶岩层中还赋存了岩溶水,有可能给采矿带来严重的影响。因此调查并掌握各矿区岩溶水的特点,是矿区水文地质调查中至关重要的任务。

(四) 环境地质条件

环境地质条件指矿床和矿业活动影响到的岩石圈部分(岩石、矿石、土壤、地下水及地质作用和地质现象),及与其有关的大气、水、生物圈部分,两者所组成的相对独立的环境系统。矿山环境地质条件根据以下标准进行评估。

(1)崩塌、滑坡、泥石流等环境地质问题的类型、发育程度和危害性。

(2)地貌类型、地形起伏变化、相对高差、自然排水条件、年降水量、降水量集中程度、气温温差。

(3)地质构造复杂程度,新构造活动程度,构造破碎带发育程度,矿层(体)和围岩产状变化,地层岩性复杂性,松软弱岩层厚度和分布。

(4)主要矿层(体)埋深相对当地侵蚀基准面位置,充水含水层和构造破坏带富水性、补给条件、水压,区域强含水层或地表水体构造情况,水文地质边界特征。

(5)矿体围岩岩体结构、破碎程度、岩石风化、岩溶发育程度,接触蚀变作用强度,是否存在饱水软弱岩层或松散软弱岩层、含水砂层。

(6)矿石、废石(土)和矿坑水有害组分含量、溶解度,对水土资源环境污染和人体健康的影响。

(7)开采是否合理、规范,有否破坏矿山地质环境的人类工程经济活动。

(8)矿区及其周围是否涉及环境敏感地区,如自然保护区、森林公园、风景名胜、饮用水源地、居民集中区、高速公路、铁路、输气管等工程、区域主干河流、重要湖泊水库湿地等。

(9)是否位于地震带或强烈地震分布区。

根据以上 9 个方面的优劣程度,进行环境地质条件评估,分为复杂、中等和简单 3 种类型(表 3-12)。

马鞍山、松木坪铁矿矿层和围岩不稳定,当地采矿活动引起地面塌陷等问题严重,因此被划为环境地质条件复杂类型。官庄铁矿地形、地貌、工程地质条件尚好,但地表靠近水库,又为宜昌市饮用水水源地,暂划为复杂类型。火烧坪、青岗坪等矿区,虽有崩塌、滑坡等环境地质问题,但发育程度和危害都为中等,主要矿层又位于当地侵蚀基准面之上,矿床围岩岩石风化不强,岩溶发育中等,矿区周围无环境敏感区,评为中等类型。

尚有部分矿区环境地质问题类型单一,危害小;地貌类型单一,地形简单,较平缓,有利于自然排水;地层岩性单一,构造简单、断裂不发育;矿体围岩体以块状、厚层状结构为主,风化程度低,岩溶不发育,岩石强度高,稳固性好,被评估为简单类型。

六、宁乡式铁矿矿石物质组成及选冶加工技术条件

(一)矿石的化学组成

铁矿的化学组成为:主要元素有铁、磷、硫、钙、镁、硅、铝、钾、钠;微量元素有锰、铜、铅、锌、钡、锶、钛、钒、镍、镓等。和其他类型铁矿相比,宜昌市铁矿的化学组成特点是贫铁、高磷、低硫。主要矿区化学分析结果见表3-16,统计分析结果见表3-17。

表3-16 主要矿区化学分析结果

矿区名称	化学成分(%)						
	TFe	P	S	SiO_2	CaO	Al_2O_3	MgO
湖北宜都松木坪	45.95	0.99	0.03	13.95	5.51	8.87	1.07
湖北宜昌官庄	38.72	0.42	0.11	11.62			
湖北秭归杨柳池	38.32	0.94	0.043	22.72			
长阳田家坪	37.80	0.77	0.18	13.40			
长阳火烧坪	37.85	0.90	0.069	9.12	14.26	4.62	2.19
长阳青岗坪	43.70	0.85	0.026	10.83			
长阳马鞍山	39.44	1.44	0.047	17.78	6.03		0.08
长阳石板坡	40.61	0.82	0.081	15.10	7.96	7.01	1.18
五峰谢家坪	37.77	0.56	0.067	17.66	3.62	8.86	1.09
五峰阮家河	43.19	0.80	0.035				
五峰黄粮坪	47.53	0.66					
五峰龙角坝	40.95	0.80	0.14	12.26			
兴山黄粮坪-新滩铁矿周家坡矿段	48.7		0.10	11.62			
秭归黄粮坪-新滩铁矿浦平矿段	36.35		0.10				
秭归杨林新村及锯齿岩铁矿	36.53	1.06	0.037				
秭归白庙岭铁矿	33.13	1.37	0.070	31.49			
秭归白燕山铁矿	42.25	1.10	0.035	14.09			
长阳茅坪铁矿	42.26	0.82	0.025	21.0			
长阳傅家堰铁矿	39.07	0.85		26.72			
五峰石崖坪铁矿	43.44	0.92	0.063	12.16			

表 3-17 宜昌市宁乡式铁矿主要化学成分统计分析结果

统计值\成分	TFe	P	S	CaO	MgO	SiO$_2$	Al$_2$O$_3$
平均值(%)	40.68	0.893	0.070	7.48	1.12	16.35	7.34
样本标准差 $x\sigma_{n-1}$	3.96	0.248	0.043	4.10	0.75	6.25	2.01
总体标准差 $x\sigma_n$	3.86	0.241	0.041	3.66	0.67	6.05	1.74
变化系数 $v\%$	9.49	26.99	58.57	48.93	59.82	37.00	23.71

1. 主要化学成分含量特征

(1)全铁(TFe)含量

据各矿区平均品位统计,含铁最低的品位为 33.13%(秭归白庙岭矿区),最高的品位为 48.77%(兴山周家坡矿段),铁矿总平均含铁 40.68%。矿区铁品位频率分布见图 3-15,频率分布不集中,变化系数为 9.47%。最常见的频率出现在 TFe:36%~38% 这一段,占 25%。

矿区平均品位较高的大中型铁矿有官庄、青岗坪、黄粮坪、松木坪等。

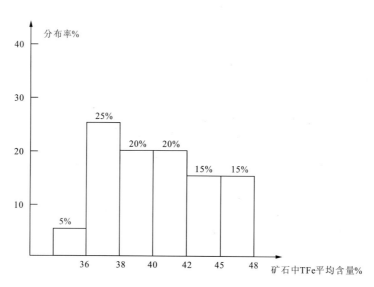

图 3-15 宜昌宁乡式铁矿 TFe 平均含量频率分布

在一个矿的范围内,多数矿区可区分出一般富矿和一般贫矿两种矿石类型,富矿和贫矿所占比例相差很大,火烧坪铁矿富矿占 75.13%,官庄矿区富矿占 34.67%。有的矿区又都是贫矿,如白庙岭铁矿。矿区中单样或单工程平均品位最高可达到 55% 以上,50% 以上的矿石可形成块段,如龙角坝铁矿富矿 TFe 品位为 53.29%,资源储量 2648.9 万 t。

(2)矿石中磷含量

各矿区磷的平均含量最高为 1.44%(马鞍山铁矿),最低为 0.424%(官庄铁矿),总平均 0.893%。矿区磷含量频率分布见图 3-16,呈集中分布形式,含量变化系数为 26.99%。频率最高的区间为 0.8%~0.9%,占 33.33%。可见铁矿的高磷特征明显,只要是宁乡式铁矿,矿石中磷的含量一般不可能低,都超出炼铁矿石的工业要求。含磷高于 1.0% 的矿区,有白燕山、白庙岭、锯齿岩、马鞍山等铁矿,而官庄、谢家坪、黄粮坪等铁矿含磷相对较低。含量高的矿区的含磷量可以是含磷量低的矿区两倍以上。含磷高与含磷低的矿区分别聚集并相间分布。对于磷元素这种自然分异现象无论是对成矿作用的研究或矿石的工业利用都是有重要价值的研究课题。

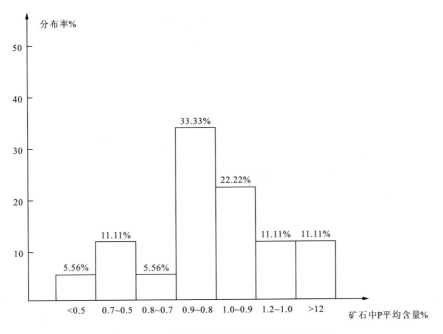

图 3-16　宜昌铁矿磷(P)平均含量频率分布

在一个矿区范围内,各样品中磷的含量在较高的水平上振荡变化,如松木坪铁矿钙质鲕状赤铁矿、鲕状赤铁矿和绿泥菱铁赤铁矿 3 种矿石类型中磷含量的变化范围分别为:0.50%～1.82%,0.73%～2.08%,0.43%～2.84%。

必须指出,宁乡式铁矿中的磷是一种应该并且可以回收的资源。宜昌铁矿中伴生磷总量的计算结果:P_2O_5 为 1437 万 t,如果折合成 P_2O_5:30% 的富矿石,则有 4790 万 t 之多,相当于一个大型磷矿的资源量。

(3)矿石中硫含量

各矿区含硫量频率分布见图 3-17。含硫量最低的矿区平均含硫 0.025%(茅坪铁矿),含硫最高的矿区为田家坪矿区含硫 0.18%,全区铁矿总平均含硫 0.07%。

硫的频率分布比较分散,含量变化系数较大(58.57%),出现含量一高一低的两个峰值:0.02%～

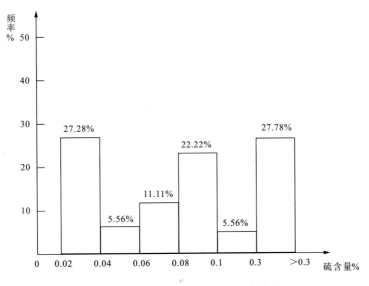

图 3-17　各矿区硫平均含量频率分布

0.04％区间出现频率27.78％的较高峰值,表明许多矿区的含硫量低;0.1％～0.3％的区间出现频率同样为27.78％的第二峰值,代表有相当一部分矿区含硫较高。这部分矿区含硫高的原因是沉积成矿作用时处于还原条件,有利于硫的沉积,属于同生硫,如龙角坝矿区,铁矿常与黄铁矿共生。

总体而论,铁矿含硫低,多为低硫矿石。

在一个矿区范围内,硫含量一般在低位波动,松木坪铁矿钙质鲕状赤铁矿石样品中硫含量为0.017％～0.104％;地表和地下样品含硫量往往含有较大的差别,地表样低于地下样,这是由于地表风化作用造成硫的流失所致。

(4) 矿石中钙含量

各矿区矿石中钙的含量相差显著,含钙最低的矿区CaO含量为3.62％(谢家坪铁矿),含钙最高的矿区为14.26％(火烧坪矿区),总平均为7.48％,变化系数为48.93％。

同一个矿区内CaO含量变化可以很大,从1％～2％到20％以上都有出现。火烧坪铁矿各矿层总体含钙较高,但也有差别,Fe_1、Fe_2、Fe_3^2、Fe_3^3矿层的平均含钙量分别为:10.49％、8.43％、14.19％、14.32％,形成了不同矿石类型。

(5) 矿石中镁含量

矿石中镁的含量均较低,含量最低的矿区矿石平均含氧化镁仅0.08％(马鞍山铁矿),含量最高的矿区不过2.19％(火烧坪铁矿),总平均含量为1.12％,变化系数为59.82％。镁在矿区中分布也不均匀,同一矿区不同样品MgO含量相差可达3～7倍。

(6) 矿石中硅含量

各矿区SiO_2含量差别显著,含量最高的矿区为26.72％(傅家堰铁矿),含量最低的矿区为9.12％(火烧坪铁矿),总平均为16.35％,变化系数为37.00％。各矿区含硅量的频率分布见图3-18。频率最高的含硅区间为10％～15％,其次为15％～20％,频率值分别为50.00％、18.75％。处于这两部分的矿区数占矿区总数的68.75％。这种分布特征与本市自熔性、碱性矿石较多相吻合。

在一个矿区范围内,硅的含量可有很大的波动,松木坪铁矿SiO_2的含量波动于4.23％和13.50％之间。

(7) 矿石中铝含量

含铝最低的矿区矿石Al_2O_3平均含量为4.62％(火烧坪铁矿),含铝最高矿区矿石中Al_2O_3平均含量为8.87％(松木坪铁矿),各矿区Al_2O_3的总平均含量为7.34％,变化系数为23.71％。矿区中Al_2O_3

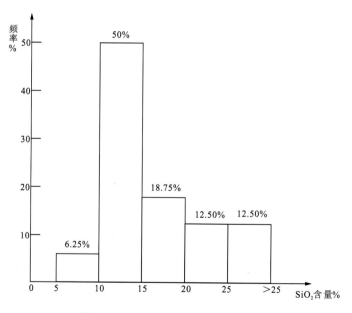

图3-18 各矿区SiO_2含量频率分布

的含量一般要低于 SiO_2 的含量,除个别矿区铝含量稍低于硅含量外,多数矿区只有硅含量的 1/2。

在一个矿区范围内,Al_2O_3 的含量可有较大的波动,松木坪铁矿 Al_2O_3 的含量最低为 2.72%,最高为 13.50%,石板坡铁矿为 4.08%～13.12%。

(8) 矿石中其他成分的含量

各矿区除上述主要元素外,其他元素分析资料少且零散,现综合于表 3-18。

表 3-18 宜昌宁乡式铁矿其他成分含量表

成分	矿区	含量(%)	成分	矿区	含量(%)
K_2O	火烧坪	0.53	Ga_2O_3	火烧坪	0.001
Na_2O	火烧坪	0.20	Ni	火烧坪	0.18
Mn	火烧坪	0.23	Nb	火烧坪	0.05
Mn	石板坡	0.327	Ta	火烧坪	0.005
TiO_2	石板坡	0.265	Ag	火烧坪	0.1(光谱分析)
TiO_2	火烧坪	0.17	V_2O_5	火烧坪	0.12
TiO_2	龙角坝	0.05	V_2O_5	龙角坝	0.01～0.1
BaO	火烧坪	0.2	灼失	火烧坪	12.82
Sr	火烧坪	0.05			

K_2O、Na_2O 是矿石中普遍含有的元素,含量低,一般均小于 1%。

锰、钛是矿石中的有益伴生元素,含量不高,一般为 $n \times 10^{-3}$。

稀散元素镓在火烧坪矿区检出,含量在 0.001% 这个数量级。

有色金属 Cu、Pb、Zn 的含量均很低,处于 $n \times 10^{-4}$ 水平;Ni 在火烧坪矿区检出,含量为 0.18%。

中南冶金地质研究所在火烧坪选矿试验样中还检出 Nb、Ta、Ag,其中银含量为 0.1%～1%(光谱半定量分析结果),应用化学分析法予以检查。

灼失量比较大,是矿石的主要组成部分,灼失量包括水(结晶水、结构水)、CO_2、S 等。不同矿石类型灼失量差别很大,碱性矿石和自熔性矿石的灼失量一般在 10% 以上,酸性矿石的灼失量一般为 5% 左右。

2. 主要化学组成之间的关系

为了研究铁矿主要化学组成之间的关系,分别计算了 TFe、P、S、CaO、MgO、SiO_2、Al_2O_3 之间的相关系数。多数元素间的相关系数低,且未超过检验值,因此不存在明显的相关关系。只有 CaO-MgO、SiO_2-Al_2O_3 为正相关关系,MgO-SiO_2 为负相关关系。

鄂西宁乡式铁矿产出岩相大致可分为两种类型:一种为碳酸盐岩夹页岩组合,主要分布在宜昌地区,因此矿石中钙镁的含量较高;另一种为页岩夹砂岩型,主要分布在恩施地区,矿石中硅和铝较高。而镁与硅的负相关关系则表示这两种岩相相互消长的特征。

虽然统计数字特征不能明显地反映鄂西宁乡式铁矿中的元素含量关系,但如按矿石类型进行考察,则仍有一定的规律可循。

酸性矿石铁的含量一般较高,硅与铝的含量也同步较高,钙、镁含量较低,磷含量较高;自熔性矿石与碱性矿石铁的含量似比酸性矿石低,硅、铝含量也较低,钙、镁含量较高,磷含量稍低。

(二) 矿石矿物组成及结构构造

1. 矿物组成

综合各矿区岩矿鉴定结果,矿石的矿物组成如表 3-19 所示。组成矿石的矿物有 20 余种,可分为铁矿物(工业利用矿物)、磷矿物和硫矿物(冶金有害矿物)、脉石矿物及其他矿物。"有害矿物"如能综合回收则能变害为利。脉石矿物中的钙镁矿物为熔剂成分,在选矿工艺过程中应尽量保留。脉石矿物中的石英、玉髓和其他矿物,将进入尾矿也应考虑二次利用。

表 3-19 矿石矿物组成

铁矿物	磷矿物	硫矿物	脉石矿物		其他矿物
			主要	次要	
赤铁矿 褐铁矿(针铁矿、水针铁矿) 菱铁矿 铁白云石 磁铁矿 鲕绿泥石	胶磷矿 磷灰石 (碳磷灰石 氟磷灰石)	黄铁矿	方解石 白云石 石英 玉髓 粘土矿物	白云母 电气石 绿帘石 海绿石 锆石 蛋白石 绢云母 斜长石 金红石	黄铜矿 硬锰矿 菱锰矿

(1)铁矿物

铁矿物组成并不简单,具有多个含铁矿物相。其中最主要的是赤铁矿,其次是菱铁矿、鲕绿泥石和褐铁矿,有的矿区含有较多的磁铁矿。各类铁矿物的含量是决定矿石的选冶性质最重要的因素之一,因此准确确定矿物含量是工艺矿物学研究的首要内容。除用岩矿方法进行矿物定量外,化学物相分析也是重要方法,一些矿区岩矿鉴定和化学物相分析结果见表 3-20、表 3-21。

表 3-20 一些矿区矿石矿物组成(岩矿方法定量)

矿区名称	矿物组成
火烧坪	赤铁矿 65%,方解石 13.16%,白云石 12.15%,胶磷矿 5.33%,石英 3.47%,其他 0.39%
松木坪	赤铁矿 80%~90%,胶磷矿 5%,石英 3%,玉髓 5%~7%,海绿石、鲕绿泥石少量,碳酸盐少见
阮家河	砂质鲕状赤铁矿矿石:赤铁矿 45%~50%,绿泥石 20%,石英 30%,褐铁矿 15%~20%;菱铁矿质鲕绿泥石矿石:褐铁矿 50%~80%,石英 5%~40%,硬锰矿 10%~15%,绿泥石 10%

表 3-21 一些矿区铁矿化学物相分析结果

矿区名称	矿物相	赤褐铁矿	磁性铁	硅酸铁	碳酸铁	硫化铁	总计
火烧坪	含量%	40.11	0.1	1.36	0.83	0.01	42.41
	占有率%	94.58	0.24	3.21	1.95	0.02	100.0
龙角坝	含量%	22.30	0.44	13.33	0.21	0.20	36.63
	占有率%	60.88	1.20	36.39	0.57	0.54	100.0
五峰西淌红矿	含量%	34.35	12.10	7.57	0.12	0.075	54.30
	占有率%	63.26	22.28	13.94	0.22	0.14	100.0
五峰西淌黑矿	含量%	1.10	26.27	4.50	14.58	0.68	47.15
	占有率%	2.33	55.72	9.54	30.92	14.42	100.0
五峰土坪	含量%	10.59	9.00	3.05	0.42	0.092	23.3
	占有率%	45.45	38.63	13.09	1.80	0.40	100.0
矿区名称	TFe%	SFe%	SFe/TFe%	FeO%	测试单位		备注
火烧坪	43.10	42.43	98.45	4.26	选矿研究院		SFe 表示可溶铁
火烧坪	29.99	29.44	98.16	4.22	峨嵋所		
火烧坪	42.12	42.00	99.72	3.95	中南所		

注:表上部是按 1975 年以后提出的铁物相分析方法测定结果,由中南冶金地质研究所测试。表下部是按 1975 年以前铁矿物相分析方法测定结果

1)赤铁矿:理论含铁量为69.94%。根据矿石含铁量、结合岩矿鉴定和物相分析结果,确定其在鲕状赤铁矿矿石中的含量应为40%～80%,其中贫矿中的含量为40%～60%,富矿中含量为60%～80%。赤铁矿的结晶非常细小,据峨眉矿产综合利用研究所和中南冶金地质研究所对火烧坪铁矿的研究,赤铁矿单个针状晶体一般长1～3μm、宽<1μm,彼此交织成絮状小鳞片,鳞片一般长为7～14μm,宽1～4μm。这些小鳞片又互相连接而成为鲕粒的环带。产于鲕粒之间胶结物中的赤铁矿晶体增大呈羽毛状、纤维状及细条板状,并与玉髓、粘土矿物交织成扇形、束状集合体。龙角坝铁矿电子探针分析,同样发现赤铁矿自然结晶粒度极为细小,呈长5～10μm、宽2～3μm的板状、片状结晶产出,相互交织。龙角坝铁矿电子探针分析能谱图及分析结果见图3-19,表3-22。

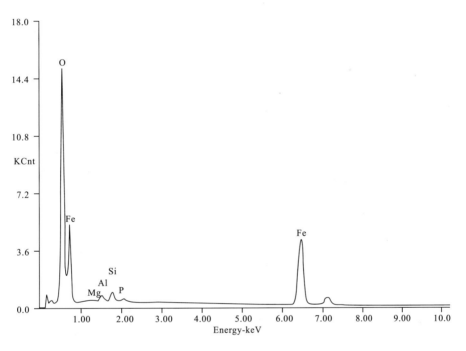

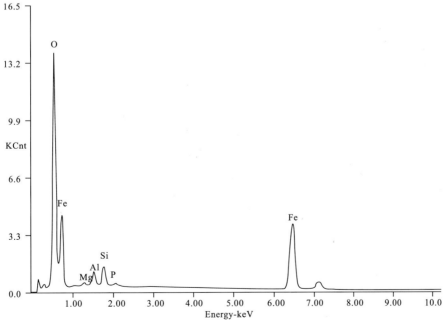

图3-19 龙角坝铁矿中赤铁矿电子探针能谱分析图

表 3-22 赤铁矿成分电子探针分析结果

样品产地	Fe wt%	Fe At%	Si wt%	Si At%	Al wt%	Al At%	O wt%	O At%	Fe/O At
龙角坝铁矿	68.61	39.32	1.24	1.41	0.87	1.04	28.89	57.80	0.680
龙角坝铁矿	66.15	37.42	2.46	2.76	1.88	2.20	28.70	56.67	0.660

* 赤铁矿中铁和氧的原子比理论值为 0.667

在鲕绿泥石菱铁矿类型的矿石中赤铁矿的含量可在 10% 以下，在鲕泥石菱铁矿赤铁矿混合矿石中赤铁矿的含量一般在 10%～30% 之间。

2）褐铁矿：褐铁矿主要由含铁碳酸盐、鲕绿泥石及赤铁矿风化而成。所谓褐铁矿实际上是多种铁的氢氧化物的混合物，其中最主要的成分是针铁矿（α-FeO(OH)）和水针铁矿（含有不定量吸附水的针铁矿）。褐铁矿理论含铁最高为 62.9%。褐铁矿主要分布于铁矿的近地表氧化带，特别是鲕绿泥石菱铁矿类型的铁矿易风化，呈松散土状、多孔状集合体产出，单个晶体细小，为隐晶质（图 3-20）。褐铁矿是风化铁矿石中铁的主要矿物相。

图 3-20 由鲕绿泥石菱铁矿石氧化而成的褐铁矿石（宜昌五峰龙角坝铁矿）

3）菱铁矿（$FeCO_3$）：铁的碳酸盐矿物，理论含铁量为 48.23%，菱铁矿本身含铁不高，但以菱铁矿为主的矿石经风化变成褐铁矿石后品位可提高到 50% 以上，菱铁矿经焙烧变成氧化铁后含铁可达 77%。因此是工业上可利用的铁矿物，如贵州观音山铁矿。在鲕状赤铁矿矿石中菱铁矿的含量一般不高，例如火烧坪铁矿中的菱铁矿含量约 2%，但在鲕绿泥石菱铁矿矿石中含量可达 30%～50%，是主要的含铁矿物。

此外，方解石、白云石等碳酸盐矿物也含铁，岩矿鉴定难以将含铁的方解石、白云石与菱铁矿准确区分，化学物相则将这一部分铁归作"碳酸铁"。

4）磁铁矿：理论含铁 72.4%；在一般的宁乡式铁矿中含量很少，一般不超过 2%，但五峰某些宁乡式铁矿中，发现含有大量自形半自形磁铁矿，五峰西淌铁矿见自形半自形磁铁矿（图 3-21）与鲕状赤铁矿互生，矿石中磁性铁的含量可达 26.27%（磁铁矿量为 36.49%），占总铁量的 55.72%，形成磁铁-赤铁混合矿石和矿层。

5）鲕绿泥石：$(Fe,Mg)_4 \cdot Al(AlSi_3O_{10})(OH)_6 \cdot nH_2O$，属于含铁大于含镁的一种绿泥石，理论最

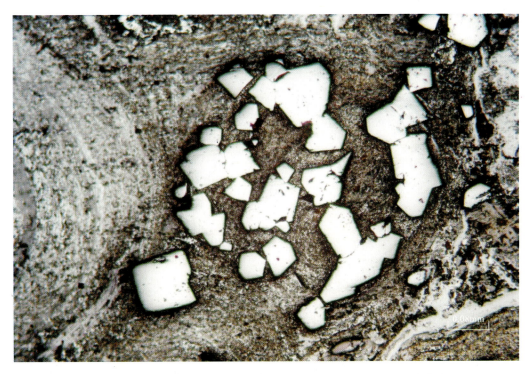

图 3-21 五峰西淌铁矿 见有自形半自形磁铁矿产出 光片 单偏光

高含铁量为 35.16%。鲕绿泥石在我国尚未作为一种铁的工业利用矿物,在国外鲕绿泥石中的铁在冶炼过程中回收。宁乡式铁矿中鲕绿泥石分布非常广泛,在鲕状赤铁矿矿石中含量少,一般不超过 15%,在鲕绿泥石菱铁矿矿石中含量可达 20%～35%(图 3-22、图 3-23)。由于鲕绿泥石与菱铁矿含铁较低,因此鲕绿泥石菱铁矿型的矿石品位也不会高。龙角坝铁矿鲕绿泥石成分电子探针分析结果:Fe:33.68%;Si:14.34%;Al:10.20%;O:38.90%。

(2) 磷矿物

已查明有两种磷矿物,一种为细晶磷灰石,另一种是胶磷矿。研究表明,所谓"胶状"的"非晶质"胶磷矿实际是由极细微的磷灰石组成,其化学组成与磷灰石无异,一般表示为:$Ca_5(PO_4)_3(F,Cl,OH)$,理论含磷 18% 左右。中国地质大学(武汉)2005 年研究秭归白燕山铁矿的磷灰石时发现其中还含稀土元素。细晶磷灰石则是由胶磷矿重结晶而成。

原冶金部选矿研究院查定火烧坪铁矿中的胶磷矿呈以下几种形式产出:①呈凝块状,凝块尺度为 0.05～0.1mm,最大可达 0.3mm,大部分与脉石连生,少部分与赤铁矿连生,但界线清楚;②在鲕状赤铁矿边缘出现,与鲕状赤铁矿形成边缘结构,边缘带宽 0.01～0.05mm;③与赤铁矿形成同心圆状结构,胶磷矿带宽 0.001～0.01mm。据峨眉矿产综合利用研究所和中南冶金地质研究所研究,有部分胶磷矿充填在微细的赤铁矿晶体之间,或作为鲕粒结构的核心。形状各异的胶磷矿还常成为碎屑被其他矿物胶结。

中南冶金地质研究所(2008)对龙角坝铁矿的物质组成进行了研究,其中磷矿物以条带状分布于鲕粒之间(图 3-24、图 3-25),铁元素与磷元素互不混杂,磷元素则与钙元素的分布一致,表明磷矿物的主要分成为磷酸钙。

中国地质大学(武汉)确定白燕山矿区中的磷有 3 种存在形式:重结晶磷灰石颗粒、磷灰石内碎屑、鲕粒中的凝胶状磷灰石。65% 以上的磷灰石粒径小于 20μm。

(3) 硫矿物

目前已发现的硫矿物为黄铁矿,微细粒(0.05～0.01mm)星点状分布。

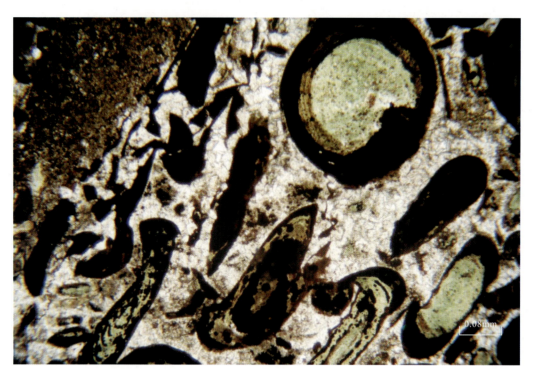

图 3-22　宜昌五峰西淌铁矿　铁矿石显微结构　薄片　单偏光

照片左上角为菱铁矿,鲕粒中绿色者为鲕绿泥石

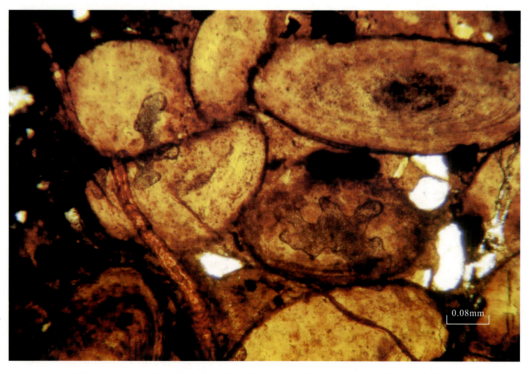

图 3-23　五峰龙角坝铁矿　铁矿石中的鲕绿泥石组成鲕粒　薄片　单偏光

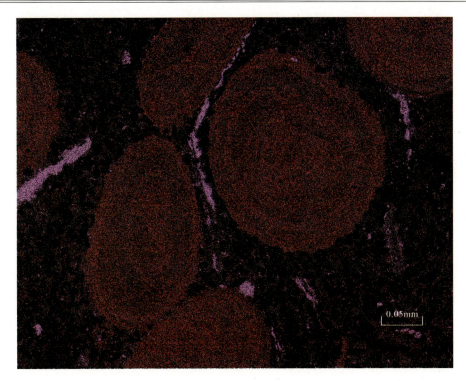

图 3-24　五峰龙角坝铁矿　电子探针分析照片

铁元素(红色)和磷元素(粉红色)的浓度分布像,反映铁集中分布于鲕粒中,磷则长条状分布于鲕粒间,另外也呈星状分散于胶结物和鲕粒中

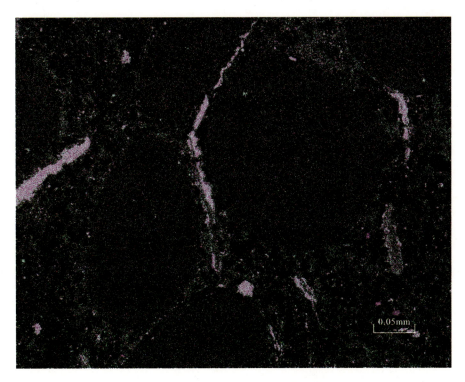

图 3-25　五峰龙角坝铁矿　电子探针分析照片

磷元素(粉红色)和钙元素(亮蓝色)的浓度分布像,磷元素和钙元素重合区,反映磷灰石的成分特征

(4)脉石矿物

脉石矿物主要有方解石、白云石、石英、玉髓、粘土矿物5种。

1)方解石:在酸性矿石中的含量一般为5%左右,在自熔性和碱性矿石中的含量为15%～20%。方解石一方面与赤铁矿、玉髓、胶磷矿等组成鲕粒的同心层,另一方面经重结晶成为较粗的他形颗粒作为胶结物。

2)白云石:在矿石中的含量一般为5%左右,与方解石密切共生,呈菱面体结晶作为"亮晶"胶结物。

3)石英:在矿石中的含量5%～15%,有几种产出形式:与方解石、赤铁矿、玉髓、胶磷矿等组成鲕粒同心层;形成粒度0.01～0.1mm的棱角状碎屑;作为砂岩、粉砂岩碎屑的主要成分产出。

4)玉髓:微细粒和隐晶质的SiO_2,在矿石中与石英并存,含量5%～10%。主要产出形式是:作为硅质岩岩屑的主要成分;参与鲕粒同心层的组成;在基质中与方解石相互交织,呈微细粒充填于赤铁矿晶体间隙中(图3-26)。

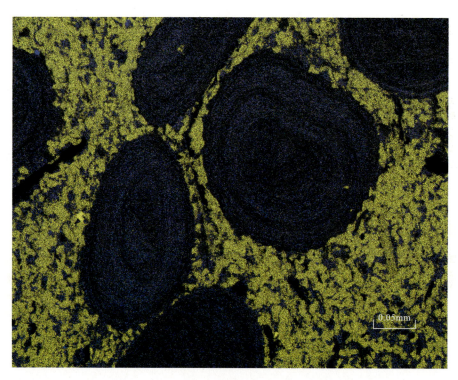

图3-26 五峰龙角坝铁矿 电子探针分析照片
硅元素(黄色)和铝元素(蓝色)的浓度分布像,鲕粒中的铝与铁浓度高,鲕粒间硅浓度大

5)粘土矿物:在矿石中的含量为5%～15%或更多。由于粘土矿物结晶微细又混杂于其他矿物间,因此岩矿鉴定难以进行准确定量。根据矿石的含铝量推断,以往的鉴定结果粘土矿物的含量估计偏低,有的矿区甚至漏检。粘土矿物的产出形式有:呈极微细颗粒充填于赤铁矿微晶的晶隙或空隙中;与方解石、白云石、玉髓等混杂作为鲕粒的胶结物。粘土矿物的主要种类为高岭石类与伊利石类。

2. 矿石结构构造

(1)矿石的结构

1)按矿物形态划分的结构

根据铁矿物的形态特征,铁矿具有下列结构:赤铁矿针状结构、粒状结构、纤维状结构、鳞片状结构、条板状结构;菱铁矿自形粒状结构、半自形粒状结构;鲕绿泥石鳞片状结构、不规则粒状结构;磁铁矿半自形粒状结构;褐铁矿针状结构等。

其他矿物的结构：石英碎屑结构、方解石他形粒状结构、白云石自形半自形粒状结构、粘土矿物泥质结构、玉髓纤维状结构、胶磷矿凝胶状结构、黄铁矿半自形和他形粒状结构。

另有生物碎屑结构，矿石中有各种形态的生物碎屑，现已被铁白云石、菱铁矿等交代，保持生物碎屑的形态。

2）按颗粒大小划分的结构

矿物颗粒大小直接影响矿物的可选性及单体解离的难易，在此用选矿界通用的的"六分法"（表3-23）界定铁矿的颗粒结构。

表3-23 粒度结构划分标准（据选矿手册）

粒度范围 d(mm)	>20	20～2	2～0.2	0.2～0.02	0.02～0.002	≤0.002
名称	极粗粒	粗粒	中粒	细粒	微粒	极微粒隐晶质

赤铁矿单晶体为微粒和极微粒结构，集合体颗粒相当于细粒至微粒结构；菱铁矿为细粒至微粒结构；绿泥石单晶体为微粒至极微粒结构，集合体为细粒至微粒结构；褐铁矿单晶体为极微粒结构，集合体为细粒至微粒结构；磁铁矿为细粒结构，个别为中粒结构。

胶磷矿单晶体为极微粒结构，集合体为微细粒结构。磷灰石为细粒结构，黄铁矿为微粒至极微粒结构。

石英为细粒结构；方解石、白云石为细粒至微粒结构；粘土矿物单晶体为极微粒结构，集合体为微粒结构；玉髓单晶体为极微粒结构，集合体为细粒、微粒结构。

3）按矿物镶嵌关系划分的结构

据矿物晶粒与晶粒的接触关系和空间关系划分镶嵌结构类型。铁矿主要镶嵌结构有：

嵌生结构：赤铁矿、菱铁矿、鲕绿泥石与其他矿物相互嵌生，嵌生边界少部分较为平直，大部分为锯齿状、港湾状。

交织结构：针状、条状赤铁矿晶体不同方向相互交错，在其晶体骨架空隙中充填有玉髓、胶磷矿等。

包含结构：粗粒自形菱面体白云石包含有较小的赤铁矿、粘土、玉髓等矿物。

交代结构：赤铁矿被针铁矿沿周边及裂隙交代，形成两者不规则状的连生，交代强烈时，赤铁矿在针铁矿中呈弧岛状、星点状残留。赤铁矿被磁铁矿交代，保持赤铁矿假象。

(2) 矿石构造

矿石的构造有：鲕状构造、砾状构造、豆状构造、粒状构造、块状构造、纹层状构造、多孔状构造等，其中鲕状构造最为典型，也是判别是否为宁乡式铁矿的重要标志之一（图3-27、图3-28）。

1）鲕状构造

由赤铁矿、鲕绿泥石、玉髓、方解石、胶磷矿、粘土矿物组成同心层，层层环状包裹形成鲕粒。鲕粒大小(d)0.1～1.0mm，最常见的为0.3～0.5mm。鲕粒的形状有圆球状、椭球状、枕状、拉长状等。鲕粒有时有核心矿物（图3-29—图3-32）。据火烧坪铁矿统计，石英核心占54.5%、胶磷矿核心占26.8%、方解石核心占18.7%，核心直径一般在0.075mm以下。多数鲕粒核心不明显，与组成鲕粒的其他成分一致。

鲕粒的环带数不一，少则10余环，多的达50多环。各环厚度不一，疏密相间。赤铁矿环带一般较厚，36～72μm，方解石、胶磷矿的环带稍薄，粘土矿物和玉髓的环带最薄，一般只有几微米。赤铁矿的环带由核心向鲕粒外层有密集的趋向。

鲕粒中赤铁矿的环带本身并非纯净的赤铁矿，而是由赤铁矿的极微细的针状晶体（一般长1～3μm、宽<1μm）交织成絮状小鳞片（长7～14μm、宽1～4μm），再相互连接成为环带。在赤铁矿的晶体

图 3-27　湖北宜昌官庄铁矿　鲕状赤铁矿石

图 3-28　湖北宜昌长阳火烧坪铁矿　鲕状赤铁矿石

之间,鳞片的孔隙中又充填粘土矿物、玉髓及少量胶磷矿。

鲕粒之间由微细粒状的赤铁矿、细粒的碳酸盐及粘土矿物、玉髓等充填。

2)砾状构造

赤铁矿集合体常成 $d>2mm$ 的棱角状砾屑或次棱角状、次圆状砾屑产出,是先期形成的尚未硬结的铁质沉积,受波浪动力作用破碎后形成,其间为后期沉积的铁质、泥质、硅质和重结晶的碳酸盐矿物所

第三章 黑色金属矿产

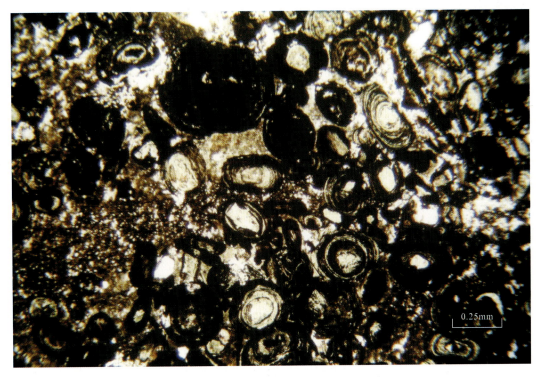

图 3-29 五峰土坪铁矿 铁矿石显微结构 薄片 单偏光

图 3-30 宜昌长阳青岗坪铁矿 矿石的显微结构 光片 单偏光
可见鲕粒有矿物核心

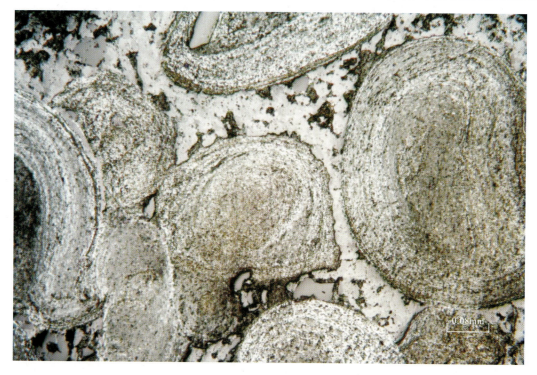

图 3-31　宜昌五峰土坪铁矿　主要由鲕绿泥石及菱铁矿组成　光片　单偏光
鲕绿泥石与褐铁矿组成鲕粒,其间为粒状菱铁矿

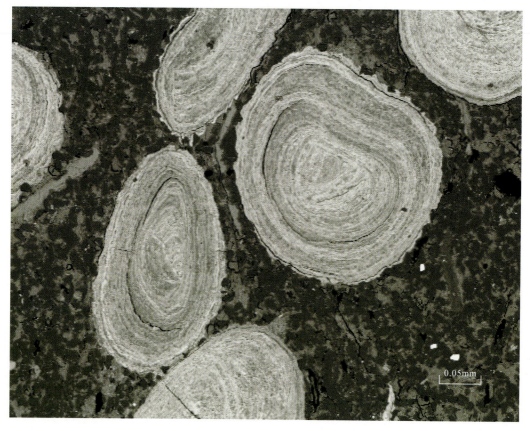

图 3-32　五峰龙角坝铁矿　电子探针分析照片
背散射成分像,反映矿石的鲕状构造,鲕粒内部不同成分的同心环带层清晰可见

充填。

3)豆状构造

与鲕状构造性质相似,但同心层组成的颗粒粗大(>2mm),成球粒或扁球状"豆粒"(图3-33)。鲕粒和豆粒可混杂出现,相互过渡。徐安武(1992)认为,官庄铁矿所见直径大于1cm的豆状或肾状赤铁矿实为核形石。

图 3-33　宜昌官庄铁矿　豆状赤铁矿石

4)粒状构造

由棱角状、次棱角状铁矿及石英、胶磷矿碎屑和砂岩、粉砂岩、硅质岩、岩屑等组成的构造,与鲕状赤铁矿混杂时常被称作"砂质鲕状赤铁矿"。

5)纹层状构造

不同厚度的赤铁矿纹层与脉石矿物的纹层相间形成的构造。

6)块状构造

铁矿物含量高,无方向性排列,遍布整块矿石。

7)多孔状构造

鲕绿泥石菱铁矿矿石经风化形成褐铁矿,矿石松散且布满大小不同的孔穴。

(三)矿石类型

1. 矿石自然类型

铁矿矿石的自然类型大体上可分为:鲕状赤铁矿矿石、鲕状绿泥石菱铁矿矿石、鲕状赤铁磁铁矿矿石、混合矿石等(表3-24)。

(1)鲕状赤铁矿矿石

铁矿物以赤铁矿为主,鲕绿泥石和菱铁矿占很次要的地位。根据矿石构造又可有砾状赤铁矿、豆状赤铁矿、粒状赤铁矿等变种。有的矿区根据矿石中方解石的含量和石英碎屑、岩屑等含量分出钙质鲕状赤铁矿和砂质鲕状赤铁矿。大多数的宁乡式铁矿以这种矿石类型为主。

表 3‑24 宜昌市宁乡式铁矿矿石自然类型

矿区名称	矿石类型	矿区名称	矿石类型
龙角坝	鲕状赤铁矿矿石、赤铁矿磁铁矿矿石、褐铁鲕绿泥石矿石	田家坪	鲕状赤铁矿矿石
火烧坪	鲕状赤铁矿矿石、砾状赤铁矿矿石	青岗坪	鲕状砾状赤铁矿矿石、赤铁菱铁矿矿石
官庄	鲕状赤铁矿矿石、砾状赤铁矿矿石	马鞍山	鲕状赤铁矿矿石、砾状赤铁矿矿石
松木坪	钙质鲕状赤铁矿矿石、鲕状赤铁矿矿石、绿泥菱铁赤铁矿矿石	石板坡	鲕状赤铁矿矿石、砾状赤铁矿矿石、钙质鲕状赤铁矿矿石
杨柳池	鲕状赤铁矿矿石、鲕状赤铁矿褐铁矿矿石、褐铁矿矿石	谢家坪	鲕状赤铁矿矿石、砂质鲕状赤铁矿矿石

(2) 鲕绿泥石菱铁矿矿石

铁矿物以鲕绿泥石、菱铁矿或铁白云石为主,赤铁矿含量少或很少。矿石具鲕状结构或粒状结构,风化后演变为褐铁鲕绿泥石矿石或褐铁矿矿石,如龙角坝的褐铁鲕绿泥石矿石。

(3) 鲕状赤铁矿磁铁矿矿石

矿石主要由具鲕状结构的赤铁矿及产于鲕粒间的自形、半自形的磁铁矿组成。

(4) 混合矿石

有两种以上的铁矿物作为主要的矿石矿物,根据相对含量的多少,分别称为鲕状赤铁菱铁矿矿石、鲕状绿泥石菱铁赤铁矿矿石等。如松木坪铁矿的鲕绿泥菱铁赤铁矿矿石。

鲕状赤铁矿矿石与鲕绿泥石菱铁矿矿石形成的地质和地球化学条件不一,前者是在氧化环境下形成,后者形成于还原环境,赤铁磁铁矿矿石或磁铁菱铁矿矿石则形成于氧化与还原的过渡环境。根据矿床形成时的古地理环境,有的矿床以鲕状赤铁矿矿石为主,有的则以鲕绿泥石菱铁矿矿石为主。在一个矿区的范围内,可能经历了几期不同条件的成矿作用,出现几种矿石类型,相互存在过渡关系。

2. 矿石工业类型

根据《铁、锰、铬地质勘查规范 DZ/T0200‑2002》,铁矿石工业类型划分标准如下。

(1) 炼钢用铁矿石

含 TFe≥56%、有害杂质含量及块度均符合直接入炉炼钢质量标准的铁矿石。

(2) 炼铁用铁矿石

含 TFe≥50%(褐铁矿石、菱铁矿石扣除烧损后 TFe≥50%),有害杂质含量及块度均符合直接入炉炼铁质量标准的铁矿石。

(3) 需选铁矿石

铁含量较低的铁矿石或含铁量高但有害杂质含量超过规定、含伴生有用组分不符合入炉冶炼要求的一般富矿统称为需选矿石。需选矿石又据其中磁性铁(MFe)对全铁(TFe)的占有率,将其划分为磁性铁矿石(占有率大等于 85%)和弱磁性铁矿石(占有率小于 85%)。

根据以上标准,宜昌市宁乡式铁矿的工业类型基本都属于需选矿的弱磁性矿石。某些矿区可划分出 TFe≥50% 的炼铁矿石,少数矿区有磁性铁矿石产出。

(四)矿石工艺矿物学性质

1. 铁矿物的工艺矿物学性质

铁矿中出现的铁矿物有 6~7 种,其中作为工业利用需选取的矿物有赤铁矿、磁铁矿、褐铁矿、菱铁矿及鲕绿泥石 5 种。这些矿物的工艺性质见表 3‑25。

表 3-25 铁矿物工艺矿物性质

矿物名称	矿物含铁量(%)	嵌布粒度(mm)		比重(g/cm³)	硬度	比磁化系数 ($\times 10^{-6}$ cm³/g)
		单晶	集合体			
赤铁矿	69.94	0.001~0.01	0.05~0.2	4.8~5.3	5.5~6	18.91~30.91
褐铁矿	62.90	0.001~0.01	0.1~0.2	3.4~4.4	1~4	32.0~36.52
菱铁矿	48.23	0.01~0.50	0.1~0.5	3.90	3.5~4.5	107
鲕绿泥石	34.89	0.001~0.01	0.05~0.2	3.03~3.4	3	12.24~96.19
磁铁矿	72.40	0.03~0.10	0.1~0.5	4.9~5.2	5.5~6	53000~92000

(1)矿物含铁量

矿物含铁量是精矿品位的基础,磁铁矿含 TFe:72.40%,最易获得高品位的精矿。赤铁矿含铁 69.94%,也应能获得品位大于 60% 的精矿,但是由于宁乡式铁矿的赤铁矿单晶颗粒极细,无法解离进行选别,在实际选矿工艺中都是选的赤铁矿集合体。赤铁矿集合体中赤铁矿约占 80%~85%,其余为脉石矿物,含铁量为 55%~59%,一般不超过 60%。据火烧坪铁矿工艺矿物学研究,专门在显微镜下挑取铁矿鲕壳(富铁集合体),铁的含量为 59.11%,由此可见,仅用机械选矿方法几乎不可能获得品位超过 60% 的铁精矿,这已为多次实验室选矿试验和半工业试验所证实。

菱铁矿和鲕绿泥石含铁量很低,分别为 48.23% 和 34.89%,如果矿石以这两种矿物为主,则精矿的品位更低。

褐铁矿的含铁量为 62.90%,比赤铁矿低,但是由于地表氧化作用破坏了原矿石的结构,使其变松散,褐铁矿从集合体中解脱,有可能得到更好的富集。

(2)嵌布粒度

赤铁矿单晶的嵌布粒度为 0.001~0.01mm,属于微粒及极微粒结构。赤铁矿的针状单晶交错丛生,其晶隙和裂隙中为脉石矿物充填,组成了富铁集合体。这些集合体又相互聚集形成较宽的环带与脉石矿物环带相间组成鲕粒。富铁集合体的粒度为 0.05~0.2mm,鲕粒大小一般 $d=0.1~1.0$mm,大的可大于 2.0mm,变成豆粒。在选矿过程中,随着矿石的破碎粒度变细,富铁集合体从鲕粒中脱离出来,进而形成单独的集合体与脉石集合体混杂,而选矿过程实际是将铁矿集合体与脉石集合体分离。

褐铁矿单晶的嵌布粒度为 0.001~0.01mm,集合体的粒度 0.1~0.2mm,褐铁矿是鲕绿泥石、菱铁矿等的风化产物,在风化过程中原矿物被褐铁矿交代,结构变松散,易实现解离。但是褐铁矿硬度低,也容易泥化,给选矿带来麻烦。

鲕绿泥石单晶粒度 0.001~0.01mm,集合体粒度 0.05~0.2mm。鲕绿泥石单晶具显微片状结构,鲕绿泥石集合体组成较宽的条带与其他矿物条带组成鲕粒。

菱铁矿单晶粒度较粗 0.01~0.50mm,具有半自形粒状结构,相互紧密镶嵌,形成大小为 0.1~0.5mm 的聚晶。

磁铁矿的单晶 $d=0.03~0.15$mm,具有他形及半自形粒状结构,交代赤铁矿形成。

鲕绿泥石、菱铁矿和磁铁矿在加工过程中与赤铁矿相比,比较容易实现解离形成单体。

(3)物理性质

1)比重

铁矿物的比重较大,都大于 3,其中赤铁矿为 4.8~5.3,是石英、方解石等脉石矿物的 1.8~2.0 倍,比重差异系数 $e=2.375~2.529$,属于极易重选和可重选的矿石。赤铁矿集合体的密度随其中赤铁矿的含量而变化,一般为 4~4.5g/cm³,也是脉石矿物的 1.5~1.7 倍,$e=2.058~1.764$,因此采用重选能有效地分离铁矿集合体和脉石,达到富铁的效果。火烧坪铁矿使用摇床选矿,可使精矿中铁的品位提高 16 个百分点(表 3-26)。

为了研究重选所能达到效果的极限,对火烧坪 0.1~0.2mm 的梯跳精矿进行了重液分离试验,结果见表 3-27。重液分离的效果较好,重部分 SiO_2 可降至 10% 以下,CaO 降至 3% 以下;铁含量比跳汰精矿提高了将近 10 个百分点。由于试验物料粒度较粗(颗粒太细重液分离不好进行),铁矿物集合体与脉石矿物未充分解离,因此铁的含量不是很高。

表 3-26 火烧坪铁矿摇床选别效果

产品名称	产率(%)	TFe(%)	铁回收率(%)
精矿	39.37	48.00	58.75
中矿	20.43	32.97	21.00
尾矿	40.20	16.24	20.25
原矿	100.00	32.17	100.00

表 3-27 火烧坪梯跳精矿重液分离试验结果

粒度(mm)	产品名称	产率(%)	化学成分(%)			
			TFe	P	CaO	SiO_2
0.1~0.2	重部分	78.39	52.34	0.551	2.98	9.44
	中间部分	9.51	16.02	5.432	27.33	13.51
	轻部分	12.10	5.64	1.382	30.67	18.98
	合计	100.00	43.23	1.116	8.64	10.97

注:重部分比重大于 3.31,中间部分比重 3.3~2.90,轻部分比重小于 2.91

2)比磁化系数

磁铁矿的比磁化系数为 $53000 \times 10^{-6} \sim 92000 \times 10^{-6} cm^3/g$,为强磁性矿物,采用弱磁选即可获得较好的分离效果。

赤铁矿、褐铁矿、菱铁矿和鲕绿泥石的比磁化系数分别为($\times 10^6 cm^3/g$):18.91~30.91,32.0~36.52,107 和 12.24~46.19,均为弱磁性矿物,但比磁化系数明显高于脉石矿物,因此采用强磁选可取得明显富铁效果(表 3-28),通过一次粗选即可使精矿中的铁矿品位比原矿高出 11 个百分点,而 SiO_2 及 CaO 有明显降低。

表 3-28 火烧坪铁矿强磁选结果

产品名称	产率(%)	品位(%)				回收率(%)			
		TFe	CaO	SiO_2	P	TFe	CaO	SiO_2	P
铁精矿	65.46	41.81	10.20	10.04	0.860	90.46	43.85	45.35	68.95
尾矿	34.54	8.37	24.75	22.93	0.734	9.54	56.15	54.65	31.05
原矿	100.00	30.30	15.23	14.49	0.817	100.00	100.00	100.00	100.00

注:-6mm 原矿,双盘干式强磁选机,场强 10000~12000 奥斯特

2. 磷矿物的工艺矿物性质

(1)磷矿物赋存状态

矿石中的磷赋存于细晶磷灰石和胶磷矿中,以胶磷矿为主。含磷 0.5%~1.0% 的矿石中磷灰石和胶磷矿的含量应为 2.78%~5.56%,因此,在薄片中磷矿物颇为常见。

胶磷矿常呈凝块状产出,凝块 $d=0.05 \sim 0.1mm$,最大可达 0.3mm,多与脉石连生,少部分与赤铁矿连生,且界线清楚。有的在鲕状赤铁矿边缘出现,边缘带宽 0.01~0.05mm;还有一部分以 0.001~0.01mm 大小的颗粒散布于赤铁矿之中。前两部分胶磷矿易于和赤铁矿解离,通过选矿将其分离;后一部分胶磷矿由于粒度太细,呈分散状存在于铁矿物中难以将其解离,这部分磷约占矿石总磷量的 10%。

(2)磷矿物的物理化学性质

磷矿物的主要物理化学性质为:比重 $2.9 \sim 3.1 g/cm^3$,硬度 5,比磁化系数 $9.39 \times 10^{-6} \sim 19 \times 10^{-6} cm^3/g$;用脂肪酸及其皂类可改变颗粒表面浸润性能使其成为疏水性。由于其比重小于赤铁矿又大于

脉石矿物,因此采用重选方法不能使其与铁矿物很好的分离,重液分离试验表明,磷矿物富集于中间部分。同样,由于比磁化系数与赤铁矿比较接近,与脉石差别大,在强磁选过程中,铁精矿中的磷反比原矿略高(表3-28)。根据磷矿物的表面特性,最好的分离办法是采用浮选法。中南冶金地质研究所用氧化石腊皂作为捕收剂,采用反浮选选磷矿物,泡沫产品再次扫选得精矿Ⅱ及尾矿,选别结果见表3-29。浮选分离磷的效果比较好,除磷率达到86.65%,铁精矿中磷的含量可降低至0.25%以下。这既说明了捕收剂的有效性,也证明了岩矿鉴定对磷矿物嵌布特性的结论。北京矿冶研究院用类似的方法获得了含磷仅0.13%的铁精矿,除磷率达91.45%。

表3-29 反浮选试验结果

产品名称	产率(%)	品位(%)				回收率(%)			
		Fe	P	SiO_2	CaO	Fe	P	SiO_2	CaO
精矿Ⅰ	60.58	53.77	0.228	11.01	1.03	77.25	11.84	63.10	6.27
精矿Ⅱ	5.41	52.56	0.313	11.64	0.97	7.75	1.51	5.96	0.58
尾矿	30.01	19.84	2.96	9.61	27.23	15.00	86.65	30.94	93.15
合计	100.00	42.16	1.16	10.57	9.94	100.00	100.00	100.00	100.00

样品:火烧坪自熔性矿石

3. 脉石矿物的工艺矿物学性质

(1)脉石矿物嵌布特性

铁矿石中主要脉石矿物有石英(玉髓)、方解石、白云石及粘土矿物等。试样中的SiO_2主要含在石英(玉髓)及粘土矿物中,CaO含在方解石、白云石和磷灰石中。

1)石英

在矿石中的含量为5%~15%,单体粒度0.005~0.02mm,集合体粒度0.05~0.3mm。有几种产出形式:作为鲕粒核心、组成鲕粒同心层、粒状产于鲕粒之间、成颗粒较粗的棱角状碎屑。石英结晶颗粒较粗,与赤铁矿边界清楚,两者易于解离。

2)玉髓

为微细粒的和隐晶质的SiO_2,单体粒度0.001~0.002mm,集合体的粒度0.05~0.2mm。主要产出形式:①作为硅质岩岩屑的主要成分,多单独产出;②参与鲕粒同心层的组成;③在基质中与方解石相互交织;④呈微细粒充填于赤铁矿晶体间隙中。前3种形式产出的玉髓尚可解离并选别,最后一种形式的玉髓则基本不能选除。

3)方解石

在酸性矿石中的含量5%~10%,在自熔性和碱性矿石中的含量为15%~20%。方解石的粒度较粗,$d=0.01~0.5$mm,方解石一方面与赤铁矿、石英、粘土矿物等组成鲕粒同心层,另一方面经重结晶成为较粗的颗粒胶结鲕粒和碎屑。方解石与赤铁矿边界清楚,两者易解离,能分离出的方解石其中所含CaO约占矿石中CaO总量的70%~80%。

4)白云石

在矿石中的含量3%~6%,产出状态与方解石相近,呈不规则粒状产于方解石颗粒间。

5)粘土矿物

主要为高岭石类矿物,少部分属伊利石类。粘土矿物在矿石中的含量为5%~15%,由于粘土矿物结晶微细又混杂于其他矿物间,因此,岩矿鉴定难以进行准确定量,根据矿石含铝量推断,以往的鉴定结果粘土矿物含量估计偏低,有的矿区甚至漏检。粘土矿物的产出形式有:呈极微细颗粒(0.001~0.003mm)充填于赤铁矿微晶间;与方解石、白云石、玉髓等混杂作为鲕粒和碎屑胶结物。粘土矿物是

矿石中 Al_2O_3 的主要载体(含 Al_2O_3：39.5％)，也是 SiO_2 的重要载体(含 SiO_2：46.5％)，选矿除硅工艺应充分考虑到这种矿物。

(2)脉石矿物物理化学性质

脉石矿物的工艺矿物学性质见表 3-30。脉石矿物比重小，一般在 2.70 以下，与铁矿物比重差别显著，采用重选法分离铁矿集合体和脉石是有效的(表 3-26、表 3-27)，石英、玉髓、方解石、粘土都在轻部分富集。

表 3-30 脉石矿物工艺矿物性质

矿物名称	矿物主要成分	嵌布粒度(mm)		比重(g/cm^3)	硬度	比磁化系数 ($\times 10^{-6} cm^3/g$)
		单晶	集合体			
石英	$SiO_2 > 95\%$	0.005～0.02	0.05～0.3	2.65	7	-0.41～1.02
玉髓	$SiO_2 > 95\%$	0.001～0.002	0.05～0.2	2.60±	6～6.5	-0.41～1.02
方解石	CaO:56％	0.01～0.5	0.05～0.5	2.71	3	-0.08～1.52
白云石	CaO:30.49％	0.01～0.5	0.05～0.5	2.87	3.5～4	-0.08～1.52
粘土矿物	Al_2O_3:39.5％± SiO_2:46.5％±	0.001～0.003	0.05～0.2	2.56～2.60	1	

脉石矿物的比磁化系数小，介于 $-0.41 \times 10^6 \sim 1.52 \times 10^6$ cm^3/g 之间，与铁矿物差别明显，因此，在强磁选精矿中(表 3-28)钙、硅的含量都比原矿低，尾矿中 CaO 和 SiO_2 分别比原矿高 9 个百分点和 8 个百分点，说明强磁选的有效性。然而和重液分离相比，效果相对差一点。

方解石的表面性质与磷灰石十分相似，也易被脂肪酸和皂类改变成为疏水性，使两者在浮选中同时被泡沫带起，这给选矿试验的"除磷保钙"带来困难。火烧坪自熔性矿石的浮选试验表明(表 3-29)，在反浮选选磷的同时，有 90％的钙也同时浮起，使铁精矿中的 CaO 由原来的 9.94％降低为 1.03％，完全破坏了矿石的自熔性。为达到"除磷保钙"，已进行了多方面的试验，如加抑制剂、改变试验条件等，但效果均不理想。比较有前景的是采用适当的浮选药剂，使之对磷矿物和钙矿物的表面作用不同，达到两者分离的目的，在这方面已经取得了一些研究成果。例如，广西区地质中心实验室使用 S_{208}(粗菲磺化物)作为捕收剂，可获得含铁 29.55％，铁回收率 72.67％的低磷(0.196％)、酸碱性为 0.86 的自熔性铁精矿，基本达到了除磷保钙自熔性的目的。

4. 矿物的硬度、强度系数与可磨性

矿石中铁矿物和脉石矿物的硬度见表 3-25、表 3-30。各矿物的硬度差别很大，石英属硬矿物，赤铁矿、磁铁矿的硬度为 5.5～6，属中等硬度矿物，褐铁矿、菱铁矿、鲕绿泥石及粘土矿物硬度一般小于 4，易破碎和泥化。与矿石破碎难度直接有关的是强度系数，宁乡式鲕状赤铁矿的强度系数 6.45～7.75，属中等强度的矿石。矿石的强度不仅决定于组成矿物的硬度，还决定于矿物之间接合的紧密程度和结构构造。图 3-24 表示火烧坪铁矿、湖南大石桥铁矿的矿石和鞍山大孤山矿石可磨性的比较。同一类型不同铁矿矿石可磨性有差别，火烧坪铁矿矿石的可磨性与大孤山相似，而大石桥铁矿的矿石比较松散，要容易磨得多。

5. 鄂西宁乡式铁矿矿石工艺矿物学性质评述

(1)根据矿石中主要铁矿物赤铁矿的含铁量及其比重和比磁化系数与脉石矿物的明显差异，采用重选和强磁选均可有效地将铁矿物和粗粒脉石矿物分离，获得 TFe>50％的精矿，回收率 80％左右。因此，今后不管采用何种方法利用宁乡式铁矿，重选和强磁选都是应该考虑采用的工艺过程，对原矿进行梯形跳汰(粗级别)和强磁选(细级别)处理，恢复矿石地质品位、提高产品含铁量在技术上和经济上都是必不可少的。

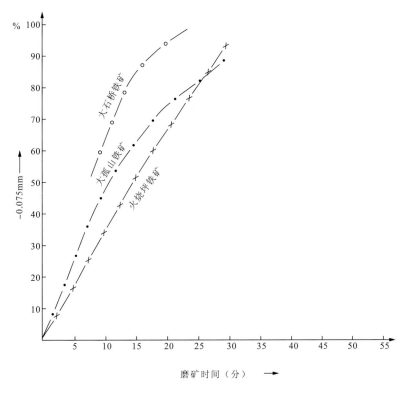

图 3-34　三个矿区铁矿矿石可磨性

（2）由于赤铁矿单晶粒度极为微细，在磨矿过程中不可能使其成为单体，选矿只能以选铁矿物集合体为目标。由于铁矿物的集合体尺度较大，因此没有必要将加工的细度提得很高。铁矿精矿品位不够高，主要是受铁矿集合体中纯赤铁矿含量的限制。铁矿精矿品位一般52%～53%已说明选矿有效，如能达到55%～57%，则就是不错的指标。如想继续提高精矿品位，采用提高磨细度和絮凝选矿等方法，从已有试验结果看，效果不佳，且铁回收率大打折扣。采用低温焙烧加磁选的方法，同样不会有明显效果。焙烧过程中赤铁矿在氧化气氛（680℃）下转变成磁赤铁矿（γ-Fe_2O_3），在还原的气氛下转变成磁铁矿，但是这样的相变并未改变原矿的嵌布特征和铁矿物的颗粒结构，虽然铁矿物的选别性提高，选别效果或许改善，但改变不了选集合体的事实。官店铁矿原矿还原焙烧磁选铁精矿的品位为57.01%，火烧坪铁矿的为55.20%，仍没有重大突破。如欲获得含铁量大于64%的精矿，唯一的办法是提高焙烧温度，破坏赤铁矿晶格，使赤铁矿中的铁不同程度地还原为金属铁或方铁矿（FeO），但这样的工艺实际已不属于一般选矿的范畴。

（3）磷矿物的工艺矿物学特征表明有90%的磷矿物易于与铁矿物解离而被分选出去，因此对于宁乡式铁矿选矿"提铁降磷"的目标而言，提铁较难降磷较易。通过一般的浮选就可将铁精矿中磷的含量降至0.25%以下。但是由于有少部分磷以星散状分布于赤铁矿小晶体之间，因此铁精矿中的磷要降到很低只靠机械选矿也是难以办到的。矿石中的磷矿物与我国沉积型磷块岩中的磷矿物属同一种矿物，因此，在铁矿选矿工艺中应有使胶磷矿进一步富集的流程，使其达到磷精矿的标准。磷是宁乡式铁矿的主要伴生元素，如果选矿不综合回收磷，那么这样的选矿方法就是不够完备的、有缺憾的。

（4）脉石矿物工艺矿物学特性决定了宁乡式铁矿除硅除铝是一个难题，因为有相当数量的含硅含铝矿物与赤铁矿呈极微细嵌布状态，铁矿精矿品位上不去的主要原因是硅铝除不去。钙矿物方解石、白云石的嵌布粒度较粗，与铁矿物界线清楚且易解离，因此，实现钙铁分离是很容易办到的。但由于宁乡式铁矿大多是高硅酸性矿石，少部分自熔性矿石中的钙是宝贵的可利用成分，在选矿过程中应尽量留在精矿中，而保持产品的自熔性。研究浮选除磷时的保钙技术是宁乡式铁矿选矿的一个重要课题，通过研究浮选药剂等途径解决这个问题是有可能的。

(5)根据宁乡式铁矿工艺矿物学禀赋特征,解决矿石利用问题的最终途径可能是冶炼方式,但应充分利用矿物物性差异和可能达到的解离程度,采用重选、强磁选、浮选等方法作为辅助工艺,提高冶炼物料的质量,组成选冶联合流程。

(五)矿石选冶和加工技术条件

1. 早期已有选冶试验工作和矿石选冶性质评述

火烧坪等铁矿自20世纪50年代发现后,在地质勘探阶段即采样委托有关科研院所和钢铁企业进行选冶利用技术研究,随后60—80年代这样的研究工作一直在进行。国家曾4次组织科研生产单位联合对宁乡式铁矿的选冶进行技术攻关,取得了一系列丰富的、有价值的、对今后铁矿开发有重要借鉴意义的实验室和工厂试验资料。综合各项试验成果可基本了解宁乡式铁矿的选冶性质和各种试验的有效性。

(1)选矿提铁除磷

1)降磷较易,但要解决磷钙分离和磷的精选问题

矿石中的磷矿以胶磷矿的形式存在,相当一部分胶磷矿与粘土矿物、碳酸盐矿物交生,少部分与赤铁矿密切连生,因此胶磷矿容易和铁矿物解离,通过浮选除去。冶金部选矿研究院1960年试验火烧坪铁矿样品,结果为:铁精矿中含磷0.13%,除磷率达91.45%。以后地矿部峨眉矿产综合利用研究所(1975年)、中南冶金地质研究所(1980年)的试验结果都证实了这一点。但是,由于有部分胶磷矿呈点状分布于铁矿物之中,这部分磷就很难选去,所以要求铁精矿中磷含量很低,也是不现实的。选矿脱磷带来一个问题,由于胶磷矿与碳酸钙的可浮性非常相似,因此,在除磷的同时也除去了矿石中的钙,破坏了矿石的自熔性,原为酸性矿石则酸度更为提高。例如火烧坪铁矿原矿中含CaO:14.96%,矿石酸碱度为1.0,铁精矿含CaO只有0.49%,矿石酸碱度变成0.044。这样,在后续的冶炼工艺中,需重新加入大量的钙,这在技术上和经济上都很不合理。另一方面选出的磷产品,含磷2~3%,要通过选矿富集到磷精矿标准,在技术上是"难上加难"。

2)提铁困难,获高品位铁精矿更难

矿石中的铁主要以赤铁矿的形式存在,具有鲕状结构。但是组成鲕粒的细小环带本身并非纯净的赤铁矿,其中赤铁矿的晶体极其微小,一般长1~3μm,宽<1μm,相互交织形成絮状小鳞片(长7~14μm,宽1~4μm),在小鳞片之间又充填了微细的粘土矿物、玉髓(成分为SiO_2)和少量胶磷矿。因此,试图使铁矿物解离成单体,通过单一机械选矿方法除去硅等杂质,获得高品级的铁精矿(TFe>64%)几乎是不可能的。目前机械选矿获得铁精矿含铁52%~55%,已是不错的指标。提铁与降磷相比,提铁难而降磷易。

利用浮选法提铁的主要问题:一是铁品位的提高实际意义不大,因为靠除磷除钙相对提高铁品位,而在以后工艺过程中又重新加钙,使原料中铁的含量再次降低,以至于铁的含量恢复到原来的状态;二是尾矿中铁的品位还很高,一般为18%~22%,接近或超过铁矿的边界品位,显然也不符合要求。

各试验单位还采用了多种焙烧(低温焙烧)——磁选、强磁选等方法提铁除磷,效果都不佳,产品中磷的含量仍然很高。火烧坪铁矿高温焙烧磁选的精矿TFe:79.58%,P:0.31%。

(2)冶炼脱磷

1)直接还原法未达除磷目的,不适用

官店、火烧坪铁矿都做过直接还原法炼铁试验。在低于矿石熔化温度下,利用天然气或煤,通过固态还原反应,将铁矿石炼成铁的工艺方法称直接还原法(DRI)。这种方法炼制的铁有大量失氧时形成的微孔,称之为海绵铁。直接还原法为非高炉炼铁法的一种,发展于20世纪50—70年代,按工艺设备分为3种类型,竖炉法、反应罐法和流态化法。目前世界上应用此法生产的还原铁不到铁总量的10%。此法的缺点是:需要用高品位的铁精矿;需要用天然气作能源,后续电炉炼钢耗电大而规模受限制;海绵铁活性大、易氧化,长途运输和长期保存困难。因此,这种方法一般只适宜于中小钢铁厂使用。

本区铁矿据峨眉矿产综合利用研究所试验结果：官店铁矿块矿直接还原焙烧获含铁 92.86%，含磷 0.83%的还原铁；火烧坪铁矿重选后直接还原又加磁选，获含铁 94.24%，含磷 1.902%的产品。

用直接还原法处理鄂西铁矿可以获得含铁 90%以上的产品，但其中含磷仍很高，未能达到除磷目的。同时与高炉炼铁相比，技术不够成熟，规模受到限制，原料要求较高，因此用直接还原法利用鄂西铁矿的现实意义尚待进一步研究。

2）高炉炼铁、转炉炼钢、综合利用磷的技术路线

这种方法效果好，试验室和工厂实验成功，需要工业化试验。该方法主要是参照法国利用洛林高磷鲕状铁矿的工艺流程进行，试验的次数最多，规模最大，效果也最好。

1959 年冶金部钢铁研究院在重庆钢铁公司 2 号高炉进行炼铁试验（火烧坪铁矿样品），赤铁矿石不经选块、选矿、烧结等流程，直接入炉冶炼，生产托马斯生铁（含 P：2.1%），经转炉炼钢去磷，回收钢渣磷肥。

1965—1969 年，冶金部组织在湖南涟源钢铁厂 83m³ 高炉采用自熔性鲕状赤铁矿（火烧坪样品），进行全矿块、全烧结和配矿冶炼试验，并取得了全烧结入炉的比较好的冶炼指标。此后在唐山钢厂 5t 氧气顶吹转炉上炼钢，铁水含磷量 1.86%~2.60%，试炼了 389 炉，钢锭合格率 95.02%，成功地冶炼出了普碳钢、中碳钢、16Mn 低合金钢等钢种。并且冶炼每吨铁水可回收磷肥 200kg，磷肥含 P_2O_5：18.31%，枸溶率 84%~100%。

1971 年、1974—1976 年，冶金部组织在马鞍山钢铁公司二炼钢 8t 氧气顶吹转炉和 12t 氧气底吹转炉，利用鄂西高磷生铁，成功地炼出了电机硅钢、合金结构钢、弹簧钢、碳素工具钢。副产品钢渣磷肥的产率为 200~250kg/t。

1980 年，卢森堡 PAUL YYURTH S·A 试验室对松木坪高磷铁矿进行理化分析，评价为：受试验矿石磷含量低于瑞典基鲁钠矿，氟含量相近。该矿硬度高，抗热震性能好，装入高炉生产高磷铁水应无重大问题。冶炼后可得到的炉渣和铁水成分为：

铁水：Fe：94%、P：1.33%、Si：0.49%、Mn：0.3%、C：4.0%。

炉渣：CaO：19.5%、SiO_2：37.3%、MgO：6.4%、Al_2O_3：31.4%、MnO：0.8%、Na_2O：0.3%、K_2O：2.4%、P：1.7%。

以上实验结果表明，采用高炉炼高磷生铁、转炉炼钢脱磷的技术路线，在工厂试验的条件下是成功的。该方法的主要优点是：不需进行脱磷选矿，简化了工艺流程，减少了选矿环节中铁的损失，铁与磷的回收率高；磷可通过钢渣磷肥的形式得到综合利用，矿石中的钙也得到了利用，资源利用率高；适合于大规模工业化生产，工艺成熟，对原料的适应性强，生产指标稳定。

对于宜昌高磷铁矿的利用技术研究成果已有几次结论性的意见。

第一次是 1980 年由湖北省地质局、武钢矿山公司、武汉钢铁设计院、长沙黑色金属设计院、鞍山矿山设计院、马鞍山黑色矿山研究院、长沙矿冶研究所等单位联合对地质矿产部峨眉矿产综合利用研究所等单位完成的《鄂西火烧坪铁矿选矿试验报告》进行评审，提出如下结论性意见：①矿石经简单重选，然后全烧结入炉冶炼高磷生铁，最后以转炉成钢和钢渣磷肥的第一选冶方案，不但技术上可行，而且选矿成本低，铁、磷、钙综合利用程度高，应作为矿区建设中优先考虑的方案，采用这种方案可建立完全独立的钢铁基地，也可以单独建炼铁炼钢厂，而为武钢提供钢锭；②重选恢复地质品位的基础上进一步浮选降磷，而后以一般方法冶炼的第二方案所得精矿与鄂东矿石配矿后为武钢高炉供矿也有可能，但资源利用不够合理，而且武钢现有条件下生产低磷硅钢可能还有一定困难，应作进一步研究；③矿石直接还原后，海绵铁再磨再选的第三选冶方案，应进一步研究，工业上不成熟，对火烧坪铁矿的利用现实意义不大。

第二次是在 1986 年，冶金部科技司陶晋司长主持在宜昌召开了"鄂西高磷铁矿开发利用技术方案论证会"，会议纪要指出："国家过去曾三次组织开发鄂西铁矿，根据当时所作选、烧试验结果，涟钢使用长阳矿炼铁，唐钢、中国科学院化工冶金研究所及其他钢厂用高磷铁水炼钢的实验成果，借鉴法国和卢

森堡用洛林鲕状高磷铁矿炼铁、顶底复合吹转炉炼钢脱磷的成功技术,专家及代表的意见是工业试验基地采用的主流程可以是:重力选矿恢复地质品位,严格混匀,全烧结入炉炼铁,用顶底复合吹转炉炼钢脱磷,预计可得到合格的钢和钢渣磷肥,实现综合利用,这样做技术上可行,经济上比较合理。"

2. 近期选冶试验结果

近来年,宁乡式铁矿开发受到了钢铁行业的关注,得到了国家和湖北省的重视,新的一轮选冶技术攻关已经开始。技术试验针对鄂西宁乡式鲕状赤铁矿特征,充分吸取和借鉴已有的科研思路和经验,力求创新突破,已取得了较多的成果。

(1)2007年,北京矿冶研究总院刘万峰等,在选矿扩大试验条件下对鄂西含磷鲕状赤铁矿进行了浮选试验研究,获得了较好的选矿指标。选矿扩大试验稳定运行10个班次,共计80h,共处理原矿量为3665.95kg,合1.1t/d;磨矿-分级溢流产品浓度为35.26%,细度为-0.074mm,占70.73%。扩大试验指标为:原矿铁和磷的品位分别为49.99%、1.13%,铁精矿铁和磷的品位分别为57.43%、0.22%,铁回收率为78.24%。

(2)2009年,长沙矿冶研究院王秋林等对鄂西高磷鲕状赤铁矿进行选冶试验研究(国家重点基础研究发展计划——973计划项目;国家十一五科技支撑计划项目),采用选冶联合工艺-还原磁化焙烧-弱磁选-阴离子反浮选流程,可获得产率56.20%、品位$TFe:61.88\%$、$P:0.25\%$,铁回收率79.95%的铁精矿。

(3)2006—2007年,中国地质科学院矿产综合利用研究所在"鄂西宁乡式铁矿利用工艺技术研究"地质大调查项目的支持下,对官店铁矿酸性富矿进行了单一重选、高梯度磁选、磁选-解胶-磁选、脱泥-反浮选等工艺流程的探索试验研究,试验结果表明,对于含铁50%左右的酸性矿石,可获得铁品位大于55%,含磷低于0.3%的铁精矿。2008—2010年在续作项目中开展了脱泥-反浮选脱磷脱硅工艺技术实验室试验和扩大连续试验研究,扩大连续试验结果为铁精矿品位TFe为57%以上,铁回收率80%以上。铁精矿煤基直接还原焙烧-磁选工艺试验成果为:还原铁粉产率(相对于铁精矿)77.99%,TFe含量88.40%,P含量0.18%,TFe回收率95.32%,杂质含量符合一级还原铁粉质量要求。这一成果被评为2010年中国地质调查十大进展之一。

(4)2007—2009年,北京科技大学杨大伟、孙体昌等对鄂西高磷鲕状赤铁矿进行提铁降磷选矿试验研究(十一五国家科技支撑计划项目),采用添加脱磷剂还原焙烧-二段磨矿、两段弱磁选工艺,获得了较好的提铁降磷效果,铁精矿品位为92.34%,磷含量0.025%,铁回收率为90.31%。

(5)2008—2010年,武钢矿业公司,对鄂西铁矿进行了闪速炉磁化焙烧试验和直接还原焙烧试验研究,利用旋风闪速磁化焙烧炉(闪速炉),实现矿物在粉状条件下的磁化焙烧,由于焙烧传热、传质快,气团接触面积大,反应活性高,使焙烧能耗大为降低。鄂西铁矿焙烧温度700℃,焙烧时间10s,还原气氛CO浓度6%~7%。焙烧产品在场强214.96kA/m下弱磁选,铁精矿品位可达56.50%,回收率为79.00%。将弱磁选精矿细磨脱泥-阴离子反浮选,铁精矿品位可以提高到60.35%,含$P:0.24\%$,$Al_2O_3:6.30\%$。

3. 宁乡式铁矿选冶的新技术试验研究

(1)选矿技术试验初步方案

①闪速磁化焙烧-磁选。工艺思路:预先抛尾→磁化焙烧→磁选→细磨→絮凝→脱泥→浮选。工艺思路的特点:尝试采用比传统焙烧成本低2/3~3/4的闪速焙烧新工艺。

已开展这项研究工作的有:武汉理工大学、长沙矿冶研究院等单位。

②细磨强磁选-反浮选和还原焙烧-磁选。工艺思路:拟将沸腾炉焙烧(与闪速焙烧原理相似)和"粒铁"技术应用于鄂西矿石的试验研究。

已开展这项研究工作的有:长沙矿冶研究院、中南大学、武汉科技大学等单位。

③新型选矿药剂和浮选。工艺思路一:细磨→磁选→浮选工艺,侧重于浮选,希望通过絮凝浮选、分

散浮选和电化学控制浮选及有效的浮选新药剂等的应用达到提铁降磷的目的。工艺思路二：选择性磨矿技术、助磨剂及微泡浮选技术。

已开展这项研究工作的有：长沙矿冶研究院、成都矿产综合利用研究所、北京矿冶研究院、北京科技大学、马鞍山矿冶研究院、武汉科技大学等单位。

④加盐还原熔烧。工艺思路：用物理选矿加冶金脱磷的工艺思路将与铁矿共生的胶磷矿和磷灰石等变成可溶性磷而脱除，从而实现提铁降磷。

已开展这项研究工作的有：东北大学、西安冶金建筑科技大学等单位。

(2) 冶炼技术攻关初步方案

①球团试验。探索利用鄂西高磷赤铁精矿在球团矿原料中的最大配比及相应的球团工艺制度。

②烧结试验。探索利用鄂西高磷赤铁精矿在烧结混合料中的最大配比及相应的烧结工艺制度。

③高炉配料试验。进行以鄂西高磷赤铁精矿生产的球团矿、烧结矿为主的高炉合理炉料结构试验，提出高炉冶炼的各项操作制度。

④铁水脱硅实验室试验。以高炉投料试验所确定的高炉铁水为研究对象，寻求最佳脱硅剂成分与脱硅工艺条件。

⑤铁水脱磷预处理试验。研究适合高磷铁水条件的脱磷剂成分及相应的预处理工艺。

(3) 研究"熔融还原法"冶炼宁乡式铁矿

20世纪50—60年代发展起来的"熔融还原法"炼铁技术是当今最先进的冶炼技术，其工业化生产已日臻成熟。熔融还原炼铁技术也是非高炉炼铁法的一种，与直接还原法不同的是冶炼的是液态热铁水，与传统高炉炼铁相比有以下优点。

①可直接使用块煤、粉煤，省去了炼焦环节，减轻了焦炭需求的压力。当地产的煤可得到充分利用，避免大量焦炭或焦煤的输入，减少了运输量。

②直接使用精矿粉冶炼，省去了烧结(球团)环节，简化了生产流程，减少了三废的排放。所炼铁水含磷低、含硫高，几乎不含硅，磷在渣中可得到综合利用。

③煤炭的热能得到高效、清洁的利用。

鉴于以上优点，该法是期望能够采用的新技术。

熔融还原工艺中，COREX法、Hismel法和Ausmelt三种方法比较成熟，其中COREX最为成熟。但针对鄂西高磷铁矿拟采用的Hismel法，因为Hismel熔融还原炉内有很强的氧化气氛，这种气氛有可能使磷进入炉渣达到脱磷的目的(图3-35)。实际上这是一种炼铁脱磷的方法，而前述碱性转炉法则是炼钢脱磷法。

七、宁乡式铁矿开发现状和方向

(一)开发现状

2006年6月26日，首钢控股有限责任公司与宜昌市人民政府签定项目合作合同。首钢在宜昌设立新首钢资源控股公司，开发长阳、兴山境内宁乡式铁矿及相关资源，总投资80亿元。第一期开发长阳火烧坪铁矿，其后陆续开发青岗坪、田家坪、马鞍山、石板坡、椰坪等铁矿，同时规划设计选矿厂和深加工工厂。一期工程形成年产铁精矿粉200万t及相应规模的球团厂。一旦熔融还原法在澳大利亚完成工业化大规模生产，首先在宜昌利用该技术上相应规模的精矿粉深加工项目。二期工程扩产至800~1000万t铁精粉并建设相应规模的球团厂或熔融还原法的深加工项目。2011年采选50万吨/年工程已完成，并进行了试生产。

秭归县2010年引进巨能公司秭归铁矿选炼项目，投资1.2亿元，现已开工建设。新兴铸管集团2011年初与巴东县委县政府达成了开发巴东黑石板铁矿的协议，并通过程序向湖北省国土厅申请开发工业试验矿的采矿权。

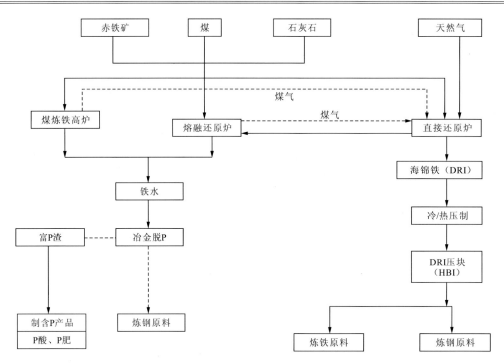

图 3-35 熔融还原法炼铁工艺流程图
(据武钢设计研究院,2006)

湖北金德、天润等矿业公司在龙角坝铁矿进行开采,已建多个开采坑道和选矿厂。湖北宜都白云铁矿已建成年产 60 万 t,并具装卸、运输一体化服务功能的矿山。

(二)开发方向

根据鄂西宁乡式铁矿资源特点,当前和近期可以开发利用的资源分为 3 种类型:①高品位富矿,矿石中 TFe 的含量大于 50%,在许多矿区均有分布;②酸性富矿,矿石中 TFe 的含量小于 50%,大于 45%,矿石酸碱度小于 0.5,这类富矿约占富矿总量的 68.22%;③自熔性富矿,矿石中 TFe 含量大于 35%,小于 50%,矿石酸碱度大于 0.8,这类富矿占富矿总量的 31.78%。这 3 类资源分别用 3 种生产工艺模式进行处理(图 3-36)。

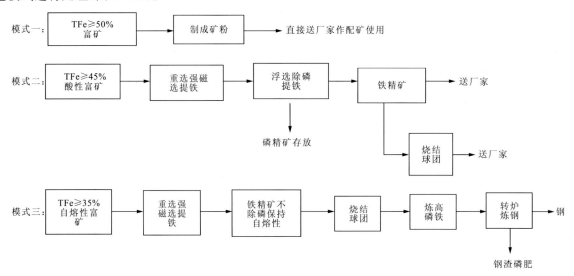

图 3-36 鄂西宁乡式铁矿开发利用生产工艺模式

模式一：用以处理高品位富矿。对于TFe>50%的矿石，不论其酸碱性均可直接送炼铁厂作为配矿得到利用。实际上鄂西地区有不少矿山企业就以采卖这部分矿石为生。官店铁矿的矿粉厂也就是利用这一类矿石。

模式二：用以处理酸性富矿。酸性富矿的量很大，如用以炼高磷生铁，需要消耗大量碱性熔剂，在经济技术上不合理。因此采用"提铁除磷"的选矿方法使其达到炼铁矿石的铁和磷的要求，成为商品精矿。这其中的问题是磷精矿含磷量只有2%～3%，目前不能被利用，现阶段只能将其存放。

模式三：用以处理自熔性富矿。这部分矿石性质和法国洛林利用的矿石性质相近，矿石可不作选矿脱磷处理，在冶炼过程中以钢渣磷肥的形式综合回收利用磷。这种矿石还不能作浮选脱磷处理，因浮选脱磷会严重破坏矿石的自熔性。

由于鄂西宁乡式铁矿中以酸性富矿量最大，因此模式二可能成为鄂西铁矿开发的主流模式，模式三针对2.6亿t自熔性富矿，为重要模式，预计需要较长时间才能得到实施。模式一则为开发利用早期阶段必然会出现的开发方式，宜因势利导，有序合理地实行。

八、宁乡式铁矿资源潜力分析

根据本区该类铁矿的成矿地质条件、地质勘查程度和对成矿作用的新认识，确定资源尚有较大潜力（表3-31）。

表3-31 宜昌宁乡式铁矿资源潜力预测

预测地段	构造位置	预测资源量（亿吨）
1.龙角坝—铜鼓包段	牛庄至铜鼓包褶皱群区，自龙角坝向东至谢家坪、铜鼓包	2.5
2.火烧坪—青岗坪—马鞍山段	长阳背斜南翼，自火烧坪向东南至青岗坪、马鞍山，包括分布于次级褶皱区的田家坪、茅坪、石板坡	3.0
3.新滩—肖家荒段	肖家荒次级短轴背斜的两翼及芝兰背斜的两翼，新滩、具渔坊、白燕山、肖家荒一带	0.5
4.杨柳池—白沙驿段	长阳背斜北翼，杨柳池至白沙驿	1.0
5.阮家河—松木坪段	仁和坪向斜北翼，阮家河—洞和一带及松木坪周围	2.0
6.官庄—百里荒段	黄陵背斜东南翼，官庄铁矿向北至百里荒一带	0.5
预测资源潜力总计		9.5

1. 龙角坝—铜鼓包段

该段位于牛庄至铜鼓包褶皱群中，复杂的次级小型背向斜构造使泥盆系地层大面积蜿蜒出露，已查明有龙角坝、傅家堰、谢家坪、石崖坪、黄粮坪等铁矿，还有背塔荒、大界、黄连溪、地四溪、白溢坪、狮子包、铜鼓包等点有待进行地质勘查，有的点经踏勘预期可达到中型规模。在龙角坝西淌等地发现磁铁赤铁混合矿石富矿，TFe品位47.15%～54.30%，其中磁性铁的含量为16.81%～36.49%。

2. 火烧坪—马鞍山段

该段位于长阳背斜南翼，泥盆系含矿地层发育，层位稳定，已查明火烧坪铁矿和青岗坪铁矿及马鞍山铁矿，都为大中型矿床，3个矿区之间的地段及马鞍山次级背斜翼部均为成矿有利部位，有找矿潜力。同时该段铁矿产于灰岩-页岩岩相中，矿石为半自熔性和自熔性，因此该段为找自熔性矿石的重点区。

3. 秭归新滩—肖家荒段

该段位于肖家荒次级短轴背斜及芝兰背斜的西翼，已发现秭归新滩、具渔坊、白燕山、蒋家荒、毛火山等铁矿，虽规模不大，但分布密集，成矿条件又较好，可开展资源调查评价，扩大已有铁矿规模，发现新的矿区。

4. 秭归杨柳池—长阳白沙驿段

该段位于长阳背斜北翼,东西向分布,已查明秭归杨柳池铁矿,未上表西古地铁矿,通过初步地质工作有望达到中型以上规模。

5. 五峰阮家河—松木坪段

该段位于仁和坪向斜北翼和东翼,可分东西两段,西段有阮家河铁矿、唐家河铁矿、清水湾铁矿、洞和铁矿、张家淌铁矿、樱桃山铁矿,密集分布;东段宜都市境内有狮子口铁矿和松木坪铁矿分布。该段除松木坪铁矿进行过勘探外,其余各点都有待进行地质勘查工作。

6. 官庄—百里荒段

该段位于黄陵背斜东南翼,已查明有官庄铁矿,含矿地层自官庄一直向北延伸到远安县境内。百里荒周围见到质量较好的赤铁矿层,厚1.0~2.0m,品位40%以上。

九、宁乡式铁矿主要铁矿床

(一)宜都市松木坪铁矿

1. 位置及交通

矿区位于宜都市城区179°方位直距27km处,矿区距枝柳支线松木坪站1km(运距),通铁路。

2. 矿区地质概况

矿区位于长乐坪背斜南翼和仁和坪向斜北翼东端。出露志留系至二叠系地层,铁矿产于上泥盆统写经寺组和黄家磴组地层中。

3. 矿体形态规模产状

矿区出现4个矿层(Fe_1、Fe_2、Fe_3、Fe_4),只有Fe_3具有工业价值,共分3个块段10个矿体。其中8号矿体为主要矿体,长650m,宽560~860m,平均厚1.68m。倾向225~210°,倾角为10~23°,似层状产出,埋深0~140m,占总量的27.53%。

4. 矿石类型及物质组成

按矿物组成和结构构造,分为3种矿石类型。

(1)钙质鲕状赤铁矿矿石:赤铁矿占70%~80%,白云石及其他碳酸盐矿物10%~15%,胶磷矿5%,磷石灰1%,石英3%,绿泥石少量。具鲕状构造。

(2)鲕状赤铁矿矿石:赤铁矿80%~90%,胶磷矿5%,石英3%,玉髓5%~7%,海绿石、鲕绿泥石少量,碳酸盐岩少见。具鲕状构造。

(3)绿泥菱铁赤铁矿矿石:由赤铁矿、菱铁矿、绿泥石、石英及岩石碎屑组成。

各矿石类型化学组成见表3-32。

表 3-32 不同类型矿石化学组成

矿石类型	化学组成(%)							
	TFe	SiO_2	Al_2O_3	CaO	MgO	S	P	酸碱度
钙质鲕状赤铁矿矿石	24.00~50.82	5.52~12.96	2.72~7.38	5.42~22.60	1.68~6.75	0.042~0.104	0.50~1.82	0.8~2.3
鲕状赤铁矿矿石	37.80~55.16	5.24~22.65	4.23~13.50	0.30~10.72	0.53~1.60	0.017~0.597	0.73~2.08	0.1~0.77
绿泥菱铁赤铁矿矿石	13.60~44.86	9.60~50.34	4.50~8.67	2.50~21.35	1.08~7.38		0.43~2.84	0.3~1.28
平均	45.95						0.99	0.86

5. 矿石质量及储量

地质勘查提交储量：酸性富矿403.65万t,自熔性富矿628.29万t,碱性富矿15.96万t;酸性贫矿33.61万t,碱性贫矿5.87万t;总计1089.38万t,平均品位45.95%,含P:0.99%,含S:0.03%,酸碱度0.86。

湖北省储委1975年1月批准储量:表内储量A+B级144.7万t,A+B+C级645.5万t,D级445.7万t;总计1091.2万t。

资源储量套改后确定：

探明的预可研边际经济基础储量(2M21)144.7万t。

控制的预可研边际经济基础储量(2M22)946.5万t。

总计资源储量为1091.2万t。截止2004年度保有资源储量1082.8万t。

6. 勘查程度和资源远景

中南冶勘607队1974年5月提交《湖北省宜都松木坪矿区补充地质勘探报告书》。矿区资源远景不明。

7. 开采技术条件

矿体为似层状,较稳定。产状平缓,倾角小。埋深0～140m,需地下开采。水文地质条件简单,最大涌水量为1962m³/d。距矿区1km处的陈家河可作水源地,但供水程度不能满足需要。

主矿体的顶板为白云质灰岩夹钙质页岩,下部灰绿色页岩与铁矿直接接触,矿层底板为页岩夹薄层砂岩或砂质页岩,岩层稳定性较差,需支护。

矿区内有横断层发育,对矿体的连续性有破坏作用。

8. 选冶和加工技术条件

矿石可选性经实验室重选试验结果为：入选铁矿品位TFe:35.58%,精矿品位49.68%,尾矿品位14.03%,回收率85%。

9. 开发利用状况

为停采矿区,共消耗资源储量8.4万t。

(二)夷陵区官庄铁矿

1. 位置交通

矿区位于宜昌市夷陵区城区68°方位直距15km处,矿区距焦枝线官庄站3km(运距)。距宜昌市区20km,通公路。

2. 矿区地质概况

矿区包括宋家冲、锅厂、雷家湾、王家冲等地段。南北长11km,东西宽1.6～2km,面积19.8km²(图3-37)。

矿区分布有志留系、泥盆系、石炭系、二叠系和三叠系地层,第三系东湖砂岩不整合于上述地层之上。与成矿有关的地层为泥盆系上统黄家磴组和写经寺组。

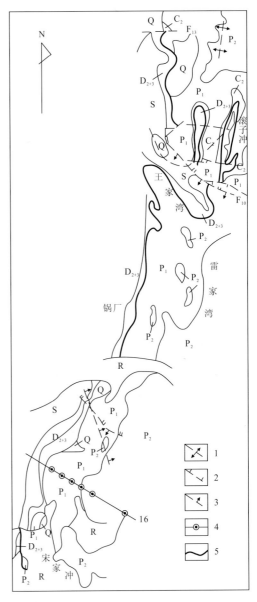

图3-37 官庄铁矿地质图

Q-第四系;R-第三系;P_2-二叠系上统;P_1-二叠系下统;C_2-石炭系中统;D_{2+3}-泥盆系中、上统;S-志留系;1-背斜;2-正断层;3-逆断层;4-勘探线及钻孔;5-铁矿层

矿区位于黄陵背斜东翼,属单斜构造,地层走向北北东,倾向南东东,倾角10~20°。矿区局部有小褶皱。

成矿后的断层已发现20条,多属正断层,少数为逆冲断层。断层走向有近东西向、北西向两组,走向长300~1000m,倾角均较陡,断距在20m左右,断层破坏了矿层的连续性。

3. 矿体规模、形态与产状

区内共有3层铁矿,分别赋存在泥盆系上统黄家磴与写经寺组内,以Fe_3矿层规模为最大(图3-38)。

Fe_2矿层:赋存在黄家磴组上部,矿体底板为砂质页岩,顶板为页岩。矿体呈扁豆状,有11个,扁豆体长400~1100m,宽260~530m,厚0.85~2.88m,平均厚1.65m,矿体埋藏在170m标高之上。

Fe_3矿层:赋存在写经寺组下部,矿体底板为石英砂岩,顶板为白云质泥灰岩,矿体呈层状,走向长11km,宽1.6~2km,平均厚1.1m,层位稳定,分布连续,为主矿层。矿体中有铁质砂岩、页岩或白云岩夹层,矿体产状与围岩一致,倾角平缓,埋藏在−50m标高以上。储量占矿床总储量的96.82%。

Fe_4矿层:赋存在写经寺组上部,底板为钙质页岩,顶板为粘土质页岩,呈扁豆状,厚0.15~1.93m,平均厚0.3m。矿石以鲕绿泥石为主,TFe为20%左右,相变大,不稳定,无工业价值。

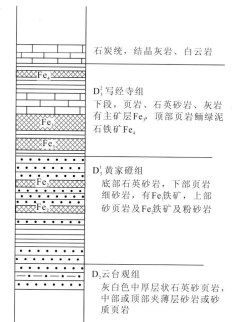

图3-38 官庄铁矿含矿层柱状图

主要矿体Fe_3(图3-39)似层状,长4000m,宽200~2700m,平均厚1.10m,北东走向,倾向南东,倾角10~30°,埋深0~280m,占总量的96.82%。

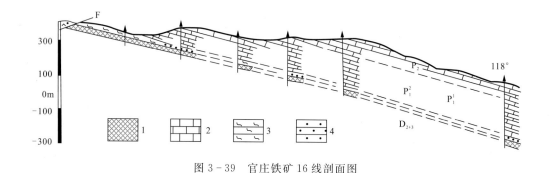

图3-39 官庄铁矿16线剖面图
1-铁矿层;2-灰岩;3-炭质页岩;4-砂岩

4. 矿石类型及物质组成

矿石由赤铁矿、方解石、白云石、石英、绿泥石、胶磷矿、黄铁矿等矿物组成。具鲕状、粒状、块状、砾状构造。

矿石自然类型有鲕状赤铁矿石和砾状赤铁矿石两种。

5. 矿石质量和资源储量

赤铁矿矿石成分 TFe:38.72%,SiO_2:11.62%,S:0.112%,P:0.424%,为高磷赤铁矿矿石。

全区探明及保有储量均为8849.9万t,其中B+C级2468.8万t,D级6360.2万t。一般富矿储量3068.8万t,TFe品位46.35%;贫矿储量5781.1万t,TFe:33.57%。按酸碱度划分,主要为碱性矿石,其矿石储量为8623万t,TFe品位38.72%;酸碱度为1.33~2.15。

矿区还探明共生矿产石灰岩 D 级储量 2697.9 万 t，白云岩 D 级储量 1071.3 万 t。

经资源储量套改后确定：

控制的预可研经济基础储量(122b)112.4 万 t。

控制的预可研次边际经济资源量(2S22)8488.7 万 t。

总计探明资源储量 8601.1 万 t。截止 2004 年底，保有资源储量 8591.7 万 t，已消耗资源储量 9.4 万 t。

6. 勘查程度和资源远景

新中国成立前，铁矿已有民采，炼铁铸锅。

1956—1957 年，湖北地质局 401 队对官庄铁矿进行详查工作。

1958—1960 年，鄂西矿务局 609 队，对矿区进行详勘工作，1970 年提交了《湖北省宜昌县官庄矿区铁矿床地质勘探报告》，经湖北省储委审批，提出需补做工作。

1970—1971 年，中南冶金地质勘探公司 607 队在矿区进行了补勘工作，勘探网度采取 400m×400m 求 B 级，800m×800m 求 C 级，1600m×800m 求 D 级储量。累计投入钻探 78 个孔 13981m，1∶1 万地质测量 140km^2，以及相应的水文地质工作，提交了《湖北省宜昌县官庄矿区铁矿床补充勘探说明书》，1973 年中南冶金地质勘探公司审批，批准铁矿储量 8849.9 万 t。

据成矿地质条件和勘查结果，矿区铁矿资源有扩大远景。

7. 开采技术条件

该铁矿部分出露地表，现已在小规模露天开采。

主矿体为似层状矿体，稳定。厚度较小、缓倾斜，矿体顶、底板岩石稳定性能尚好，主矿体宜平巷开采。矿区构造比较简单，最大涌水量 83676m^3/d。供水地官庄水库离矿区 2km，可满足供水需要。此矿区与地表水有水力联系。

8. 选冶和加工技术条件

无技术资料。

9. 开发利用状况

该矿在 1949 年前就曾有群众开采过铁矿。1986—1990 年由宜昌八一钢铁厂筹建鄂西"宁乡式"高磷铁矿开发利用工业性试验基地，其冶炼试验厂可行性研究报告已经国家计委批准，由原料、烧结(24m^3 烧结机)、炼铁(120m^3 高炉)、炼钢(6t 转炉)4 个车间和相应的辅助动力供应设施组成。预计年产高磷生铁 6.4 万 t，钢锭 6 万 t，钢渣磷肥 1 万 t。

计划该试验基地建成后，如果冶炼试验成功并获较好的经济效益，湖北省规划在宜昌市建设一个年产 30 万 t 规模的钢铁厂，年需铁矿石 120 万 t，所需铁矿石全部由官庄铁矿供给。

近期有黄花乡背马山铁矿在开采。

由于三峡送电线路从矿区通过，压覆赤铁矿 B＋C＋D 约 243.2 万 t(2001 年鄂土资函 469 号同意)和 173.3 万 t(2000 年鄂土资函 183 号同意)。

(三)秭归县杨柳池铁矿

1. 位置交通

矿区位于秭归城区 188°方位直距 39km 处，距宜恩路沙坪站 4km(运距)，矿区地处长阳秭归两县边界，跨椰坪、杨林两乡镇。

2. 矿区地质概况

矿区位于长岭背斜北翼，次级向斜构造构成矿区构造主体。出露有志留系至三叠系的地层。铁矿产在上泥盆统黄家磴组和写经寺组地层中。

3. 矿体规模形态产状

矿体数两个，主要矿体名称 I、II 块段。主矿体产于写经寺组页岩及砂岩中，似层状，被一层页岩夹砂岩分为两个单层 Fe_3^1 和 Fe_3^2。

主矿体长 4650m，宽 740～800m，厚 1.51～1.97m。矿体倾角 29～32°，埋深 0～760m，主矿体占总资源储量的 82.04%。

4. 矿石类型及物质组成

矿石类型：鲕状赤铁矿石、鲕状赤铁矿褐铁矿石、褐铁矿石 3 种，以鲕状赤铁矿为主，占 95%。

鲕状赤铁矿石由赤铁矿、菱铁矿、石英、白云石等组成，含少量绿泥石、云母及胶磷矿。矿石具鲕状构造。

5. 矿石质量和储量

勘查提交贫矿储量 2387.9 万 t，铁品位 38.32%，含 P：0.937%，含 S：0.0431%，含 SiO_2：22.72%，省储委批准铁矿表内储量 D 级 2387.9 万 t。

经资源储量套改后确定：2387.9 万 t（2S22）。

6. 勘查程度和资源远景

湖北省地质局鄂西地质队 1959 年 12 月提交《湖北秭归长阳边境杨柳池铁矿床地质勘探报告》，矿区资源有扩大远景，已交地质储量 106 万 t。

7. 开采技术条件

主矿体为似层状，稳定。矿层厚度较小，倾角缓到中等。矿层顶底板岩石稳定程度中等。水文地质条件简单，适合平硐开采。

8. 选矿和技术加工条件

无技术资料。

9. 开发利用状况

未开发利用。

（四）长阳县田家坪铁矿

1. 位置交通

矿区位于长阳县城 270°方位直距 47km 处。矿区距长火路火烧坪站 5km（运距），通公路。

2. 矿区地质概况

矿区位于渔峡口向斜的次级褶皱中，出露有志留系至三叠系地层，铁矿赋存于上泥盆统黄家磴组和写经寺组地层中。

3. 矿体规模形态产状

矿体数 1 个，矿体名称 Fe_3，长 5000m，宽 1200～1800m，厚 0.78～1.50m，层状矿体，产状平缓，倾角 10°。矿体埋深 400～450m。

4. 矿石类型及物质组成

鲕状赤铁矿由赤铁矿、方解石、白云石、石英等组成。具鲕状结构。

5. 矿石质量与储量

地质勘查提交矿石储量 2594.1 万 t，矿石品位 TFe：37.8%、含 P：0.772%，含 S：0.18%，含 SiO_2：13.4%，碱性、自熔性、酸性矿石。1993 年全国储委批准储量：铁矿表外 D 级 2594.1 万 t。

资源储量套改确定：

控制的预可研次边际经济资源量(2S22)2594.1万t。

6. 勘查程度和资源远景

1961年9月,中南冶勘601队提交《湖北长阳火烧坪矿区补充地质勘探总结报告书》。资源远景不明。

7. 开采技术条件

为一隐伏矿区,矿体埋深400~450m,需平硐开采。层状矿体,倾角平缓。矿层薄,围岩稳定性尚好。水文地质条件简单,最大涌水量12148m³/d。

8. 选冶和加工技术条件

无技术资料。

9. 开发利用状况

未开发利用。

(五)长阳县火烧坪铁矿

1. 位置交通

矿区位于长阳县城276°方位直距45km处。矿区距长火路火烧坪站1km(运距),通公路。矿区南10km有清江,由资丘经长阳、宜都注入长江,全程105km,可通航。

2. 矿区地质概况

矿区包括罗家冲、流沙口、蒋家坡、火烧坪、打磨场、小峰垭等地段,东西长14km,南北宽1.5km,面积20km²(图3-40)。

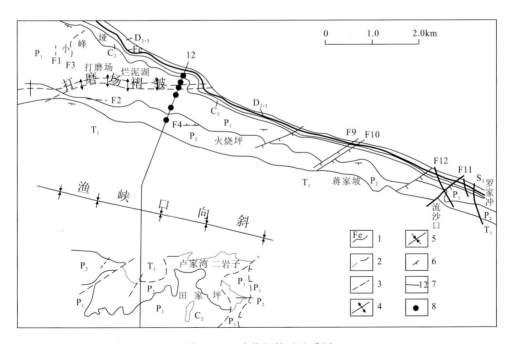

图3-40 火烧坪铁矿地质图

1-铁矿层;2-地质界线;3-断层;4-背斜;5-向斜;6-地质产状;7-勘探线;8-钻孔

矿区出露地层有志留系上统,泥盆系中、上统,石炭系中统,三叠系和二叠系下统。

与铁矿有关的为泥盆系中、上统。

泥盆系中统云台观组(D_2y):下部由厚层石英砂岩构成,偶见底砾岩,与志留系纱帽群呈假整合接触;上部页岩夹含铁砂岩,厚15~60m。

泥盆系上统黄家磴组(D_3h):由石英砂岩与页岩互层构成,下部页岩夹Fe_1矿层,上部页岩中夹有赤铁矿矿层(Fe_2)。底部石英砂岩与云台观组呈整合接触,厚20~50m。

泥盆系上统写经寺组(D_3x):有两个岩性段:上部由页岩、石英砂岩夹赤铁矿矿层或鲕状绿泥石菱铁矿矿层(Fe_4)构成;下部为页岩夹泥页岩(或灰岩)和赤铁矿矿层(Fe_3),底部石英砂岩与黄家磴组整合接触,厚30~80m。

渔峡口向斜是矿区的主要构造。向斜两翼由志留系、石炭系构成,两翼不对称,倾角北缓南陡。北翼发育次一级褶皱,有打磨场背斜和向斜,向斜轴部由二叠系、三叠系构成,轴向近东西,并向西侧伏(图3-41)。

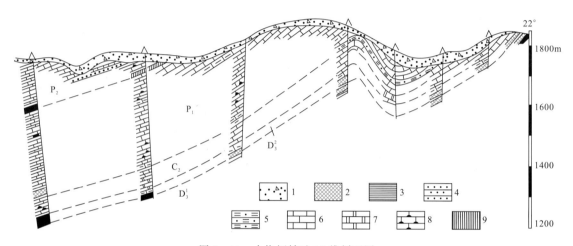

图3-41 火烧坪铁矿12线剖面图
1-坡积层;2-赤铁矿;3-页岩;4-砂岩;5-石英砂岩;6-灰岩;7-白云岩;8-燧石灰岩;9-燧石层

断裂构造有北东、南北—北北西、东西向3组,其中以北东向断裂最为发育。

区内规模大的断层有22条,多属高角度斜交正断层,垂直断距12~40m,最大断距118m,破坏了矿层的连续性。

3. 矿体规模形态产状

该矿床发育有Fe_1、Fe_2、Fe_3、Fe_4四个矿层,以Fe_3矿层为最大(图3-42)。

Fe_1矿层

产在黄家磴组中部,呈扁豆状,厚0.03~0.8m,矿石品位TFe为20%~30%,无工业价值。

Fe_2矿层

呈扁豆状产在黄家磴组上部,断续分布在各地段,厚0.28~1.28m,矿石TFe品位30%~50%,无工业价值。

Fe_3矿层

产在写经寺组下部,呈层状,规模大且稳定,是主矿体,长12km,宽1.6~2.6km,厚2.4m,埋深0~700m(标高1100~1800m)。矿体底板为石英砂岩,顶板为砂质页岩或泥灰岩,矿体走向100~110°,倾向南,倾角27~30°。

Fe_3矿层由3个单层赤铁矿矿层和2个页岩夹层构成。

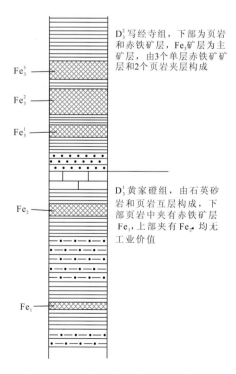

图3-42 火烧坪铁矿主矿层柱状图

Fe_3^1 矿层：位于 Fe_3 矿层底部，厚 0.02～0.32m，由鲕状赤铁矿、方解石与菱铁矿组成，顶板有厚 0.5～0.8m 的钙质页岩将 Fe_3^1 与 Fe_3^2 分开，该层铁矿单采困难。

Fe_3^2 矿层：位于 Fe_3 矿层中部，厚 0.45～1.96m，分布全矿区，由砾状或鲕状赤铁矿矿石组成，其顶板有厚 0.15～0.17m 的钙质页岩将 Fe_3^2 和 Fe_3^3 分开，可混采，但增加了矿石的贫化率。

Fe_3^3 矿层：位于 Fe_3 矿层顶部，厚 0.59～3.31m，分布全矿区，由砾状赤铁矿矿石与含铁灰岩组成，矿石 CaO 含量高（由方解石、赤铁矿、菱铁矿组成，并含有较多的腕足类化石），为自熔性或碱性矿石。两单层铁矿厚度有互相消长的趋势，由于 Fe_3^3 含 CaO 高（14.3%～18.99%），虽混采，矿石仍具自熔性-碱性性质。

4. 矿石类型及物质组成

矿石由赤铁矿、菱铁矿、方解石、白云石、绿泥石、胶磷矿、黄铁矿、粘土矿物和石英等组成。具鲕状结构和粒状结构，砾状构造和块状构造。

矿石的自然类型有砾状赤铁矿矿石和鲕状赤铁矿矿石。矿区西北部以砾状矿石为主，东南部以鲕状矿石为主。

各矿层化学组成见表 3-33。

表 3-33　各矿层化学组成平均值(%)

矿层	TFe	SiO_2	Al_2O_3	CaO	MgO	P	S	Mn	酸碱度
Fe_1	24.70	24.98	11.39	10.49	6.45	0.51	0.005		
Fe_2	34.29	29.95	11.23	8.43	3.24	0.783	0.101		
Fe_3^2	39.07	9.23	4.08	14.19	1.57	1.226	0.090	0.286	1.25
Fe_3^3	36.66	10.15	5.15	14.32	2.80	0.72	0.063	0.269	1.16

5. 矿石质量和储量

赤铁矿矿石平均品位 TFe:37.85%，SiO_2:9.12%，S:0.069%，P:0.9%，属高磷、低硫矿石。

截止 1990 年底，探明及保有储量均为 15212.2 万 t，其中，A+B+C 级 9715.9 万 t，D 级 5496.3 万 t。自熔性矿石 6947 万 t，其中：A+B+C 级 2749.7 万 t，矿石品位 TFe:38.71%，酸碱度 1.03；碱性矿石储量 5154.8 万 t，其中，A+B+C 级 4767.7 万 t，TFe 品位 38.88%，酸碱度 1.31；酸性矿石储量 3110.4 万 t，其中，A+B+C 级 2198.5 万 t，TFe 品位 35.26%，酸碱度 0.55。

1993 年 1 月全国储委根据历年来勘查结果，批准铁矿表外储量，A+B 级 1642.3 万 t，A+B+C 级 10058.6 万 t，D 级 61263 万 t。

资源储量套改后确定，探明的预可研次边际经济资源量(2S21)1642.3 万 t，控制的预可研次边际经济资源量(2S22)14542.6 万 t，总计 16184.9 万 t。据当时勘查确定的工业指标，火烧坪矿区共有富矿 12160.39 万 t，其中自熔性高炉富矿 6946.94 万 t，碱性高炉富矿 5154.88 万 t，酸性高炉富矿 58.57 万 t。

6. 勘查程度和资源远景

1937 年，许杰、吴燕生等地质学家在矿区进行调查，著有《湖北矿产调查（鄂西部分）》，指出"龙潭和小峰垭两地铁矿储量丰富，构造简单，且可露天开采，有较大远景"。

1951 年和 1954 年，杨敬之、穆恩之研究鄂西地层，在矿区进行调查。

1955 年 8 月，武汉地质勘探公司鄂西普查队对矿区进行普查，填制 1:5 万地质图 875km²。

1955—1957 年，冶金部四川地质分局第 5 普查队，鄂西矿务局 604 队、601 队在矿区及外围开展普查、详查工作。完成 1:5 万地质测量 9816km²；1:2.5 万地质测量 100 km²，1:1 万地质测量 88 km²。发现铁矿产地 103 处，其中可供详查和勘探的矿区有 10 余处。

1956—1961 年，鄂西矿务局 601 队在矿区进行详查和勘探工作，施工钻孔 96 个，共 34853m；探槽

68条,共4580m³;探井16个,共206m。以800m×800m的勘探网度求C级储量。到1963年,601队先后4次提交勘探总结报告、储量计算补充说明、补充勘探总结报告和储量重算说明。经全国储委3次审批,于1963年2月,下达复审决议书第255号文,批准为初勘报告,矿山设计前需补勘。

1965—1966年,中南冶金地质勘探公司607队再次进行补勘工作,勘探网度采用800m×400m求C级储量,400m×200m求B级储量,详勘面积20km²,累计施工99个钻孔,共46516m。1966年7月,607队提交《长阳火烧坪铁矿区补充勘探报告》,中南冶金地质勘探公司审查,下达(73)冶勘革地矿字27号文,将打磨场D级1116.1万t升为C级。共批准铁矿石储量15212.2万t,其中,A+B+C级9715.9万t。

7. 开采技术条件

该铁矿位于高山区(标高1800m),矿体呈层状,埋藏在矿区侵蚀基准面之上,矿区构造简单,矿石和围岩稳定性能好,适宜平硐开采。

矿区水文地质条件简单,地下水为溶洞裂隙水。田家坪(1400m标高)平巷最大涌水量12485m³/d,可用自然排水方法疏干。

8. 选冶和加工技术条件

国内外许多单位对火烧坪赤铁矿石的选冶性能进行了研究,其中峨眉矿产综合利用研究所、重庆钢铁公司、唐山钢铁厂、马鞍山钢铁厂、涟源钢铁厂等单位的试验成果表明,火烧坪自熔性矿石通过梯跳恢复地质品位,然后冶炼高磷生铁,进而用高磷生铁在转炉中炼钢脱磷,可获得合格的多种牌号的钢产品,并以钢渣磷肥的形式综合回收磷。2006年以来,有多家高校和科研院所对该矿的选冶技术进行研究,其中新首钢控股公司用强磁选和浮选获得了TFe:57%~58%的铁精矿,含P:0.3%以下,回收率70%,目前已建厂进行试生产。

9. 开采利用状况

新中国成立前,矿区西部打磨场至打火坑曾采过矿,有废弃旧坑多处。

1958年民采,年产铁矿石300t。

1959年,武汉钢铁公司鄂西矿务局,结合勘探,施工田家坪平巷。

1965年,规划建设长阳钢铁厂,开发利用火烧坪铁矿,规划矿山规模250万吨/年,需掘进采准坑道80km,到1973年,仅掘进坑道1400m。后因建设难度大,矿石选矿效果不佳而停建。

2011年新首钢控股公司建成50万吨/年工业化试验选厂。

(六)长阳县青岗坪铁矿

1. 位置交通

矿区位于长阳县城270°方位直距31km处。矿区距长火路青岗坪站1km(运距),通公路。

2. 矿区地质概况

矿区位于长岭背斜南翼,渔峡口向斜之东延部分。出露志留系至三叠系地层,铁矿赋存于上泥盆统黄家磴组与写经寺组的地层中(图3-43)。

3. 矿体规模形态产状

矿体数两个,主要矿体名称:Fe_3,占总量的93.82%,长12300m,宽500~1800m,厚2.20~2.80m。层状矿体,埋深0~600m,倾角25~35°。

4. 矿石类型及物质组成

划分为两种矿石类型:鲕状(砾状)赤铁矿石和赤铁菱铁矿矿石。

5. 矿石质量和资源储量

矿石品级为赤铁矿一般富矿石,TFe品位43.7%,含P:0.845%,含S:0.026%,含SiO_2:10.83%,

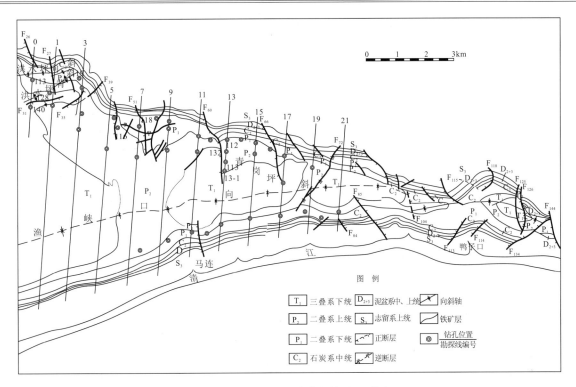

图 3-43 湖北长阳青岗坪铁矿地质图

酸碱度 0.74,为半自熔性矿石。

地质勘查提交:鲕状赤铁矿工业储量 6644.4 万 t,远景储量 983.3 万 t,地质储量 13835.8 万 t;赤铁菱铁矿工业储量 983.3 万 t。

湖北省冶金局 1993 年 1 月批准储量,铁矿表外储量 A+B+C 级 742.3 万 t,D 级 6737.5 万 t。

资源储量套改确定:控制的预可研次边际经济资源量(2S22)7479.8 万 t。

6. 勘查程度和资源远景

中南冶勘 607 队 1968 年 7 月提交《湖北长阳青岗坪铁矿区地质勘探总结报告》。

资源有扩大远景,已获铁矿地质储量 13835.8 万 t。

7. 开采技术条件

层状矿体,稳定。缓至中等倾斜,埋深 0~600m。矿体顶底板稳定性尚好,断裂构造对开采影响较大。水文地质条件简单,最大涌水量 5337m³/d。

8. 选冶和加工技术条件

无技术资料。

9. 开发利用状况

未开发利用。

(七)长阳县马鞍山铁矿

1. 位置交通

矿区位于长阳县城 210°方位直距 10km 处。矿区距长火路平洛站 3km(运距),通公路。

2. 矿区地质概况

矿区位于长岭背斜南翼次一级向斜构造中,属落雁山和马鞍山向斜。区内出露有上志留统纱帽群至下三叠统大冶灰岩的地层,铁矿产于上泥盆统黄家磴组和写经寺组的地层中。区内断裂构造发育。

3. 矿体规模形态产状

有矿体两个,主矿体名称：东部矿体,占总量的80.19%,主矿体长4350m,宽550~1850m,厚0.40~3.25m。层状,倾角20~55°,埋深0~600m。

4. 矿石类型及物质组成

矿石类型为鲕状赤铁矿石和粒状赤铁矿石,由赤铁矿、方解石、白云石、石英、粘土矿物等组成,具鲕状结构和粒状结构。鲕状赤铁矿化学组成见表3-34。

表3-34 鲕状赤铁矿石化学组成(%)

成分	TFe	SiO_2	Al_2O_3	CaO	MgO	S	P	Mn
最低	22.44	6.02	4.38	1.85	0.25	0.018	0.924	0.076
最高	55.40	32.64	11.54	16.53	8.48	0.112	4.89	1.26
平均	39.44	17.18	7.84	6.03	0.88	0.047	1.395	0.52

5. 矿石质量和储量

地质勘查提交远景储量3200万t,共生煤436.5万t,铁矿平均品位TFe:39.44%,含P:1.40%,含S:0.047%,酸碱度0.28。湖北省储委1962年1月批准铁矿表内储量D级3200万t。

资源储量套改后确定：控制的预可研次边际经济资源量(2S22)3200万t。

6. 勘查程度和资源远景

中南冶勘609队1961年3月提交《湖北省长阳马鞍山矿区地质勘探最终报告书》。

矿区资源远景不明。

7. 开采技术条件

层状矿体,稳定,中等倾斜。顶底板岩石物理机械性能对开采不利,断层对矿体有破坏。水文地质条件简单,水源地平洛河距矿区3km,供水满足需要。

8. 选冶和加工技术条件

无技术资料。

9. 开发利用状况

未开发利用。

(八)长阳县石板坡铁矿

1. 位置交通

矿区位于长阳县城255°方位直距41km处,距长渔路资丘站12km(运距)。

2. 矿区地质概况

矿区位于长阳背斜与长乐坪背斜间的复式向斜中,隶属于扑岭-剪刀山向斜中段之北翼。区内出露志留系至二叠系的地层,铁矿产于上泥盆统黄家磴组和写经寺组的地层中。

3. 矿体规模形态产状

矿体数1个,矿体名称：Fe_3,长8060m,宽550~1420m,厚1.61m。矿体为层状,近东西走向,倾向南,倾角20~72°,埋深0~870m。

4. 矿石类型及物质组成

(1) 鲕状赤铁矿

钢灰色、风化后为暗红色。具鲕状结构，由赤铁矿、方解石、白云石、石英、胶磷矿、鲕绿泥石等组成。

(2) 钙质鲕状赤铁矿

暗红色至钢灰色，含大量生物介壳、化石碎片。由赤铁矿、方解石、粘土矿物、白云石等组成。

(3) 砾状赤铁矿

暗红色，风化后破碎，呈土状，具砾状、鲕状结构。

矿石化学组成见表3-35。

表3-35　石板坡铁矿矿石化学组成(%)

矿层	TFe	SiO_2	CaO	MgO	Al_2O_3	Mn	TiO_2	P	S	酸碱度
最低	34.20	8.38	1.08	0.49	4.08	0.063	0.24	0.52	0.009	0.06
最高	49.33	29.76	20.85	1.90	13.12	0.90	0.32	1.18	20.37	1.67
平均	40.61	15.10	7.96	1.18	7.01	0.327	0.265	0.82	0.081	0.81

5. 矿石质量与储量

地质勘查提交B+C+D级富矿+贫矿4184.6万t。其中半自熔性矿石占51%，酸碱度0.67；自熔性矿石占43%，酸碱度0.95；碱性矿石占6%，酸碱度1.54。

湖北省储委1977年1月批准：铁矿表内储量A+B级193.3万t，A+B+C级2216.2万t，D级1968.4万t。

资源储量套改后确定：

探明的预可研次边际经济资源量(2S21)193.3万t。

控制的预可研次边际经济资源量(2S22)3991.3万t。

总资源量4184.6万t。

6. 勘查程度和资源远景

1975年3月中南冶勘607队提交《湖北省长阳县石板坡铁矿地质勘探报告》。

矿区资源有扩大前景。

7. 开采技术条件

层状矿体，稳定。矿层薄，缓倾斜至陡倾斜。矿体上下盘围岩节理发育，岩性易碎，不宜作主要运输巷道。

矿区水文地质条件简单，最大涌水量2219 m^3/d。水源地丛溪河，距矿区2km，供水量满足需要。

8. 选冶和加工技术条件

无技术资料。

9. 开发利用状况

未开发利用。

(九) 五峰县谢家坪铁矿

1. 位置交通

矿区位于五峰县城323°方位直距22km处。矿区距五白路白溢站1km(运距)，通公路。

2. 矿区地质概况

矿区位于卜岭-付家堰向斜与白溢坪向斜间的次级褶皱猫子山向斜范围内。区内出露奥陶系至三叠系地层,铁矿产于上泥盆统黄家磴组与写经寺组的地层中。

3. 矿体规模形态产状

有两个矿层:Fe_2 产于黄家磴组顶部,以砂质鲕状赤铁矿为主,由 3~4 个单层组成,其中第 3 层最好,延长 4000m,平均厚 1.48m。Fe_3 为主矿体,产于写经寺组底部紫红色页岩中,矿石以鲕状赤铁矿为主,占总量的 54.97%。矿体长 3000m,宽 600~1240m,厚 0.99~1.43m,似层状矿体,倾角 16~35°,埋深 0~320m。

4. 矿石类型及物质组成

(1)鲕状赤铁矿

由赤铁矿、石英、粘土矿物、白云石、方解石等构成,具鲕状结构。

(2)砂质鲕状赤铁矿

由赤铁矿、石英等砂屑及粘土矿物、碳酸盐岩矿物等构成。

矿石化学组成见表 3-36。

表 3-36 谢家坪铁矿矿石化学组成(%)

成分		TFe	SiO_2	Al_2O_3	CaO	MgO	S	P	酸碱度
Fe_2	地表	30.16~49.90	15.30~48.00	3.45~25.51	0.69~5.97	0.31~1.17	0.013~0.035		
	深部	24.00~44.26	16.00~58.74	1.90~20.81	2.35~16.76	0.72~1.47	0.03~0.139		
Fe_3 富矿	地表	29.22~54.30	10.18~46.14	3.93~8.97	0.35~2.98	0.18~1.08	0.008~0.022		
	深部	20.20~51.06	9.50~46.18	4.64~17.93	1.85~9.30	0.97~2.12	0.027~0.20		
Fe_3 贫矿		30.60							
平均		37.77					0.067	0.564	

5. 矿石质量和储量

1972 年地质勘查提交铁矿工业储量 4210.18 万 t,远景储量 198.4 万 t。后经审批意见,于 1973 年 10 月重算,提交 D 级储量 2014.0 万 t。批准储量 D 级 2014.0 万 t。矿石平均品位 TFe:37.77%,含 P:0.564%,含 S:0.067%,划分为一般富矿和贫矿两个品级。

资源储量套改后确定:控制的预可研次边际经济资源量(2S22)2014.0 万 t。

6. 勘查程度和资源远景

中南冶勘 607 队 1972 年 4 月提交《湖北省五峰县谢家坪铁矿区地质勘查总结报告》,1973 年 10 月提交《湖北五峰谢家坪矿区铁矿储量重新计算说明书》。

资源远景不明。

7. 开采技术条件

似层状矿体,基本稳定。矿层较薄,缓倾斜至中等倾斜。矿层顶板易破碎。埋深 0~320m,可平硐开采。

水文地质条件简单,最大涌水量 30492m^3/d,水源地白炭河距矿区 1km,供水可满足需要。

8. 选冶及技术加工条件

无技术资料。

9. 开发利用状况

未开发利用。

（十）五峰县阮家河铁矿

1. 位置交通

矿区位于五峰县城 102°方位直距 33km 处。矿区距宜五路杨家河站 6km（运距），通公路。

2. 矿区地质概况

矿区位于仁和坪向斜北翼，区内出露奥陶系至第三系的地层。铁矿产于上泥盆统黄家磴组和写经寺组的地层中。

3. 矿体规模形态产状

矿体数 1 个，矿体名称：Fe_2^3。主矿体长 4000m，宽 1750m，厚 0.93～1.25m，倾角 5～25°，层状矿体。

4. 矿石类型及物质组成

（1）砂质鲕状赤铁矿石

赤铁矿占 45%～50%，鲕粒径 $d=0.1～0.5mm$，鲕核由石英、绿泥石组成。绿泥石含量 20%，石英 30%，褐铁矿 15%～20%。

（2）菱铁矿质鲕绿泥石矿石

地表风化为褐铁矿石，含褐铁矿 50%～80%，石英 5%～40%，硬锰矿 10%～15%，残留绿泥石 10%。

5. 矿石质量及储量

地质勘查提交工业储量和远景储量 1264 万 t，矿石品位 TFe：43.19%，含 P：0.8%，含 S：0.035%，酸碱度 0.2。批准铁矿储量 D 级 1264.0 万 t。

资源储量套改后认定：控制的预可研次边际经济资源量（2S22）1264 万 t。

6. 勘查程度和资源远景

中南冶勘 607 队 1969 年 7 月提交《湖北五峰阮家河铁矿床详查地质报告》。

资源远景：已提交地质储量 1831 万 t。

7. 开采技术条件

层状矿体，稳定。薄层、缓倾斜。矿层顶、底板岩层稳定性好。

水源地为矿区附近的阮家河。

8. 选冶和加工技术条件

无技术资料。

9. 开发利用状况

未开发利用。

（十一）五峰县黄粮坪铁矿

1. 位置交通

矿区位于五峰县城 359°方位直距 10km 处，矿区距宜五路五峰站 12km（运距）。

2. 矿区地质概况

矿区位于卜岭-付家堰向斜与雪山坪-白溢坪向斜之间的次级褶皱两翼。矿区出露志留系至石炭系地层，铁矿产于上泥盆统黄家磴组和写经寺组地层中。共出现 4 个矿，其中 Fe_3 矿层具有工业价值，Fe_2 矿层局部有工业价值。

3. 矿体规模形态产状

矿体数两个,矿体名称:黄粮坪矿体。占总量的 66.67%,矿体长 3400m,宽 1750～2900m,厚 1.20m。层状矿体,倾角 10～45°。

4. 矿石类型及物质组成

矿石类型有鲕状赤铁矿石、砾状赤铁矿石和砂质鲕状赤铁矿石。均由赤铁矿、石英、碳酸盐矿物、粘土矿物等组成,分别具鲕状结构及砾状结构。

5. 矿石质量及储量

地质勘查提交远景储量 4977 万 t,矿石品位 TFe:47.5%,含 P:0.656%。

批准储量:表内储量 D 级 3300 万 t。

资源储量套改后认定:控制的预可研次边际经济资源量(2S22)3300 万 t。

6. 勘查程度和资源远景

中南冶勘 607 队 1979 年 3 月提交《湖北五峰黄粮坪铁矿区地质普查简报》。

资源远景不明。

7. 开采技术条件

层状矿体,稳定。薄层矿,缓倾斜至中等倾斜。

8. 选冶和加工技术条件

无技术资料。

9. 开发利用状况

未开发利用。

(十二)五峰县龙角坝铁矿

1. 位置交通

矿区位于五峰县城 288°方位直距 31km 处,矿区距五牛路牛庄站 3km(直距)。

2. 矿区地质概况

矿区包括灯草坝、龙角坝、九里坪、罗强岩等地段,东西长 18km,南北宽 1.4～6.4km,面积 50km² (图 3-44)。

矿区出露志留系、泥盆系、石炭系、二叠系和三叠系等地层。泥盆系上统黄家磴组和写经寺组为含矿地层。

黄家磴组由砂质页岩与石英砂岩互层构成,蓝灰色页岩中夹有鲕状赤铁矿矿层,厚 0.1～0.8m。

写经寺组厚 99.23m,下部由厚层石英砂岩与页岩构成,页岩中夹有赤铁矿矿层;上部为泥质灰岩、页岩和粉砂岩,页岩中夹有鲕绿泥石岩、鲕绿泥石赤铁矿矿层。

九里坪背斜、赵家磴向斜与灯草坝背斜构成矿区构造的主体,控制矿层的展布。

九里坪背斜:轴向北东 60～70°,北翼倾向北北西,倾角 40～50°;南翼倾向南南东,倾角 20～25°,核部出露志留系。

灯草坝背斜:轴向由北东转东西,北翼地层倾角 25°,南翼倾角 40～80°,背斜轴部出现志留系。

两背斜之间有赵家磴向斜,轴向北东 70°,轴部出现三叠系大冶群。

矿区主要断层为龙角坝正断层(F_{30}),长 6400m,走向北东,倾向 314°,倾角 57°,水平断距 120～160m,错断含矿岩系和矿层。还有长河坪(F_{28})、锅厂(F_{29})、周家河(F_{31})等正断层和金山坪、罗家岩等逆断层。

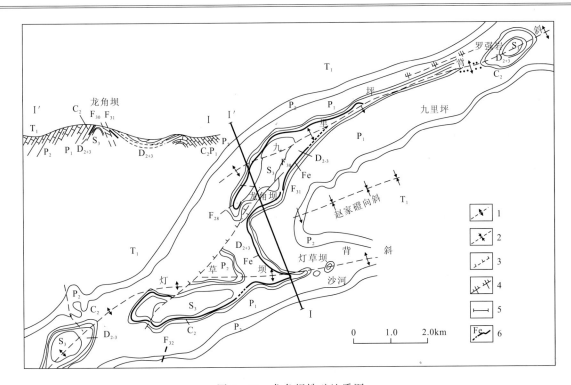

图 3-44 龙角坝铁矿地质图
1-背斜；2-向斜；3-正断层；4-逆断层；5-剖面位置；6-铁矿层

3. 矿体规模形态产状

矿区有铁矿 4 层，分别产在泥盆系上统黄家磴组与写经寺组中，其中 Fe_4 矿层为主矿层。

Fe_2 矿层：赋存在黄家磴组上部，矿层底板为石英砂岩，顶板为页岩，矿层呈扁豆状，不连续，产状与围岩产状一致。扁豆体长数十米至数百米，一般厚 0.3～0.7m，最大厚度 1.41m。由于矿层不稳定，工业意义小。

Fe_3 矿层：赋存在写经寺组下部，矿层底板为石英砂岩，顶板为页岩，矿体呈小扁豆状，不连续，规模小，产状与围岩一致。Fe_3 仅在罗强岩、九里坪等地段发育较好，矿厚 1.55～2.95m，局部有工业价值。

Fe_4 矿层：是主矿层(图 3-45)，占总量的 87.14%，赋存在写经寺组上部，矿层底板为泥灰岩，顶板为炭质页岩或泥质砂岩。含矿岩系厚 5～11.25m，由上矿层和下矿层构成。矿层沿九里坪背斜和灯草坝背斜呈带状分布，走向长 18km。上矿层由褐铁矿和鲕绿泥石构成，厚 0.42～4.7m；下矿层由豆状或鲕状磁铁矿赤铁矿菱铁矿矿石构成，不连续，厚 0～6m。

层状矿体，倾角 24～34°。矿区自 1959 年勘查以来，一直未发现 Fe_4 下矿层为磁性铁矿层，认为是单一的鲕状赤铁矿层。2009 年至 2011 年中南冶金地质研究所多次对该铁矿进行调研，发现矿层中除赤铁矿、菱铁矿外，含大量磁铁矿，矿层具磁性，可吸住磁铁，使罗盘失效。经采样化验岩矿鉴定，证实下矿层实际为磁性铁矿层(图 3-46)。

4. 矿石类型及物质组成

矿石由赤铁矿、磁铁矿、褐铁矿、黄铁矿、水针铁矿、绿泥石、黄铁矿、石英、白云母、电气石和粘土矿物等组成。赤铁矿粒径 0.1～1.1mm，具鲕状结构和粒状结构，豆状构造与块状构造。磁铁矿为自形、半自形粒状，粒径 0.03～0.15mm，产于赤铁矿鲕粒间。

矿石自然类型有鲕状赤铁矿磁铁矿矿石和褐铁矿-鲕绿泥石矿石两类。鲕绿泥石铁矿含 V_2O_5：0.01%～0.1%。

5. 矿石质量及储量

鲕状赤铁矿磁铁矿矿石品位 TFe：40.95%，含 SiO_2：12.26%，含 S：0.139%，含 P：0.796%。截止

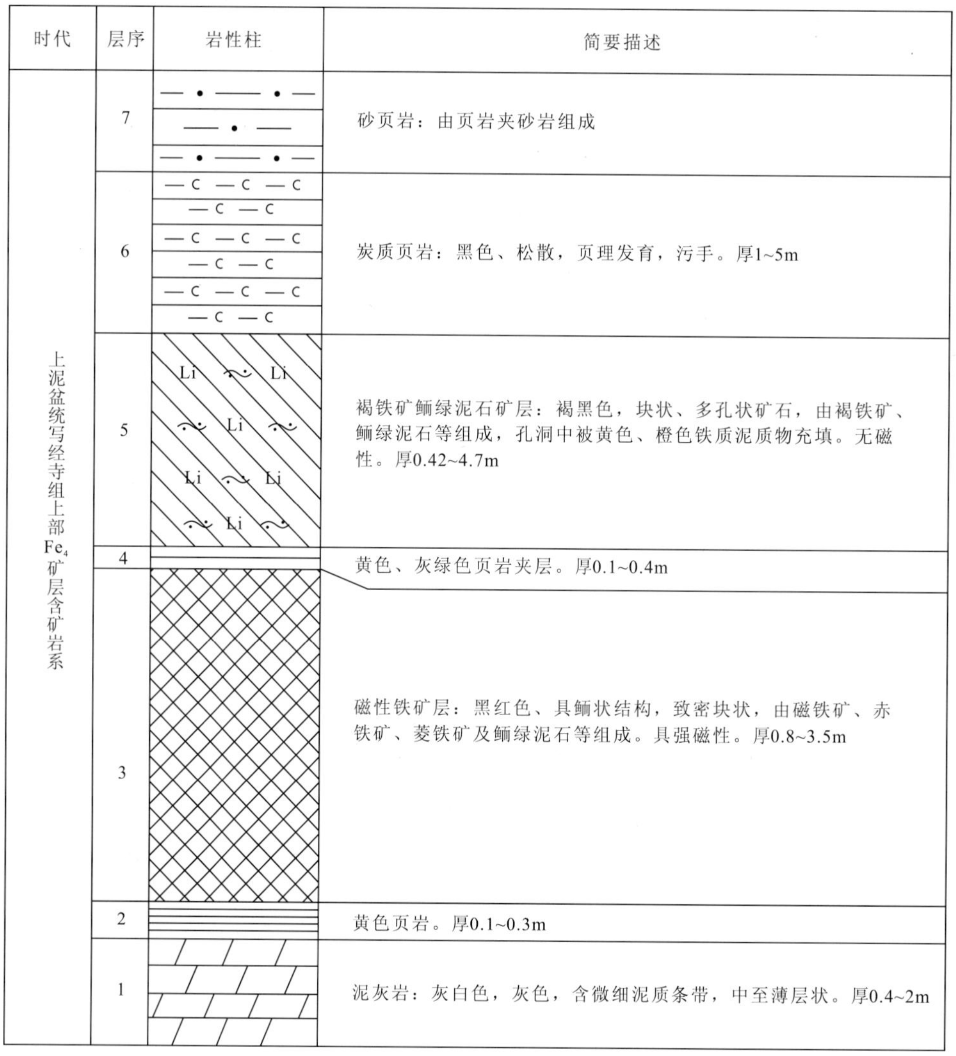

时代	层序	岩性柱	简要描述
上泥盆统写经寺组上部 Fe_4 矿层含矿岩系	7		砂页岩：由页岩夹砂岩组成
	6		炭质页岩：黑色、松散，页理发育，污手。厚1~5m
	5		褐铁矿鲕绿泥石矿层：褐黑色，块状、多孔状矿石，由褐铁矿、鲕绿泥石等组成，孔洞中被黄色、橙色铁质泥质物充填。无磁性。厚0.42~4.7m
	4		黄色、灰绿色页岩夹层。厚0.1~0.4m
	3		磁性铁矿层：黑红色、具鲕状结构，致密块状，由磁铁矿、赤铁矿、菱铁矿及鲕绿泥石等组成。具强磁性。厚0.8~3.5m
	2		黄色页岩。厚0.1~0.3m
	1		泥灰岩：灰白色，灰色，含微细泥质条带，中至薄层状。厚0.4~2m

图 3-45 含矿岩系(Fe_4)层序结构图

1990年底，探明及保有D级储量13178.8万t。

按矿石品级可分为贫矿与一般富矿两类，贫矿TFe品位37.85%，D级储量10529.9万t；一般富矿TFe品位53.29%，D级储量2648.9万t。

批准储量：铁矿表内储量D级13178.8万t。表外储量D级683.7万t。

资源储量套改后确定：控制的预可研次边际经济资源量(2S22)13862.5万t。

6. 勘查程度和资源远景

1959年，武汉钢铁公司鄂西矿务局604队在矿区进行详查工作，测制1:1万地形地质图50km²，以200~400m间距槽探追索圈定地表矿体，发现了龙角坝铁矿。

1960年，604队提交了《湖北官店铁矿区详勘区及外围详查区1959年度地质报告》。

资源有扩大远景。

7. 开采技术条件

层状矿体，稳定。中等倾斜。

水文地质条件简单。

8. 选冶和加工技术条件

无技术资料。

图 3-46 磁性铁矿层

9. 开发利用状况

未开发利用。

十、其他类型铁矿

宜昌市除宁乡式铁矿外,还有少量其他类型的铁矿,其中求得资源储量并上表的主要是老地层中的变质型铁矿。

(一)夷陵区店子河铁矿

矿区位于宜昌市城区北 70km 处。属元古界变质硅铁建造铁矿类型。查明矿体 5 个,主矿体长 200m,厚 1.98m,倾角 42°,层状矿体。矿石类型为需选磁铁矿石,含 $TFe:26.22\%$,含 $Mn:2\%$,含 $SiO_2:65.5\%$,资源储量 22.3 万 t。

(二)夷陵区黎家垭(双龙山)矿区

矿区位于宜昌市北 47km 处。属下元古界变质碳酸盐型铁矿床。查明矿体 7 个,主矿体长 450m,厚 3m,倾角 60°,似层状矿体,资源储量 45.1 万 t。矿石类型为需选磁铁矿石,品位 $TFe:27.49\%$。

此外,在闪长岩中作为副矿物形式产出的磁铁矿,虽然含量很低,但易采易选量大,也有矿山企业准备开发利用。

宜昌高磷铁矿开发利用先行
——长阳新首钢矿业有限公司

选矿厂全景

长阳新首钢矿业有限公司是首钢控股有限责任公司为开发宜昌境内高磷铁矿资源在宜昌长阳设立的一家全资子公司，公司注册资本金5000万元。公司首期开发项目为长阳火烧坪年采选50万吨高磷铁矿工业化试验工厂，一期项目总投资3.2亿元，属国内首家高磷铁矿工业化试验工厂，被国土资源部列为2011年高磷鲕状赤铁矿选矿示范工程。

目前，在各级各部门的大力支持下，截止2011年12月，工业化试验已基本达到预定目标，全铁品位由原矿的40%左右提高到57%左右，磷含量由原矿的1%左右下降到0.2%以下，各项经济指标也已基本达标，即将正式验收并交付生产。

随着长阳新首钢矿业有限公司工业化试验的成功并交付生产，公司将按照首钢控股有限责任公司与宜昌市人民政府和长阳自治县人民政府战略合作协议的约定，继续加快开发长阳和宜昌境内其它高磷铁矿资源，同时不断延伸产业链，促使高磷铁矿产业尽快成为带动地方经济发展的又一支柱产业。

选矿厂球磨车间

铁精粉

选矿厂浮选车间

湖北宜都白云铁矿——开发松木坪赤铁矿

铁矿矿部

开采现场

　　湖北省宜都市白云铁矿开发有限公司创建于2003年5月，公司位于宜都市松木坪镇，主要从事赤铁矿开采及经营。

　　公司生产基地地处松木坪云台观地区，矿区距枝柳铁路松木坪镇火车站及雅澧公路约6km，距长江水道枝城港约22km，有二级公路通往荆州、湖南等地，水陆交通极为便利。

　　松木坪铁矿为一中型铁矿，以富矿为主，且有约2/3为自熔性富矿。矿石可用于水泥厂、钢铁厂及其他工业企业原料。公司已在云台观地区建成了现代化矿山基地，形成了日产800~1000吨，年产30万吨的规模。公司总体规划将进一步加大投入形成年产60万吨生产规模，并具装卸运输一体化的服务能力。

第二节 锰矿

一、概述

宜昌锰矿资源丰富,共发现锰矿产地 26 处(图 3-47,表 3-37),查明上表资源储量 1457.5 万 t,占湖北省锰矿总资源储量的 80.57%。

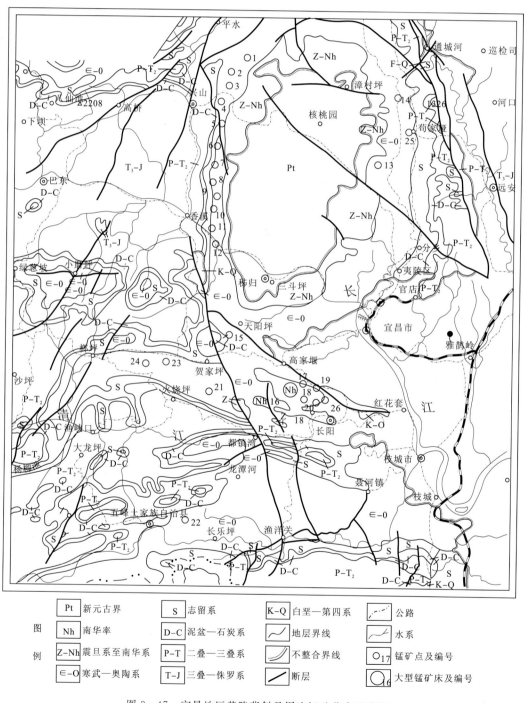

图 3-47 宜昌地区黄陵背斜及周边锰矿分布示意图

表 3-37 宜昌市锰矿点简表

矿点编号	位置	含矿地层	地质概况及工作情况
01	兴山县宝龙邹家坡锰矿点	O_2^1	黄陵背斜西翼、矿赋存在宝塔灰岩——牯牛潭组灰岩中,呈脉状或块状,脉宽0.01～1.5m,长2～10m,呈块状者,仅数十公分长和宽,受灰岩中溶岩空间控制,均为氧化锰矿石,品位一般较好 Mn含量为 25%～47%,磷小于0.02%,个别顺层产出的呈小扁豆体、透镜体,变化大,规模小,一般地表露头均被采光,推测其锰质来源于中奥陶统地层中的含锰页岩、含锰介壳灰质页岩和志留系顶部的含锰灰岩被氧化、风化,其中锰质被带至灰岩的溶沟、溶槽或溶洞、裂隙中再沉淀形成
02	兴山县宝龙黄亭溪		
03	兴山县小井包		
04	兴山县王家湾		
05	兴山县三间金子坪		
06	兴山县永定		
07	兴山县庙岭沟		
08	兴山县龚家垭		
09	兴山县土木垭		
10	兴山县吴家湾		
11	秭归县龙江向家坪		
12	秭归县龙江龙马溪		
14	远安县苟家垭镇望家冲		
15	长阳县贺家坪白沙驿		长阳背斜翼部,成矿特征同1～14号点
21	长阳县乐园上村		
23	长阳县椰坪千材岭		
24	长阳县椰坪下马池		
25	远安县苟家垭锰矿点		黄陵背斜东侧,成矿特征同上
22	五峰县干沟刘家坳		五峰湾潭背斜翼部,成矿特征同上
13	宜昌县交战垭	Z_{bd}	黄陵背斜东翼,矿呈大小不等的扁豆体,裂隙状脉体沿陡山沱组灰岩分布,为氧化锰矿石,一般厚0～2.4m,长2m,Mn含量为20%～35%,锰已被采空
16	长阳县古城锰矿	Nh_1	长阳背斜核部,为大塘坡组沉积型锰矿,呈层状产出,主矿体赋存于含锰岩系中、下部,其余矿体已查清10个,分别于含锰岩系上、下部,矿石为菱锰矿,含磷高,一般0.736%,Mn含量为10%～24.76%,大型矿
17	长阳县张家窝子锰矿点		同属于古城锰矿外围矿点,地质条件及特点同上
18	长阳县胡家湾锰矿点		
19	长阳县岱家凹锰矿点		
20	长阳县杨树坳锰矿点		
26	长阳县大堰沟、合子坳锰矿点		锰赋存于南华系上统南沱组砾岩中或下统莲沱组古风化接触面上

锰矿分布于长阳、兴山、秭归、远安、夷陵区等地,集中产于长阳。宜昌锰矿的规模似"众星拱月",除长阳古城为大型锰矿外(锰矿规划分标准:矿石大型≥2000万t,中型200～2000万t,小型<200万t),其余都为小矿或矿化点,广泛散布。我国锰矿至2008年底查明基础储量23439.5万t,主要分布在广西、湖南、贵州、重庆、辽宁、湖北、云南等省(区)。

区内锰矿有两种类型:产于南华系地层中的碳酸盐型沉积锰矿和奥陶系地层中的氧化锰矿。此外,在夷陵区交战垭还见产于震旦系陡山沱组中的氧化锰矿,矿体呈大小不等的扁豆体、裂隙状脉体沿陡山沱组灰岩分布,一般厚0~2.4m,长2m,含Mn为20%~35%,已被采空。

二、主要锰矿类型及其特征

(一)奥陶系中的氧化锰矿

锰矿受地层中的溶洞、溶沟、溶槽的形态和大小的控制,没有固定的赋存层位,各矿点互不相联。远安苟家垭矿化点(图3-48)、望家冲矿化点和长阳榔坪千材岭矿化点(图3-49)等地表大部分已被采完。锰矿矿量很小,当地村民俗称这种锰矿为"背篓矿"或"马槽矿",意即锰矿只装一背篓或形似马槽。奥陶纪锰矿是华南重要的锰矿,尤其是产于湘中桃江一带的"桃江式"锰矿是我国优质锰矿的重要类型。但是宜昌市奥陶系产出的锰矿由于与湘中锰矿形成的岩相古地理条件不同,成矿强度和规模迥然相异。湘中奥陶纪成锰盆地为大陆斜坡盆地,处于陆源碎屑物欠补偿的次深水环境,沉积了海侵层序凝缩层沉积,为一套黑色炭质页岩、硅质岩、泥岩等黑色岩系组合,而宜昌奥陶纪处于上扬子台地湘鄂开阔浅海台地环境,沉积了泥质灰岩、灰岩、含锰灰岩等碳酸盐岩,不利于锰矿形成。因此宜昌奥陶系锰矿点多、面广、无固定层位,规模小、变化大,找矿潜力不大,只适宜小规模开采。

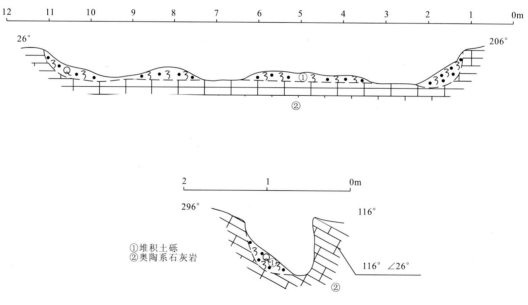

图3-48 远安苟家垭锰矿点采坑纵剖面(上)和横剖面(下)

(二)南华系中的沉积碳酸盐锰矿

这种锰矿以前称之为震旦纪锰矿,因为它产出层位为下震旦统上部间冰期沉积中,与湘潭锰矿属于同一层位,属于"湘潭式"锰矿。2002年全国地层委员会编著出版了《中国区域年代地层(地质年代)表说明书》,将我国南方原"震旦系"的下统部分划归为南华系 Nanhua System(Nh),分为上、下两统,下统自下而上包括莲沱组、古城组和大塘坡组;上统即为南沱组。下统莲沱组主要为一套陆源碎屑沉积,常含火山碎屑岩及火山熔岩,局部地区含冰成岩;下统上部常由一个冰碛层(古城组)及一个间冰期海相沉积(大塘坡组)组成,大塘坡组主要为灰黑色含锰页岩及粉砂岩,在华南地区普遍形成含锰或含铁层位,局部地区可成为工业矿床是下统上部的一个标志层。上统南沱组冰碛层主要为灰绿色、灰色及少量紫红色块状冰碛砾岩和冰碛纹泥岩。因此宜昌原产于大塘坡组中震旦纪锰矿现改称为产于南华系中的锰矿。

本区南华系 Nh_1^3 大塘坡组岩性为灰黑色、黑色炭质页岩、含黄铁矿粉砂质泥岩、炭质泥岩、炭质砂质灰岩及炭质砂岩和碳酸锰矿层。含矿岩系分布局限，在区域北部黄陵背斜两翼莲沱组砂岩段上均无该套岩层沉积；再向北至神农架背斜西南翼，于高桥莲沱砂岩之上见 5.2m 厚的黑色含锰质炭质页岩，但在木鱼坪以东缺失含锰层。长阳背斜区，各地锰矿发育不一，发育最全之处为长阳古城锰矿，含锰段厚一般 12～14m，最厚 19.54m。而古城西不过几千米的佑溪则缺失含锰岩系。古城东，处于长阳背斜东端倾伏部位的杨树坳含锰层变薄，厚仅 0.7～3.04m。

含锰岩系以古城锰矿区内 ZK406 孔含锰段较完整，可分为 33 个分层，其中有 19 个锰矿分层，厚 0.2～1.97m，其中主矿层为第 11 分层。矿层间为黑色泥岩分层。含锰岩层呈透镜状，长轴长 2800m，东西向延展；南北宽约 1800m，面积约 5km²。透镜体厚度向东向南变化缓慢，向西北及西部变化急剧。含锰层中层理发育，在不同的层位发育不同类型的层理。顶部无矿层岩石为块状或团块状构造，无明显层理；中部含锰较高，发育水平层理，富矿部位层理呈线理状、条带状，下部以波状层理为主，波状、柔皱状或同心圆状，有锰质沉积，显示出锰矿沉积环境中水动力条件由较强转而微弱的现象。

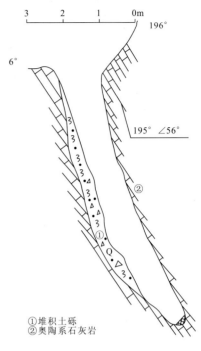

①堆积土砾
②奥陶系石灰岩

图 3-49 长阳椰坪千树岭锰矿采坑剖面图

锰矿层似层状产于含锰岩段中下部，由团块状、透镜状、扁豆状、条带状及串珠状菱锰矿集合体与薄层粉砂质泥岩夹层组成，为多层结构。锰矿条带厚度一般为 1～3mm，最厚 20mm，延长 0.5～2m，与粉砂质泥岩呈渐变关系，锰矿条带富集即成矿体（条）。

矿层一般厚 6～8m，矿层最大厚度处并不与含锰段最大厚度吻合，而稍向东移。锰矿层产于盆地斜坡平缓、沉积环境稳定的东部，向西厚度突变部位锰矿层较薄，急剧尖灭。

锰矿层按锰品位分为 3 层（图 3-50），上、下矿层均为表外矿层。上表外矿层分布面积大，层位稳

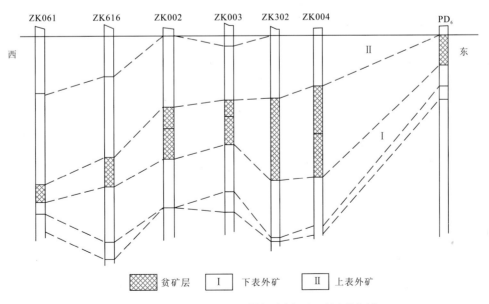

图 3-50 长阳古城锰矿 0 勘探线剖面锰矿层形态图

定;下表外矿层西部某些地段缺失,厚0~3.85m,平均1.77m。东部较稳定,平均厚达2.82m。贫矿层位于含锰岩段中下部黑色含炭粉砂质泥岩之中,分布于上、下表外矿层之间,分布面积仅次于上表外矿层。厚度0.48~4.65m,平均1.98m,较稳定,除个别地段外,矿层中无夹石分布。锰品位变化不大,一般为15.36%~18.99%,平均17.18%;TFe:2.44%~3.63%,平均2.65%;SiO_2:20.34%~34.20%,平均26.52%;P:0.202%~1.111%,平均0.707%。贫矿中部夹有一层富矿,平均厚1.71m,平均品位20.53%。

矿石以菱锰矿为主,含量可达33%~47%,单体粒度一般小于0.001~0.002mm,常以隐晶质粉状、团块状、透镜状、扁豆状、条带状等形式的集合体定向产出(图3-51、图3-52)。

图3-51 长阳古城锰矿碳酸锰矿石

集合体大小一般为(0.05~0.2)mm×0.1~2mm。菱锰矿与方解石关系密切。方解石常以菱锰矿集合体的胶结物出现,含量4%~6%。矿石中其他主要矿物成分有石英(10%~20%)、水云母(10%~15%)、菱铁矿(5%~6%)、炭质(4%~5%)、胶磷矿(2%~4%)等。近地表部分出露氧化矿石,由软锰矿、硬锰矿等组成(图3-53)。

南华系锰矿尚有找矿潜力,据中南冶金地质研究所研究,在西起高家堰梅子溪,经古城、保甲局至津洋口陈家湾一带长约17.5km、宽4.5km、面积40km²范围内,岱家凹、胡家湾、张家窝子、杨树坳等地均可选为找矿靶区。按资源可靠程度、成矿条件及研究程度,靶区分为3个级别,其中A级区3个,B级区1个,C级区3个,估算锰矿资源量551.75万t。

关于南华系锰矿成因,前人对该类型锰矿的锰质来源及成因研究较多,总体上一直存在着热水沉积、生物作用、化学沉积等多种观点。刘巽锋、高兴基(1984)认为锰质来源于海底火山;许效松、王砚耕等认为大塘坡时期沉积环境为海相深水环境,菱锰矿富集于成岩阶段。中南冶金地质研究所姚敬劬等(1995)认为属正常碳酸盐沉积矿床。2009年中国地质大学谭满堂等认为:矿石地球化学特征显示高锰低铁,微量元素Nb/Ta、Zr/Hf、Y/Ho比值显示古城锰矿并非单纯的海相沉积作用成因,成矿时有较强的海底热流或热水沉积作用的参与;Fe-Mu-(Cu+Ni+Co)×10的三角图解以及logU-logTh图解投影于热水沉积区;稀土元素显示成矿过程中的非热水沉积与热水作用混合的特征。因此古城锰矿的富集受近岸陆棚局部海盆环境的控制,为热水沉积与海相沉积的混合作用而成。

图 3-52 长阳古城锰矿碳酸锰矿石新鲜面

图 3-53 长阳古城锰矿氧化锰矿石

三、锰矿开发利用

奥陶系氧化锰矿已基本采完。

南华系锰矿自1959年发现后一直进行选冶试验。冶金部矿山研究院对矿石采用强磁选,湖北省地质局中心试验室采用磁选-焙烧联合流程,均未获得满意的结果。采用火法冶炼富锰渣试验,磷锰实现了分离,但半成品富锰渣品位太低;黑锰矿法可达到除磷目的,但采用酸化学溶解,也不现实。

1986年中南冶金地质研究所对古城锰矿的物质成分和磷锰分离方法进行专题研究,结论是通过机械选矿可以使一部分磷与锰分离,但不可能获得满意的效果。

2000年,省地质七大队采样320.7t,送至湖南湘潭电化科技股份有限公司采用电解工艺获得二氧化锰80t,证明利用电解工艺提锰在技术上是可行的。

2003年起始建长阳古城锰业公司,目前已建成一个矿山和五座电解锰生产厂,年产电解锰5万t,与重庆秀山、湖南花垣等地的电解锰企业一起组成了我国重要的电解锰生产基地。长阳古城锰业公司在2003年至2011年的8年时间里,由年产值不足百万元的小企业成长为产值超亿元,年上交税收3000多万元,安全劳动环境、矿石回采率、利税等名列同类矿山企业前茅的知名企业。

四、古城锰矿

矿区位于湖北省长阳县城西北16km处,距高家堰6km。由高家堰有公路通长阳、宜昌和武汉。该矿是湖北省最大的锰矿床,目前已开发利用,主要生产电解锰。

(一)矿区地质

矿区呈东西方向展布,长2600m,宽1600m,面积4km^2(图3-54)。

1. 地层

矿区出露地层有:南华系下部莲沱组、古城组、大塘坡组、上部南沱组;震旦系陡山沱组、灯影组和第四系。

与成矿有关的地层为大塘坡组,由含锰页岩和碳酸锰矿层组成,其上覆地层为冰碛岩,呈假整合接触。页岩段顶部以砂质页岩为主,中部为碳酸锰矿层夹炭质页岩,底部为黑色炭质页岩夹碳酸锰矿层,总厚0~18.7m。由西向东有增厚的趋势。

砂砾岩段顶部为砂质砾岩夹薄层页岩,薄层、中厚层砂岩与泥质砂岩互层,厚80m。中部为厚层粉砂岩,厚175m;底部为厚层、巨厚层砂砾岩,厚140m。矿区内砂砾岩段出露不全,厚30m左右。

1980年,陈好寿、李华芹对莲沱组砂质页岩取样,并测定了同位素年龄,其Rb-Sr等时线年龄739Ma。

2. 构造

矿区位于长阳复式背斜东端。地层产状平缓,倾向北,倾角7~15°,局部达45°。

断裂构造有3组:①走向北西,倾向北东,倾角陡,属平移正断层;②走向北东,倾向北西,倾角60~70°,也属平移正断层;③走向东西,倾向北,倾角25~42°,属逆断层。前两组断层破坏矿层连续性,F_2断层垂直断距15m,一般垂直断距仅3~5m。

(二)矿床地质特征

湖北省地质局七大队将矿层划分为3个品级4个分层,即"富矿层"(实际上也是贫矿层)、"贫矿层"与上、下表外矿层。

1. 矿体规模、形态与产状

"富矿层"(Ⅰ)分布在陈家湾与周家湾之间,赋存在含锰岩系下部黑色片状炭质页岩中,属含锰岩系

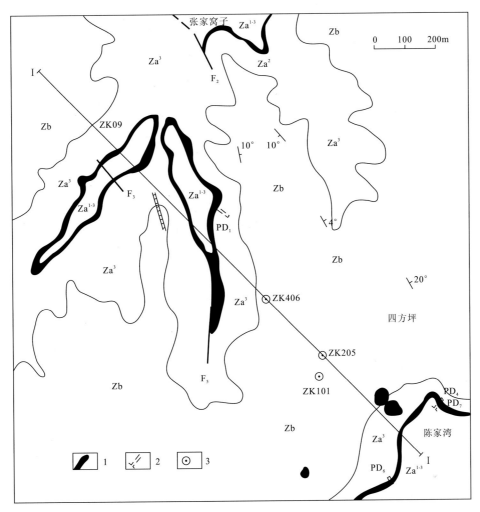

图 3-54 古城锰矿地质略图(据孙家富,1995)
1-含锰岩系;2-坑道;3-钻孔及勘探线

稳定的厚大部分。矿层内部夹石少,矿层呈扁豆体,分布面积约 0.59km²,厚 0.3～4.25m,平均厚 1.71m,矿石品位 Mn:20.40%～24.76%,平均 20.53%。

"贫矿层"(Ⅱ)赋存在"富矿层"之上、下盘,分布面积约 1.47km²,是主矿体。矿体呈似层状,中间厚,东西两端薄,走向长 2100m,倾斜延深 428m,厚 1.30～4.65m,平均 1.98m。矿体内部有少量夹石,其产状与围岩产状一致,倾向北,倾角 3～13°。矿石品位 Mn:15.36%～18.99%,平均 16.67%。出露标高 185～430m(图 3-55)。

表外矿层(Ⅲ)分上表外矿层与下表外矿层。

上表外矿层,位于贫矿层之上 0～1.07m,距间接顶板南沱组冰碛层 0～3.69m。层位稳定,分布面积大。矿层内部结构复杂,由矿层与砂质页岩组成互层(页岩单层厚 0.38m,碳酸锰单层厚 0.11m),Mn 含量为 8.6%～15%。

下表外矿层,位于"贫矿层"之下,距底板莲沱组砂砾岩段 0～3.81m。以周家湾隆起为界,分东、西两段:西段面积小,平均厚 1.77m,夹石厚 1.33～1.74m;东段面积大,厚 0.7～3.56m,仅个别孔见夹石。含 Mn:9.46%～15.03%。

2. 矿石物质成分与结构构造

矿石自然类型有碳酸锰矿石和氧化锰矿石。

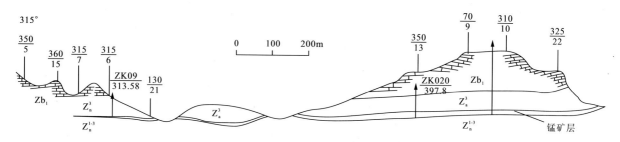

图 3-55 古城锰矿 1 线剖面图

(据孙家富,1995)

碳酸锰矿石是主要矿石,由菱锰矿、方解石、水云母、石英、黄铁矿、胶磷矿和岩屑等组成。菱锰矿呈粒状结构,粒径 0.002～0.007mm,胶磷矿呈不规则状,粒径 0.01mm。矿石构造有块状、条带状等。

氧化锰矿石由褐锰矿、软锰矿、硬锰矿、胶磷矿、石英、粘土矿物等组成。褐锰矿呈粒状结构,粒径 0.24～0.46mm。矿石具有块状、角砾状、土状构造。氧化带深度达 4m 左右。

1988 年,姚敬劬研究了古城锰矿磷的分布特征。在《我国锰矿中磷的分布特征》一文中指出:"锰富集地段呈东西向展布,而磷的富集地段近南北向延伸。三个高磷中心有两个落在低锰部位。沿倾向磷、锰出现负相关;在垂向上磷、锰分层富集,两者富集部位相距数厘米至数米。"这一认识,对古城锰矿开发利用有指导意义。

3. 矿床类型

矿床成因类型属海相沉积碳酸锰矿床;工业类型属"湘潭式"锰矿。

4. 矿石质量与储量

矿区累计探明与保有锰矿石资源储量 1457.5 万 t,矿石平均品位:Mn:17.72%,含 TFe:3.20%、含 SiO_2:27.33%、含 P:0.67%、Mn/Fe:5.54、P/Mn:0.038。

按矿石类型划分,氧化锰矿石 D 级储量为 7.2 万 t,矿石品位:Mn:22.89%,含 TFe:4.03%、含 SiO_2:32.53%、含 P:0.663%、Mn/Fe:5.68、P/Mn:0.029。

碳酸锰贫矿石 D 级储量 852.9 万 t,占矿区总储量的 73.06%。矿石品位:Mn:16.67%,含 TFe:3.27%、含 SiO_2:27.34%、含 P:0.668%、Mn/Fe:5.09、P/Mn:0.041,碱度 0.189。

碳酸锰富矿石 D 级储量 307.3 万 t,占矿区总储量的 26.32%。矿石品位:Mn:20.53%,含 TFe:2.99%、含 SiO_2:27.18%、含 P:0.62%、Mn/Fe:6.87、P/Mn:0.03,碱度 0.309。

上述资料表明,虽据工业指标计算了储量,但品位偏低,因此矿石均属高磷高硅贫矿石。

(三)矿床发现与勘查史

1960 年,冶金部鄂西矿务局 601 队在矿区开展普查工作,发现了古城锰矿。共施工槽探 420m³,钻探 17 个孔,计 1044m,井探 62.2m,1:1 万地质测量 200km²,1:5 千地质测量 8.7km²,1:2 千地质测量 6km²,取样 491 件。将矿区划为第一勘探类型,以 300m×300m 网度求 C_1 级储量。1960 年 11 月,提交了《长阳锰矿古城锰矿区初步勘探总结报告》(主编陈福欣、马林苑等)。经湖北省储委审查,1962 年 3 月 15 日下达(1962)鄂储审字第 88 号文,指出"古城锰矿属高磷贫矿,选矿试验未达到降磷目的,且工程质量低,水文地质工作不够,矿石类型未查明,报告不予批准。"核实储量 310 万 t,列为表外矿储量。

1970—1972 年,湖北省地质局第七大队在矿区开展初勘工作。共施工探槽 380m³,钻探 19 个孔 2880m,坑探 114.7m,1:1 万地质测量 39km²,1:5 千地质测量 7.5km²,取样 639 件,取选矿样 2 个。采用 170～380m×200～500m 网度控制主矿体。1972 年 2 月提交《长阳锰矿田古城锰矿区初步勘探地质报告》。经湖北省地质局审查，下达(1973)鄂地审字第113号审查意见书，批准为初勘报告，批准锰矿石C_2(即D)级储量1167.4万t，表外矿石储量2266万t，指出富矿段控制程度不够，降磷问题仍未解决，将C_1级储量降为C_2级。

1979年3月—1980年4月，第七大队再次进矿区补勘。施工槽探701m³，钻探33个孔5357m，坑探87m，1∶5千水文地质测量8.5km²，取样1311件。重点对富矿段加密控制，采用网度170～250m×150～240m。重新计算储量。1980年6月提交补勘报告，湖北省地质局未审批。2002—2008年宜昌地质大队等单位再次对矿区资源储量进行核实和重算。

(四)矿床开采技术条件

矿区位于长阳山区，山区标高225～600m。矿体呈似层状，厚1.3～4.65m，产状平缓，倾角3～13°。矿体位于矿区侵蚀基准面之上，适于平硐开拓，地下开采。

水文地质简单，含矿岩系富水性不强，断层导水性也弱，以裂隙水为主，最大涌水量346m³/d。供水源地在张家窝子沟，供水量为2136m³/d。

(五)选冶和加工技术条件

1960年，冶金部矿山研究院进行矿石可选性试验，采用强磁选工艺，入选原矿品位Mn:16.64%，P:0.63%，锰精矿Mn:28.96%，P:0.803%，回收率63.32%，未达到降磷目的。

1972年，湖北省地质局中心实验室再次进行试验，采用多种选矿方法，经对比后，确定磁选-焙烧工艺较合理。

试验前，对样品物质成分进行认真查定。Ⅰ号样(碳酸锰贫矿石)的矿物成分：菱锰矿47%，硬锰矿与软锰矿各0.1%，黄铁矿与炭质各5%，胶磷矿与岩屑各4%，石英10%～16%，水云母10%～16%，方解石6%，白云母、金红石与斜长石等含量少。菱锰矿粒径0.002～0.007mm，与方解石共生，构成不规则集合体或条带状，菱锰矿、方解石呈胶结物胶结岩屑、石英砂粒。胶磷矿呈不规则状，少数已结晶成0.001mm的磷灰石晶体，与石英混杂呈条带状顺层分布，或呈菱锰矿集合体的胶结物。

Ⅰ号样的化学成分：Mn:16.91%，TFe:2.45%，TiO_2:0.3%，SiO_2:22.39%，Al_2O_3:5.22%，CaO:6.79%，MgO:3.11%，S:2.19%，P:0.744%，烧失量25.45%。

经磁选-焙烧后，成品矿的化学成分：Mn:32.41%，TFe:2.89%，SiO_2:22.55%，Al_2O_3:5.35%，TiO_2:0.25%，CaO:9.65%，MgO:3.82%，S:1.78%，P:0.94%，Mn/Fe:11.21，P/Mn:0.029。试验结果表明，Mn可富集，但P未降低。

另对Ⅰ号样采用火法冶炼富锰渣试验，富锰渣成分：Mn:26.72%，TFe:2.2%，MgO:4.30%，CaO:9.63%，SiO_2:33.97%，Al_2O_3:8.4%，P:0.057%；高磷锰铁成分：Mn:34.45%，Fe:44.48%，P:13.32%。试验结果表明，半成品富锰渣品位太低。

2000年起矿石开发利用试验开始转向，转为直接利用原矿生产电解锰，获得成功。

(六)矿床开发利用情况

已开发利用。

矿产资源开发利用

宜昌锰矿开发先驱——长阳古城锰业有限责任公司

长阳古城锰业有限责任公司始建于2003年，古城锰矿田被誉为全国八大锰矿田之一，资源储量接近1500万t。公司利用古城碳酸锰矿生产电解锰。由于坚持以人为本的科学发展观，引用现代管理理念、新技术、新装备巧妙地将硬件和软件相结合，在短短的8年时间公司由年产值由不足百万元的小企业飞速成长为年产值超过1亿元，年上缴税收3000多万，安全劳动环境、矿石回采率、利税等名列同类矿山企业前茅的知名企业。

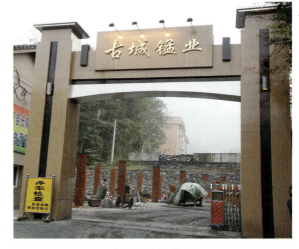

古城锰业大门

古城矿区入井口

污水处理净化设施

六大系统控制室

公司十分重视矿山环境保护，投入大量资金用于环保和安全设施的建设和改造，建立3000m^3污水处理池。

第三节 铬矿

一、概述

我国铬矿资源短缺,不敷国内需求,90%依靠进口。国内主要铬矿分布在内蒙古、新疆、甘肃、西藏等地,在北京、河北、山西、陕西、四川、云南、青海、湖北等地也有所分布。宜昌市即分布有湖北省唯一的资源上表的铬矿——太平溪铬矿。

铬矿是超基性岩的专属矿产,这是由铬的地球化学特征所决定的,所有内生铬矿床均直接产于超基性岩体或基性超基性杂岩体中。1975年,王希斌、鲍佩声等将我国基性超基性岩体分为54个岩带,每一个岩带形成不同的构造演化期,产于不同的大地构造位置。本区超基性岩属黄陵岩区,大别期形成,产于扬子准地台黄陵背斜中。

太平溪超基性岩体东西12.7km,南北宽1km,面积约14km^2,其规模名列华南之首。

太平溪含铬超基性岩体呈规模较大的岩墙侵入于早元古代变质岩系中,走向北北西,倾向北东,倾角60~85°。岩石有3种类型:纯橄榄岩、巨晶纯橄榄岩和辉橄岩-橄榄岩。根据各类岩石在岩体内的空间分布及其相互关系,太平溪岩体西段可分为3个岩相带,东段可分为4个岩相带。北部纯橄榄岩岩相带,位于岩体北侧,占岩体面积30%,为主要含矿岩相带,有梅子厂、赵家湾等铬矿区。中部辉橄岩-橄榄岩岩相带位于岩体中部,占岩体面积25%,以辉橄岩、橄榄岩为主,局部见纯橄榄岩异离体,有铬铁矿化。中部基性-超基性杂岩带,仅分布于岩体东段中心部位,占岩体面积17.5%。该岩相带以辉长岩、辉石岩为主,局部见橄榄岩与纯橄榄岩。与辉橄岩-橄榄岩岩相带接触界线清楚,为同源晚期贯入的产物。南部纯橄榄岩岩相带,位于岩体南侧,占岩体面积27.5%,以纯橄榄岩为主,有巨晶纯橄榄岩产出,仅占岩相带面积2.7%。天花寺、青树岭等铬矿分布于该岩相带。

太平溪岩体经历强烈蚀变,发育蛇纹岩化、透闪石化、绿泥石化、滑石化、菱镁矿化,其中蛇纹岩化、绿泥石化具有多期性。近矿的巨晶纯橄榄岩具有退色蚀变现象。

岩体中发现铬铁矿点及矿化点57处,上湖北省资源储量表的有3处(表3-38),这3处铬矿统称为

表3-38 宜昌市铬矿基本情况

矿区	矿石组成(%)	探明储量(万吨)	矿体特征及开采技术条件	选矿性能	备注
夷陵区青树岭铬矿	Cr_2O_3:10.4 Co:0.017 Ni:0.176 P:0.011 S:0.01 SiO_2:29.46	1.0	矿体数4;主要矿体长200m,宽40m,厚0.55~1.95m,倾角70~80°,埋深0~200m,透镜状,水文地质简单	重选:Cr_2O_3入选品位9.65%,精矿品位35.11%,尾矿品位2.32%,回收率81%	伴生Ni:18t,Co:2t,尚未批准
夷陵区天花寺铬矿	Cr_2O_3:9.1 Co:0.013 Ni:0.234 SiO_2:33.5	4.6	矿体数2;主矿体长70m,宽55m,厚1.0~10.0m,倾角55~64°,埋深0~50m,透镜状,水文地质简单	重选:Cr_2O_3精矿品位36.43%,回收率73%	
夷陵区梅子厂铬矿		11.6	矿体数38;主矿体长39m,宽70m,倾角65°~70°,埋深115~193m,透镜状,水文地质简单	重选:Cr_2O_3精矿品位40.94%,回收率81%	
宜昌市总计		17.2			

太平溪铬铁矿,求得总资源储量 17.2 万 t,占湖北省的 100%。据铬矿规模划分标准:矿石大型≥500 万 t,中型 500～100 万 t,小型＜100 万 t,本区铬矿的规模很小。我国铬矿资源也比较贫乏,至 2008 年底,查明基础储量 577 万 t,主要集中分布在西藏、甘肃、内蒙古、新疆 4 省(区)。

原勘查时工业品位定为 Cr_2O_3≥8%,但据 DZ/T0200-2002,最低工业品位定为≥12%。据我国铬矿实情,及近几年来开发低品位铬矿的经验,工业品位可降低至 3%～6%,如以此指标计算铬矿储量其数量可有较大幅度增加。

矿石矿物主要成分有铬尖晶石,次为磁铁矿,有少量钛铁矿、赤铁矿、菱铁矿等,脉石矿物以蛇纹石绿泥石为主,次为滑石、菱镁矿、透闪石、铬绿泥石、铬石榴子石等。矿石具半自形-自形结构,浸染状、条带状、块状构造(图 3-56、图 3-57)。

图 3-56 太平溪铬矿条带状铬矿石

太平溪铬矿规模小,品位低,适宜综合开发。据商南、西峡对洋淇沟岩体的利用,生产化肥、耐火材料、造型砂等取得良好的经济效益。太平溪岩体橄榄岩和蛇纹岩本身就是化肥矿产,梅子厂铬矿共生化肥用橄榄岩矿 3985.6 万 t,天花寺铬矿共生化肥用蛇纹岩矿 2660.0 万 t,都达到了中型规模。另外,太平溪含 Cr_2O_3:1% 的蛇纹岩经摇床重选,可获含 Cr_2O_3:26.18% 的铬精矿,回收率 39.95%。尾矿由橄榄石、蛇纹石、菱锰矿组成,含 MgO:38.95%,可作为冶金耐火材料和制钙镁磷肥。

二、太平溪铬矿

矿区位于夷陵区太平溪镇境内,东距宜昌市 42km,有公路相通。三峡水库建成后,长江水路可直达矿区。

(一)矿区与岩体地质

矿区位于黄陵背斜核部南端,铬矿产在太平溪超基性岩体内,包括天花寺、梅子厂、青树岭等矿区,东西长 12.7km,南北宽 1km,面积约 14km² (图 3-58)。

图 3-57 太平溪铬矿含铬蛇纹岩

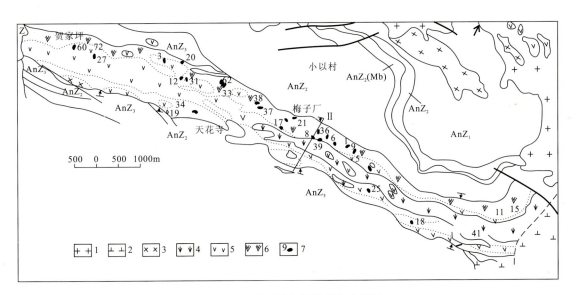

图 3-58 太平溪超基性岩体地质图

Z-震旦系;AnZ₃-庙湾组;AnZ₂-小以村组上段;AnZ₂(Mb)-小以村组下段;AnZ₁-古村坪组;
1.黑云母斜长花岗岩;2.闪长岩;3.辉长岩;4.基性超基性杂岩;5.辉橄岩-橄榄岩;6.纯橄榄岩;7.铬铁矿点(矿化点)及编号

1. 矿区地质

(1) 地层

矿区出露地层有元古界崆岭群古村坪组、小以村组、庙湾组、南华系南沱组,震旦系陡山沱组和灯影组。

古村坪组为片麻岩、混合岩组合,小以村组下段为大理岩,上段为石英岩、角闪斜长片岩与角闪片岩;庙湾组为绿色片岩。超基性岩体侵入到崆岭群岩群中,震旦系呈不整合覆盖在崆岭群与岩体之上。

(2) 构造

区域主体构造为黄陵背斜,轴部出露崆岭群,两翼依次出露南华系、震旦系和寒武系,其轴向北北东,两翼地层倾角东缓西陡。轴向长73km,宽36km,为短轴背斜。矿区位于该背斜核部南端。

崆岭群片理走向北西西,倾向南西,倾角60~80°。太平溪岩体受北西西方向基底断裂控制,其产状与围岩片理基本一致,倾向相反。

(3)岩浆岩

超基性岩体侵入最早,后期有闪长岩、辉长岩、黑云母斜长花岗岩等岩体侵入,后期岩体形态呈不规则状、脉状,侵入到崆岭群中,并穿切超基性岩体。

2. 岩体地质

(1)岩体规模、形态与产状

含铬超基性岩体呈岩墙状,长12.7km,宽0.8~1.35km,面积约14km^2。走向北西西,倾向北东,倾角60~85°。岩体产状近地表稍有超覆,即北侧接触面倾向南,南侧接触面倾向北。

岩体内流线构造与裂隙构造发育。裂隙构造可分为北西西、北东东、北北东、北北西4组,前两组较发育。北西西组属压扭性,叠加原生构造,具多期性;北东东组构造面有角砾岩,属张扭性。

(2)岩体与岩石类型

根据岩石物质成分、结构构造特点,划分3种岩石类型。

①纯橄榄岩,主要由镁橄榄石和贵橄榄石组成。辉石含量<3%,铬尖晶石、磁铁矿、透闪石、绿泥石含量甚微。岩石具半自形、中细粒结构,块状构造,蛇纹石化后具网状交代结构。

②巨晶纯橄榄岩,矿物成分与纯橄榄岩相同,矿物呈粗晶、巨晶,粒径达30~40mm。具蛇纹石化,发育有蛇纹石、菱镁矿、绿泥石、透闪石等矿物。

③辉橄岩-橄榄岩,具半自形粒状结构,块状或条带状构造。蚀变后,形成透闪石、滑石等矿物。

各岩石类型的化学成分与特征数值见表3-39。部分纯橄榄岩与巨晶纯橄榄岩的化学成分的镁铁比值(M/F)大于6.5,属镁质超基性岩;辉橄岩-橄榄岩与部分纯橄榄岩的镁铁比值(M/F)为4.63~6.45,属铁质超基性岩。

表3-39 岩石类型的化学成分(%)与特征数值表

岩石名称	SiO$_2$	Al$_2$O$_3$	CaO	MgO	Na$_2$O	K$_2$O	Fe$_2$O$_3$	FeO	Cr$_2$O$_3$	TiO$_2$
纯橄榄岩	36.14	1.15	0.8	39.00	0.3	0.04	5.87	6.45	0.31	0.07
巨晶纯橄榄岩	40.10	0.82	0.13	46.39	0.1	0.09	2.35	7.37	0.49	0.02
辉橄岩	43.36	3.16	5.09	30.04	0.16	0	3.35	5.01	0.36	0.26

岩石名称	P$_2$O$_5$	H$_2$O	CO$_2$	合计	s	b	a+c 或 a+c̄	a	M/F	h
纯橄榄岩	0.04	8.78	0.33	99.64	34.2	64.9	0.9	−33.1	5.84	44.8
巨晶纯橄榄岩	0.036	1.86	0	100.24	33.8	65.8	0.4	−33.1	8.74	21.9
辉橄岩	0.01	8.92	0.14	100.14	43.1	55.0	1.9	−16.0	6.45	36.8

(3)岩相分带

根据各类岩石在岩体内的空间分布及其相互关系,太平溪岩体西段可分为3个岩相带,东段可分为4个岩相带。

①北部纯橄榄岩岩相带,位于岩体北侧,占岩体面积30%,为主要含矿岩相带,有梅子厂、赵家湾等铬矿区分布。该带以纯橄榄岩为主,局部有巨晶纯橄榄岩分布(占相带面积4.2%)。巨晶纯橄榄岩呈条带状、透镜状、不规则状、断续定向分布在纯橄榄岩中,呈渐变关系,其规模大者长达1000m,宽100m,延深达600m;小者长数米,宽数公分。

②中部辉橄岩-橄榄岩岩相带,位于岩体中部,占岩体面积25%,以辉橄岩、橄榄岩为主,局部见纯

橄榄岩异离体,有铬铁矿化。

③中部基性-超基性杂岩带,仅分布于岩体东段中心部位,占岩体面积17.5%。该岩相带以辉长岩、辉石岩为主,局部见橄榄岩与纯橄榄岩。与辉橄岩-橄榄岩岩相带接触界线清楚,为同源晚期贯入的产物。

④南部纯橄榄岩岩相带,位于岩体南侧,占岩体面积27.5%。该带以纯橄榄岩为主,其中巨晶纯橄榄岩,仅占岩相带面积2.7%。有天花寺、青树岭等铬矿区分布。

太平溪超基性岩体内,常见有辉石岩、透闪岩、辉长岩、滑石菱镁矿脉岩。在空间上,岩体东段岩脉发育,西段较少。

太平溪岩体经历强烈蚀变,发育蛇纹石化、透闪石化、绿泥石化、滑石化、菱镁矿化,其中,蛇蚊石化、绿泥石化具有多期性。近矿的巨晶纯橄榄岩见有退色蚀变现象。

(二)矿床地质特征

该区已发现铬铁矿点及矿化点57处,分布在岩体南北两侧纯橄榄岩相带中,其中,尤以北侧岩相带矿点最密集。其出露海拔标高最低250m(梅子厂),最高1000m(天花寺),高差近800m。

1. 矿体规模、形态与产状

铬铁矿体以透镜体、脉状体为主,次为豆荚状、眼球状、不规则状,同一矿区的矿体形态也各异。一般原生裂隙构造控制的矿体形态相对简单,而原生流动构造发育地段形成的矿体形态较复杂。

单个矿体的规模变化大,一般矿体长0.5~5m,宽0.2~0.6m。梅子厂18号矿体最大,长39m,厚1.95~10.2m,斜深70m。

单个矿体的产状有2组:一组矿体走向275~310°,倾向北,倾角60~70°;另一组矿体走向30~350°,倾向东,倾角50°。以前者为主。

矿体呈群出现,构成含矿带。含矿带走向北西西,倾向北,倾角55~80°。矿体在含矿带中呈雁行状排列,在剖面上呈叠瓦状,沿倾向断续出现。含矿带规模长70~250m,宽20~50m,倾向延深50~200m。

梅子厂矿区有矿体38个,组成5个含矿群,构成北西西走向含矿带。其中,1号矿群由12个矿体组成,长200m,宽20~50m,倾向延深200m,该矿群以2号矿体最大;2号矿群由16个矿体组成,长120m,宽40m,倾向延深180m,该矿群以18号矿体最大(图3-59)。

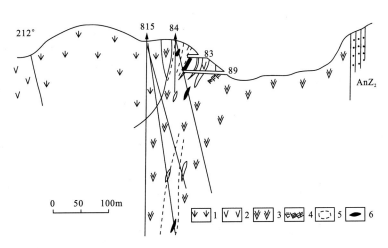

图3-59 梅子厂0线地质剖面图(位于平面图Ⅱ线北半部)

1.基性超基性杂岩;2.辉橄岩;3.纯橄榄岩;4.巨晶纯橄榄岩;5.矿化范围;6.铬铁矿体

青树岭矿区有4个矿带。其中,1号矿带由3个矿群组成,长200m,宽40m,延深200m;2号矿带由2个矿群组成,长180m,宽15m;3号矿带由2个矿群组成,长96m,宽18m,延深150m;4号矿带长140m,宽20~40m,倾向不连续。

天花寺矿区的1号矿带,长70m,宽55m,延深50m,矿体厚1~10m。

矿体与围岩有3种接触关系:①界线不清楚,呈渐变关系,矿石为稀疏浸染或中等浸染状,近矿围岩中分布星散状铬尖晶石;②界线较清楚,矿石多为中等浸染状到致密块状,近矿围岩有星点状铬尖晶石,远离矿体逐渐减少;③界线清楚,矿石为稠密浸染或致密块状,围岩少见铬尖晶石,裂隙充填的脉状矿体具有此种特点。

2. 矿石物质成分与结构构造

矿石矿物主要有铬尖晶石,次为磁铁矿,有少量钛铁矿、赤铁矿、黄铁矿、磁黄铁矿、黄铜矿、自然铜。脉石矿物以蛇纹石、绿泥石为主,次为滑石、菱镁矿、透闪石、铬绿泥石、铬石榴子石等。

矿石具半自形-自形晶结构,粒径不等。铬尖晶石粒径0.5~4mm,个别达5~7mm。浸染状矿石的铬尖晶石粒径小,一般为0.5~0.8mm;块状矿石粒径粗2~4mm。矿石还具有包含结构、海绵陨铁结构、环带结构及碎裂结构。

矿石构造以浸染状构造为主(铬尖晶石占30%~80%),次为块状构造(铬尖晶石>80%)、脉状构造和斑杂状构造。在巨晶纯橄榄岩中,以中等浸染和块状构造的矿石为主;在中细粒纯橄榄岩中,以浸染状矿石为主;在含辉石条带的橄榄岩中,浸染状矿石与块状矿石均可见到。

各类矿石的化学成分见表3-40。

表3-40 矿石化学成分(%)

矿石名称	Cr_2O_3	Fe_2O_3	Al_2O_3	FeO	MgO	SiO_2	$Cr_2O_3/(FeO)$
块状矿石	35.38	4.91	9.42	14.35	17.59	10.18	2.13
浸染状矿石	22.63	7.60	5.74	12.74	22.91	21.05	1.20

铬尖晶石单矿物的化学成分见表3-41。

表3-41 铬尖晶石单矿物化学成分(%)

单矿物种类	Cr_2O_3	Al_2O_3	Fe_2O_3	FeO	MgO	SiO_2	$Cr_2O_3/(FeO)$
块状矿石	45.55~56.80	3.03~23.60	2.35~21.01	13.14~24.70	3.40~14.49	0.15~1.78	1.21~2.98
浸染状矿石	44.52~51.72	4.03~11.39	10.34~22.25	17.35~22.10	4.28~9.30	0.2~0.9	1.06~1.74

单矿物的化学成分表明,造矿铬尖晶石为镁质富铝铬尖晶石;附生铬尖晶石为富铁的铬尖晶石。

近矿围岩发育蛇纹石化、绿泥石化,少见新鲜橄榄石。在铬矿体与围岩接触处,绿泥石多呈1~2mm薄壳分布在矿体周围。由块状矿石、稠密浸染矿石构成矿体,发育镁质斜绿泥石化;当矿体经压碎由稀疏浸染状矿石构成时,蚀变强,发育铬绿泥石化。铬尖晶石经蚀变呈同心环带结构,中心部位为橙色,边缘部位显褐红色或暗红色,不透明,具磁性。铬绿泥石交代斜绿泥石,表明生成稍后。

3. 矿床类型

矿床成因类型属赋存在纯橄榄岩岩相带中,与巨晶纯橄榄岩有关的岩浆晚期矿床。

4. 矿石质量与储量

全矿区共探明(保有)铬矿石2S22储量17.2万t,矿石品位Cr_2O_3:9.10%~10.40%。伴生钴

3.7t；伴生镍28.4t。矿石中含Pt：0.035g/t，围岩透闪岩中含Pt：0.348g/t，Pd：0.53g/t。

各矿区保有储量与矿石质量见表3-42。

表3-42 保有储量与矿石质量

矿区	资源储量(万吨)	伴生元素	Cr_2O_3(%)	Co(%)	Ni(%)	Pt(g/t)	SiO_2(%)
梅子厂	11.6	伴生Ni：10.4t,钴1.7t	9.32	0.018	0.11	0.035	32.71
天花寺	4.6		9.10	0.013	0.234		33.50
青树岭	1.0	伴生Ni：18t,钴2t	10.40	0.017	0.176		29.46
合计	17.2						

(三)矿床发现与勘查史

1958年，北京地质学院清江队在黄陵背斜开展1：20万地质测量，首次发现太平溪岩体。

1958年，冶金部鄂西矿务局609队三斗坪普查队在太平溪地区开展1：5千地质测量，经槽、井探揭露，初步调查了太平溪岩体及其铬、镍矿的分布。

1959年，中国科学院108队对太平溪岩体测绘1：2千～1：5千地质剖面24条，重砂取样58个，在重砂中发现了铬铁矿，明确提出本区具有寻找铬矿床希望。

1959年，湖北省地质局鄂西地质队在太平溪岩体进行综合普查。投入工程有：1：2.5万地质测量33km²，1：5千地质测量4km²，1：1千地质测量0.4km²，1：2.5万磁法测量14km²，坑探114m，槽探12000m³，取样292件，岩矿鉴定420片。在赵家湾发现原生铬铁矿露头1处，发现铬铁矿转石6处，编写了普查报告。

1960—1962年，冶金部中南冶金地质勘探公司609队在矿区进行详查。投入工程有：1：1万地质测量21km²，1：2.5万水文地质测量42.5km²，1：2千地质测量6.1km²，钻探2243m，坑探243m，浅井466m，槽探34335m³，取样2688件。1962年11月，提交了由徐景富、周志棋编写的《湖北宜昌太平溪超基性岩体详查地质报告书》。工作中发现原生铬铁矿露头5处，铬铁矿转石10余处，基本查明了岩体特征、铬铁矿质量与矿体规模，并对地质构造、成矿条件作了研究。指出该岩体构造、岩相和分异条件都不利于铬元素富集，其远景不大无勘查意义。

1965—1973年，湖北省地质局401队(后为湖北省第七地质大队)对岩体进行了两次1：1千地质填图、金属测量、重砂取样，发现铬矿点25处，矿化点29处。对其中17处矿点、6个矿化点进行了详查、勘探，投入工程有：1：2千磁法、激电和金属量测量，1：500地质测量，施工钻孔282个(66755m)，平巷64个(3804m)，浅井621m，槽探76255m³。对铬矿床地质特征及成矿条件进行了专题研究，先后提交地质报告20余份，其中主要报告有：1971年，湖北省第七地质大队提交的《湖北宜昌太平溪岩体天花寺矿区5-10线铬铁矿储量报告》。经湖北省储委审查，下达(73)鄂储审字第023号审查意见书，批准为初勘，提交B+C级储量1.1万t。1972年，又提交了《湖北宜昌太平溪岩体青树岭矿区1972年铬铁矿储量报告》。经湖北省地质局审查，下达(73)鄂地审字第181号审查意见书，批准为详查，提交B+C级储量9000t，D级储量1000t。1973年，再次提交《湖北宜昌太平溪岩体梅子厂矿区铬铁矿储量报告》。经湖北省储委审查，下达(73)鄂储审字第02号审查意见书，批准为初勘，提交B+C级储量9000t。

(四)矿床开采技术条件

矿区位于三峡库区，岩体东端鲤鱼观高程1323.4m，梅子厂最低高程230m，最大高差1093.4m，一般高差 500～800m。矿体规模小，呈脉状或不规则状，倾角陡。适宜平巷开拓，地下开采。

岩石坚硬，采矿可以不支护或少支护。

矿区水文地质简单，主要是构造裂隙水，靠大气降水补给。坑道工程可采用自然排水疏干。

矿石可选性能好。选矿试验采用两段磨矿（$-0.4mm$，$-0.15mm$）重力选矿。试验结果：原矿含 Cr_2O_3:18.5%，重选后铬精矿含 Cr_2O_3:40.49%，铬铁比 2.28，回收率 81.42%。

对含 Cr_2O_3:1% 的蛇纹岩作摇床选矿试验，可获铬精矿 Cr_2O_3:26.18%，回收率 39.95%。尾矿由橄榄石、蛇纹石、菱镁矿组成，含 MgO:38.95%，可作冶金耐火材料或制钙镁磷肥。

（五）矿床开发利用情况

该矿矿体规模小、分散，矿石多为浸染状的贫矿，且多呈盲矿出现，开采投入多、产出少，因此铬矿尚未利用。

为解决三峡库区移民，政府扶贫开发矿业，在梅子厂建立了开采巨晶纯橄榄岩作镁砂的矿业基地。同时，也可开发橄榄石铸造型砂。天花寺建立了宜昌市太平溪蛇纹石矿，开采蛇纹石。宜昌市科博耐火材料公司在开采橄榄石矿，生产镁橄榄石系列耐火材料。

第四节 钒矿

1. 资源概况

宜昌市钒矿上表产地有 7 处，资源总量（V_2O_5）30.3051 万 t，占湖北省钒矿总资源量的 11.07%（表 3-43）。钒矿分布于兴山和长阳境内晚震旦世和早寒武世的地层中。矿床规模白果园矿段为中型，其余皆为小型（钒矿规模划分标准：V_2O_5 大型≥100 万 t，中型 100～10 万 t，小型＜10 万 t）。另有夷陵区金家沟钒矿及长阳后丰溪、钟鼓湾等钒矿点。我国钒矿资源丰富，至 2008 年底查明基础储量 1276.6 万 t，主要分布在四川、湖南、广西、陕西、湖北、安徽、甘肃等省区。

2. 矿床类型

宜昌钒矿矿床类型有两种：一为产于震旦系陡山沱组黑色页岩中的银钒矿；二是产于下寒武统碳质硅质岩中的钒（钼）矿。前者如白果园、向家岭矿区，是银钒共生矿床。银钒层赋存于陡山沱组第四岩性段中，含上、下两个矿层。上矿层赋存于含矿岩系上亚段黑色页岩中，下矿层产于含矿岩系下亚段含黄铁矿黑色页岩和黑色页状云质泥灰岩夹粉晶云岩和泥质泥晶云岩。矿体长 780～2100m，宽 280～770m，厚 0.99～3.55m；V_2O_5 品位 0.86%～1.31%，共生有银，伴生有镓、锗、硒等。矿石中原生次生矿物有 50 余种，钒主要赋存于水云母中，属难选矿石。

长阳流溪为产于下寒武统中的钒矿，与丹江口市杨家堡钒矿属于同一类型，但钒品位要高于后者。流溪钒矿含矿层长 300m，宽 40～460m，厚 0.44～1.77m；倾角 14～22°，埋深 0～210m，宜地下开采。水文地质条件简单，顶底板岩层稳定，开采技术条件良好。

3. 开发利用

钒矿主要用于冶炼合金钢，少部分用于化工、轻工。区内钒矿工业化利用问题尚在试验之中，湖南、湖北许多同类型矿石用平窑钠化焙烧浸出法提钒技术成熟，但钒的转化率和总回收率低，环境污染较严重。湖南省煤炭研究所试验成功无钠焙烧-萃取法提钒工艺，降低了成本，提高了钒的回收率，环境污染轻。流溪样品试验结果为：转化率＜50%，浸出率＞95%，净化损失 1%，萃取率 99.8%，回收率 45%。流溪钒矿产于石煤层中，石煤含炭 16.16%，发热量 6.87MJ/kg，资源量 1000 万 t 以上，可综合利用发电，进而在煤渣中提钒，尾渣可制作建材。

表 3-43 宜昌市钒矿简况

产地名称	矿石成分	探明资源量 V_2O_5（万吨）	矿体特征	选冶性质	备注
兴山白果园银钒矿白果园矿段	V_2O_5:0.99% Ag:89.16g/t Au:0.15g/t Se:0.0079%	10.2692	矿体数2，主矿体长2000m，宽385～770m，厚3.54m，倾角4～13°，埋深0～348m，层状矿体	反浮选V_2O_5：入选品位1.18%，精矿品位1.5%，回收率96%	
兴山白果园银钒矿安家河矿段	V_2O_5:0.96% Ag:69.56g/t	2.8074	矿体数2，主矿体长780m，宽385～725m，厚1.87m，倾角3～8°，埋深0～342m，层状矿体		
兴山白果园银钒矿茅草坪矿段	V_2O_5:0.86% Ag:74.09g/t Se:0.0067%	8.1103	矿体数2，主矿体长2100m，宽200～770m，厚3.55m，倾角2～12°，埋深0～295m，层状矿体		
长阳李家湾钼钒矿	V_2O_5:1.12%	1.652	矿体数3，主矿体长1700m，宽206m，厚1.7m，倾角8～24°，层状矿体		
长阳向家岭银钒矿向家岭矿段	V_2O_5:1.31% Ag:97.34g/t Ga:0.002% Ge:0.0007% Se:0.0082%	4.19	矿体数2，主矿体长1400m，宽460～650m，厚0.99～2.30m，倾角7～55°，埋深0～340m，层状矿体		
长阳向家岭银钒矿胡家湾矿段	V_2O_5:1.3% Ag:73.4g/t Ga:0.0016% Ge:0.004% Se:0.0052%	2.26	矿体数1，主矿体长1120m，宽280～340m，厚1.54～2.21m，倾角31～33°，埋深0～360m，层状矿体		
长阳流溪钒矿	V_2O_5:1.13% Mo:0.093%	1.0162	矿体数2，主矿体长3000m，宽40～460m，厚0.44～1.77m，倾角14～22°，埋深0～210m，层状矿体		有共生钼地质储量268t
总计		30.3051			

第四章 有色金属矿产

宜昌市有色金属矿产短缺,已查明的有色金属矿产有铜、铅、锌、镁、钴、汞等,除汞矿外,其余矿产矿床规模小,资源储量少,在湖北省内只占有很次要地位。本市主要有色金属矿分布于兴山、长阳、远安、当阳等县(市)及夷陵区(图4-1)。

图4-1 宜昌市主要有色金属矿产分布图

铜矿:1.下堡坪;2.小汉口;3.三宝山;4.沈家堡;5.花园冲;6.铜家湾。**铅矿**:3.三宝山;7.何家坪;8.王家湾;5.花园冲;6.铜家湾。**锌矿**:3.三宝山;7.何家坪;5.花园冲;6.铜家湾。**镁矿**:9.郑家淌。**钴矿**:6.铜家湾。**钼矿**:10.雾渡河。**汞矿**:11.杨溪;12.钟鼓湾。**锡矿**:13.韩家河

第一节 铜矿

宜昌市铜矿资源匮乏,总资源量(铜金属)26247t,仅占湖北省铜资源量的0.69%。市内铜矿分布在当阳、远安、夷陵区、秭归等地,共有7处产地,均为小型矿床(表4-1)(铜矿规模划分标准:铜金属量大型≥50万t,中型50~10万t,小型<10万t),其他铜矿点有23处。其中远安小汉口铜矿、当阳铜家湾铜铅锌矿规模稍大,资源量万吨左右。我国是世界上铜矿较多的国家之一,至2008年底,查明铜基础储量2891万t,主要分布在江西、西藏、云南、内蒙古、山西、甘肃、新疆、四川、湖北等省区。

表4-1 宜昌市铜矿简况

矿区名称	资源储量(探明)Cu 吨	矿床类型 矿石类型、品级	主要化学组分(%)	矿体特征	利用情况
夷陵区下堡坪铜矿	425（地质储量89t）	含铜方解石脉(各种围岩中的脉状铜矿床),赋存于上震旦统地层中,氧化铜矿石,富矿及贫矿	Cu:0.77	矿体数9,主矿体长69m,宽40m,厚2.65m,倾角65°,埋深0~30m,脉状	原宜昌县铜矿开采,1978年停采。土法炼出粗铜含V:0.01%~3%,Ni:0.5%~1%,Co:0.01%
远安三宝山铜铅锌矿	3500	热液矿床,各种围岩中的脉状铜矿床。硫化矿石,富矿及贫矿	Cu:1.2 Ag:35g/t Pb:0.97 Zn:1.44	矿体数8,主矿体长180m,宽110~155m,厚2.00~25.50m,倾角48~80°,埋深0~120m,透镜状	开采矿区。浮选试验:Cu入选品位0.61%,精矿品位19.08%,尾矿品位0.05%,回收率90%
远安小汉口铜矿	12031	中低温热液充填细脉铜矿,硫化矿石,富矿	Cu:1.46 Ag:13.57g/t Cd:0.0074 Ge:0.0059	矿体数4,主矿体长296m,宽108.0~447.0m,厚0.47~6.80m,倾角85~90°,埋深0~440m,脉状	开采矿区。浮选试验:Cu入选品位1.35%,精矿品位19.18%,尾矿品位0.14%,回收率89%
秭归庙河沈家堡铜矿	22	含铜砂岩矿床,赋存于下震旦统,氧化铜矿石,贫矿	Cu:0.47	矿体数1,主矿体长55m,宽25m,厚0.52~4.50m;倾角40~50°;透镜状	
当阳花园冲铜铅锌矿	934	热液矿床,硫化铜铅锌矿石,贫矿	Cu:0.405 Ag:26.78g/t Pb:0.435 Zn:1.58	矿体数10,主矿体长135m,厚1~11.5m;倾角30~45°;埋深39~160m;脉状	
当阳铜家湾铜铅锌矿	6636	热液脉型铜铅锌矿床,硫化铜矿石,贫矿	Cu:1.66 Pb:1.53 Zn:5.57 Ag:198.6g/t Cd:0.038 Co:0.025 Ge:0.0017 S:7.75 Ti:0.0157 U:0.041	矿体数1,长225m,宽200m,厚2~20m,倾角70°,最大埋深205m,透镜状矿体	开采矿区,浮选法,回收率70%
远安县韩家河铜锡矿区	2699	氧化铜矿石,热液矿床	Cu:4.09 Ag:6.6g/t Pb:0.23	矿体数9;主矿体长185m,厚1.63m;倾角69°,埋深905~895m;透镜状矿体	
总计	26247				

宜昌市铜矿的主要类型有两种,一种为热液脉型铜矿,另一种为砂岩型铜矿,以前一种为主。

热液脉型铜矿的特征为矿体呈脉状产于各种岩性的围岩中。根据其化学成分,可分为两种情况,一种有用成分比较单一,主要为铜,赋矿有一定层位,矿石为氧化铜类型,如下堡坪铜矿。另一种为铜铅锌多金属矿,铜铅锌都达到工业要求,相互共生,并伴生有银、锗、镉等元素,如三宝山铜铅锌矿、小汉口铜矿、花园冲铜铅锌矿、铜家湾铜铅锌矿。

砂岩铜矿见于秭归沈家堡,铜赋存于下震旦统砂岩中,为氧化矿石,规模很小。

小汉口、铜家湾为本区主要铜矿,矿体呈脉状,多矿体产出。主矿体长度可达数百米(200～300m),宽也可达100～400m,厚度变化大,1～25m。矿体产状一般较陡,倾角50～70°,甚至直立。矿石为微细脉状铜铅锌硫化矿石(图4-2)。

图4-2 当阳铜家湾铜铅锌多金属矿石

由于宜昌市缺铜,下堡坪铜矿、铜家湾铜铅锌矿和小汉口铜矿都曾开采或仍在开采。铜家湾铜多金属矿硫化矿石选矿过程中,铜铅锌的分离是一个难题,但可在冶炼铜过程中综合回收铅、锌、银。铜家湾铜锌矿中还含铀,可能对环境造成影响,在开发利用过程中应予以注意。

本市发现的其他铜矿点见表4-2。

表4-2 宜昌其他铜矿点一览表

行政区	矿点名称	行政区	矿点名称
秭归	兰陵溪铜矿点	远安	胡家台铜矿点
五峰	湾潭铜矿	远安	茶林子铜矿点
五峰	百果湾铜矿	远安	九里岗铜矿点
五峰	六里溪铜矿	远安	泥水洞铜矿点
夷陵区	松树坑铜钼矿	远安	张家垴铜矿点
夷陵区	刘家湾铜钼矿	远安	郭家沟铜矿点
夷陵区	寨子山铜矿	远安	刘家台铜矿点
夷陵区	椿树湾铜矿	远安	汪家河铜矿点
夷陵区	下湾铜铅矿	远安	六米冲铜矿点
夷陵区	下沟铜矿	当阳	白果园铜矿点
夷陵区	黄陵庙铜矿点	当阳	打鼓台铜矿点
兴山	岱家湾铜矿点	当阳	金德山铜矿点

第二节 铅矿

宜昌市的铅矿不多,总资源量为25798t,占湖北省铅矿资源量的6.59%。铅矿主要分布在远安、当阳、长阳等地,兴山、秭归、夷陵区也发现有铅矿点(表4-3、表4-4),共有上表矿区5处,均为小型矿床(铅矿规模划分标准:铅金属量大型≥50万t,中型10~50万t,小型<10万t),矿点17处。其中近年来工作的石板滩铅锌矿可望达到中型规模。中国铅矿资源储量占世界第二位,至2008年底,铅查明基础储量1539万t,主要分布在云南、内蒙古、广东、甘肃、湖南、四川、陕西、青海、广西、福建等省区。

表4-3 宜昌市铅矿简况

矿区名称	资源储量(探明)Pb 吨	矿床类型矿石类型、品级	主要化学组分(%)	矿体特征	利用情况
远安三宝山铜铅锌矿	1536	中低温热液脉型矿床,硫化矿石	Pb:0.97 Zn:1.55 Cu:0.64 Ag:35g/t	矿体数1;主矿体长87m,宽28.0m,厚1.0~10.0m;倾角70~80°,埋深0~30m,带状矿脉	开采矿区
长阳何家坪铅锌矿	5365	中低温热液充填交代矿床,混合铅锌矿石	Pb:3.5 Zn:3.89	矿体数8;主矿体长170m,宽57m,厚1.41m;倾角25~27°,透镜状矿体	开采矿区
长阳王家湾铅锌矿	11378	中低温热液充填交代矿床,混合铅锌矿石	Pb:2.63 Zn:1.96	矿体数9;主矿体长709m,宽27~150m,厚2.84m;倾角35~54°,埋深0~130m,透镜状矿体	停采矿区。实验室试验:浮选,Pb,入选品位2.38%,精矿品位37.36%,尾矿品位0.71%,回收率71%
当阳铜家湾铜铅锌矿	6374	中低温热液脉状矿床,硫化矿石	Pb:1.52 Zn:5.57 Ag:198.2g/t Cd:0.038 Co:0.026 Cu:1.66 Ge:0.0017 S:7.75 Tl:0.0157 U:0.041	矿体数1;主矿体长225m,宽200m,厚2~20m;倾角70°,埋深0~205m,透镜状矿体	开采矿区
当阳花园冲铜铅锌矿	1145	中低温热液脉状矿床,硫化矿石	Pb:0.453 Zn:1.58 Ag:26.78g/t Cu:0.405	矿体数3;主矿体长150m,宽250m,厚1.25~17m;倾角50~70°,埋深30~260m,脉状矿体	
总计	25798				

宜昌市目前已查明的铅矿类型为中低温热液型矿床，按组分可分为铅锌共生矿（何家坪、王家湾矿区）及铜铅锌共生矿（三宝山、花园冲、铜家湾矿区）。前者主要分布在长阳，铅锌品位较高，为混合矿石。后者有铜产出，并伴生有多种有益元素可供综合利用。

宜昌市铅矿规模超过万吨的有长阳王家湾铅锌矿，另外当阳铜家湾铜铅锌矿、长阳何家坪铅锌矿规模也较大，并在开采。

表 4-4　宜昌市其他铅矿点一览表

行政区	矿点名称	行政区	矿点名称
兴山	茅草坪铅锌矿	长阳	三祖坟铅锌矿
兴山	石门垭铅矿点	长阳	西寺坪铅锌矿
秭归	五指山铅锌矿	长阳	水和坪铅锌矿
秭归	关口铅锌矿	夷陵区	庙家湾方铅矿
长阳	安王山铅锌矿	夷陵区	秦家咀铅矿
长阳	老湾铅锌矿	夷陵区	柘木坪铅矿
长阳	雷家坡铅锌矿	夷陵区	青龙咀铅锌矿
长阳	习家坡铅锌矿	夷陵区	红岩矿区铅锌矿
长阳	菖莆铅锌矿	夷陵区	石板滩铅锌矿

1. 长阳王家湾铅锌矿

矿区位于长阳县城北，由湖北省地质局黄陵地质队勘查，1961年12月提交《湖北省长阳县王家湾铅锌矿区储量报告》。矿床类型为中低温热液充填交代铅锌矿床，矿石类型为混合铅锌矿石，含铅2.63%，含锌1.96%。多矿体产出（9个矿体），主矿体Ⅰ号矿体长709m，宽27～150m，厚2.84m，埋深0～130m，为透镜状矿体。混合铅锌矿实验室浮选试验结果：入选品位（Pb）2.38%，精矿品位37.36%，尾矿品位0.71%，回收率71%。该矿锌的选矿问题尚未解决，又位于县城中心，难以开发利用。曾开采过，现已停采。

2. 当阳铜家湾铜铅锌矿

矿区位于当阳城区67°方位直距23km处。矿区距焦枝线付集站4km（运距），通公路。矿床属多种围岩中的脉状铅锌铜矿床，矿石为硫化铅锌矿石。矿石组分复杂：Pb:1.52%，Zn:5.16%，Cu:1.33%，S:7.15%；还共生有Ag:198.2g/t，伴生有Co:0.026%，Cd:0.038%，Ge:0.0017%，Tl:0.0157%及放射性元素U:0.041%。矿区勘查由湖北省第九地质队完成，1971年12月提交《湖北省当阳铜家湾铜铅锌多金属矿床勘探储量报告》。矿体数1，矿体长225m，宽200m，厚2～20m；倾角70°，埋深0～205m，透镜状矿体。矿区水文地质条件中等，最大涌水量5477m³/d。竖井开采，五号断裂带岩石极易风化和崩解，工程地质条件较差。

矿石实验室浮选试验结果：入选品位Pb:1.47%，精矿品位50.39%，尾矿品位0.24%，回收率49%。铅精矿中含银615g/t。目前为开采矿区。

3. 长阳何家坪铅锌矿

矿区位于长阳县城88°方位直距2km处。矿区距清江航道长阳码头2km，通水路。矿床类型为中低温热液充填交代铅锌矿床，矿石为混合铅锌矿石，含Pb:3.5%，含Zn:3.89%。矿区由湖北省地质局第七地质大队勘查，1966年12月提交《湖北长阳何家坪矿区普查报告》。矿体数8个；主矿体Ⅳ号矿体长170m，宽57m，厚1.41m，倾角25～27°；透镜状矿体，水文地质条件复杂，露天一地下开采，矿区两端被清江所切，深部会受到复杂水文地质条件限制。目前为开采矿区，建有日处理200t的选矿厂，采用优先浮选选矿工艺流程，即先浮铅抑制锌，然后用硫酸铜活化闪锌矿进行锌的浮选。工艺流程结构：浮铅系统为一粗二扫三精，浮锌为一粗三扫三精，入选矿石为硫化矿石，获得技术指标为：

入选品位：Pb:1.05%，Zn:3.31%；

精矿产率：Pb:1.33%，Zn:5.56%；

精矿品位：Pb:65%，Zn:52%；

回收率：Pb:82.30%，Zn:87.34%。

第三节 锌矿

宜昌市锌矿资源总量44902t,占湖北省锌矿资源总量的3.79%。已查明的锌矿分布在远安、当阳、兴山等地,资源列入省矿产资源储量表的只有4处(表4-5),均为小型矿床(锌矿规模划分标准:锌金属量大型≥50万t,中型50～10万t,小型<10万t)。其中何家坪铅锌矿和铜家湾铜铅锌矿的资源量较多,分别达到1.59万t和2.2万t。两矿床均为铅锌矿,矿石中锌的品位较高,且Zn>Pb,故锌的资源量也较大。其他锌矿产地还有兴山白鸡河锌矿、滩羊河锌矿、秭归杉木溪锌矿、远安凹子岗锌矿、夷陵区黑良山铅锌矿等处(表4-6),为近几年来地质勘查的成果。我国锌矿资源丰富,居世界前列,锌查明基础储量4281万t(至2008年),主要分布在云南、内蒙古、甘肃、广西、湖南、广东、四川、河北、江西等省区。

表4-5 宜昌市锌矿简况

矿区名称	资源储量(探明)Zn(t)	矿床类型 矿石类型、品级	主要化学组分(%)	矿体特征	利用情况
远安三宝山铜铅锌矿	2666	各种围岩中的脉状铅锌铜矿床,硫化铜铅锌矿石	Ag:35g/t Pb:0.89 Zn:1.55 Cu:0.64	矿体数1;主矿体长87m,宽28m,厚1～10m;倾角70～80°,埋深0～30m;带状矿脉	开采矿区
长阳何家坪铅锌矿	15948	中低温热液充填交代铅锌矿床,混合铅锌矿石	Pb:3.5 Zn:3.89	矿体数1;主矿体长146m,宽49m,厚1.89～9.00m;倾角20～30°,透镜状矿体	开采矿区
当阳花园冲铜铅锌矿	4015	各种围岩中的脉状铜铅锌矿床,硫化铜铅锌矿石	Pb:0.453 Zn:1.58 Ag:26.78g/t Cu:0.405	矿体数3;主矿体长150m,宽250m,厚1.25～17.00m;倾角50～70°,埋深30～260m,脉状矿体	
当阳铜家湾铜铅锌矿	22273	各种围岩中的脉状铜铅锌矿床,硫化铜铅锌矿石	Pb:1.52 Zn:5.57 Ag:198.2g/t Cd:0.038 Co:0.026 Cu:1.66 Ge:0.0017 S:7.75 Tl:0.0157 U:0.041	矿体数1;主矿体长225m,宽200m,厚2～20m;倾角70°,埋深0～205m,透镜状矿体	开采矿区
总计	44902				

20世纪90年代,中南冶金地质研究所(王六明等)曾对兴山滩羊河锌矿做过勘查和研究,认为其是沉积于岩溶构造中的氧化锌矿,锌品位高,伴生有多种稀散元素。矿石主要由菱锌矿、水锌矿、褐铁矿等组成,矿石构造有皮壳状、晶簇状、页片状、肾状、钟乳状等,外形各异、千姿百态(图4-3～图4-8)。

表 4-6 宜昌市其他锌矿

行政区	矿点名称	行政区	矿点名称
兴山	下湾铅锌矿点	秭归	小河口铜锌矿点
兴山	兴山水月寺光君铅锌采选矿锌矿	夷陵区	黄家河铅锌矿点
兴山	鹰咀石多金属矿点	夷陵区	铁路冲铅锌矿点
兴山	白鸡河锌矿	夷陵区	母猪峡铅锌矿点
兴山	茅草坪铅锌矿点	夷陵区	黑良山铅锌矿点
兴山	滩羊河锌矿	夷陵区	青龙咀铅锌矿点
兴山	柴家坪铅锌矿点	夷陵区	棚虎山铅锌矿点
兴山	梨子坪铅锌矿化点	夷陵区	殷家坪铅锌矿点
秭归	杉木溪锌矿	远安	凹子岗锌矿
秭归	关口铅锌矿点	长阳	竹林口铅锌矿

图 4-3 兴山滩羊河肾状菱锌矿

图 4-4　兴山滩羊河晶簇状菱锌矿

图 4-5　兴山滩羊河钟乳状菱锌矿

图 4-6 兴山滩羊河皮壳状菱锌矿

图 4-7 兴山滩羊河页片状水锌矿

图 4-8　兴山滩羊河钟乳状晶簇状菱锌矿

第四节　宜昌市铅锌矿地质勘查进展

一、概述

近年来鄂西湘西地区铅锌矿找矿有了突破，黄陵-神农架地区已获得 333＋334 铅锌矿资源量近 200 万 t，铅锌矿产出层位主要为震旦系灯影组—陡山沱组，层控特征明显。特别是神农架冰洞山锌矿的发现，给鄂西地区找锌矿带来鼓舞和借鉴。据廖宗明等研究（2008），宜昌层控型铅锌矿赋矿层位有（表 4-7）：上白垩统红花套组、中下三叠统嘉陵江组、下寒武统天河板组、上震旦统灯影组、新元古界崆岭群。

表 4-7　宜昌市铅锌矿赋矿层位（据廖宗明等，2008）

层位	代号	赋矿岩性	典型矿床点
红花套组	K_2h	白色次长石砂岩、深灰色白云岩、黄绿色泥岩	远安三宝山铜铅锌矿
嘉陵江组	$T_{1-2}j$	泥灰岩、微晶云质灰岩、白云石化灰岩	秭归关口铅锌矿点
天河板组	$\in_1 t$	钙质页岩、结晶灰岩	宜昌铁路冲铅锌矿点
灯影组	Z_2d	角砾状细晶云岩	远安凹子岗铅锌矿
崆岭群	Pt_2K	角闪片岩、斜长角闪岩、黑云斜长片麻岩	秭归小河口铅锌矿点

鄂西地区铅锌矿点（床）、矿化点近 200 处，具有成片分布、成群集中的特点。宜昌市铅锌矿密集分布于黄陵断穹及长阳地区（图 4-9）。

据研究，鄂西层控型铅锌矿由多种成矿作用形成：海相沉积作用、海相生物化学-沉积作用、海底火山喷流-沉积作用。青峰强变形带、巨型滑脱拆离带、大型北东向断裂和大型南北向断裂为区域导矿构造。燕山中晚期伸展构造所产生的断裂裂隙系统和古老断裂裂隙系统均可成为铅锌矿的良好配矿构造和容矿构造。基底与盖层间的滑脱拆离带是极重要的导矿构造，其周缘的断裂体系是重要的配、容矿构

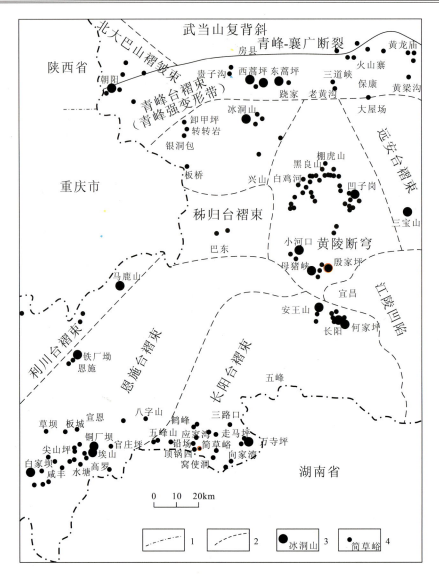

图 4-9 鄂西地区铅锌矿分布图（据廖宗明等，2008）

1.板块间断裂；2.四级大地构造单元分界线；3.铅锌（铅、锌、铜铅锌）矿床；4.铅锌（铅、锌、铜铅锌）矿点、矿化点。

造，应作为区域铅锌矿找矿评价之重点。

鄂西地区层控型铅锌矿地层（岩相古地理）与构造是主要控矿因素，而地层为第一控矿因素。在赋矿层位与控矿构造结合部位，结合铅锌地球化学块体、地球化学异常，加大勘查力度，将会有新的突破。

二、勘查的主要矿区

（一）远安凹子岗锌矿（据李方会等，2009）

1. 区域成矿地质背景

凹子岗锌矿区位于扬子准地台黄陵断穹的东缘。

区域地层可分为两大部分：一部分为结晶基底，由中元古界崆岭（岩）群和新太古界—古元古界水月寺（岩）群中深变质岩系及元古界以花岗岩为主的岩浆岩构成，出露于黄陵断穹核部；另一部分主要是一套以碳酸盐岩为主夹少量泥砂质岩石组成的震旦系—二叠系的沉积盖层（缺失泥盆系下统和石炭系下统），环绕黄陵断穹核部自老而新依次出露于断穹的边部。除震旦系与下伏崆岭（岩）群或水月寺（岩）群呈角度不整合接触外,其他地层之间呈整合或假整合接触。

断裂构造以北西向构造为主,其次为近东西向,前者以雾渡河断裂为代表,后者以樟村坪断裂为代表。其规模宏大,纵贯黄陵背斜核部至东西两翼,具多期活动特点,构成较复杂的构造景观。

在黄陵断穹北部,分布的铅锌矿点(床)有凹子岗、白鸡河、滩淤河、柴家坪、许家坡等20余个,其中白鸡河、滩淤河等已达小型矿床以上规模。这些矿点(床),除柴家坪等少数矿点赋存于陡山沱组中并受构造控制外,其他矿点(床)主要赋存于灯影组中,受岩系岩相控制,具沉积成矿特点。

2. 赋矿层位

(1)地层

矿区出露地层为下震旦统陡山沱组和上震旦统灯影组。

陡山沱组(Z_1d)

平均厚度186.9m,据岩性组合特征由下而上划分为4个岩性段。

樟村坪段(Z_1d_1):上部为白色厚层状粉细晶云岩,中部为黑色含钾页岩与磷块岩互层,下部为浅灰色厚层状粉细晶云岩。厚47.4m。

胡集段(Z_1d_2):上部为灰黑色中厚层状含燧石扁豆体泥粉晶云岩,下部为灰色薄—中厚层状粉晶云岩,底部为硅质砂砾屑磷块岩(即中磷层Ph_2),厚度小,无工业价值,但分布稳定,是划分岩性段的标志。厚59.7m。

王丰岗段(Z_1d_3):浅灰色中厚层状粉晶云岩,中上部夹灰白—灰黑色硅质条带,下部夹薄层状泥粉晶云岩,底部见黑色豆粒状含硅质磷块岩(即上磷层Ph_3),其厚度0.03～0.20m,分布稳定,是划分岩性段的标志。厚65.3m。

白果园段(Z_1d_4):灰—深灰薄—中厚层状粉晶云岩,夹黑色燧石条带及结核,层间夹极薄层泥质云岩,层面见紫红色铁质薄膜,水平层理发育。厚18m。

灯影组(Z_2dn)

可分为3个岩性段。由下而上依次为蛤蟆井段(Z_2dn_1)、石板滩段(Z_2dn_2)、白马沱段(Z_2dn_3)。

蛤蟆井段(Z_2dn_1):灰—灰白色厚层状含砂屑细晶云岩—鲕粒砂砾屑云岩,局部夹含磷条带泥粉晶云岩,其顶部普遍夹白色硅质细条带,发育水平层理及交错层理。厚16.2～57.5m。

石板滩段(Z_2dn_2):根据岩性特征,可分为上、下两个亚段。

下亚段($Z_2dn_2^1$)。上部为灰白色薄层状泥粉晶云岩,下部为厚4～8m的灰白色硅质条带泥粉晶云岩,顶部为厚约2m的灰白色砂屑鲕粒云岩。以水平层理、微波状层理为主。厚度变化大,0线剖面厚度最薄为11.7m,望家岩剖面厚度最大为62.00m,一般厚度为20～30m。

上亚段($Z_2dn_2^2$)。主要为一套灰—深灰色角砾状泥粉晶云岩。

白马沱段(Z_2dn_3):细晶云岩、泥晶云岩。

(2)矿层

赋矿层位主要为灯影组石板滩段上亚段和白马沱段。

下部含矿层位 灯影组石板滩段上亚段($Z_2dn_2^2$):主要为一套灰—深灰色角砾状泥粉晶云岩。基本不显层理,局部为纹层状,水平层理。岩石中Zn丰度值高,一般$>200\times10^{-6}$,是区内的主要锌矿化层位。下矿层(Ⅰ)位于其内,其厚度沿走向和倾向变化较大,0线剖面处最厚,为76.7 m,望家岩剖面处最小,仅为16.33 m,一般厚度在40m左右。

上部含矿层位 灯影组白马沱段(Z_2dn_3):顶部见灰黑色泥晶砂砾屑磷块岩,层面见红色铁质薄膜,风化面呈浅蓝色,厚5～15 cm;上部为浅灰—灰白色中厚层状含硅质条带(硅质结核)粉晶云岩,夹厚约1 m的黄绿色页片状云质泥岩,水平层理发育;中部为浅灰色薄—中厚层状硅质条带粉晶云岩—浅灰色中厚层状泥粉晶云岩—含蠕虫状碎屑砂屑泥晶云岩—灰白色厚层状糖粒状粉细晶云岩,水平层理,其中灰白色厚层糖粒状粉晶云岩,在凹子岗一带Zn元素丰度值高于其他地段,厚度18m左右,风化带呈米黄色；下部为灰白色中厚层状含溶蚀孔洞粉晶云岩，厚层含砂屑粉晶云岩，由下而上具水平层理—交错层理；中下部为区内次要锌矿化层位，上矿层（Ⅱ）位于其内，其岩性特征为含锌砂屑云岩，呈透镜状产出。厚度较稳定，为 285.87 m。

3. 矿层特征

区内有两个锌的含矿层。下含矿层（Ⅰ）赋存于石板滩段上亚段（$Z_2dn_2^2$）中，有两个矿体，矿体编号自下而上为 $Ⅰ_a$、$Ⅰ_b$；上含矿层（Ⅱ）呈透镜状产于白马沱段（Z_2dn_3）中下部，地表规模小，为锌的次要含矿层。

下含矿层（Ⅰ）赋存于石板滩段上亚段，矿体呈似层状、透镜状产出，内部有多层夹石。按 Zn 品位 $\geqslant 0.5\%$，夹石剔除厚度 $\geqslant 2$ m 划分，可分为 $Ⅰ_a$、$Ⅰ_b$ 两个分矿体。矿体顶板距石板滩段上亚段顶界线 0~5.4m，矿体底板距石板滩段上亚段底界线 4.11~25.12m。上、下分矿层间距为 0~7.30m。含矿岩石为深灰色角砾状含闪锌矿泥粉晶云岩，矿层顶板为深灰色角砾状泥粉晶云岩，底板为灰色薄层状泥粉晶云岩。

上含矿层（Ⅱ）赋存于白马沱段中下部，其矿体厚 0.48~2.60m，呈透镜状-似层状。矿体底板距白马沱段底界线 40.78 m。含矿岩石为褐黄色含闪锌矿角砾状泥粉晶云岩，矿层顶、底板为浅灰—灰色中厚层状闪锌矿化泥粉晶云岩。

4. 矿体特征

区内共圈出锌矿体 5 个，其中 3 个具有工业价值，为主要矿体，分别为 $Ⅰ_a-1$、$Ⅰ_a-2$、$Ⅰ_b-1$，其中 $Ⅰ_b-1$ 为主要工业矿体（图 4-10、图 4-11）。

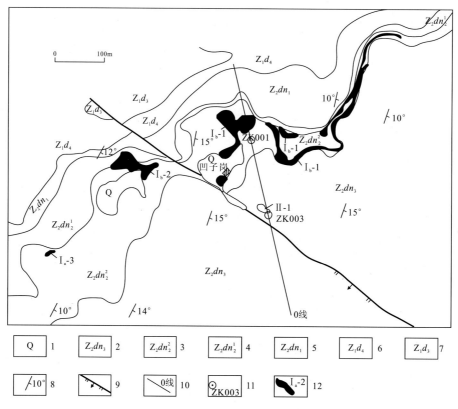

图 4-10　远安县凹子岗锌矿地质图（据李方会等，2009）

1.第四系；2.上震旦统灯影组白马沱段；3.上震旦统灯影组石板滩段上亚段；4.上震旦统灯影组石板滩段下亚段；5.上震旦统灯影组蛤蟆井段；6.下震旦统陡山沱组白果园段；7.下震旦统陡山沱组王丰岗段；8.层理产状；9.正断层；10.勘探线及其编号；11.钻孔及其编号；12.锌矿体及其编号

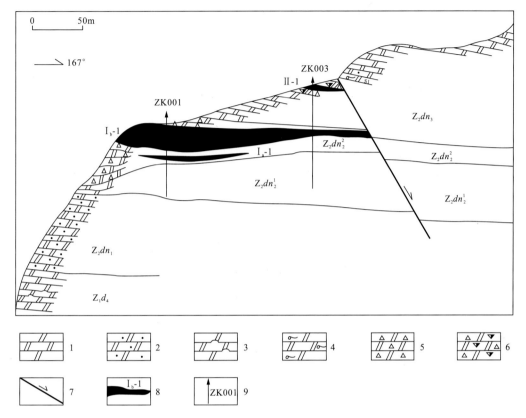

图4-11 远安县凹子岗锌矿0线勘探线剖面图(据李方会等,2009)

1.云岩;2.砂屑云岩;3.含燧石结核云岩;4.硅质条带云岩;5.角砾状云岩;6.角砾状闪锌矿化云岩;7.正断层;8.矿体及其编号;9.钻孔及其编号

I_a-1锌矿体:矿体沿南东倾向控制长330m,北东走向控制宽40～110m。矿体铅直厚度3.94～11.42m,平均铅直厚度6.90m,单工程Zn品位1.08%～7.59%,平均品位4.42%。

I_a-2锌矿体:矿体沿南东倾向控制长120m,北东走向控制宽50～80m。矿体铅直厚5.62～9.80m,平均8.17m,单工程Zn品位4.18%～8.03%,平均品位6.20%。

I_a-3锌矿体:赋存于石板滩段上亚段($Z_2dn_2^2$)下部深灰色角砾状粉晶云岩中,矿体呈透镜状产出,东西长约20m,厚度0.80～1.07m,品位1.07%～1.37%。

I_b-1锌矿体:矿体沿南东倾向控制长410m,沿北东走向控制宽27～225m,铅直厚1.89～24.72m,平均厚7.90m,单工程Zn品位1.34%～16.33%,平均4.84%。

Ⅱ-1锌矿体:矿体呈透镜状产出,长约30m。矿体厚1.13～2.60m,平均厚度1.87m。Zn品位1.17%～8.19%,平均品位6.06%。矿体产状110°∠12°。

3个主要矿体总体呈似层状、透镜状,受地层层位控制,矿体产状与地层产状基本一致,但其顶板及底板起伏不平,形态较为复杂。矿体内部,贫矿与富矿频繁交替,并有多层夹石,矿体结构较复杂。矿体厚度、品位均有沿中心向两侧及深部变薄、变贫的趋势。

据罗林等(2005)对3个工业矿体进行资源量估算,求得332+333+334锌金属资源量80641.60万t。

5. 矿石特征

(1)矿石类型

凹子岗锌矿区矿石自然类型主要有:角砾状矿石、纹层状矿石及条带状矿石。

角砾状矿石:呈灰白色、深灰色、褐黄色、灰绿色、淡绿色及深墨绿色,矿石矿物主要为闪锌矿,次为菱锌矿,呈粒状及粒状集合体产出,粒径为0.03～0.1mm,在胶结物和砾屑边缘闪锌矿含量增高。脉石矿物为白云石，含量50%～80%，粒径0.02～0.1mm，多为他形晶及自形晶，角砾状构造。此类矿石锌品位0.5%～30%。

纹层状矿石：呈淡绿色，矿石矿物为闪锌矿，粒径为0.03～0.05mm，粒度均匀，其含量20%～30%。脉石矿物为白云石，微晶粒状，粒径为0.03～0.05 mm，其含量70%～80%。矿石具微晶结构，层纹状构造，一般锌品位>5%。闪锌矿沿水平纹层分布，局部较密集。为毫米级的含锌纹层。

条带状矿石：呈淡绿色、褐黄色。矿石矿物为闪锌矿，脉石矿物主要为白云石，条带宽度一般为1～2mm。

(2) 矿石结构

他形—半自形粒状结构：闪锌矿呈他形晶或半自形晶粒状，粒径0.03～0.1 mm，以粒状及粒状集合体产于白云石粒间或裂隙之中。

粒屑结构：闪锌矿呈粒屑分布于白云岩孔隙裂隙中，有时白云岩中也见闪锌矿粒屑。

(3) 矿石构造

纹层状构造：闪锌矿粒状集合体，与白云石微细粒集合体条纹相间产出，一般纹层厚度在1mm左右。白云石粒度为0.03～0.05 mm，成层分布；闪锌矿沿水平纹层分布，局部比较密集，形成毫米级厚度的含锌纹层。

角砾状构造：主要由含闪锌矿的白云岩角砾和泥粉晶白云岩角砾镶嵌组成，多为同生角砾，角砾大小一般在0.05～0.4 m，局部大的角砾直径可达0.8m以上，其胶结物多为方解石。白云石分为两种晶体，一种为微晶（粒径为0.03～0.05 mm），呈砾屑状产出，而另一种则为产于砾屑间细晶（粒径约为0.1mm），少数砾屑间孔隙的白云石为柱状和放射状晶体。闪锌矿呈微细粒分布，其粒间充填微细白云石。

条带状构造：闪锌矿沿白云岩裂隙，皮壳状边部充填，形成不规则条带，条带厚度一般为1～2mm。

浸染状构造：微细粒闪锌矿浸染于白云岩粒间。

(4) 矿石成分

1) 矿石矿物成分

矿石矿物：以闪锌矿为主，菱锌矿次之，偶见褐铁矿、黄铁矿及方铅矿。其中闪锌矿多为微细粒（$d=0.05～0.1$ mm），不均匀分布于白云石中，局部呈集合体产出，镜下见有闪锌矿微细粒相对集中于藻纹层或藻屑周围及附近。菱锌矿呈微粒状，粒度大小分布与闪锌矿相似，局部镜下见其分散在闪锌矿脉靠白云石一侧。菱锌矿、闪锌矿含量在2%～40%。

脉石矿物：以白云石为主，偶见石英、方解石、有机碳等。白云石含量在60%～93%。

2) 矿石化学成分

矿石化学成分主要为CaO、MgO，次为SiO_2、Zn、S、Al_2O_3等。各组份在不同矿石自然类型中，其含量存在一定差异（表4-8）。

表4-8 矿石化学成分表（%）

矿石类型	MgO	CaO	Al_2O_3	SiO_2	Fe_2O_3	Zn	S
褐红色闪锌矿石	23.81	25.40	0.035	1.32	0.15	8.56	2.42
淡绿色闪锌矿石	30.23	16.57	0.012	0.90	0.19	26.11	12.82
褐黄色闪锌矿石	22.37	26.31	0.34	1.23	0.21	6.51	0.58

6. 矿床成因探讨

主要锌矿体受层位$Z_2dn_2^2$控制明显，呈似层状及透镜状产出，矿体不穿切含矿地层，但矿体底板起伏不平。锌矿粒度细小（0.01～0.1mm），一般为0.03～0.05mm。具粒屑结构，矿石具纹层构造、同生角砾状构造。角砾形态为不规则棱角状、次棱角状,少数为扁平竹叶状,砾径一般几毫米至十几厘米,个别可达几十厘米。角砾成分有:浸染状锌矿石角砾、纹层状锌矿角砾和含锌白云岩角砾。

这些锌矿石角砾、白云岩角砾,由结晶白云石胶结充填,白云石粒度较粗,有的可达粗晶—巨晶,常沿角砾外缘垂直生长形成皮壳状、环带状构造。白云石胶结物中,也含有数量不等的闪锌矿及菱锌矿,其粒度稍粗(0.1 mm 左右),多沿锌矿石角砾边缘分布或组成条纹,条带围绕角砾呈环带分布。

含矿地层($Z_2dn_2^2$)由灰—深灰色中厚层状粉晶云岩、泥粉晶藻云岩和角砾状粉晶云岩等组成,水平纹层发育,属局限海潮下相沉积。其中角砾状云岩在区域上发育,呈似层状分布,锌矿化与角砾状云岩密切相关,锌矿体即赋存于其中,但并不是所有角砾状云岩都有锌矿化,锌矿化只出现在局部地段,形成大小不等的锌矿体。

根据含矿地层沉积相和锌矿石结构、构造特征的分析,认为本区锌矿形成经历了沉积期和成岩早期两个成矿富集阶段。沉积期,在局限台地潮下相对凹陷的环境中,光照充足,藻类生物大量繁殖,由藻类生物对海水中成矿物质吸附,形成 Zn 元素高度浓集。成岩早期,藻类腐烂、菌解,在富集部位形成还原微环境,生成微晶闪锌矿,形成纹层、浸染状锌矿层,使锌得到进一步富集。后又在强烈外力(推定为风暴潮)作用下,冲刷,破碎成砾屑(角砾)呈原地堆积。其矿床成因类型属沉积-早期成岩矿床。

矿床形成后出露地表,在表生作用下,闪锌矿经氧化、交代为菱锌矿,属氧化矿石,主要沿地表露头及矿体浅部分布。

7. 找矿标志

地层标志:上震旦统灯影组石板滩段上亚段、白马沱段中下部地层。

岩性标志:角砾状白云岩、纹层状白云岩,具暗红色的锌晕。

岩相标志:局限海台地潮下相、滩后潮坪相沉积。

地球化学异常标志:异常强度大、峰值高,异常叠合好的 Zn 异常是区内寻找铅锌矿的地球化学标志。

地形标志:角砾状白云岩因强烈溶蚀及风化而形成负地形的岩溶地貌景观。

在黄陵断穹北部有 20 多处与凹子岗式锌矿床相似的铅锌矿点,主要有兴山县白果园安家河铅锌矿点、茅草坪铅锌矿点、五指山铅锌矿点、洋坪河铅锌矿点、夷陵区黑良山铅锌矿点等。凹子岗式锌矿床模式对于这些铅锌矿点的评价突破有重要的指导作用,其中夷陵区黑良山铅锌矿点规模大,铅锌异常规模大,异常组合好,具有较大的找矿前景,是今后普查评价的工作重点。

(二)兴山白鸡河锌矿(据刘圣德等,2009)

1. 地质概况

白鸡河锌矿区位于上场子台坪鄂中褶断区黄陵断穹西北翼近核部,由结晶基底及沉积盖层两部分组成(图 4-12)。结晶基底主要由新太古代—古元古代水月寺群的中深变质岩系组成;沉积盖层主要为震旦系陡山沱组、灯影组一套含碎屑的碳酸盐岩沉积建造,寒武系下统牛蹄塘组地层在山顶见有零星分布,其中震旦系灯影组石板滩段为本区主要赋矿层,白马沱段中上部为次要赋矿层。

区内构造主要由印支-燕山期构造运动形成。构造样式以宽缓褶皱和脆性断裂发育为主要特征。区域性断裂据其组合特征可以划分出近东西向、北西向、北东向、近南北向 4 组断裂系统。其中,北西向断裂组规模较大,亦是本区主要含矿及控矿断裂,如鹰咀石、柴家坪铅锌矿即产于断裂带中,滩淤河、白鸡河锌矿即赋存于断裂破碎带旁侧的次一级断裂、裂隙带中。

2. 含锌岩系地质特征

(1)赋矿层岩性特征

白鸡河锌矿区Ⅰ号矿体含矿岩系特征,以 TC1 探槽含矿岩系为例。含矿岩系(Z_2dn_3)厚度 53.63m,自上而下:

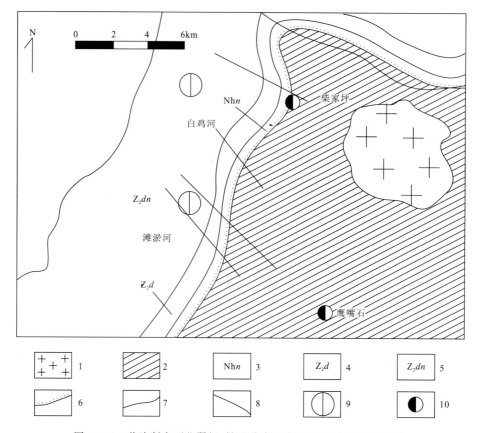

图 4-12 黄陵断穹西北翼铅、锌矿分布示意图(据刘圣德等,2009)
1.圈椅淌花岗岩体;2.新太古代水月寺群变质岩;3.南华系南沱组;4.震旦系陡山沱组;5.震旦系灯影组;6.地层不整合界线;7.地层界线;8.断层;9.小型锌矿床;10.铅锌矿点

①灰白色中厚层状泥晶云岩夹硅质条带,含弱褐铁矿化。厚5.20m
②灰白色中厚层状泥晶云岩,含闪锌矿、黄铁矿化,沿裂纹分布。厚2.20m
③浅灰—灰白色中—厚层状硅质泥晶云岩夹角砾状云岩,含闪锌矿,褐铁矿化呈浸染状、团块状沿裂隙分布。厚6.10 m
④浅灰色厚层状泥晶云岩,弱褐铁矿化。厚2.60m
⑤褐铁矿化闪锌矿,褐铁矿帽呈蜂窝状、夹角砾状云岩团块,在云岩团块中见闪锌矿呈浸染状、团块状分布,溶蚀构造发育。厚2.70m
⑥浅灰—灰白色含褐铁矿、黄铁矿化角砾状泥晶云岩,褐铁矿化呈细脉状、团块状沿角砾间隙分布,可见溶蚀洞穴。厚3.85 m
⑦灰—青灰色厚层状褐铁矿化碎裂泥晶云岩,褐铁矿化呈细脉状、团块状沿岩石裂隙分布,局部见闪锌矿呈浸染状分布于岩石裂隙中,见溶蚀空洞。厚5.58 m
⑧青灰色褐铁矿化角砾状泥晶云岩,褐铁矿化呈团块状沿角砾分布。厚1.70m
⑨灰白色厚层状褐铁矿化碎裂泥晶云岩,褐铁矿化呈细脉状、条带状分布。厚8.80m
⑩浅灰—灰白色角砾状泥晶云岩,夹硅质薄层,偶见褐铁矿化细脉。厚6.20m
⑪灰白色碎裂状泥粉晶云岩,后期方解石脉沿岩石裂隙充填。厚8.70m
白鸡河矿区Ⅱ号矿体含矿岩系特征,以ZK005钻孔$Z_2dn_2^2$含矿岩系为例
上覆:灯影组白马沱段(Z_2dn_3),灰白色块状中细晶云岩
———— 整合 ————

灯影组石板滩段上亚段($Z_2dn_2^2$)，总厚 63.27m。自上而下：
①灰白色块状中晶云岩夹浅灰色粉细晶云岩。厚 7.76 m
②浅灰—深灰色块状粉晶云岩。厚 6.62m
③浅灰色块状粉晶云岩夹深灰色角砾状褐铁矿化粉晶云岩。厚 2.65 m
④深灰色角砾状含菱锌矿粉晶云岩，菱锌矿集合体呈细脉状、网脉状充填于稀疏角砾间或裂隙中。溶蚀构造极发育。厚 11.20m
⑤深灰色角砾状贫菱锌矿石，菱锌矿集合体呈细脉状、网脉状充填于角砾间或裂隙中，溶蚀构造较发育。厚 1.39 m
⑥深灰色角砾状含菱锌矿粉晶云岩。菱锌矿集合体呈细脉稀疏充填于裂隙中，溶蚀构造发育。厚 0.63 m
⑦深灰色角砾状贫菱锌矿石、菱锌矿石。角砾状、网脉状构造发育，菱锌矿集合体沿角砾间和裂隙、溶蚀构造充填。厚 3.77m
⑧深灰色角砾状菱锌矿粉晶云岩，菱锌矿沿裂隙充填。厚 0.99m
⑨深灰块状粉晶云岩夹角砾状含菱锌矿粉晶云岩。厚 6.12m
⑩灰色—深灰色角砾状粉晶云岩夹粗晶云岩。厚 7.09m
⑪深灰色角砾状褐铁矿化含菱锌矿粉晶云岩。厚 6.33 m
⑫深灰色角砾状粉晶云岩。厚 2.57m
⑬深灰色角砾状含菱锌矿粉晶云岩。厚 1.28 m
⑭深灰色角砾状中晶云岩。厚 1.24m
⑮深灰色块状粉晶云岩。厚 3.62m

———— 整合 ————

下伏：灯影组—石板滩段下亚段($Z_2dn_2^1$)：灰黑色薄—中层状粉晶云岩。

(2)锌矿(化)体赋存特征

Ⅰ号矿体赋矿岩性为灯影组白马沱段(Z_2dn_3)中上部的一套浅灰—灰白色角砾状泥晶云岩，含硅质薄层及条带；Ⅱ号矿体赋矿岩性为灯影组石板滩上亚段($Z_2dn_2^2$)灰—深灰色角砾状粉晶云岩，间夹中粗晶云岩。角砾状云岩为赋矿载体，锌矿化集中分布于角砾状云岩中。

锌矿化集合体多呈细脉、网脉状沿云岩角砾间及岩石裂隙充填。品位变化取决于含锌矿化团块、细脉分布密度。

赋矿岩石具角砾状构造，沿走向和倾向变化快，连续性差，尖灭迅速。局部溶蚀孔洞较发育。

根据岩矿薄片鉴定，云岩角砾本身不含锌矿物，但岩石中普遍见藻纹层、藻团粒，显示该套岩性属局限海台地潮坪沉积及台地边缘浅滩相沉积环境的产物。

锌矿化的富集与褐铁矿化强弱呈正相关关系，且与岩石裂隙构造关系密切，后生成矿作用明显。

3. 矿区地质构造特征

白鸡河锌矿区在区域上位于樟村坪、雾渡河、九里冲大断层及其夹持的断块内，以北西向、近东西向断层组为主，其次有近南北向及北东向断层组分布，断裂构造较为复杂。区内总体为一单斜地层，除局部地段表现为裙边褶皱外，整体上褶皱构造不发育。

区域上雾渡河断裂、柴家坪断裂为本区主要控矿构造，断裂走向呈北西或北西西向。雾渡河断层在区域上显示先张后扭性质，该断层带两侧由一系列次级断层组成，且多呈锐角或平行状分布于两侧，显示其二者间的成生联系。雾渡河断裂是叠加在韧性剪切带之上继承活动发展起来的区域断裂，多期活动明显，主要经历前震旦纪和显生宙的两大活动阶段，并显示出力学性质的多期次转化特点。其次级构造中以柴家坪断裂规模最大，区内出露长度>6950 m，为黄陵断穹区域性正断层，东端柴家坪铅锌矿即产于该断裂带中。

受上述两大主干断裂的影响,本区次级断裂构造极其发育,岩石破碎强度高,为矿化聚集提供了良好的空间。

白鸡河锌矿具工业意义的锌矿体有 14 个,分布于白鸡河、熊家坡、陈家岭一带。矿体一般长数十米,厚数米至十数米,缓倾斜,倾角 5～23°。经估算,全区 333＋334 资源量 11458.42t,锌平均品位 4.16%。

4. 矿石自然类型及结构构造

(1)矿石自然类型

白鸡河锌矿区矿石自然类型主要有:角砾状褐铁矿化菱锌矿矿石、角砾状菱锌矿矿石、叠层状菱锌矿矿石及角砾状闪锌矿菱锌矿矿石。

角砾状褐铁矿化菱锌矿矿石(主要分布在Ⅰ号矿体):褐色,矿石矿物主要为菱锌矿,他形-半自形粒状,呈粗晶体,交代白云石,其含量 5%～15%。其次为黄铁矿、褐铁矿,含量在 29%～60%,呈脉状及团块状分布。脉石矿物主要为白云石、水云母,含量约 15%,多为半自形晶,角砾状构造。

角砾状菱锌矿矿石:灰白色、灰色、褐黄色、深灰色、深墨绿色,矿石矿物主要为菱锌矿,呈粒状及粒状集合体产出,粒径为 0.05～0.15mm,含量在 2%～20%。脉石矿物主要为白云石,含量 70%～95%,粒径为 0.10～0.25mm,多为半自形晶,角砾状构造。

叠层状菱锌矿矿石:矿石矿物为菱锌矿,他形-半自形粒状,粒径为 0.05～0.1 mm,粒度均匀,其含量在 7%～8%。脉石矿物主要为白云石,半自形粒状,粒径约为 0.05 mm,其含量 70%～95%。矿石具微晶结构,叠层状构造。菱锌矿沿水平纹层分布,局部较密集。

角砾状闪锌矿菱锌矿矿石(见于 ZK001 孔):自然类型为含闪锌矿、菱锌矿角砾细晶云岩。细晶结构,次生脉状构造与砾状构造。矿化主要赋存于砾间网脉状胶结物中,胶结物主要由白云石、闪锌矿、菱锌矿及少量黄铁矿、褐铁矿等组成。砾屑大小 2～30mm 不等,呈腊黄色。

(2)矿石结构构造

1)矿石的结构

镜下鉴定结果,矿石围岩属沉积形成的碳酸盐岩,富含藻类。成岩期后经历轻微压碎作用。因此,矿石的结构构造有与沉积和压碎相对应的两种类别。

半自形粒状细晶结构:最常见的矿石结构,见于矿石及围岩。它的主要矿物成分白云石及菱锌矿等呈半自形粒状,颗粒之间以较平直的边缘紧密镶嵌。晶粒大小一般为 0.1mm 左右,产于脉壁或晶洞中的较粗,大者可达 0.5～0.7mm。

粉屑结构:该结构亦较常见,主要见于叠层构造的暗色纹层,其组成细小的白云石呈粉屑,他形粒状,富含有机质,较浑暗,颗粒细小,粒径<0.05mm,经弯曲或较平直边缘镶嵌。此外,有的与散布纹层中较透亮的白云石晶粒连生。

轻微压碎结构:该结构见于矿石裂隙附近,主要表现为白云石颗粒被压碎变小,有的被裂隙穿过分成数粒,有的具波状消光。压碎作用很轻微,颗粒没有位移现象。

2)矿石的构造

叠层构造:矿石和围岩均有,尤其是深灰色菱锌矿石纹层多,十分显著。该构造是由颜色深浅两种纹层交替组成,以浅色层为主,暗色层较薄,平行排列分布。暗色纹层宽窄不一,厚 0.2～2.0mm 不等,往往弯曲,不十分平直,主要由细小的白云石粉屑组成,混入有较多的细尘状炭质。浅色纹层较厚,由较透亮的白云石晶粒组成,与暗色纹层组成明显不同。

网格角砾状构造:该构造仅见于矿石,因压碎作用产生次生裂隙,多如网状,分割成大小 2～50mm 不等的角砾。角砾呈不规则状,边缘平直或呈弯曲状,基本未发生位移。裂隙被白云石、菱锌矿、方解石、炭质等次生矿物充填。依有无炭质的存在可分成黑白两种颜色的细脉。黑色脉体含有炭质,一般较宽(1～10mm),有的之中残留有小角砾。白色脉体基本不含炭质,密集细小,脉宽 0.1～2mm 不等,如同网状穿插。细脉由于抗风化能力的不同,有时会凸现出来或被溶蚀成孔洞。所有脉中充填的矿物结晶都较粗,并常含有菱锌矿。锌矿化与细脉关系密切。

5. 成矿因素分析

白鸡河锌矿赋存于震旦系灯影组白马沱段(Z_2dn_3)和石板滩段上亚段($Z_2dn_2^2$)地层中,表象上看,矿体受层位控制,其实不然。所谓层控应包含有时间、空间及沉积环境概念在内,而相距仅一沟之隔的Ⅰ、Ⅱ号锌矿体却分别赋存于两个不同的层位中,且岩性岩相差异明显,Ⅰ号矿体的围岩为浅灰—灰白色含硅质薄层及条带的泥晶云岩,Ⅱ号矿体的围岩为灰—深灰色粉晶云岩,表明二者在时间、空间及沉积环境上具明显的差异特征。

在矿体附近及远离矿体所测岩石地化剖面,同一岩性中锌含量值均接近区域背景值,从而排除了赋矿地层为锌的矿源层的可能性。

从矿化特征分析,白鸡河锌矿赋存在角砾状粉晶云岩、泥晶云岩中,矿化沿岩石角砾间呈团块状、细脉状充填,或沿岩石裂纹呈网脉状充填,局部呈浸染状。锌品位高低取决于矿化团块与细脉的分布密度,且与褐铁矿化强弱呈正相关关系,与岩石破碎程度关系密切。矿化沿走向和倾向变化迅速,相对而言,矿化在垂向上的变化相对稳定,如Ⅱ号锌矿体 ZK001 孔在孔深 80m 处仍见含褐铁矿锌矿化。

通过岩矿鉴定,岩石普遍含藻纹层、藻团粒,但岩石本身并不含矿,岩石中所含菱锌矿为后期交代作用形成。赋矿岩石具半自形粒状细晶结构、轻微压碎结构,表明岩石在成岩期及成岩期后经历了压实自溶重结晶作用,在应力集中部位岩石发生碎裂,形成裂隙和裂纹,后期闪锌矿、菱锌矿矿脉及与之伴生的黄铁矿、褐铁矿化即沿裂隙、裂纹展布。

白鸡河锌矿Ⅰ、Ⅱ号矿展布在空间上具有共性的是:都具有滑动结构面,在滑动面(图4-13)及矿体内部,岩石具退色及蚀变特征,主要蚀变类型为白云母化、绢云母化、绿泥石化。滑动面与围岩接触界

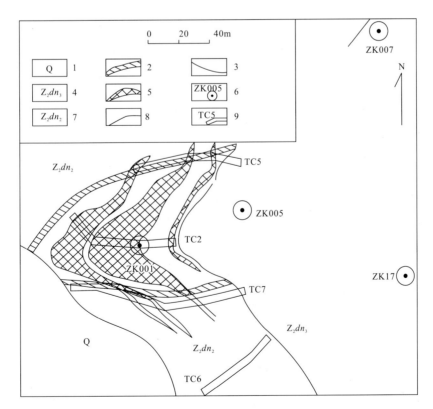

图 4-13 白鸡河Ⅱ号矿体滑动面平面示意图

(据刘圣德等,2009)

1.第四系;2.滑动面;3.地层界线;4.灯影组白马沱段;5.矿体;6.钻孔及编号;7.灯影组石板滩段;8.角砾状云岩界线;9.探槽及编号

线清晰,滑塌位移在8～12m,滑动体内为角砾状岩石(锌矿载体),岩石层理不清,从岩石内部纹层看,角砾岩间错位明显,越过滑动面,岩层完整,层面清晰。锌矿化受滑动面控制显现,锌矿化集中在滑动带内,越过滑动面即无锌矿化迹象。在滑塌体内岩石溶蚀构造发育,局部可见溶蚀洞穴。

前已叙述,白鸡河锌矿化强弱与褐铁矿化强弱关系密切,锌矿化主要分布在褐铁矿化细脉及团块中。通过镜下观察,褐铁矿化是由黄铁矿氧化所致,局部可见黄铁矿晶体及假晶,但在矿体围岩中未见黄铁矿,仅在局部地段岩石裂隙中见弱褐铁矿化物质,因此可以推测黄铁矿的物质来源非围岩提供。

综上所述,不难用以下成矿模式来解释白鸡河锌矿的成因,即在区域地质构造的作用下,先前经历了压溶作用的脆性岩石破碎,在应力集中部位岩石碎裂程度增强,形成大小不一的岩石角砾,经后期持续岩溶作用,随着岩溶成熟度的提高,其后在构造应力作用下,发生塌积,致使岩石原生沉积结构构造被打乱,并形成现在所见的滑动结构面。后期含锌矿热液在热动力作用下被运移至此,随着温度变化,应力的释放,含锌矿化热液沿岩石角砾空隙及岩石裂纹充填。岩石层间藻类有机物质在热液作用下被析出,锌矿化物质出现侵位现象,于是便形成具粉屑结构,纹层状构造的含锌条带。随着热液流体对围岩的溶解,热液中的碳酸盐浓度增高,锌离子与碳酸根离子结合形成菱锌矿,或沿岩石裂纹交代形成菱锌矿。

(三)长阳县竹林口铅锌矿(据徐强等,2009)

1. 矿区地质

矿区位于长阳背斜东段,矿体主要分布于次级背斜——七丘背斜轴部倾伏端震旦系灯影组白马沱段地层中,与王家湾、何家坪铅锌矿处于同一地层构造单元,具有相似的成矿条件。竹林口铅锌矿为一层控型铅锌矿,受地层和构造的控制。区域上确定的含锌地层为寒武系牛蹄塘组的底部及震旦系灯影组,这套地层为主要矿源层。矿源层经后期热液改造,构造在成矿中具有重要意义。矿区构造有3期,以近东西向断裂形成最早,北北西向断裂为第二序次,北东向断裂最晚。矿体分布与近东西向断裂关系密切。

2. 矿床地质

全区圈定3个铅锌矿体和1个矿化体(Ⅰ、Ⅱ、Ⅲ号矿体,Ⅳ号矿化体)。矿体呈似层状、透镜状分布于距寒武系底界2～4m的灯影组白马沱段上部褐铁矿化碎裂白云岩中,含矿层位较为稳定。普查区估算资源总量(333+334)为5.86万t,其中锌金属量为4.982万t,伴生铅0.879万t。

矿石主要矿物成分为闪锌矿和黄铁矿,其他矿物为方铅矿、白铁矿、白云石、方解石、重晶石、石英、粘土。矿物化学成分主要为 Zn、S、As、Fe_2O_3、CaO、MgO,次为 SiO_2、Pb、Al_2O_3、F、Cu、Ag、Cd、Mo、Ni、V_2O_5 等微量分布。矿石类型有两种:角砾状黄铁矿型铅锌矿、碎裂粉晶云岩型铅锌矿石。在氧化带中见有菱锌矿,矿体产状与围岩基本一致,顶底板特征大致相同。

3. 矿石可选性和开采技术条件

可选性参考何家坪铅锌矿选冶技术指标。

矿床水文地质类型是以溶蚀裂隙和溶洞充水为主,顶、底板直接进水,水文地质条件简单—中等的岩溶充水矿床;工程地质类型是复杂程度为简单—中等的可溶盐岩类矿床;地质环境类型属矿区地质环境不良型。综上述,该矿床是开采技术条件为中等、以复合总问题为主的矿床。

(四)夷陵区石板滩铅锌矿(据詹东金,2009)

1. 矿区地质

区内出露的地层主要为古元古界黄良河组(Pt_1h),南华系南沱组(Nh_2n)及震旦系陡山沱组(Z_1d)、灯影组(Z_2dn),以黄良河组出露面积最大,陡山沱组为铅锌矿的矿化层位。区内构造简单,地层总体呈单斜状产出。断裂构造主要为北西或北西西向的正断裂,倾角较陡。断裂带内可见碎裂岩、角砾岩,张性裂隙发育,局部可见多期活动特征。

2. 矿体地质

铅锌矿化层位于陡山沱组第一岩性段,矿化岩性主要为磷矿层顶板的(含磷质条带)厚层状白云岩、含同生角砾(砂砾屑)白云岩。矿化层厚度一般为1~5m,延伸稳定。铅锌矿化岩石主要为含磷质条带白云岩,多呈微-细晶结构,厚层状,孔隙度较大,裂隙发育,局部见同生角砾。

矿体呈层状、似层状产出,走向延伸及厚度均较稳定,矿化体产状与地层一致。矿体控制长度1.3km,以铅矿化为主,锌矿化不均匀。矿体厚度0.61~2.99m不等,平均为1.76m,铅含量最高为12.12%,平均含量4.55%;锌含量最高1.25%,平均0.90%。

矿石矿物主要为方铅矿、菱锌矿和含锌褐铁矿,并常见有黄铁矿伴生。方铅矿颗粒结晶较好,呈自形-半自形,多集合成透镜状、囊状填充在白云岩层间裂隙或节理中。菱锌矿颗粒细小,零星分布于细晶白云石粒间,有的则分布于磷质条带中。

全矿共计算出334级资源量铅10.02万t,锌2.43万t,铅锌合计12.45万t,达到中型矿床规模。

第五节 镁镍钴锡钼矿

一、镁矿

宜昌市镁矿为提取金属镁用的白云岩矿,经地质勘查资源上表的只有一个矿床——兴山郑家淌白云岩矿。矿区位于兴山县城90°方位直距17km处,矿区距宜秭路高岚站5km,通公路。

该矿为白云岩沉积矿床,产于上震旦统。矿石成分MgO:21.51%、CaO:30.63%、SiO_2:0.251%。资源储量174.6万t,为小型矿(冶镁白云岩矿规模划分标准:矿石 大型≥5000万t,中型5000~1000万t,小型<1000万t),占湖北省的9.41%。1996年湖北省地质勘探大队勘查,提交《湖北省兴山县郑家淌白云岩(炼镁用)勘查地质报告》。矿体数1;矿体长400m,厚35.5~46.5m;倾角10°,层状矿体,可露天开采。目前已停建。

二、镍矿

梅子厂和青树岭铬矿中伴生有镍矿,镍品位分别为0.11%和0.176%,计算得伴生镍资源量10.4t和18t。另外,天花寺铬矿中镍品位为0.234%。

三、钴矿

当阳铜家湾铜铅锌矿伴生有钴,矿石中钴品位为0.026%,资源量计有104t。梅子厂和青树岭铬矿中伴生钴品位分别为0.018%和0.017%,伴生钴资源量为1.7t和2.0t。

四、锡矿

区内经地质勘查查明锡矿一处——远安县韩家河铜锡矿。矿区位于远安县荷花镇西约14km。为一热液型矿床,查明锡矿资源储量808t(锡金属),属小型矿床(锡矿规模划分标准:锡金属大型≥4万t,中型4~0.5万t,小型<0.5万t)。

矿区共有9个矿体,主矿体长185m,厚1.63m,倾角69°,埋深895~905m,透镜状。矿石成分Sn:1.22%,Ag:6.6g/t,Pb:0.23%,Cu:4.09%。

五、钼矿

市内发现一些钼矿(表4-9),如川心店钼矿、花岩钼多金属矿及李家湾钼钒矿,均为小型矿床(钼矿规模划分标准:钼金属大型≥10万t,中型1~10万t,小型<1万t)。其他钼矿有:兴山县羊象坪钼矿、夷陵区团岭堡辉钼矿、夷陵区狮子岩辉钼矿等。全市查明上表钼资源储量4253t,占湖北省的5.75%。

表4-9 宜昌市钼矿概况

矿区名称	资源储量 钼(吨)	矿床类型 矿石类型 品级	主要化学成分(%)	矿体特征	利用状况
夷陵区川心店钼矿区	44	热液矿床 硫化钼矿石	Mo:0.09	矿体数6;主矿体长188m,宽185.5m,厚1.48m;倾角68~71°,最大埋深195m	未利用
夷陵区花岩钼多金属矿区	1339	其他类型矿石	Mo:0.1	矿体数17;主矿体长190m;倾角45°,脉状	未利用
长阳李家湾钼钒矿区	2870	沉积矿床 钼钒矿石	Mo:0.15 V_2O_5:1.12	矿体数3;主矿体长1700m,宽206m,厚1.7m;倾角8~24°,层状	未利用
总计	4253				

钼矿分两种类型:热液脉型矿床和沉积矿床。前者如川心店和花岩钼矿,辉钼矿呈细鳞片状产于石英细脉或蚀变岩中,石英脉98%由石英组成,石英他形,粒度不等,多为粗粒组成块状聚晶,少部分微粒细粒状与碳酸盐、白云母、辉钼矿组成微细条带。辉钼矿粒度0.05~0.3mm,弯曲片状,与白云母紧密交生,产于粗粒石英间(图4-14)。矿石中有较多黄铁矿产出,自形-半自形粒状,星散状分布或集合成团块。

图4-14 夷陵区川心店钼矿辉钼矿石

沉积型钒钼矿中钼的赋存状态比较复杂，目前尚未利用。

第六节 汞矿

宜昌市已查明汞矿两处（表4-10），其中长阳钟鼓湾汞矿为一中型矿床，杨溪汞矿为小矿（汞矿规模划分标准：汞金属量 大型≥2000t，中型500～2000t，小型<500t），两矿区总资源量（Hg）1314t，是湖北省唯一获得汞矿资源量的两个矿区。其他汞矿点有：长阳胡家湾汞矿、长阳桃子垭汞矿、长阳石柱沟汞铜矿、长阳后峰溪汞矿、长阳七丘汞铅锌矿、长阳胡家溪汞矿等。

表4-10 宜昌市汞矿简况

矿区名称	资源储量 Hg(吨)	矿床类型 矿石类型、品级	主要化学组分(%)	矿体特征	利用情况
长阳杨溪汞矿	34	低温热液层状（层控）汞矿床，单一汞矿石	Hg:0.149 Se:0.006	矿体数7；主矿体长620m，宽80m，厚0.56～0.64m；倾角15～66°，埋深0～60m，似层状矿体	曾土法开采炼汞4.1t，现已停采。
长阳钟鼓湾汞矿	1280	低温热液层状（层控）汞矿床，单一汞矿石	Hg:0.434	矿体数1；主矿体长1200m，369m，厚0.59m；倾角26～30°，埋深0～520m，层状矿体	曾土法开采炼汞11.6t，现已停采。

钟鼓湾汞矿为一低温热液成因的中型矿床，它与杨溪、马眼寨、狮子包等汞矿区共同组成长阳天柱山汞矿田。矿区位于清江北岸之天柱山，面积1.55km²，属长阳县刘坪乡钟鼓山村所辖。矿区东距长阳县23km，东南距长(阳)-火(烧坪)公路都镇湾站5km。

矿床位于长阳复式倒转背斜东段，天柱山背斜南翼。矿体赋存于上震旦统灯影组的白云岩中，严格受地层和逆掩断层的控制。主矿体Ⅱ号矿体似层状产出，长1200m，宽369m，平均厚度0.59m，埋深0～520m。汞的平均品位0.43%。矿石为单一汞矿石，矿物成分较简单，以辰砂为主，见有雄黄、雌黄，偶见方铅矿和辉锑矿。

该汞矿1958年发现，1959年进行普查，1960年进行详查，1965—1970年湖北省地质局第七地质队重新对钟鼓湾汞矿进行勘探，1970年提交《湖北省长阳钟鼓湾汞矿区地质勘探报告》。它的发现和勘探，填补了湖北省汞矿资源的空白。该矿从1958年起由长阳县都镇湾区刘坪乡等组织开采和土法冶炼，因回收率仅有61.55%，1977年停采，累计土法冶炼金属汞11.6t。汞的土法冶炼严重地破坏了当地的环境。

第五章 贵金属矿产

宜昌已查明的贵金属矿产有金矿和银矿,属宜昌市重要矿产,黄陵背斜原生脉金矿和白果园银钒矿在全国知名。金矿和银矿主要分布在兴山、秭归、夷陵区、长阳、远安等地(图5-1)。此外,在宜昌太平溪铬矿发现伴生铂、铑。

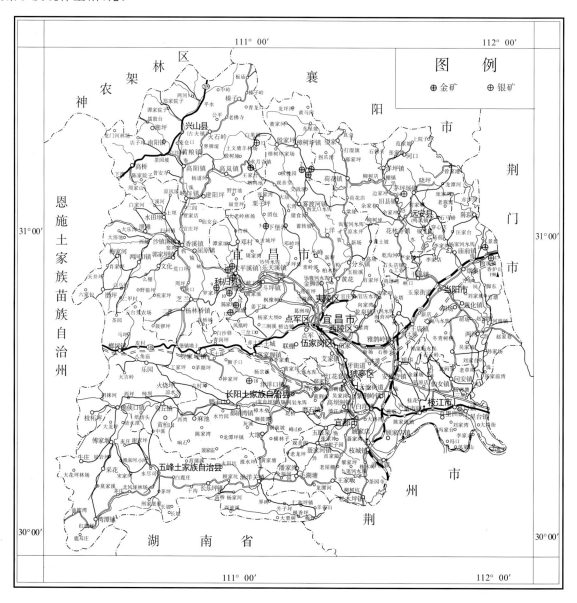

图 5-1 宜昌市主要金银矿分布图

金矿:1.狮子崖;2.青藤垭;3.白竹坪;4.巴山;5.板仓河;6.黑岩子;7.纪家咀子;8.徐家冲;9.拐子沟;10.茅坪;11.过河口;12.陈家坝。**银矿**:13.白果园;14.小汉口;15.三宝山;16.铜家湾;17.花园冲;18.向家岭

第一节 金矿

一、概述

宜昌市是湖北省内重要的金矿产地,已查明矿产地15处,均为小型矿床(金矿规模划分标准:金金属量大型≥20t,中型5~20t,小型<5t),总资源储量10482kg(表5-1)。虽然资源储量总量及占全省的比例都不大(7.58%),但由于开发较早,在湖北省独立金矿中历来占有比较重要的位置,"鄂西黄陵背斜金矿"在全国也不是鲜为人所知。宜昌金矿主要分布在兴山、夷陵区、秭归一带,产出在黄陵背斜的核部(图5-2)。除表5-1中所示的金矿外,宜昌市内还有矿点、矿化点16处,如夷陵区太平溪、端坊溪、邓村马滑沟、秭归雍家店等;在枝江的白洋、董市还有砂金矿点。1983年中南冶金地质研究所曾对葛洲坝水利工程使用的工程砂的含金性进行了查定,样品取自砂石局Ⅱ号筛分楼细砂机底的底砂、返砂、溢流砂,据化学分析,其含金量分别达到0.35~0.43g/t、0.05g/t、0.15g/t。我国金矿资源比较丰富,至2008年底,金查明基础储量1868.4t,以山东最为丰富,其次为甘肃、河南、贵州、云南、吉林、陕西、江西、福建、四川、内蒙古、河北等省区。湖北金矿也有一定地位。

表 5-1 宜昌市金矿简况

矿区名称	资源储量 Au(kg)	矿床类型 矿石类型、品级	矿石化学 组分(g/t)	矿体特征	开发利用情况
夷陵区坦荡河金矿	963	石英脉型	Au:8.34	矿体数6;主矿体长702m,厚0.82m;倾角75°	
夷陵区龚家河金矿	68	岩金热液矿床	Au:10.78	矿体数4;脉状	
夷陵区白竹坪金矿	492	含金石英脉型金矿;脉金矿石	Au:10.95 Ag:20.44	矿体数6;主矿体长114m,宽62~110m,厚0.63m;倾角51~80°,埋深0~80m,透镜状矿体	闭坑矿区
夷陵区青藤垭金矿	63	含金石英脉型金矿,石英单脉型金矿;脉金矿石	Au:16.23	矿体数1;主矿体长120m,宽16~60m,厚0.41m;倾角62~71°,埋深0~54m,透镜状矿体	停采矿区
夷陵区巴山金矿	35	含金石英脉型金矿,石英单脉型金矿;脉金矿石	Au:20	矿体数2;主矿体长53m,宽7~33m,厚0.95m;倾角55~75°,埋深0~32m,透镜状矿体	停采矿区
宜昌—秭归一带金矿 宜昌黑岩子金矿	141	含金石英脉型金矿,石英单脉型金矿;脉金矿石	Au:18.72 Ag:22.06	矿体数1;主矿体长70m,宽24m,厚0.67m;倾角80~85°,透镜状矿体	停采矿区
宜昌—秭归一带金矿 茅坪金矿	63	含金石英脉型金矿,石英单脉型金矿;脉金矿石	Au:20.09	矿体数6;主矿体长58m,宽35m,厚0.18m;倾角70~80°,埋深0~40m,透镜状矿体	停采矿区
宜昌—秭归一带金矿 纪家咀金矿	101	含金石英脉型金矿,石英单脉型金矿;脉金矿石	Au:29.96 Ag:91.76	矿体数5;主矿体长55m,宽22~40m,厚0.39m;倾角75°,埋深0~35m,透镜状矿体	停采矿区

续表 5-1

矿区名称	资源储量 Au(kg)	矿床类型 矿石类型、品级	矿石化学组分(g/t)	矿体特征	开发利用情况
宜昌—秭归一带金矿 过河口金矿	533	含金石英脉型金矿,石英单脉型金矿;脉金矿石	Au:23.27 Ag:17.6	矿体数4;主矿体长520m,宽50m,厚0.21m;倾角82~85°,透镜状矿体	停采矿区
夷陵区板仓河金矿	1005	中低温热液型金矿 岩金矿石	Au:10.31 Ag:100	矿体数9;主矿体长165m,宽80m,厚0.06~3.48m,倾角45~80°,埋深0~90m,脉状矿体	开采矿区
兴山水月寺狮子崖金矿	1181	石英脉型金矿 脉金矿石	Au:25.76 Ag:28.12	矿体数1;主矿体长90m,宽40m,厚0.28m;倾角50°,脉状矿体	开采矿区
秭归陈家坝金矿	832	石英脉型金矿 脉金矿石	Au:30.35	矿体数5;主矿体长190m,宽63m,厚0.22m;倾角75°,脉状矿体	开采矿区
秭归徐家冲金矿	193	石英脉型金矿 脉金矿石	Au:34.17	矿体数2;主矿体长174m,宽54m,厚0.24m;倾角75°,脉状矿体	停采矿区
秭归拐子沟金矿	4498	石英脉型金矿 脉金矿石	Au:13.06 Ag:14.8 Cu:0.16%	矿体数8;主矿体长500m,宽0.03~1.56m;倾角77°,埋深0~380m	开采矿区
秭归井水垭金矿	314	岩金 热液矿床	Au:11.53	矿体数4;主矿体长1800m;倾角79°,透镜状矿体	开采矿区
总计	10482				

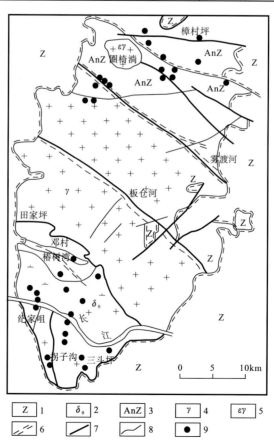

图 5-2 黄陵背斜核部金矿分布地质略图

1—震旦系;2—石英闪长岩;3—前震旦纪崆岭群;4—花岗岩;5—钾长花岗岩;6—韧性剪切带;7—断层;8—不整合界线;9—金矿床及金矿点;

二、金矿类型及其地质特征

据苏欣栋(1984)、金光富等研究,宜昌市金矿可分为石英脉型金矿、蚀变岩型金矿、磁铁石英岩型金矿、共生金矿和伴生金 5 种类型,主要为石英脉型金矿。

1. 石英脉型金矿

此类型金矿分布于黄陵背斜核部,可分为南北两区,分布于北区的金矿有巴山、青藤垭和白竹坪等矿区,位于南区的金矿有黑岩子、茅坪、拐子沟、过河口等金矿。

矿体的围岩北区为变质杂岩,南区为石英闪长岩。脉体形式多为单脉,偶见复脉。长一般几十米,最长 1050m。脉体厚度各地有别,北区 1~2m;南区<1m,多为 0.1~0.3m,个别大于 1m。脉体产状南区一般走向北北西,倾向南西西或北北东,倾角>70°;北区一般走向北西西、北北西,倾向北北东、北东或南西,倾角>70°。脉体顶底板与围岩接触界面往往呈舒缓波状,反映其充填的构造断裂为扭压性质。

矿石品位北区 Au:5~20g/t,平均 7.13g/t;南区 Au:10~50g/t,平均 24.12g/t。前者品位中等,后者较高。矿石中其他成分见表 5-2。矿石中尚含 Cu、Pb、Zn 多种元素,其中 Cu 含量较高,南区平均达 0.343%,可综合利用。

表 5-2 石英脉金矿矿石成分

地区	Au(g/t)	Ag(g/t)	Cu(%)	Pb(%)	Zn(%)	Bi($\times 10^{-6}$)	Sb($\times 10^{-6}$)
黄陵背斜北区	7.31	13.7	0.17	0.047	0.089	2.65	0.58
黄陵背斜南区	24.12	24.33	0.343	0.008	0.0169	71.94	0.335
全区	14.16	22.48	0.244	0.031	0.0584	34.14	0.47
地区	As($\times 10^{-6}$)	S(%)	Se(%)	Te(%)	Ag/Au	样品数	备注
北区	77.25	1.85	0.0001	0.0001	0.53	34	
南区	3.61	1.53	0.00059	0.0473	0.99	24	
全区	45.23	1.7	0.0005	0.0236	0.63	58	

矿体中 Au、Ag、As 呈同步消长关系(图 5-3、图 5-4),金属量测量、分散流出现 Pb、As 异常往往与含金石英脉有关。Au-Pb 相关系数为 0.56,Au-Bi 相关系数为 0.61,Pb、As、Bi 都可以作为找金矿

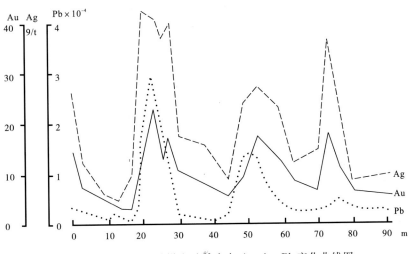

图 5-3 白竹坪金矿沿金矿脉走向 Au、Ag、Pb 变化曲线图

的指示元素。尚有资料说明，金品位高低与脉体厚度成反比关系(图5-5)。同时，矿脉中的Au含量脉体两侧高于中部，下盘高于上盘。如巴山Ⅰ-1矿体上盘为9.88g/t，下盘为38.23g/t，Ⅰ-2号矿脉上盘0.58g/t，下盘为7.9g/t。

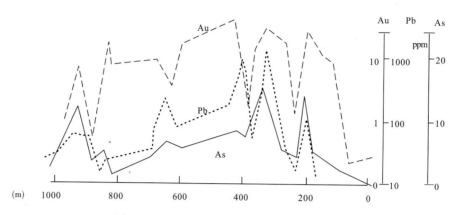

图5-4　金矿脉Au、Pb、As纵向变化曲线图

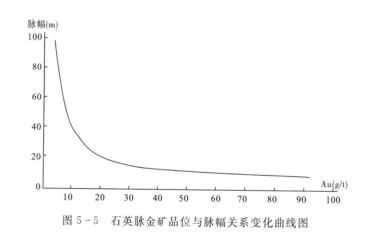

图5-5　石英脉金矿品位与脉幅关系变化曲线图

矿石中常见的金属矿物组合有：黄铁矿-黄铜矿、黄铁矿-闪锌矿-黄铜矿-方铅矿、黄铁矿-黄铜矿-斑铜矿-辉铜矿、黄铁矿-黄铜矿-方铅矿-砷黝铜矿、黄铁矿-磁黄铁矿-黄铜矿5组。金银矿物有自然金、银金矿、金银矿、碲金矿、碲金银矿等，其他金属矿物有碲铋矿、铅碲铋矿、自然碲等。脉石95%是石英，杂有少量长石、云母、方解石、绿泥石、绿帘石等。金属矿物多呈浸染构造，偶见脉状或条带状构造，有时可集中成块状构造。黄铁矿多呈压碎状结构，早期少量为自形，晚期多为他形，其余之硫化物均为他形。

金银矿物种类、粒度及成色：经电子探针分析已发现的金矿物有自然金、含银自然金、银金矿、金银矿、自然银、碲金矿、碲金银矿等。粒径大小不一，不同地区金粒大小各异，北矿田＞30μm，占90%，而南矿田＜30μm，占98%。有时亦可见到明金，粒度0.8～1mm。借助高倍物镜可观察到＜0.5μm的金粒，已经属于次显微金的范畴了。各金银矿物组分见表5-3。由表5-3知，金成色南矿田高于北矿田，前者平均877，后者平均720，总平均成色767。

北矿田与金银矿物共生的尚有碲铋矿，其结晶化学式为$Bi_{0.968}Te_{2.031}$及$Bi_{2.173}Te_{2.827}$。南矿田则有铅碲铋矿$(Bi_{1.526}Pb_{0.541})_{2.067}Te_{2.934}$、自然碲(Te:79.40%，Au:0.71%，Ag:1.6%)等矿物。所以，北矿田成矿元素组合简单为Au-Ag-Bi，南矿田较复杂为Au-Au-Bi-Te。

表 5-3 石英脉型金矿金矿物组分表

矿物名称	元素(%)							结晶化学式	成色	资料来源
	Au	Ag	Cu	Fe	Pb	Te	Bi			
自然金	93.84	3.96						$Au_{0.928}Ag_{0.072}$	960	据:刘陶梅
自然金	93.18	5.78	<0.01	<0.01	<0.01			$Au_{0.898}Ag_{0.102}$	942	苏欣栋
含银自然金	84.27	15.25	<0.01	<0.01	<0.01			$Au_{0.752}Ag_{0.248}$	847	苏欣栋
含银自然金	83.69	15.60	<0.01	<0.01	<0.01			$Au_{0.746}Ag_{0.254}$	843	苏欣栋
含银自然金	83.30	17.20						$Au_{0.727}Ag_{0.273}$	829	刘陶梅
含银自然金	82.16	17.83	微					$Au_{0.716}Ag_{0.248}$	822	刘陶梅
银金矿	74.9	26.5						$Au_{0.607}Ag_{0.393}$	739	刘陶梅
银金矿	63.74	36.01	<0.01	<0.01	<0.01			$Au_{0.492}Ag_{0.508}$	639	苏欣栋
银金矿	59.7	36.8						$Au_{0.473}Ag_{0.527}$	618	刘陶梅
金银矿	43.25	56.84	<0.01	<0.01	<0.01			$Au_{0.295}Ag_{0.709}$	432	苏欣栋
碲金矿	37.07	1.00			0.30	61.84	0.69	$(Au_{0.828},Ag_{0.041})_{0.869}Te_{2.132}$		刘陶梅
碲金银矿	10.7	53.99			0.79	35.9	0.89	$(Au_{0.383},Ag_{3.598})_{3.918}Te_{2.021}$		刘陶梅

在长江现代河床重砂中,除了见到如上之金银矿物外,尚可见到汞银金矿,其化学组成见表 5-4。汞银金矿应是汞金矿物族里的新成员,我国近年已相继发现有 α-汞金矿$(Au\ Ag)_4Hg$、β-汞金矿$(Au\ Ag)_3Hg_2$、γ-汞金矿$(Au\ Ag)Hg$ 三种,但其中含 Ag 都不超过 10%。而本区汞金矿含银>10%,最高达 18.22%,平均 17.09%,故应定为汞银金矿$(Au_{2.359}Ag_{1.090})_{3.499}Hg_{0.538}$。

表 5-4 汞银金矿的化学组成

样品编号	分析项目				结晶化学式
	Au(%)	Ag(%)	Hg(%)	Cu(%)	
砂—(1)	60.92	18.22	20.85	0.16	$(Au_{2.166}Ag_{1.158})_{3.247}Hg_{0.712}$
砂—(2)	73.81	15.96	10.50	0.21	$(Au_{2.064}Ag_{1.028})_{3.633}Hg_{0.361}$
平均	67.37	17.09	15.70	0.19	$(Au_{2.359}Ag_{1.090})_{3.449}Hg_{0.538}$

金矿床形成深度北矿田较浅,南矿田较深,其证据有:①北矿田石英脉中往往有晶洞,晶洞中间部分矿石品位高(Au:70.76g/t、Ag:163.84g/t),边缘部分品位低(Au:4.88g/t,Ag:64.53g/t),而南矿田极少见晶洞或无;②北矿田石英脉赋存在变质杂岩中,是岩浆杂岩顶盖,而南矿田石英脉赋存在岩浆杂岩中,应在变质杂岩盖层之下;③北矿田变辉绿岩脉有杏仁状构造,显示出浅成超浅成特征,而南矿田仅见似辉绿结构,并向辉长结构过渡,接近浅中深成相;④南矿田伟晶岩发育,北矿田伟晶岩少见;⑤北矿田金成色低于南矿田。

成矿时代:据同位素地质年龄数据,石英脉型金矿最少有两期,早期成矿发生在 16.88 亿年前,形成了北矿田,是区域变质作用和混合岩化的结果。晚期成矿发生在 7 亿年前,为背斜南端石英闪长岩侵入后构造变动的产物,形成了南矿田。不整合沉积在石英闪长岩、花岗岩之上的南沱组砂砾岩、冰碛泥砾岩中有石英脉砾石就是有力的地质证据。

围岩蚀变:与矿化有关的围岩蚀变有绢英岩化、黄铁绢英岩化、绿泥石化和碳酸盐化。前两种普遍,与金矿化关系更加密切,是石英受构造压碎后第二次硅化并叠加绢云母化和黄铁矿化的结果。且金贫富与绢云母化、黄铁矿化强度成正比。黄铁矿化越强,金的品位愈高。仅有碳酸盐化 Au 品位处于边界品位附近。在碳酸盐化背景上又叠加黄铁矿化,金品位可大大提高,并达工业要求。

2. 蚀变岩型金矿

蚀变岩型金矿,实际上是断裂破碎带中之碎裂岩经黄铁绢英岩化后形成的构造蚀变岩——黄铁绢英岩,而金矿体则赋存在这种岩石中。原产在山东焦家,故亦取名为"焦家式"金矿。它具有规模大、矿化连续、稳定、矿体形态简单、矿石类型单一、可选性好等特点,是目前国内找金矿的主攻类型之一。本区在南矿田于三斗坪老观包一带已有发现,其地质特征如下。

(1)围岩为石英闪长岩,中—粗粒半自形-自形粒状结构,由中长石(50%~55%)、钾长石(1%~5%)、石英(10%~20%)、普通角闪石(10%~15%)、黑云母(5%~15%)组成,副矿物有磁铁矿、榍石、磷灰石、锆石、褐帘石、硫化物等。Au 丰度为 4.8ppb,Ag 为 220.0ppb,均比地壳丰度 Au(3.5ppb)、Ag(80ppb)高,近矿围岩 Au 可升高到 10ppb(三斗坪风箱沟),经蚀变 Au 大大富集,可达 230.0ppb,这是本类型金矿成矿的基础。

(2)金矿体、矿化体赋存在黄铁绢英岩中,由石英(55%~60%)、绢云母(35%~40%)、黄铁矿(5%~10%)组成,呈鳞片变晶或花岗鳞片变晶结构。走向北西、北北西,倾向北东、北东东,倾角 70~80°,厚度 20~40cm,长 10~20m,有的延长数百米,成群成带出现(图 5-6)。

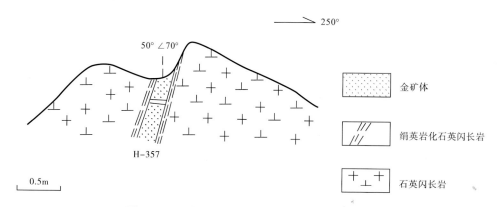

图 5-6 三斗坪老观包蚀变岩型金矿矿体素描图

(3)金矿石组成:化学分析结果表明,金品位较高,平均为 13.8g/t,Ag 为 4.2g/t。Au/Ag 比值高(3.24)。含微量 Cu(0.0185%)、Pb(0.02%)、Zn(0.007%)、As(1.6ppm)、Se(0.00028%)、Te(0.0031%)。与石英脉型金矿相比,本类型有较高的 Au、Ag 比值和含 Bi 较高(表 5-5)。矿石中常见的金属矿物有黄铁矿,偶见磁铁矿,经氧化后均变成赤铁矿和褐铁矿。矿物组合极为单调。

(4)金银矿物粒径及成色:矿石中金银矿物仅见含银自然金,经电子探针分析其组成,Au:84.97%,Ag:14.13%,Cu、Pb、Zn 均<0.01%。结晶化学式为 $Au_{0.767}Ag_{0.023}$,成色 857。粒径细小,一般 5~10μm,最小的<0.5μm,最大的>30μm。有各种各样的形态,有片状、圆粒群体状和细丝状。

表 5-5 蚀变岩型金矿矿石成分

样品数(个)	分析项目										备注
	Au(g/t)	Ag(g/t)	Cu(%)	Pb(%)	Zu(%)	As(ppm)	Bi(ppm)	Se(%)	Te(%)	Au/Ag	
7	13.76	4.25	0.0185	0.02	0.007	1.6	37.4	$2.8×10^{-3}$	$0.08×01^{-3}$	3.24	

(5)围岩蚀变:黄铁绢英岩是石英闪长岩断裂破碎带碎裂岩蚀变的产物,金矿化紧跟黄铁矿化之后。同时,在蚀变岩中有金红石化伴生,是本类型金矿有利找矿标志。

3. 磁铁石英岩型金矿

磁铁石英岩型金矿,是前寒武纪变质杂岩中硅-铁建造的变质产物,国外有霍姆斯塔克式,国内有东凤山式,前者矿床规模大,后者亦有一定规模。本区北矿田在殷家坪、桃坪河一带已有发现,其地质特征如下。

(1)围岩:金矿体、矿化体赋存在崆岭群变质杂岩中组一段之磁铁石英岩上部(图5-7)。磁铁石英岩厚约5.5m,贫铁矿层厚1.65m,总厚7.15m,岩石中Au丰度较高,为5.8ppb,高于地壳Au丰度值,为本类型金矿成矿的物质基础。

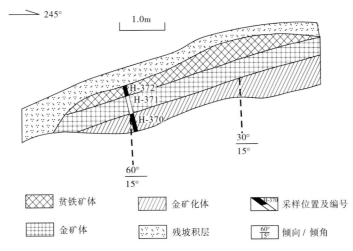

图5-7 宜昌县樟村坪殷家坪金矿点素描图

(2)矿体矿化体形态产状:殷家坪金矿体、矿化体呈似层状、层状产出,金品位>1.0g/t的层厚0.7m,>3.0g/t的层厚0.6m,总厚1.3m,夹于贫铁矿层之上部,沿北西西走向延伸近百米,倾向北北东、北东,倾角15°。而桃坪河金矿却呈薄层状夹于混合岩化片麻岩中,走向北西,倾向北东,倾角45°,品位较高,一般>5g/t。

(3)矿石物质组成:化学分析结果表明,Au平均品位为8.4g/t、Ag:37.0g/t,含TFe:27.8%、含SiO_2:35.53%、含S:0.96%、含P:0.021%,还含有微量Cu、Pb、Zn、As、Bi(表5-6)。与含Au石英脉相比,Au品位较低,Ag却较高。Cu低于含Au石英脉而高于蚀变岩型金矿;Pb、Bi均低于含Au石英脉和蚀变岩型金矿。反映三者均有不同的成矿背景。矿石中金属矿物有磁铁矿、赤铁矿、黄铁矿、黄铜矿。经氧化可变成赤铁矿,褐铁矿和铜蓝。磁铁矿与石英相间组成条带状构造,反映出原始沉积和变质分异的特征。

表5-6 磁铁石英岩型金矿矿石组成

样品数(个)	Au(g/t)	Ag(g/t)	TFe(%)	SiO_2(%)	S(%)	P(%)	Cu(%)
6	8.2	37.0	27.8	35.53	0.96	0.021	0.16
样品数(个)	Pb(%)	Zn(%)	As(ppm)	Bi(ppm)	Se(%)	Te(%)	Au/Ag
6	0.008	0.013	13.8	2.95	0.00014	0.00013	0.02

(4)金银矿物粒径和成色:矿石中已见到含银自然金,其含 Au:88.55%、Ag:11.12%,结晶化学式 $Au_{0.812}Ag_{0.188}$。尚含有 Cu、Fe、Pb,但均<0.01%。成色 888。粒径 3.5~10μm,均呈微细片状赋存在褐铁矿中。

(5)围岩蚀变:矿体常见有透闪石化,透闪石呈长柱状穿插石英并交代之。矿体上盘尚见有滑石化、绿泥石化透闪岩。这种典型的围岩蚀变,是本区其他类型金矿所没有。

4. 共生金矿

从工业利用上讲,共生金矿与伴生金矿区别在共生金矿可按金的工业指标圈出金矿体和单独计算储量。本区椿树湾一带之太平溪超基性岩中已见到这种矿化。其地质特征如下。

(1)围岩:为退化变质的超基性岩,原岩为辉橄岩经蛇纹石化后变成的蛇纹岩,Au 丰度大为降低,仅为 0.8ppb,这是区域变质作用的结果。再经过后期的绿泥石化、碳酸盐化,Au 丰度有所提高 (5.5ppb),再叠加有硫化物时 Au 可提高到 40~50ppb。从退化变质到后期热液蚀变,Au 丰度由下降到逐渐升高,说明金有较高的活动性。

(2)本类型 Cu、Co、Ag 都具有独立的工业意义,矿体赋存在硅化带(石英脉)或蚀变岩中(图 5-8~图 5-10),脉体走向北西,倾向 225~230°,倾角 75~30°,沿走向断续延长 320m,厚 0.2~2.0m,构成工业矿体仅长 27.5m。

图 5-8 夷陵区邓村 含金石英脉矿石

(3)矿石物质组成:经化学分析,Au 平均品位为 5.8g/t,含 Ag:48.32g/t,含 Cu:1.62%、含 Co: 0.025、含 Pb:0.004%、含 Zn:0.023%、含 Se:0.0014、含 Te:0.00026%、含 As:79ppm、含 Bi:18.5ppm。与其他类型相比,Au 比石英脉型、蚀变岩型、磁铁石英岩型低,而 Ag、Cu、As 均比其他类型高,Co 为本类型特有的成矿元素(表 5-7)。矿石中金属硫化物有黄铁矿、黄铜矿、斑铜矿、辉铜矿。经氧化后有褐铁矿、铜蓝、孔雀石等。以浸染状构造为主,亦有集合成块状。有关 Au、Ag、Co 赋存状态未开展工作,待今后进行。

(4)围岩蚀变:常见有绿泥石化、碳酸盐化及滑石化,脉体中有绢云母化和黄铁矿化,都指示有金矿化的存在。

第五章 贵金属矿产

图 5-9 夷陵区邓村 含金蚀变岩

图 5-10 夷陵区太平溪 含金石英脉矿石

表 5-7 共生金矿矿石物质组成

样品数(个)	Au(g/t)	Ag(g/t)	Cu(%)	Co(%)	Pb(%)	Zn(%)	As(ppm)	Bi(ppm)	Se(%)	Te(%)
9	5.8	48.32	1.62	0.025	0.004	0.023	79.00	18.50	0.00014	0.00026

5. 伴生金

金在有色金属矿床中常以伴生组分出现,以低于自身的工业边界品位而作为副产品回收。本省的伴生金,储量已超过120t,成为我国伴生金重要产地之一。主要分布在鄂东南各种类型的铜铁矿床中,其成因与接触交代作用有关。本区的伴生金,已有多处矿点,它与含Cu矽卡岩(松树坑)、含Cu破碎蚀变带(南陵溪)有关,矿石含Cu:0.1～0.3%,平均0.2%,含Au:0.05～1.1g/t,平均0.14g/t;含Ag:1.24g/t。尚含Mo<0.001%、Pb:0.004%、Zn:0.037%、As:0.9ppm、Bi:30.0ppm。

本区白果园银钒矿白果园矿段矿石中含Au:0.15g/t,伴生金资源量可达1.39t,由于工作不多,资料尚少,今后亦应注意开展工作。

三、宜昌市主要金矿

1. 秭归拐子沟金矿

矿区位于秭归县城270°方位直距5km处。矿区距长江航道茅坪码头7km,通水路。目前是宜昌市查明的资源储量最多的金矿。

矿床位于黄陵背斜核部的西南缘,区内发现6条含金石英脉,赋存于闪长岩中的北西向断裂破碎蚀变带中,走向北西、倾向北东,倾角60～80°。共确定矿体数8个,主矿体长500m,厚0.03～1.56m,倾角77°,埋深0～380m,矿体呈脉状。矿石含Au:14.25g/t,含Ag:14.8g/t,含Cu:0.16%。银与金呈正相关关系。矿石矿物由自然金、黄铁矿、黄铜矿及脉石英等组成。金以不规则片状和粒状产出,粒度以0.001～0.005mm居多。以裂隙金的形式赋存于黄铁矿和石英裂隙中,或被包裹于黄铜矿中,或与黄铜矿连生。矿床类型属石英脉型金矿。

可选性试验表明为易选矿石:入选品位3.41g/t,精矿品位8g/t,尾矿品位0.43g/t,回收率77%。矿区水文地质条件中等,最大涌水量216m³/d。斜井开采,回采率90%,贫化率10%。

矿区由中南冶勘607队勘查,1985年提交《湖北秭归拐子沟金矿区详细普查地质报告》。目前为开采矿区。

2. 端坊-黑岩子-纪家咀子-叶家坪金矿

该金矿实际为一金矿化带,产于黄陵背斜南端之崆岭群中,北从端坊溪经黑岩子、纪家咀子,南到叶家坪(图5-11)。此带即处于由崆岭群形成的背斜中,其核部由崆岭群古村坪组斜长片麻岩夹绿泥片岩组成。两翼则为崆岭群小以村组斜长片麻岩及大理岩。地层走向北东,矿脉走向多数与地层近于平行,端坊溪则近于直交,其形

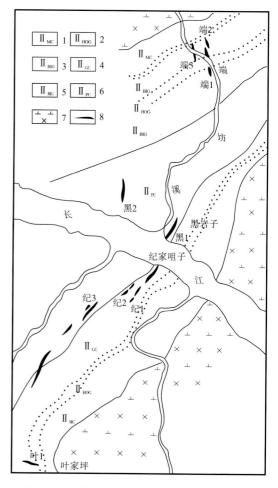

图 5-11 端坊溪-叶家坪金矿地质示意图
(据湖北省地质局第七地质大队)

1-崆岭群小以村组混染云母斜长片麻岩带;2-崆岭群小以村组角闪斜长片麻岩带;3-崆岭群小以村组云母斜长片麻岩带;4-崆岭群小以村组含石榴石斜长片麻岩带;5-崆岭群小以村组大理岩带;6-崆岭群古树坪组斜长片麻岩夹绿泥片岩带;7-前震旦纪石英闪长岩;8-含金石英脉

态多呈单脉。

端坊溪共见3条矿脉,每条矿脉由若干条石英脉和原围岩经断裂破碎而形成的碎裂岩、糜棱岩组成。一号矿脉长数百米,其间的石英脉单体最长几十米,最小不足1m,常见者3～8m,厚0.25m。二号矿脉长约80m,内部充填含金石英脉11条,最长者只有10余米。围岩为黑云斜长片麻岩,角闪斜长片麻岩及斜长角闪岩。蚀变见硅化、绢云母化。品位中等,储量很小。

黑岩子位于太平溪西,长江北岸,矿脉为含金石英脉,共2条,其中1号脉长近80m,最厚处可达1.8m,内圈矿体长几十米,平均厚不足1m,品位较高,但储量很小。金呈粒状,粒径0.001～0.08mm,多赋存于黄铁矿及黄铜矿等金属硫化物的裂隙间,也见于石英中,黄铁矿中含金可达163.62g/t。

长江南岸即为纪家咀子,矿脉似为黑岩子矿脉的南延,围岩为绿泥斜长片麻岩,黑云斜长片麻岩,共3条矿脉带,由石英脉和含金碎裂岩组成,后者实质则是构造破碎岩充填含金黄铁矿的石英细脉。高品位矿体主要赋于石英脉中,其单体长10余米,个别达几十米,平均厚不足半米,平均品位较高。含金碎裂岩含金量较低,储量很少。

3. 白竹坪-青藤垭-巴山金矿

金矿分布于黄陵背斜北端。北区的崆岭群分为3组:下组由混合岩、片麻岩及斜长角闪岩组成;中组由含石墨、石榴子石、矽线石的黑云斜长片麻岩、片岩、大理岩及石英岩组成,夹磁铁斜长角闪岩;上组由混合岩、斜长角闪岩夹少量石墨黑云斜长片麻岩、片岩等组成。金矿主要赋存于中组和上组,金矿床见于龙头坪、巴山、白竹坪及樟村坪等处(图5-12)。

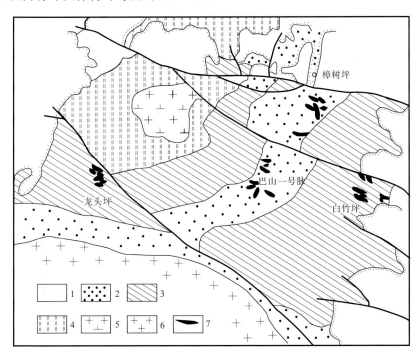

图5-12 黄陵背斜北端金矿分布示意图

(据湖北省地质局第七地质队)

1-震旦系;2-崆岭群上组;3-崆岭群中组;4-崆岭群下组;5-前寒武纪石英正长岩;6-前寒武纪花岗岩;7-含金石英脉

巴山金矿青藤垭1028号脉和巴山1号脉已进行了详查。

1028号脉产于崆岭群中组变质岩中(图5-13、图5-14),主要岩石为黑云斜长片麻岩,局部含石墨,另有零星出露的斜长角闪岩。区内混合岩化普遍。地层走向北北东,倾向近于东,构成一单斜。矿脉以含金石英脉的形式充填于近南北向的断裂中,但其倾向与地层相反,倾角60～80°。脉体形态简单,无明显分枝及侧现,总长200余米,其中工业矿体长百余米,平均厚不足半米,垂深60m,品位较高,但储量很小。金属矿物以黄铁矿为主(图5-15、图5-16),其次为磁黄铁矿和黄铜矿,金与细粒黄铁矿关系密切,非金属矿物以石英为主,局部见方解石,并有少量绢云母、黑云母。围岩蚀变较弱,宽度不足半米,主要为绢云母化、绿泥石化和碳酸盐化。

巴山1号脉带产于崆岭群上组,共有5条石英脉,其中两条可圈定工业矿体,长几十米,厚度在1m以下,倾向北东,倾角50~67°,中低品位。黄铁矿、黄铜矿等与金关系密切,呈细脉、团块、星点状赋于石英脉里。含金矿物为自然金(成色820~930),黄铁矿中含金量百余克/吨。围岩蚀变主要是绿泥石化、绿帘石化、绢云母化、碳酸盐化和硅化。

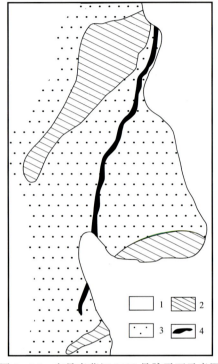

图5-13 宜昌青藤垭1028号脉平面示意图
(据湖北省地质局第七地质队)

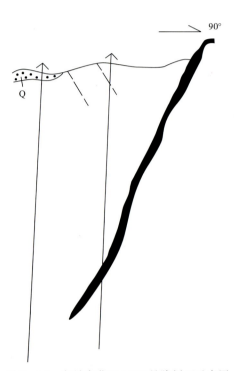

图5-14 宜昌青藤垭1028号脉剖面示意图
(据湖北省地质局第七地质队)

1-第四系;2-崆岭群含石墨黑云斜长片麻岩;3-崆岭群黑云斜长片麻岩;4-含金石英脉

图5-15 夷陵区白竹坪金矿 条带状含铅锌含金石英脉矿石

图 5-16 夷陵区巴山金矿 含黄铁矿含金石英脉矿石

4. 茅坪金矿

茅坪矿区与纪家咀子毗邻，包括一号脉带，幸福1号脉，金星5号、7号脉，金建各脉及茅坪破碎带（图5-17），其中1号脉最长，约1400m，总体走向340～350°，倾向西，倾角75～85°，宽仅0.1～0.3m，它由若干个长短不等的石英透镜体及连接它们的绿泥石化蚀变带组成，石英透镜体最长者近40m，最短者仅1.5m，脉沿走向分支复合较明显。矿体小而富，可供民采，蚀变带中含金量低微。

含金矿物主要为自然金，绝大多数与金属硫化物（黄铁矿、黄铜矿、方铅矿、闪锌矿）连生，呈浸染状或不规则的条带状、块状（图5-18、图5-19）。自然金呈粒状，粒径为0.001～0.2mm。

其余各脉一般含金均较低，只幸福1号脉个别样品达百余克/吨。

5. 过河口金矿

矿区位于秭归县城136°方位直距35km处。由湖北省鄂西地质队完成勘查，1989年3月提交《湖北秭归茅坪-宜昌三斗坪金矿普查地质报告》。

矿床为含金石英脉型，脉金矿石（图5-20～图5-22），Au品位为23.27g/t，含Ag为17.6g/t。矿体数4，主矿体长520m，宽50m，厚0.21m，倾角82～85°，透镜状矿体。目前为停采矿区。

6. 兴山水月寺金矿

矿区位于兴山县城87°方位直距23km处。矿区距宜兴路水月寺站1km，通公路。区内含金石英脉广泛分布（图5-23～图5-25），其中最大的为狮子崖金矿，由兴山县黄金公司负责勘查，1993年提交《湖北省兴山水月寺矿区罐湾狮子崖金矿勘探报告》。该矿矿体数1，主矿体长90m，宽40m，厚0.28m，倾角50°，脉状矿体。目前为开采矿区。

7. 夷陵区板仓河金矿

矿区位于宜昌市城区323°方位直距35km处。距宜兴路雾渡河站40km，通公路。矿区由湖北省鄂西地质大队负责勘查，1994年提交《湖北省宜昌县板仓河金矿普查地质报告》。

矿床属石英脉型，岩金矿石（图5-26），金品位10.31g/t。矿体数9，主矿体长165m，宽80m，厚0.06～3.48m，倾角45～80°，埋深0～90m，脉状矿体。水文地质条件简单，露天开采。

图 5-17 秭归茅坪金矿区矿脉分布示意图
（据湖北省地质局第七地质队）
1-石英闪长岩；2-矿脉

图 5-18 茅坪金矿 含金褐铁矿石

第五章　贵金属矿产

图 5-19　茅坪金矿　石英脉型金矿石

图 5-20　秭归过河口金矿　含金石英脉矿石

图 5-21　秭归过河口金矿　氧化金矿石

图 5-22　秭归过河口金矿　含金石英脉矿石

图 5-23　兴山水月寺金矿　含金石英脉矿石

图 5-24　兴山水月寺金矿　含金石英脉矿石

图 5-25 兴山水月寺金矿 含铜铅锌金矿石

图 5-26 夷陵区下堡坪金矿 含金黄铁矿石

矿产资源开发利用

宜昌邓村金矿有限公司
位于黄陵背斜金矿区的采金企业

宜昌邓村金矿有限公司创建于1983年，为民营股份制企业。矿区位于宜昌市夷陵区邓村乡邓村坪村3组，距小溪塔直线距离38km，从宜(昌)-大(老岭)公路从矿区中部通过,矿区距长江太平溪码头20km,距宜昌市区50km,交通便利。矿区现有开采井

公司办公楼

选厂作业流水线

口5个，现有职工128人。宜昌邓村金矿矿区面积为0.7311km²，选厂日处理量为200t,主要产品为金精粉，是2010年验收通过的金矿标准化企业。全年生产事故为零，生产销售收入超历史水平，生产黄金170kg。公司全面推行以人为本，构建和谐企业的管理理念，企业正在稳步发展。

第二节 银矿

一、概述

银矿属宜昌市优势矿种,已查明大型银矿1个、中型银矿1个、小型银矿1个(银矿规模划分标准:大型 Ag≥1000t,中型 200~1000t,小型<200t),总资源储量(Ag 金属量)2055t,占湖北省银资源储量53.49%,是湖北省银矿主要产地之一(表5-8)。此外,三宝山铜矿、板仓河金矿、小汉口铜矿也计算了少量伴生银的资源量(13t)。

宜昌市银矿集中分布于兴山、长阳和当阳三地(见图5-1)。有两种矿床类型:产于炭质、硅质页(板)岩中沉积型银钒矿和热液充填交代型银多金属共生矿,以前者为主。

表 5-8 宜昌市银矿简况

矿区名称	资源储量 Ag(吨)	矿床类型 矿石类型、品级	矿石化学组分(%)	矿体特征	开发利用情况
兴山白果园银钒矿安家河矿段	203	炭质、硅质页(板)岩中沉积型的银钒矿床	Ag:69.56g/t V₂O₅:0.96%	矿体数2;主矿体长780m,宽585~725m,厚1.87m,倾角3~8°,埋深0~342m,层状矿体	未开发
兴山白果园银钒矿茅草坪矿段	509	炭质、硅质页(板)岩中沉积型的银钒矿床	Ag:74.04g/t Se:0.0067% V₂O₅:0.86%	矿体数2;主矿体长2100m,宽200~770m,厚1.80m;倾角2~12°,埋深0~295m,层状矿体	未开发
兴山白果园银钒矿白果园矿段	829	炭质、硅质页(板)岩中沉积型的银钒矿床	Ag:89.16g/t Au:0.15g/t Se:0.0079% V₂O₅:0.99%	矿体数2;主矿体长2000m,宽370~770m,厚2.89m;倾角4~13°,埋深0~348m,层状矿体	未开发
白果园银钒矿合计	1541				
长阳向家岭银钒矿向家岭矿段	304	炭质、硅质页(板)岩中沉积型的银钒矿床	Ag:97.34g/t Ga:0.002% V₂O₅:1.31% Ge:0.0007% Se:0.0082%	矿体数2;主矿体长1400m,宽460~650m,厚0.99~2.30m;倾角7~55°,埋深0~340m,层状矿体	未开发
长阳向家岭银钒矿胡家湾矿段	131	炭质、硅质页(板)岩中沉积型的银钒矿床	Ag:73.4g/t Ga:0.0016% Ge:0.0004% Se:0.0052% V₂O₅:1.3%	矿体数1;主矿体长1120m,宽280~340m,厚1.54~2.21m;倾角31~33°,埋深0~360m,层状矿体	未开发
向家岭银钒矿合计	435				
当阳铜家湾铜铅锌矿	79	热充填交代多金属矿中的共生银矿	Ag:198.2g/t Cu:1.33% Pb:1.52% Zn:5.16%	矿体数1;主矿体长225m,宽200m,厚2~20m;倾角70°,埋深0~205m,透镜状矿体	开采矿区,铜精矿含 Ag:447.5g/t,铅精矿含 Ag:615g/t
总计	2055				

注:据 DZ/T0214-2002,银矿边界品位 40~50g/t;最低工业品位 80~100g/t

炭质、硅质页(板)岩中的沉积银钒矿,产于上震旦统陡山沱组之中,矿体一般呈层状、透镜状,具有正常沉积岩的结构构造特征,如层理、韵律、岩相等,层状矿体一般较薄,但在水平方向上有较大的延展。这类矿床为生物化学沉积型,在我国具有很大的经济价值。矿床是沉积-成岩作用的产物,不具有一般热液成矿的特点,如蚀变、活化、迁移等,但不排除在成岩作用中引起的沉积物改组和微小的迁移。

矿体产于炭质、硅质页(板)岩中,主矿体长780~2100m,厚0.99~2.89m,埋深0~360m。主要有用元素含量:Ag:69%~97g/t,V_2O_5:0.96%~1.31%,还含有Se、Ga、Ge、Au等伴生元素。由于矿石组分复杂,选冶困难,目前尚未开发利用。

含银热液型多金属矿床以当阳铜家湾铜铅锌矿为代表,矿石中银的品位较高,可达198.2g/t,应属银铜铅锌共生矿床。矿石中的银在选矿过程中富集于铜精矿和铅精矿中,其中银的含量分别达到447.5g/t和615g/t,可在冶炼过程中综合回收。

二、兴山白果园银钒矿

矿区位于兴山县水月寺镇东北约15km处。矿区东起后沟,西至洋坪河,南以樟村坪断裂为界,北抵大寨坡-牛栏坪一线,面积9.8km²,包括茅草坪、白果园、安家河3个矿段。矿区由鄂西地质大队勘查,1983年提交《湖北省兴山白果园银钒矿详细普查报告》。

矿床处于扬子准地台北部黄陵背斜西北边缘之洋坪向斜南东翼的转折处,区内出露地层为前震旦纪崆岭群变质杂岩基底(黄陵背斜)及其上的震旦系盖层(图5-27)。

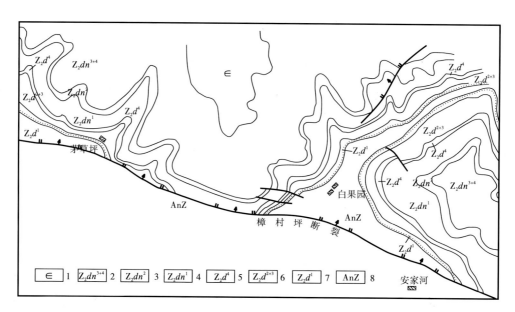

图5-27 湖北兴山白果园西矿区地质示意图
(据陈超、谢发鹏,1982)

1-寒武系;2-灯影组第三、第四岩性段;3-灯影组第二岩性段;4-灯影组第一岩性段;5-陡山沱组第四岩性段(含矿层位);6-陡山沱组第三、第二岩性段;7-陡山沱组第一岩性段;8-崆岭群

矿床赋存在震旦系陡山沱组之中,该组下部为磷矿体赋存层位,顶部为银钒矿体赋存层位,陡山沱组按岩性可分4个岩段,即Z_2d^1—Z_2d^4,第4岩段是含矿岩段(图5-28)。

第四段(Z_2d^4):上部为黑色页岩夹少量泥灰质白云岩透镜体,主要是含钒的层位,银含量较低,小于20g/t,厚2~7m。下部为黑色页岩与薄层泥灰质白云岩互层,为主要的富银矿层位,含钒,并含可回收利用的分散元素硒,厚1~6m(白云岩层中无矿)。由矿区往外,黑色页岩相变为白云岩,矿层随之尖灭。

第三段(Z_2d^3):中厚层球粒白云岩,含叠层石、硅质条带和燧石团块,厚数十米。

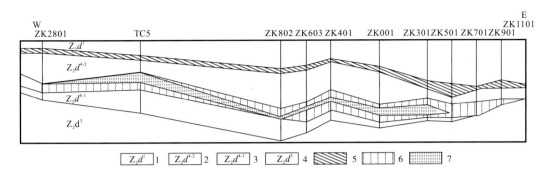

图 5-28 湖北兴山白果园矿床横剖面形态略图

（据陈超等，1982）

1-灯影组一段；2-陡山沱组四段上亚段；3-陡山沱组四段下亚段；4-陡山沱组三段；5-钒矿层；6-银钒复合矿层；7-大于150g/t的银矿层

第二段（Z_2d^2）：中厚层白云岩，局部含磷屑及燧石扁豆体，厚 10～30m。

第一段（Z_2d^1）：上、下部均为厚层块状白云岩，中部为磷块岩的中等品位矿层（厚 1～10m），底部 0.5～1m 厚的黑色页岩，为钾质页岩。

本组岩层之上与灯影组灰岩呈平行的过渡关系，之下则与南沱组冰碛层为假整合的接触关系，详查工作的结果表明：①含银、钒岩段（Z_2d^4）的等厚线图显示出此岩层沉积在一个北西西向的局部凹陷里，其内的次一级小凹陷中，银、钒的富集程度最高；②矿层中页岩与白云岩频繁交互成层的岩段，与少数互层岩段相比较，对银、钒的富集有利得多；③含硒的银、钒矿层，厚度 2～3m，长约 4000m，宽约 1000m，含矿比较稳定；④矿层中，银矿物大部分呈微米级显微包体存在于黄铁矿中。

矿石具浸染状、层纹状、片状及溶孔（鸟眼）状构造。溶孔状构造可能是膏盐矿物被溶解或藻类腐烂后形成的空洞，经石英或白云石充填，黄铁矿沿周边交代而成的类似鸟眼状的构造，直径为 0.1～1mm。

湖北省鄂西地质大队和宜昌地质矿产研究所（1993）以单矿物为基础对白果园银钒矿的银钒赋存状态进行了研究，计算了 Ag 在各种矿物中的分配（表 5-9）。

表 5-9　Ag 在各矿物中的分配

矿物名称		矿物含量（%）	Ag 品位（μg/g）	Ag 分配率（%）
银矿物	硒银矿	0.0038	744100	37.88
	辉银矿	0.0020	810000	
	硫银锗矿变种	0.0006	694100	
	自然银	0.0007	950000	
黄铁矿（类质同象）		4.21	2134	61.54
粘土矿物		56.15	1.4	0.54
炭质		2.32	1.8	0.03
重晶石		0.83	2.4	0.01
白云石、方解石		25.55	<0.1	
石英		4.21		
长石		3.00		
胶磷矿、磷灰石		1.10		
白钛石、金红石		1.00		
磁铁矿、赤铁矿		0.31		

矿石中原生、次生矿物有50余种，主要由黄铁矿、水云母、胶磷矿、自然银、辉银矿-螺状硫银矿、辉硒银矿、硒银矿、石英、玉髓、白云石、蒙脱石等矿物组成。占总量61.5%的银矿物呈黄铁矿中的包裹体产出，其他37.88%为0.05～0.001mm的微细粒银矿物，分散浸染于粘土页岩中。关于钒的赋存状态，一般推测以类质同象方式取代伊利石中的Al，并在伊利石中富集。

1999年中科院广州地化所卢家烂等采用中子活化分析、电子探针分析、质子激发X射线分析，对银钒的赋存状态作了进一步研究，肯定了对银硒矿物的鉴定（图5-29），并以中子活化分析为基础，结合前人关于银赋存状态的定量数据，推算了银钒的赋存状态（图5-30）。

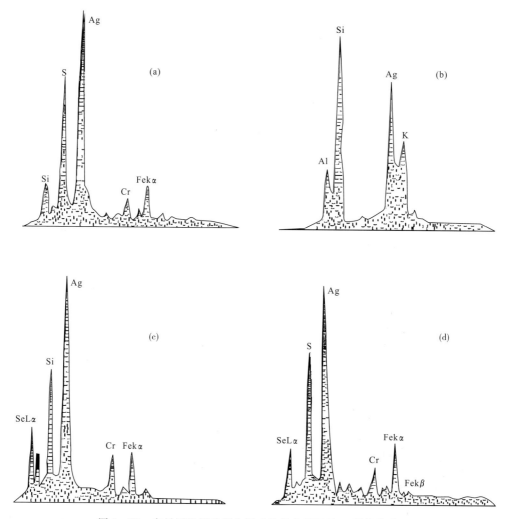

图5-29 白果园银钒矿部分银矿物的电子探针X射线能谱图
(a)辉银矿；(b)自然银；(c)硒银矿；(d)硫硒银矿

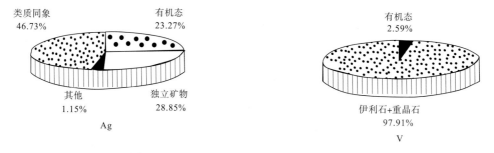

图5-30 白果园黑色页岩中Ag、V赋存状态

矿层分为上、下两层(图 5-28):上矿层赋存于含银钒岩系上亚段黑色页岩中,长 300~460m,平均厚度为 1.30m,含 V_2O_5 平均为 0.67%,含 Ag:31.44g/t;下矿层赋存于含银钒岩系下亚段的中上部,含矿岩系为含黄铁矿黑色页岩和黑色页状白云质泥岩夹粉晶白云岩和泥质泥晶白云岩,矿体长 1060~2000m,厚度为 1.85~4.24m,含 V_2O_5:0.78%~1.02%,Ag:40~172.51g/t,为银钒复合矿体。伴生硒含量 0.002%~0.0155%,平均 0.007%。

矿区水文地质条件简单,供水地白果园河,供水量满足要求。矿床需地下开采。

白果园银钒矿是应用地球化学方法发现的一个新类型沉积矿床,在 1982 年的全国银矿地质工作会议上,白果园银钒矿被列为第 V 类型银矿床,丰富了我国银矿床学的内容。刘源骏、金光富、杨振强等(1996)曾对其成矿作用和成矿环境进行过研究。深化了对矿床成因的认识。

三、银矿开发利用方向

1. 开发宜昌银钒矿的必要性

(1)宜昌银钒矿在全省乃至全国占有重要地位

至 2008 年底世界上已探明的银矿储量 27 万 t,基础储量 57 万 t。其中单独银矿床中的银约占 30%,其余 70% 为产于其他金属矿床中的伴生银。世界上的主要银矿资源分布于波兰、中国、美国、墨西哥、加拿大、智利、秘鲁、澳大利亚等国。我国单独的银矿资源较少,银的资源储量在世界上尚不能排在前列。至 2008 年底,我国查明的银矿资源量 40531t,主要分布在江西、广东、广西、湖南、湖北、云南和四川。近年来,青海、新疆、甘肃又勘查出较大型的伴生银矿,河南、陕西、山东也发现大型矿床。湖北省查明的银矿资源储量为 3868t,位于全国各省(区)市的前列,其中有 53.49% 产于宜昌市,因此宜昌市的银钒矿在湖北省乃至全国都有一定地位。《全国矿产资源规划(2008—2015)》将银列为鼓励开采矿种,《湖北省地质勘查规划(2005—2010 年)》确定银矿为鼓励进行商业性勘查的矿种,并将宜昌黄陵断穹的银钒矿列入了成矿远景区。

(2)银的需求量稳定增长

近 10 年来世界白银需求量稳定增长,据《世界矿产资源年评》,世界银年消费量约为 2.78 万 t。银的主要需求行业为货币、装饰品、珠宝首饰、照相、医用及现代电子电器工业。由于银具有最良好的导电性,一些高精密电子仪器以银作为导线,某些袖珍无线电器中导线也是银制成的。许多银基合金用于制造精密电阻。在电器工业中,很多电接触材料以银为导电成分,使触头具有灭弧特征,从而有抗熔焊和耐电磨损性。近年来银在信息产业和新能源产业中得到广泛应用,手机、太阳能电池、风能发电的许多重要的导电部分都是用银制造。

白银国际市场价格在 21 世纪初的 10 年中一路上扬。自 2001 年 11 月的 4.21 美元/盎司飙升至 2011 年初达 25~30 美元/盎司。白银市场持续供不应求,全球制造业白银的需求和供给(矿产的银和回收白银)存在着很大的缺口,导致白银库存下降。但是自 2004 年起,世界银产量开始供大于求。

预测未来白银价格将继续走高,其原因为:工业对白银需求量稳步增长;黄金市场连续处于牛市,白银价格将被拉动向上;黄金白银比价失衡,白银价被低估。历史上近百年来黄金与白银的比价一直在 1:48 左右,而目前为 1:63,银价有望上涨使金银比价回归基准线,全球资本对白银的关注度提高。

(3)银矿共、伴生成分综合利用价值大

白果园银钒矿中共生有 V_2O_5(21.1869 万 t),相当于一个中型钒矿床的资源储量;伴生有硒 926t,达到大型硒矿床的规模。钒和硒都是重要的工业原料,钒是发展新钢种不可缺少的合金元素,在硫酸制造、石油精制、有机合成工业中作为催化剂和裂化剂。V_2O_5 的价格虽有很大变动,但一般可保持在 2.1~4.7 万元/吨,是我国出口创汇的重要产品。本市银钒矿中的钒主要以钒云母——$2K_2O \cdot 2Al_2O_3 \cdot (MgFe)O \cdot 3V_2O_5 \cdot 10SiO_2 \cdot 4H_2O$ 的形式存在,也是炼钒的主要来源。一般将矿石破碎,磨细,然后与钠盐混合焙烧,钒转变为可溶于水的偏钒酸钠($NaVO_3$),即可进一步提炼获得 V_2O_5。

硒有一个宝贵的性质,在光照射下的导电性能比在黑暗中的导电性能成千倍的增加,因此可用于制造光电池、热电材料,以及各种复印、复写机的光接受器。同时广泛应用于玻璃、颜料和冶金工业。硒在工业上一般是从铜电解精炼的阳极泥中提取。硒产品目前国际、国内市场看好,2010年初国际硒的价格为38~40美元/磅。

根据白果园银钒矿的矿石特征,银提炼过程中,焙烧、浸取都是必不可少的手段,银的精炼也要通过电解手段,因此在回收主元素银的基本工艺流程中综合回收钒和硒是可能的。如果每年产白银24t,产值为9986.4万元(银价取2010年5月4日上海黄金交易所开盘价4161元/千克),同时可综合回收钒(V_2O_5)2809t,产值为5618万元,硒23.8t,产值为1418万元。该矿年总产值为17022.4万元,其中共伴生组分产值占41.33%。

2. 白果园银钒矿开发利用建议

白果园银钒硒矿为一大型银矿床,共生钒达到中型矿床规模,伴生硒达到大型矿床规模,开发利用价值很大,开发成功将为湖北省建立一个银矿资源和白银生产基地,同时为规模利用白果园式沉积银矿提供了范例。根据矿床规模建议建立年开采处理矿石30万t,年产白银24t,副产V_2O_5:2809t、硒23.7t的集采选冶及环保工程为一体的联合企业,年产值达到1.7亿元。

第六章　分散元素矿

宜昌市有分散元素铊、锗、镉、硒矿产出(表6-1)。其中硒矿的资源储量达到大型矿床规模(硒矿规模划分标准:硒元素量大型≥500t,中型100～500t,小型＜100t)。这些矿产均作为其他矿床的伴生有益元素产出。

表6-1　宜昌市分散元素矿简况

矿种	产地	品位(%)	资源储量元素(吨)	备注
铊矿	当阳铜家湾铜铅锌矿	Tl:0.0157	Tl:63	伴生
镉矿	远安小汉口铜矿	Cd:0.0074	Cd:205	伴生
	当阳铜家湾铜铅锌矿	Cd:0.038	Cd:152	伴生
	合计		357	
锗矿	远安小汉口铜矿	Ge:0.0059	Ge:34	铜精矿中Ge含量0.0653%
硒矿	兴山白果园银钒矿茅草坪矿段	Se:0.0067	Se:312	伴生,有硒矿物
	兴山白果园银钒矿白果园矿段	Se:0.0079	Se:614	伴生,有硒矿物
	合计		926	

铊矿伴生于当阳铜家湾铜铅锌矿中,伴生铊的品位为0.0157%,资源储量为(Tl)63t,属小型矿床,是省内唯一的铊矿产地。

锗矿伴生于远安小汉口铜矿中,铜矿石中锗的含量为0.0059%,计有资源储量(Ge)34t,属小型矿(Ge大型≥200t,中型200～50t,小型＜50t),为湖北省唯一求得锗资源量的矿山。锗的实验室回收试验结果:浮选,入选品位Ge:0.0059%,精矿品位0.0653%,回收率70%。

镉矿伴生于远安小汉口铜矿和当阳铜家湾铜铅锌矿中,伴生镉的品位分别为0.0074%和0.038%,资源储量(Cd)相应为205和152t,合计357t,属小型矿(镉矿规模划分标准:Cd大型≥3000t,中型3000～500t,小型＜500t)。资源储量占湖北省16.5%。小汉口铜矿镉的可选性试验结果:入选品位Cd:0.0074%,精矿品位0.11%,回收率94%。当阳铜家湾的镉全部以类质同象形式存在于闪锌矿和铅锌矿中,锌精矿含Cd:0.21%。此外,兴山滩羊河锌矿中也伴生有镉。

硒矿伴生于兴山白果园银钒矿中,硒的含量为0.0067%(茅草坪矿段)和0.0079%(白果园矿段),总资源储量(Se)为926t。达到大型硒矿的规模。资源储量占湖北省38.19%。矿床中有辉硒银矿、硒银矿等硒矿物产出。白果园银钒矿中的硒资源储量可观,因主元素尚未开发所以未利用,对硒的研究更是缺乏。今后开发时综合回收利用硒应作为一个重要研发课题。

铜家湾铜矿中的伴生铊尚未引起注意,对其赋存状态和在选冶流程中的行为和集散规律,综合回收方法均未进行过深入研究。目前仅知铊在黄铁矿及白铁矿中有富集,硫精矿中含铊0.0476%。

此外,长阳王家湾和何家坪铅锌矿也曾进行过伴生元素查究工作,发现有镓、锗、铟、镉等元素,并进行了资源量的概算。

第七章　化工原料非金属矿产

宜昌市已查明的化工原料非金属矿产种类多样，有磷矿、硫铁矿、重晶石、电石用灰岩、化工用白云岩、含钾砂页岩、化肥用橄榄岩和蛇纹岩、伴生碘、泥炭等。其中磷矿、化肥用橄榄岩和蛇纹岩，量大质优为优势矿产，特别是磷矿为全国8大磷矿产地之一，宜昌市依托磷矿资源已建成全国一流的磷肥磷化企业。化工用白云岩、含钾页岩和碘为磷矿的共生伴生矿产，既为磷矿的开发拓宽了发展的空间，也对资源综合利用提出了更高的要求。

市内化工原料非金属矿产主要分布在夷陵区、兴山县、秭归县、远安县、长阳县、五峰县和宜都市，夷陵区为集中产区，几乎集中了宜昌市所有的磷、化工用白云岩、含钾砂页岩、碘、化肥用橄榄岩和蛇纹岩矿；重晶石、泥炭矿等则分布在南部长阳、五峰、宜都等地（图7-1）。

第一节　磷矿

一、概述

宜昌市是我国磷矿主要产地和磷矿加工业基地。磷矿是宜昌市优势突出的矿产，资源量巨大，品位相对较高，开发利用已达到相当规模，磷矿产业（采选、磷肥磷化工）是宜昌市乃至湖北省的支柱产业，在全国也占有重要位置。继续保持和发展宜昌市磷矿产业的优势，建立磷矿产业可持续发展的长效机制，是进一步提升宜昌磷矿产业的主要方向。

二、资源储量勘查程度

截止2010年底，宜昌市共查明磷矿产地30处，其中大型13处，中型14处，小型3处（磷矿规模划分标准：矿石大型≥5000万t，中型5000～500万t，小型＜500万t），总资源储量197865.1万t，占湖北省磷矿资源储量的53.71%，约占全国磷矿资源储量的11%（表7-1）。

湖北与云南、贵州同为我国三大磷矿省，宜昌又为湖北磷矿的最重要的产区，地位举足轻重，在国际上也有一定知名度。

宜昌市磷矿为沉积磷块岩型矿床，规模巨大。已探明的30处产地中，8处资源储量超过1亿t，总资源储量126704万t，占宜昌磷矿总量的64.04%；5处资源储量5000万t至1亿t，总量34722万t，占宜昌磷矿总量的17.55%；14处资源储量为5000～1000万t，总量36097万t，占宜昌磷矿总量的18.24%；这三部分磷矿资源总量即占全市的99.83%，可见磷矿资源储量规模构成中大型磷矿占绝对优势（表7-2），为建设大规模磷矿资源基地和磷肥磷化基地提供了充分的资源保证。

宜昌磷矿地跨夷陵区、远安、兴山三区县，总面积360km^2。磷矿的勘查始于1955年。为适应国家"一五"计划对磷矿资源的需要，地质部给中南地质局下达了关于在湖北西部黄陵背斜两翼寒武系中找"昆阳式"磷矿的指示。通过工作发现本区寒武系地层含磷性差，震旦系陡山沱组含磷性好。经1955年至1956年的普查确定，晓峰矿区陡山沱组是主要含磷层，其中下磷矿层厚3～5m，品位8%～15%，面积10km^2。1965—1969年对黄陵背斜北东翼西起白果园、殷家坪、店子坪，东至樟村坪，北起丁家沟、盐池河、南迄交战垭的范围内展开全面普查，奠定了宜昌磷矿地质找矿工作的基础。1967—1969年，对主

第七章 化工原料非金属矿产

图 7-1 宜昌市主要化工原料非金属矿产分布图

硫铁矿：1、杉树垭；2、三岔；3、广洞湾；4、罗家堖；5、安家沟；6、交战垭；7、连蓬沟；8、尖岩河

重晶石矿：9、水田冲；10、潘湾；11、邓家桥

电石用灰岩矿：12、晒纸坪

化工用白云岩矿：13、丁家河

含钾砂页岩矿：14、杉树垭；15、樟村坪；16、树空坪；17、殷家坪；18、丁家河

化肥用橄榄岩矿：19、梅子石

化肥用蛇纹岩矿：20、梅子厂；21、天花寺；22、大坪

共生碘矿：23、樟村坪；24、丁家河；25、树空坪

泥炭矿：26、云海；27、落雁山；28、狮子包；29、松宜

磷矿：30、杉树垭；31、灰石垭；32、栗西；33、丁家河；34、树空坪；35、白果园；36、殷家坪；37、樟村坪；38、桃坪河；39、殷家沟；40、盐池河；41、晓峰；42、黑良山；43、杨柳

表 7-1 宜昌市磷矿资源概况

矿区名称	资源储量（万吨）	矿床类型 矿石类型、品级	主要化学成分（%）	矿体特征	利用情况
宜昌磷矿栗西矿区栗林河东侧矿段	1051.8	沉积磷块岩矿床（上震旦统），硅钙（镁）质磷块岩Ⅱ级品	P_2O_5:22.69	矿体数2；主矿体(ph_1)长487m，宽1315m，厚1.19～2.34m；倾角4～9°；似层状矿体	开采矿区
宜昌磷矿栗西矿区栗西矿段	18543.4	沉积磷块岩矿床（上震旦统），硅钙（镁）质磷块岩Ⅲ级品	P_2O_5:19.9 酸不溶物26.98 SiO_2:25.09 Al_2O_3:1.14 CaO:26.42 CO_2:11.48 Fe_2O_3:1.8 MgO:4.76	矿体数2；主矿体(Ph_1^3)长4700m，宽1700～3750m，厚1.97～6.98m；倾角5～15°，埋深0～480m；层状矿体	开采矿区
宜昌栗西磷矿区资源总量	19595.2				
宜昌磷矿董家包矿段	1024.3	沉积磷块岩矿床（上震旦统），硅钙（镁）质、钙（镁）质磷块岩矿石，Ⅰ、Ⅱ、Ⅲ级品	P_2O_5:22.87 F:0.019	矿体数2；主矿体(Ph_2)长840m，宽2000m，厚度1.5～9.63m；倾角5～10°，埋深72～500m；层状矿体	可供进一步工作
宜昌市夷陵区杉树垭硫铁矿共生磷矿	17.4	沉积磷块岩矿床（上震旦统），硅钙（镁）质磷矿石，Ⅲ级品	P_2O_5:20.79 酸不溶物12.33 SiO_2:12.93	矿体数1；厚1.47m，倾角4～10°，层状矿体	开采矿区
宜昌磷矿区莫家垭矿段	744.8	Ⅲ级	P_2O_5:21.05	矿体数2；主矿体(Ph_1)长1187m，宽1160m，厚3.18m，倾角6～8°	
宜昌磷矿丁家河矿区东部矿段	7915.8	沉积磷块岩矿床（上震旦统），硅钙（镁）质磷块岩，Ⅰ、Ⅱ、Ⅲ级品	P_2O_5:18.42	矿体数2；主矿体(Ph_1^3)长3400m，宽2900m，厚1.79～9.36m；倾角6～12°，层状矿体	开采矿区
宜昌磷矿丁家河矿区西矿段	7763.6	沉积磷块岩矿床（上震旦统），硅钙（镁）质磷块岩，Ⅰ、Ⅱ、Ⅲ级品	P_2O_5:21.22 F:1.89 酸不溶物22.39 K_2O:9.51 Al_2O_3:1.54 CaO:34.69 CO_2:8.69 Fe_2O_3:1.85 MgO:3.73	矿体数3；主矿体(Ph_1^3)长1500m，宽2050～3810m，厚5.55m；倾角3～12°；层状矿体	开采矿区
宜昌磷矿丁家河矿区资源总量	15679.4				
夷陵区灰石垭磷矿	1274.6	沉积磷块岩矿床（上震旦统），硅钙（镁）质磷块岩，Ⅱ、Ⅲ级品	P_2O_5:19.66 Al_2O_3:2.19 CaO:31.56 CO_2:3.41 Fe_2O_3:1.89 MgO:1.44	矿体数2；主矿体(Ph_1^3)长3000m，厚2.53～5.69m；倾角5～15°，层状矿体	开采矿区

续表 7-1

矿区名称	资源储量（万吨）	矿床类型 矿石类型、品级	主要化学成分(%)	矿体特征	利用情况
夷陵区宜昌磷矿仓屋垭矿区	4351.0	硅质磷块岩矿石，Ⅰ级	P_2O_5:23.72	主矿体(Ph_2)长3500m,宽1400~22m,厚3.16m;倾角4~8°,层状矿体	
夷陵区宜昌磷矿黑良山磷矿区	5994.1	硅质磷块岩矿石，Ⅰ级		主矿体(Ph_1)长1850m,宽2070m,厚3.56m;倾角6°,埋深667~1026m	未利用
夷陵区宜昌磷矿龙洞湾矿段	2403.1	硅质磷块岩矿石，Ⅰ级	P_2O_5:25.25 CaO:38.73 MgO:6.54 Fe_2O_3:1.33 Al_2O_3:2.76 SiO_2:14.28 CO_2:15.43 酸不溶物21.69 F:2.32	矿体数2,主矿体(Ph_2)长1550m,厚4.22m;倾角5~11°,层状矿体	未利用
宜昌磷矿樟村坪矿区Ⅲ矿段	5837.6	沉积磷块岩矿床(上震旦统),硅钙(镁)质磷块岩,Ⅰ、Ⅱ、Ⅲ级品	P_2O_5:22.55 F:1.998 Fe_2O_3:1.95 SiO_2:20.01 Al_2O_3:1.64 CaO:35.09 CO_2:6.98 MgO:2.91	矿体数2;主矿体(Ph_1^3)长3070m,宽630~1720m,厚6.43m;倾角5~10°,埋深0~200m,层状矿体	开采矿区
宜昌磷矿樟村坪矿区Ⅱ矿段	277.0	沉积磷块岩矿床(上震旦统),硅钙(镁)质磷块岩,Ⅰ、Ⅱ、Ⅲ级品	P_2O_5:28.73 F:2.14 烧失量7.33 酸不溶物18.33 SiO_2:15.29 Al_2O_3:1.48 CaO:38.18 CO_2:6.57 Fe_2O_3:1.62 MgO:2.93 可溶性P_2O_5:4.75	矿体数1;主矿体(Ph_1^3)长800m,宽160~300m,厚2.08~3.99m;倾角5~12°,埋深0~87m,层状矿体	开采矿区
宜昌磷矿樟村坪矿区Ⅰ矿段	3025.5	沉积磷块岩矿床(上震旦统),硅钙(镁)质磷块岩,Ⅰ、Ⅱ、Ⅲ级品	P_2O_5:32.36 F:2.14 烧失量7.33 酸不溶物18.33 SiO_2:15.29 CaO:38.38 CO_2:6.57 Fe_2O_3:1.62 MgO:2.93 可溶性P_2O_5:4.75	矿体数1;主矿体(Ph_1^3)长2200m,宽300~900m,厚1.6~4.66m;倾角2~14°,埋深0~220m,层状矿体	开采矿区

续表 7-1

矿区名称	资源储量（万吨）	矿床类型 矿石类型、品级	主要化学成分(%)	矿体特征	利用情况
宜昌磷矿樟村坪矿区资源总量	9140.1				
宜昌磷矿殷家坪矿区	10533.3	沉积磷块岩矿床（上震旦统），硅钙（镁）质磷块岩，Ⅱ、Ⅲ级品	P_2O_5:18.47 K_2O:8.65	矿体数 1；主矿体（Ph_1^3）长5500m，宽800～2000m，厚2.47～5.46m，倾角5～10°，埋深0～440m；层状矿体	开采矿区
宜昌磷矿云台观矿区	1368.9	沉积磷块岩矿床（上震旦统），碳酸盐型混合型磷块岩，Ⅰ、Ⅱ、Ⅲ级品	P_2O_5:26.11	矿体数 2；主矿体（Ph_2）长2760m，宽640～1380m，厚1.24～8.21m，倾角6～10°，埋深25～560m；层状矿体	近期难以利用
夷陵区杉树垭磷矿区东部矿段	12641.1	震旦系沉积磷块岩，硅钙（镁）质磷块岩矿石，Ⅰ级	P_2O_5:27.24 K_2O:1	矿体数 6；主矿体（Ph_2）长 2150～3550m，宽 1.27～8.97m，倾角3～10°；层状矿体	开采矿区
夷陵区杉树垭磷矿区西部矿段	8539.2	沉积磷块岩矿床（上震旦统），硅钙（镁）质磷块岩，Ⅰ～Ⅲ级品	P_2O_5:26.39 K_2O:9.51	矿体数 2；主矿体（Ph_2）长3000m，宽2000～2700m，厚2.5～5.0m，倾角5～10°，埋深0～500m；层状矿体	开采矿区
杉树垭磷矿总量	21180.3				
夷陵区挑水河磷矿	6139.3	震旦系沉积磷块岩，硅钙（镁）质磷块岩矿石，Ⅰ级	P_2O_5:34	矿体数1	计划近期利用
夷陵区孙家墩磷矿	1499.4	震旦系沉积磷块岩，硅钙（镁）质磷块岩矿石，Ⅰ级	P_2O_5:24.92	矿体数1；矿体长2500m，宽225～650m，倾角6～9°，层状矿体	计划近期利用
夷陵区江家墩磷矿	8760.9	震旦系沉积磷块岩，硅钙（镁）质磷块岩矿石，Ⅰ级	P_2O_5:24.36	矿体数1；矿体长3500m，宽1900m，厚0.4～12.9m；倾角6～11°，层状矿体	计划近期利用
宜昌磷矿肖家河矿区	2046.6	沉积磷块岩矿床（震旦系），碳酸盐型、混合型矿石，Ⅰ、Ⅱ、Ⅲ级品	P_2O_5:24.01	矿体数5；主矿体长4000m，宽800～50m，厚0.15～17.42m，倾角6～10°，埋深5～560m，层状矿体	计划近期利用
宜昌磷矿浴华坪矿段	4900.8	沉积磷块岩矿床（上震旦统），磷块岩矿石未分	P_2O_5:22.75	矿体数2；主矿体长3000m，厚4.74m；倾角7～10°，埋深486.5m，层状矿体	计划近期利用
夷陵区店子坪磷矿	7765.7	沉积磷块岩矿床（下震旦统），硅钙（镁）质磷块岩，Ⅰ、Ⅱ、Ⅲ级品	P_2O_5:23.74 F:1.97 酸不溶物22.47 SiO_2:6.46 Al_2O_3:1.8 CaO:35.79 Fe_2O_3:1.77 MgO:2.61	矿体数 1（Ph_1）；长6500m，宽300m，厚3.77m，倾角5～10°，埋深0～180m，层状矿体	开采矿区

续表 7-1

矿区名称	资源储量（万吨）	矿床类型矿石类型、品级	主要化学成分(%)	矿体特征	利用情况
宜昌磷矿桃坪河矿区	11441.6	沉积磷块岩矿床(上震旦统)，硅钙(镁)质、硅质磷矿石，Ⅰ、Ⅱ、Ⅲ级品	P_2O_5:20.49 CaO:42 MgO:7 SiO_2:38	矿体数 1(Ph_1^3)；矿体厚 4.71m；倾角 8～16°，埋深 0～980m，层状矿体	开采矿区
远安盘古磷矿	259.8	沉积磷块岩矿床，混合型矿石，Ⅱ级品	P_2O_5:26.05	矿体数 1(Ph_1^3)；长 400m，宽 1200～1500m，厚 0.54～1.9m；倾角 2～10°，埋深 0～450m，似层状矿体	开采矿区
宜昌磷矿盐池河矿区	3843.9	沉积磷块岩矿床，硅钙(镁)质磷块岩，Ⅰ、Ⅱ、Ⅲ级品	P_2O_5:20.16 F:1.53 酸不溶物 31.83 SiO_2:26 Al_2O_3:4.28 CaO:28.26 CO_2:2.94 Fe_2O_3:2.68 MgO:1.52	矿体数 1(Ph_1^3)；长 4200m，宽 1500～300m，厚 1.13～3.07m；倾角 5～15°；层状矿体	开采矿区
远安宜昌磷矿晒旗河矿区	4749.0	硅质磷块岩矿石Ⅱ级	P_2O_5:24.43	矿体数 3；主矿体(Ph_1^3)长 2200m，厚 2.79m；倾角 5～15°，层状矿体	未利用
远安苏家坡磷矿区	1290.3	硅质磷块岩矿石Ⅱ级	P_2O_5:24.92	矿体数 3；主矿体(Ph_1^3)厚 2.26m，层状矿体	未利用
宜昌磷矿殷家沟矿区	3127.2	沉积磷块岩矿床，硅钙(镁)质磷块岩，Ⅰ、Ⅱ、Ⅲ级品	P_2O_5:23.31	矿体数 1(Ph_1^3)；厚 1.84m；倾角 8～13°，埋深 0～200m，层状矿体	开采矿区
兴山县火石岭黑沟磷矿	66.1	沉积磷块岩矿床(上震旦统)，硅钙(镁)质磷块岩，Ⅱ、Ⅲ级未分	P_2O_5:22.56	矿体数 1(Ph_1)；矿体长 850m，厚 1.35m，倾角 5～15°，似层状矿体	开采矿区
兴山树空坪磷矿马家湾矿段	3442.1	沉积磷块岩矿床(上震旦统)，硅钙(镁)质磷块岩，Ⅰ、Ⅱ、Ⅲ级品	P_2O_5:25	矿体数 1(Ph_1)；长 1060m，宽 480m，厚 1.24～4.75m；倾角 5～10°，埋深 0～120m	开采矿区
兴山树空坪磷矿树空坪矿段	9283.0	沉积磷块岩矿床(上震旦统)，硅钙(镁)质磷块岩，Ⅰ、Ⅱ、Ⅲ级品	P_2O_5:22.8	矿体数 2；主矿体(Ph_1^3)长 4400m，宽 400～1200m，厚 1.5～8.25m；倾角 2～8°，埋深 0～560m，层状矿体	开采矿区
兴山树空坪矿区后坪矿段	1256.5	硅质磷块岩矿石Ⅱ级	P_2O_5:25.4	矿体数 1；主矿体(Ph_1^3)长 6400m，宽 2000m，厚 3.87m；倾角 3～8°，层状矿体	未利用
树空坪磷矿资源量合计	13981.6				

续表 7-1

矿区名称	资源储量（万吨）	矿床类型矿石类型、品级	主要化学成分（%）	矿体特征	利用情况
兴山县兴-神磷矿瓦屋矿区Ⅱ、Ⅲ矿段		沉积磷块岩矿床（上震旦统）硅钙（镁）质磷块岩，Ⅲ级品	P_2O_5:22.73 Al_2O_3:5.91 CaO:29.32 Fe_2O_3:2.56 MgO:1.54	矿体数 2；主矿体（Ph_1^3）长3100m，宽800m，厚3.48m；倾角10～20°，埋深 0～553m，层状矿体	开采矿区
兴山县兴-神磷矿瓦屋矿区Ⅰ矿段		沉积磷块岩矿床（上震旦统）硅钙（镁）质磷块岩，品级未分	P_2O_5:22.46	矿体数 2；主矿体下矿层长1900m，宽1400m，厚 1.35～11.81m；倾角8～15°，埋深 0～260m，层状矿体	开采矿区
兴-神磷矿瓦屋场矿区资源量总计	5682.9				
兴山白果园银钒矿安家河矿段共生磷矿	742.2	沉积磷块岩矿床（上震旦统）硅钙（镁）质磷块岩，Ⅲ级品	P_2O_5:16.21 酸不溶物 43.31	矿体数 1；矿体（Ph_1）长 1075m，宽3.06～4.30m；倾角4～8°，埋深 0～77m，似层状矿体	近期不宜进一步工作
夷陵区晓峰磷矿	18946.2	沉积磷块岩矿床（上震旦统），Ⅲ级品、等外品	P_2O_5:10.32～15.39		近期不适进一步工作
磷矿资源储量	197865.1				

注：DZ/T0209-2002 标准：磷块岩矿边界品位 $P_2O_5 \geqslant 12\%$，最低工业品位 15%～18%；矿石品级：Ⅰ≥30%，Ⅱ30%～24%，Ⅲ24%～15%；可采厚度1～2m，夹石剔除厚度1～2m

表 7-2 宜昌市磷矿资源储量规模构成

资源储量级别 矿石（亿吨）	矿区数	资源储量（万吨）	占有率（%）	矿区
>1	8	126704	64.04	杉树垭、晓峰、栗西、店子坪、丁家河、桃坪河、树空坪、殷家坪
0.5～1	5	34722	17.55	樟村坪、江家墩、瓦屋场、挑水河、黑良山
0.5～0.05	14	36097	18.24	盐池河、浴华坪、殷家坪、肖家河、孙家墩、云台观、灰石垭、董家包等
<0.05	3	342	0.17	盘古、黑沟、杉树垭硫铁矿
总计	30	197865	100.00	

要矿段进行详查，先后完成了樟村坪、丁家沟、桃坪河、殷家沟、盐池河 5 个矿区的详查评价，并提交了详查报告。1973—1987 年为勘探阶段。为满足"南磷北运"的需要，根据化工部开发宜昌磷矿的初步规划，1973—1975 年对首期开发的丁家河矿区、樟村坪矿区Ⅲ矿段与二期开发的店子坪矿区进行了详查勘探，同时开展栗西矿区的详查。随后又完成了桃坪河矿区勘探，店子坪矿区初勘，樟村坪矿区Ⅰ、Ⅱ矿段详勘及树空坪矿区详查，丁家河东部矿段初勘，白果园、殷家坪矿区详查，灰石垭矿区初查及树空坪矿区马家湾矿段勘探。由此可见，宜昌磷矿勘查程度高，主要磷矿都达到详查和勘探的要求。2000 年以后，为扩大宜昌磷矿资源量，继续开展磷矿的普查工作，勘查区不断北移，2000—2007 年完成了江家墩、挑水河、浴华坪、殷家沟、肖家河、孙家墩、董家包、盘古、黑沟等矿区的普查和杉树垭矿区的详查（图 7-

2),新增磷矿资源量超过 2.8 亿 t。2006—2009 年进行的远安荷花杨柳磷矿普查,估算全矿区磷矿 333 资源量 21749 万 t,P_2O_5 平均品位 25.48%。其中 Ph_1:15689 万 t,P_2O_5:26.5%;Ph_2:6060 万 t,P_2O_5:22.83%。

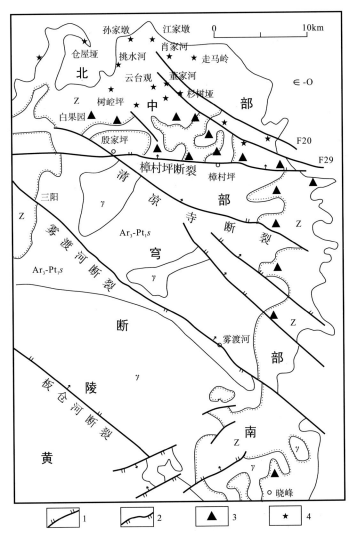

图 7-2 宜昌磷矿田地质及矿区分布图

(据杨刚忠,2010)

∈-O.寒武系—奥陶系;Z.震旦系;Ar_3-Pt_1s.晚太古代—早元古代水月寺群;γ.前震旦系花岗岩;1.正断层;2.逆断层;3.以往勘查开发(Ph_1^3)磷矿区;4.新发现(Ph_2)磷矿区(共 16 处)

2008 年中央企业联合投资 2600 万元进行樟村坪磷矿接替资源勘查,取得重大进展,发现了黑良山矿床,面积 5km²,初步查明主矿层长 3000m,宽 2000m,平均厚 3.02m,平均品位 24.56%;第二层长 1600m,宽 1200m,平均厚 2.84m,平均品位 25.26%。估计磷矿石(333)资源量 5994 万 t,其中富矿占 35%。

2000—2009 年磷矿勘查工作,使宜昌磷矿集中区的规模由 20 世纪末的 12 亿 t 增加到现在的 20 亿 t 以上,集中区的范围向北向东扩展了 5km,并可能与神农架集中区相连接。

三、形成地质条件

宜昌磷矿为震旦纪海相沉积磷矿,是我国最主要的沉积磷矿之一。我国上震旦统陡山沱组含磷地层,主要分布于东径101°~120°,北纬23°~33°内的长江流域,其工业矿床则集中产于鄂、湘、黔、赣、川、陕等省。它们依从古构造、古地理呈一定区带分布(图7-3)。

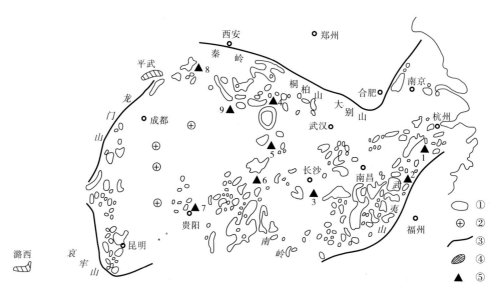

图7-3 中国陡山沱期磷矿床分布示意图
(据李悦言等,1994)

①扬子区内地台型震旦系露头;②扬子区内地台型震旦系深井揭露点;③扬子区内地台型震旦系分布边界;④扬子区外地槽型震旦系露头;⑤聚磷区及编号。1,2.浙西赣东北;3.湘东;4.鄂西;5.湘西北;6.湘西;7.黔中;8.陕南;9.川北

陡山沱期磷块岩的沉积域,属冈瓦纳北缘的陆表海,它是扬子古板块内被岛弧、残余岛弧围限的一个沉积盆地。由岛弧、残余岛弧及板块内褶皱隆起、坳陷组构的扬子古板块的构造格局制约了陡山沱期的成磷环境和沉积相——弧后为碎屑岩相,板内为化学岩相。其中化学岩相分布于沉积域内部,占沉积域近70%。在板内浅海沉积的碳酸盐岩、粘土岩普遍含磷。依附于板内残余岛弧或褶皱隆起之水下高地的陡山沱组主要为浅色碳酸盐岩、磷块岩和粘土岩,属浅海台地碳酸盐岩、磷块岩(粘土岩)亚相(图7-4)。浅海波浪作用带的层礁相、浅滩相、台盆相和砂坪相是陡山沱期磷块岩的主要聚集相带,特别是其中藻礁及其围限的礁后浅滩地带,更是优质厚层磷块岩的主要沉积区。著名的开阳磷矿、瓮福磷矿、东山峰磷矿、宜昌磷矿、荆襄磷矿、保康磷矿和朝阳磷矿等,都是在这些相带内。

宜昌晚震旦世陡山沱期区域古地理环境据金光富(1987)、杨刚忠、李福喜等(2010)研究,认为处于次稳定地块边缘过渡带,矿田中部盐池河以北至丁家河为台地边缘沉积区,矿田北部西汉河以北为半开阔碳酸盐台地沉积区,矿田南部交战垭一带为台地边缘斜坡沉积区,晓峰一带为浅海盆地边缘沉积区,莲沱以南为浅海盆地沉积区(图7-5)。

矿田南部(晓峰-交战垭一带)沉积在南沱组冰碛砾岩之上,中部沉积于太古代—早元古代水月寺群变质杂岩之上,北部沉积于中元古界西汉河组及上元古代马槽园群之上。表明含磷岩系沉积的结晶基底曾遭受强烈剥蚀,矿田中、北部缺失南华系沉积,充分显示本区磷矿沉积的古地形地貌条件,呈南低北高的特点。

磷矿成矿作用据李悦言等(1994)研究有以下4种。

1. 胶体聚沉

在相对稳定、低能的浅水环境中,磷质自含磷海水饱和析出。胶体聚沉,是陡山沱期磷质沉积的初始状态和基本形式,是浅海盆地相磷块岩的主要成矿作用,并为浅海台地相颗粒再沉积磷块岩奠定了物质基础。

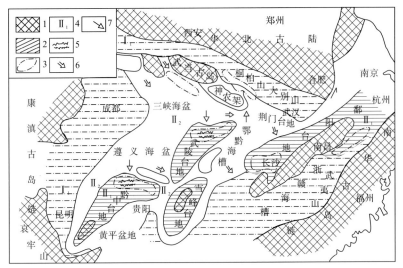

图 7-4 扬子地区晚震旦世陡山沱期岩相古地理示意图
（据李悦言等，1994）

1-古岛、古陆、陡山沱组缺失区；2-浅海台地；3-聚磷区；4-相带编号；5-磷质叠层石（藻）礁；6-海流方向；7-波浪方向

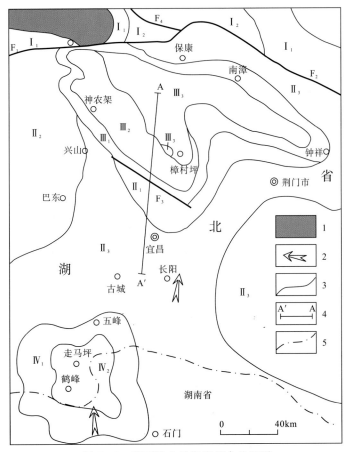

图 7-5 鄂西陡山沱期岩相古地理图
（据杨刚忠，2010）

1.古陆、古岛；2.海侵方向；3.岩相古地理界线；4.A—A′剖面图；5.省界；F_1.青峰大断裂；F_2.襄樊-广济大断裂；F_3.雾渡河大断裂；F_4.白河-谷城大断裂；I_1.滨岸潮坪亚相；I_2.滨岸潮坪（内潮坪）鲕滩亚相；II_1.浅海盆地边缘相；II_2.浅海盆地碳酸盐岩泥（页）岩亚相；II_3.浅海盆地碳酸盐岩亚相；III_1.浅海台地边缘斜坡相；III_2.浅海台地边缘泻湖潮坪亚相；III_3.浅海台地台坪亚相；IV_1.晚期浅海台地斜坡相；IV_2.晚期浅海台地台坪相

2. 粒化作用与盆内颗粒再沉积

上述已聚沉的磷凝胶在各种物理粒化作用与化学粒化作用下所形成的颗粒,就地或经盆内簸选、迁移,在不同能量的环境中再沉积,是磷质富化的再次聚集,是形成量大质优磷矿床的一个重要成矿方式和成矿阶段。

3. 微生物成磷作用

大量事实和研究证明,微生物在晚震旦世陡山沱期磷块岩的整个成磷过程中——从磷质的溶解、浓缩,直至沉积、富集,都起了重要作用;同时它也为磷质的析出、沉积、富集及储存提供了条件,建造了场所。磷块岩最重要的生物化学和生物物理成磷作用是藻类微生物汲取磷质及其菌解作用等,对磷质状态变化,磷酸盐溶液的浓缩,起了重要的媒介作用。

东野脉兴(1985)研究微生物在成矿中的作用时指出,微生物对地球上磷的循环起着十分重要的作用,海洋中磷的富集成矿乃是微生物在磷循环中的一个重要环节。他认为磷质微生物建造了磷块岩,微生物富集与运移磷酸盐物质,是它的重要生理功能,这一功能可能与微生物细胞和组织处于液晶态有关。

4. 孔隙磷质溶液的沉淀和磷质分异凝聚

这两种作用都是成岩阶段完成的,它们虽不是普遍现象,但对于特定地区磷块岩的富化也起了重要作用。如浅海台地浅滩相中之磷质淀晶胶结的颗粒结构磷块岩,其间隙内之淀晶磷质(孔隙磷溶液沉淀而成)占矿石总体积的20%~25%。

陡山沱期磷块岩的以上成磷作用(图7-6)虽然因地而异各有主次之分,但巨、富磷块岩矿床多是它们的反复叠加、长期累积而成的。特别是其中有生物作用参加的胶体聚沉和盆内颗粒再沉积作用。

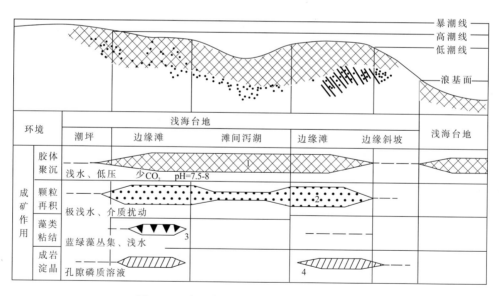

图 7-6 中国陡山沱期磷块岩的成矿模式图

(据李悦言等,1994)

1-凝胶结构磷块岩;2-颗粒结构磷块岩;3-叠层石磷块岩;4-孔隙磷质淀晶胶结物

四、矿床地质特征

1. 含矿岩系特征

宜昌磷矿由黄陵背斜磷矿成矿区和神农架背斜磷矿成矿区(兴山县境内)组成。黄陵背斜磷矿成矿区位于黄陵背斜的东北翼及北翼,各矿区围绕黄陵背斜核部作环圈状分布(图7-7)。出露地层有上太古界-下元古界水月寺群,中上元古界南华系南沱组,震旦系陡山沱组、灯影组和古生界寒武系水井沱组。震旦系和寒武系地层组成次级褶皱,使含矿地层陡山沱组弯曲变形,各矿区沿蜿蜒出露的陡山沱组地层呈串珠状分布,矿区地层产状平缓,断裂以西北和近东西向两组较为发育。神农架背斜磷矿区的磷矿层主要分布于神农架背斜的南东翼,形成南北向磷矿成矿带。

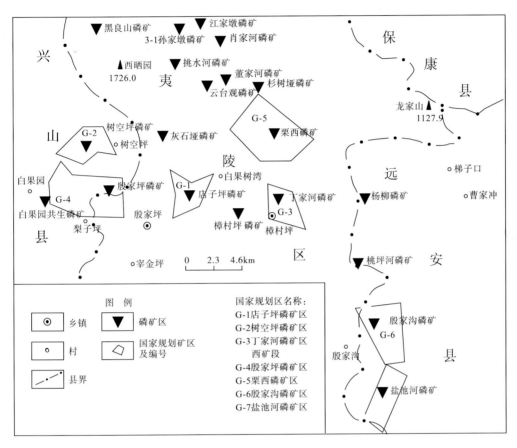

图7-7 宜昌磷矿国家规划矿区分布示意图(据宜昌市磷矿规划,2002)

宜昌磷矿含磷岩系赋存于陡山沱组下部。陡山沱组假整合于南华系南沱组之上,上震旦统灯影组之下,同位素年龄650～700(±30)Ma。含磷页岩为一套白云岩-含钾页岩-磷块岩-白云岩建造。主要含3个磷矿层,以下磷矿层(Ph_1)为主,中磷矿层(Ph_2)次之,上磷矿层(Ph_3)厚度小,品位低,相对工业价值较小。栗西、店子坪、丁家河、桃坪河、殷家坪、樟村坪、挑水河、盐池河、浴华坪、殷家沟等大中型磷矿的主矿体均为Ph_1;杉树垭、龙洞湾、云台观、董家堡等矿区的主矿体为Ph_2层。

下磷矿层自下而上含有3个分层,分别为含钾页岩所隔,其中顶部第三分层(Ph_1^3)为宜昌磷矿的主要工业矿层,呈层状、似层状,局部为透镜状,厚度为0～14.93m,平均厚度3.16m,P_2O_5平均含量为20.79%。Ph_1^3矿层又由下贫矿(Ph_1^{3-1})、中富矿(Ph_1^{3-2})、上贫矿(Ph_1^{3-3})3个连续小磷矿层组成"两贫夹一富"的矿层结构。其中下贫矿由泥质条带状磷块岩组成,平均厚2.92m,最厚7.67m,平均品位14.65%;中富矿(Ph_1^{3-2})由致密块状磷块岩组成,平均厚1.56m,最厚4.24m,平均品位32.79%;上贫矿(Ph_1^{3-3})由白云质条带状磷块岩组成,平均厚度0.7m,最厚达2.17m,平均品位18.81%。Ph_1^3矿层顶板为厚层状白云岩,底板为黑色含钾页岩,厚0～14.3m,一般厚6～9m,K_2O含量9%～10%,形成共生白云岩和含钾页岩矿。宜昌磷矿Ph_1^3层矿石化学成分平均含量见表7-3。

表 7-3 宜昌磷矿 Ph_1^3、Ph_2 矿石化学成分平均含量表

矿层号		成分含量(%)							
		P_2O_5	SiO_2	CaO	MgO	CO_2	Fe_2O_3	Al_2O_3	F
Ph_1^{3-3}		17.53	6.19	39.57	9.45	22.63	0.92	0.89	1.65
Ph_1^{3-2}		32.54	8.31	46.60	0.88	3.70	1.17	1.23	2.67
Ph_1^{3-1}		15.10	37.28	22.19	1.01	2.22	3.07	3.15	1.14
$Ph_1^{3-3}+Ph_1^{3-2}$		29.00	7.81	44.94	2.90	8.16	1.11	1.15	2.46
$Ph_1^{3-2}+Ph_1^{3-1}$		24.61	21.48	35.51	0.94	3.03	2.03	2.10	1.98
$Ph_1^{3-3}+Ph_1^{3-2}+Ph_1^{3-1}$		23.59	19.28	36.09	2.16	5.85	1.87	1.92	1.93
Ph_1^3 混合计算部分		20.73	21.67	34.10	2.18	6.26	1.92	1.85	1.89
Ph_1^3 全层		22.56	20.14	35.38	2.17	6.00	1.89	1.90	1.91
Ph_2	致密条带状磷块岩	33.60	6.68	48.18	1.58	4.77	0.42	0.49	
	白云岩条带状磷块岩	23.70	0.73	40.24	5.71	13.39	0.60	0.61	

矿石自然类型以致密块状磷块岩质量最好,P_2O_5 含量一般大于 30%,是组成富矿体的主要矿石类型。Ph_1 矿层在平面上构成南北两个富矿带,呈北西向展布。北富矿带西起树空坪经店子坪、樟村坪、丁家河至桃坪河,断续长 25km;南富矿带分布于殷家沟矿区南缘和盐池河矿区北部,大部分遭后期剥蚀。

中磷矿层距下矿层 4~10m,由白云岩相隔,矿层呈透镜状,厚度 0~4.48m,P_2O_5 平均含量 21.7%。该矿层在栗西矿区以北发育最好,构成主要工业矿层,厚度为 0.29~7.86m,一般为 2~4m,P_2O_5 含量一般为 18~23%。

宜昌磷矿北部地区含磷岩系属震旦系下统陡山沱组(Z_1d),上覆地层为震旦系上统灯影组(Z_2dn),二者分界明显,呈整合接触,下伏地层为中元古界神农架群,呈角度不整合接触关系。含有工业磷矿层 3 层(Ph_2^2、Ph_2^1、Ph_1^3),分别赋存于陡山沱组胡集段(Z_1d_2)和樟村坪段(Z_1d_1)。最底部的下磷层第三矿层(Ph_1^3)距不整合面 5.4~22.0m。岩(矿)石组合为一套含硅锰质白云岩-黑色云质泥岩-磷块岩-白云岩。含磷岩系陡山沱组旋回结构稳定,标志层明显,可划分为 4 个段(Z_1d_1、Z_1d_2、Z_1d_3、Z_1d_4),由 3 个沉积旋回组成(图 7-8)。

第 I 沉积旋回 底砾岩-硅质白云岩-黑色云质泥岩-磷块岩(Ph_1^3)-白云岩建造,属开阔浅海台地潮坪(亚)相—半泻湖(亚)相—潮坪鲕滩(亚)相。其中,含钾页岩向北逐渐相变为黑色云质泥岩,含磷性变差,Ph_1^3 矿层变薄—消失。

第 II 沉积旋回 磷块岩(Ph_2^1)-薄层粒屑云岩-粒屑磷块岩(Ph_2^2)-薄层云岩、硅质扁豆体云岩建造,属开阔浅海台地内潮坪鲕滩(亚)相—潮间泥坪(亚)相,此段在北部地区最为发育,递变为主矿层;另新出现薄层粒屑云岩及工业磷矿层(Ph_2^1)。

第 III 沉积旋回 磷块岩(Ph_3)-泥质云岩-硅质云岩,属浅水盆地-深水盆地相,沉积厚度增大,含磷性逐渐减弱,不具工业意义。

宜昌磷矿杉树垭矿区东部块段陡山沱组(Z_1d)厚度 105.62~144.72m,平均 129.45m,可采含磷系数 1.90%~13.40%,平均 6.10%,向北至江家墩矿区陡山沱组厚度为 117.01~143.00m,平均厚度 131.99m,可采含磷系数 3.93%~11.60%,平均 7.15%,表明宜昌磷矿陡山沱组向北厚度变化不大,但可采含磷系数增大,且中磷层发育成主要工业矿层,含磷性变好。

宜昌磷矿北部地区中磷层(Ph_2)与南部地区中磷层(Ph_2)最大区别在于其层位抬高,矿层变厚,工业意义从次要工业磷矿层递变为主要工业矿层,并沉积分化为上、下两个矿层,即:第一矿层(Ph_2^1)和第二矿层(Ph_2^2)。

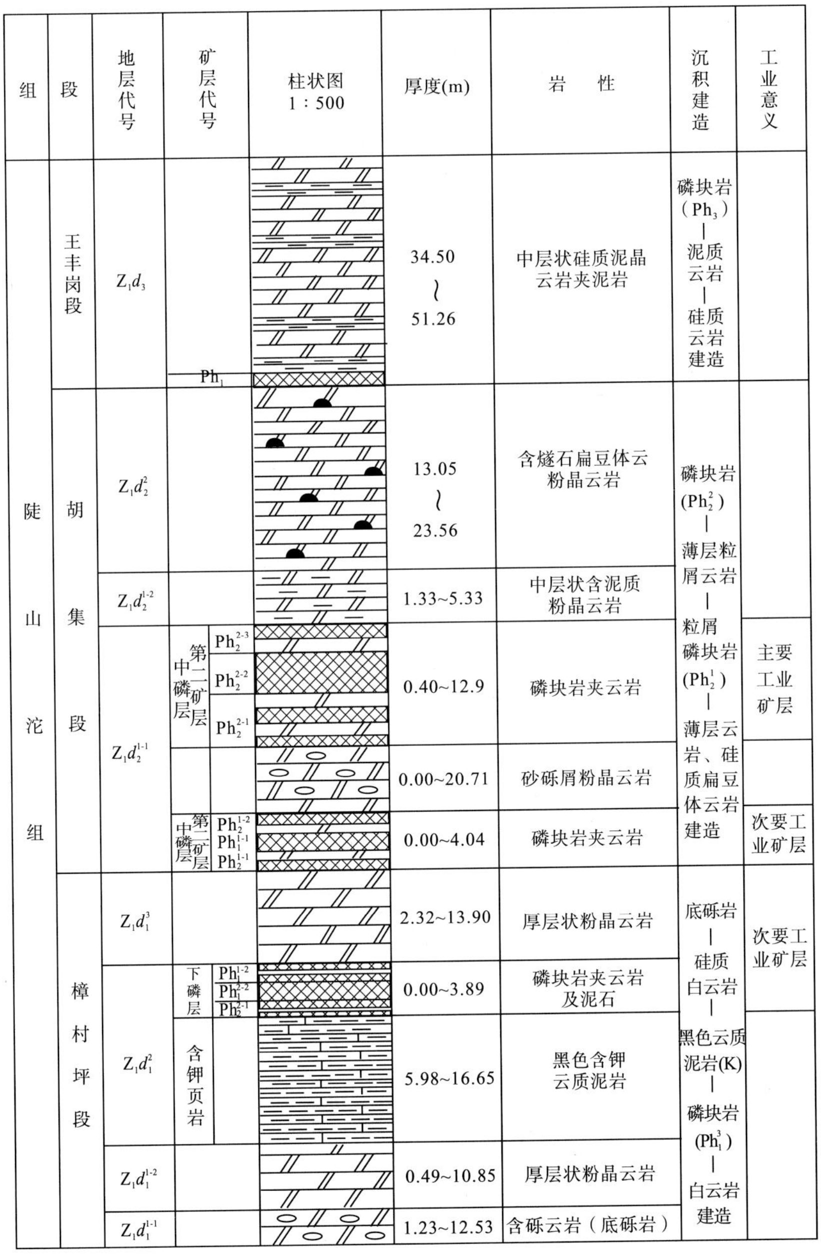

组	段	地层代号	矿层代号	柱状图 1:500	厚度(m)	岩 性	沉积建造	工业意义
陡山沱组	王丰岗段	Z_1d_3			34.50~51.26	中层状硅质泥晶云岩夹泥岩	磷块岩(Ph_3)—泥质云岩—硅质云岩建造	
	胡集段	$Z_1d_2^2$	Ph_2		13.05~23.56	含燧石扁豆体云粉晶云岩	磷块岩(Ph_2^2)—薄层粒屑云岩—粒屑磷块岩(Ph_2^1)—薄层云岩、硅质扁豆体云岩建造	
		$Z_1d_2^{1-2}$			1.33~5.33	中层状含泥质粉晶云岩		
		$Z_1d_2^{1-1}$	中磷层第二矿层	Ph_2^{2-3} Ph_2^{2-2} Ph_2^{2-1}	0.40~12.9	磷块岩夹云岩		主要工业矿层
					0.00~20.71	砂砾屑粉晶云岩		
			中磷层第一矿层	Ph_2^{1-2} Ph_2^{1-1}	0.00~4.04	磷块岩夹云岩		次要工业矿层
	樟村坪段	$Z_1d_1^3$			2.32~13.90	厚层状粉晶云岩	底砾岩—硅质白云岩—黑色云质泥岩(K)—磷块岩(Ph_1)—白云岩建造	次要工业矿层
		$Z_1d_1^2$	下磷层	Ph_1^{1-2} Ph_1^{1-1}	0.00~3.89	磷块岩夹云岩及泥石		
			含钾页岩		5.98~16.65	黑色含钾云质泥岩		
		$Z_1d_1^{1-2}$			0.49~10.85	厚层状粉晶云岩		
		$Z_1d_1^{1-1}$			1.23~12.53	含砾云岩(底砾岩)		

图7-8 宜昌磷矿北部地区含磷岩系柱状图

(据杨刚忠,2008)

第一矿层(Ph_2^1):基本岩石组合为砂砾屑磷块岩-薄层粒屑粉晶云岩(局部缺失,Ph_2^1与Ph_2^2合并),一般情况下为次要工业矿层,其顶板为宜昌磷矿区域发育的薄层状粒屑云岩($Z_1d_2^{1-1}$),底板为厚层状结晶云岩($Z_1d_1^3$)。

第二矿层(Ph_2^2):层位稳定,于北部地区广泛发育,相当宜昌磷矿的中磷层主矿层(Ph_2),主要表现为致密块状及条带状磷块岩,其顶板为中厚层状粉晶云岩夹薄层泥质云岩($Z_1d_2^{1-2}$),上覆为连续沉积的灰黑色含燧石扁豆体粉晶云岩($Z_1d_2^2$),该扁豆体粉晶云岩为区域性辅助标志层。

中磷层第二矿层富矿带(Ph_2^{2-2})发育在本区中北部,南东起杉树垭,向北西经董家包、云台观—江家墩、孙家墩一带,总体方向为北西、北北西向,延伸长度>10km,宽度1~2km,向北仍有延伸扩大趋势(图7-9);中磷层第一矿层富矿带(Ph_2^{1-2})主要分布于本区北部肖家河、江家墩一带,展布方向亦为北西、北北西向,其延伸规模小于中磷层第二矿层(Ph_2^2)。

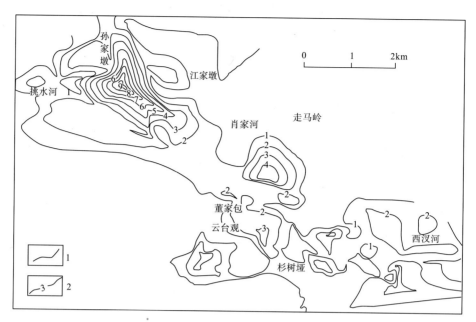

图 7-9 中磷层第二矿层富矿带(Ph_2^{2-2})厚度等值线图

(据杨刚忠,2008)

1.厚度等值线;2.厚度值

据杨刚忠、聂开红等研究,本区下、中磷层沉积聚磷中心,沿海侵方向,含磷层位从南向北由老至新,南部晓峰-交战垭一带初始沉积下磷层(Ph_1);向北至盐池河、殷家沟矿区,下磷层(Ph_1)递变发育成工业矿层,并开始出现中磷层(Ph_2)含矿层位;再向北,从桃坪河、丁家河、樟村坪、栗林河一线,除下磷层(Ph_1)聚磷递增成为主要工业矿层外,中磷层(Ph_2)亦发育为次要工业矿层;继续向北至西汉河、董家河、云台观、肖家河、江家墩一带,中磷层(Ph_2)则发育为主要工业矿层,下磷层(Ph_1)成为次要工业矿层。陡山沱期海侵方向和海侵范围控制沉积聚磷中心由南向北含磷富集程度增强、层位逐步抬高。

由此可见,宜昌磷矿北部地区中磷层(Ph_2)富矿带展布不仅具有明显的方向性,而且其聚磷浓集中心向北西方向仍有继续延伸趋势。可以预测,在本区北西、北北西方向 1~5km 范围内仍存在展布宽度 ≥600m 的中磷层(Ph_2)富矿带,尤其是延伸规模较大、富集程度较高的中磷层第二矿层富矿带(Ph_2^{2-2})。

上矿层一般规模小,但在丁家河矿区东矿段、灰石垭磷矿和盘古磷矿,成为主矿层,厚 0.54~9.36m,长 400~3400m,宽 1200~2900m,品位 18.24%~26.05%。

五、矿石物质组成及工艺矿物学性质

1. 矿石化学组成

宜昌市磷矿一些矿区矿石化学组成见表 7-4。磷矿石的主要化学成分有:P_2O_5、CaO、MgO、Fe_2O_3、SiO_2、CO_2、F 等,其总量已达到 90% 以上。此外还含氯、碘等微量元素。

矿区 P_2O_5 的平均含量 19.9%~28.73%,总平均 22.12%,表明宜昌磷矿以中低品位矿石为主,P_2O_5>30% 的富矿占总量的 8.29%。

富矿主要产于栗西、店子坪、樟村坪、树空坪、丁家河、桃坪河、殷家沟、盐池等矿区,矿区(段)中富矿所占比例为 5.55%~58.97% 不等(表 7-5)。由于富矿可直接进行加工,成了近年来主要开采对象,资源消耗快。并且"两贫夹一富"的特殊的矿层结构,使富矿的开采造成上下贫矿层资源的破坏,导致了严重的资源浪费,这是宜昌磷矿资源开发和保护的一个重大问题。

表 7-4 宜昌市磷矿矿石化学成分(%)

矿区名称	P_2O_5	Al_2O_3	CaO	MgO	Fe_2O_3	CO_2	SiO_2	酸不溶物	F	I	Cl	烧失量	枸溶性P_2O_5
栗西磷矿	19.9	1.14	26.42	4.76	1.8	11.48	25.09	26.98					
丁家河磷矿西矿段	21.11	1.54	34.69	3.73	1.85		8.69		22.39		0.001		
灰石垭磷矿	19.66	2.19	31.56	1.44	1.89	3.41							
樟村坪磷矿Ⅲ矿段	22.55	1.64	35.09	2.91	1.95	6.98	20.01		1.998	0.002			
樟村坪磷矿Ⅱ矿段	28.73	1.48	38.38	2.93	1.62	6.57	15.29	18.33	2.14			7.33	4.75
店子坪磷矿	23.74	1.80	35.79	2.61	1.77		6.46	22.47	1.97				
桃坪河磷矿	20.49		42.0	7.0			38.0						
盐池河磷矿	20.16	4.28	28.26	1.52	2.68	2.94	26.0	31.83	1.53				
兴神磷矿瓦屋矿区	22.73	5.91	29.32	1.54	2.56						0.021		

表 7-5 宜昌市磷矿有富矿产出矿区各品级矿石量的构成

矿区名称	Ⅰ级品(万吨)($P_2O_5>30\%$)	Ⅱ级品(万吨)($P_2O_5=20\%\sim30\%$)	Ⅲ级品(万吨)($P_2O_5=12\%\sim20\%$)	Ⅰ级品占(%)
栗林河东侧矿段	885.0	545.0	42.0	52.93
栗林河西侧矿段	2005.0	1454.0	427.0	51.60
店子坪矿区	1966.6	1796.5	2346.3	32.19
樟村坪矿区Ⅰ矿段	315.8	772.6	1784.2	10.99
樟村坪矿区Ⅱ矿段	125.6	35.1	52.3	58.97
樟村坪矿区Ⅲ矿段	1056.6	164.0	2313.2	29.90
桃坪河矿区九女矿段	737.2	192.9	706.5	45.04
桃坪河矿区桃坪河矿段	733.2	218.5	1414.3	31.00
桃坪河矿区神农矿段	931.6	1048.3	3001.0	18.70
殷家沟矿区远安磷矿	120.0	280.9		29.93
殷家沟矿区寨沟矿段	203.5	3460.9		5.55
盐池河矿区	778.0	3283.0	2807.7	11.33
丁家沟磷矿西段	2621.3	1306.7	3395.1	35.80
丁家沟磷矿东段	757.5	2105.4	6520.9	8.07
树空坪马家湾矿段	1113.3	281.0	590.1	56.11
树空坪树空坪矿段	684.7	3820.2	1079.5	12.26
总计	15034.9	20765	26679.1	24.06

注:DZ/T0209-2002 标准:酸法加工用磷矿石 $P_2O_5 \geqslant 32\%$ 为优等品,$\geqslant 28\%$ 为一等品;黄磷用磷矿石 $P_2O_5 \geqslant 30\%$ 为优等品,$\geqslant 28\%$ 为一等品

各矿区 Al_2O_3 的平均含量 1.14%～5.91%,变化比较大。说明矿石中泥质物含量不稳定。CaO 的含量 26.42%～42%,是矿石中最主要的化学组分之一。CaO 主要含在胶磷矿和方解石、白云石中,其含量是划分矿石工艺类型的重要因素之一。MgO 的含量 1.44%～7.0%,变化也比较大,矿石中镁主要含在镁方解石和白云石中,当这些矿物聚集时镁含量就增高。SiO_2 的含量 6.46%～38.0%,变化大。SiO_2 主要含在石英、玉髓和粘土矿物中。CO_2 的含量 3.41%～11.48%,产于矿石的碳酸盐矿物、碳磷灰石和碳质物中。

烧失量则代表CO_2、Cl、F、H_2O(OH)等挥发物质的含量,据樟村坪磷矿Ⅱ矿段矿石分析结果为7.33%。

矿石成分其他测试项目有酸不溶物含量和枸溶性P_2O_5含量,前者关系到矿石加工性能,后者反映直接用作农肥的效果。各矿区酸不溶物含量为18.33%~31.83%,枸溶性P_2O_5含量为4.75%。

矿石中伴生碘的含量为0.001%~0.002%,伴生氟的含量为1.53%~2.14%,伴生氯的含量据兴神磷矿瓦屋磷矿的分析结果为0.02%。这些伴生元素在磷矿石加工过程中应考虑顺便综合回收。

据DZ/T0209-2002标准,磷矿石的工业类型主要根据CaO/P_2O_5的值及酸不溶物含量进行划分,对于P_2O_5品位30%~24%的矿石:$CaO/P_2O_5<1.45$,酸不溶物重量>20%,划为硅质及硅酸盐型;$CaO/P_2O_5>1.6$,酸不溶物含量<10%的划为碳酸盐型;介于两者之间的划为混合型。宜昌磷矿的矿石多数属于硅酸盐型,部分属于混合型。

宜昌磷矿化学组成与鄂西磷矿成矿带中其他磷矿区的对比见表7-6。

表7-6 鄂西磷矿带磷矿成分对比(%)(据陈彰瑞,1991)

矿区	层位	P_2O_5	SiO_2	CaO	MgO	CO_2	Fe_2O_3	Al_2O_3	F	I	Cl
荆襄磷矿	Ph_3	17.70	32.63	30.13	4.18	9.22	1.26	0.94	1.34		
荆襄磷矿	Ph_1	23.96	15.23	38.23	2.89	7.84	1.61	1.64	1.85		
宜昌磷矿	Ph_1^3	22.41	20.14	35.38	2.17	6.00	1.89	1.90	1.91	0.001~0.002	0.03~0.06
兴神磷矿瓦屋矿区	Ph_{1+2+3}	21.45	18.33	34.40	2.75	9.36	1.74	1.58	1.86	0.012	0.021
兴神磷矿白竹矿区	Ph_{1+2+3}	23.06	16.65	37.80	4.21	10.20	1.30	0.68	2.17		0.0283

总体上各矿区的化学成分相似,中等品位矿石,含钙、镁及硅较高,少部分为含Al_2O_3、SiO_2高的泥质磷块岩,高SiO_2质磷块岩及低杂质的"单磷酸盐磷块岩"都是少数。微量元素最显著特点是普遍含碘,但不含铀和稀土元素。经研究,陡山沱期磷块岩中的碘是经藻类及孔隙磷质溶液聚集、浓缩,磷质凝胶吸附而聚集的。碘主要与磷块岩的磷质一起富集,其富集受岩相古地理及磷块岩矿石类型和磷质状态所控制。

2.矿石矿物组成及结构构造

矿石中磷矿物为磷酸盐矿物,因常呈隐晶质、微晶质、凝胶状出现,故常被称为胶磷矿。据红外光谱、X衍射分析及单矿物化学分析(表7-7),均属碳氟磷灰石类质同象系列$Ca_5[PO_4]_3$(F、OH)—$Ca_{10}[PO_4]_6[CO_3]$。按其结构状态分为非晶质、隐晶质、层纤状、柱粒状4类。

表7-7 陡山沱期磷块岩磷酸盐矿物单矿物化学分析结果(据李悦言等,1994)

样号	产地	化学成分(%)												晶胞常数 a_0(0.1nm)	平均折光率
		P_2O_5	CaO	MgO	K_2O	Na_2O	Al_2O_3	Fe_2O_3	FeO	MnO	H_2O^+	CO_2	F		
Hf_4	荆襄	39.29	52.36	0.09	0.30	0.24	0.60	2.12	0.20	0.24	0.88	0.68	3.27	9.377	1.628
Yg_7	宜昌	39.04	52.88	0.34	0.02	0.68	0.48	0.16	0.21	0.68	1.05	2.315	3.13	9.380	1.8094
Dq_9	东山峰	40.83	54.21	0.12	0.03	0.13	0.31	0.14	0.17	0.13	0.68	0.23	3.90	9.377	1.6088
B_4	开阳	39.20	52.71	0.28	0.10	0.58	0.58	0.58	0.18	0.07	0.79	2.15	3.75	9.370	1.6166
B_8	瓮安	40.04	54.14	0.15	0.01	0.25	0.25	0.25	0.03	0.02	0.51	0.76	3.65	9.352	1.6150

非晶质碳氟磷灰石$d=1$~$9\mu m$,为各种形态胶团的凝聚体,是凝胶结构磷块岩的主体,也是颗粒结构磷块岩之磷质颗粒和填间基质的主要组成者。层纤状氟碳磷灰石有两种:一种环绕着磷质颗粒或其他碎屑紧密集合成0.003~0.01mm厚的环壳,系磷质颗粒等在沉积盆地内运移过程中聚集、粘结的磷

质质点或分层凝聚的磷质薄壳,在成岩阶段重结晶而成。柱粒状碳氟磷灰石 $d=0.006\sim1.5\text{mm}$,呈轮廓清晰的粒状或晶形完好的柱状,常与次生石英、玉髓相伴生。

据陈彰瑞研究,胶磷矿显微镜下呈淡黄色、褐色、深褐色和黑褐色等,无色透明的基本未见。在 2500～5000 倍扫描电镜下,呈次显微晶($0.2\sim2\mu\text{m}$)状集合体。胶磷矿主要呈胶状块体及假鲕粒状、团粒状、碎屑状等产出。假鲕粒状具圈层结构无内核,团粒状胶磷矿外形近乎假鲕粒,呈圆形和椭圆形,但无圈层结构。它们的颗粒大小一般为 0.05～0.6mm 不等。无论是块状胶磷矿或是颗粒胶磷矿中,较普遍地包含有一些脉石矿物微粒($10\sim50\mu\text{m}$),形成明显的筛孔状构造。铁质、碳质物,尤其是碳质物往往呈超微粒或丝绢状与胶磷矿混杂在一起,使胶磷矿色变深。矿石中胶磷矿的含量为 30%～85%。

矿石中脉石矿物有白云石、方解石、石英、玉髓、粘土矿物及少量黄铁矿、褐铁矿、碳质物等,长石类矿物含量微,多集中在工业矿层中、下部的矿石中。碳质物,尤其是有机碳在矿石中含量较高,且也多集中于工业矿层中下部矿石中。

碳酸盐矿物主要是白云石、方解石,白云石的含量为 8%～40%,方解石的含量为 5%～10%。中粒至微粒,原生沉积的为泥晶结构,经重结晶形成 0.01～0.02mm 自形半自形颗粒,相互镶嵌,或散布于胶磷矿中。次生碳酸盐则细粒、中粒状产于细脉中。

硅质矿物有石英和玉髓两种,原生硅质为微细粒玉髓状,石英则为微细粒碎屑状。自生石英是在成岩过程中形成,颗粒较粗,散布于胶磷矿中,或产于微细脉中。矿石中石英和玉髓的含量为 3%～20%。

矿石中的铁质和碳质则呈微小质点散布,或呈皮膜状包裹磷酸盐矿物。

由于宜昌磷矿形成于浅海台地之局限、盐化环境,仔细鉴定还可能发现少量石膏、天青石、重晶石等矿物。

宜昌磷矿石的构造有条带状(图7-10)、条纹状、粒序状、凝块状(致密状)、叠层状和结核状等,主要为前三种,且在同一个矿区同一矿层中可见到各种构造交替。磷矿的显微结构见图7-11～图7-17(姚敬劬,2010)。

3. 矿石工艺矿物学性质

磷矿矿石工艺类型以往根据其中钙、镁、硅质的含量分为钙(镁)硅质、硅钙(镁)质、硅质、钙镁质矿石等种类,以硅钙(镁)质最为常见。目前则分为硅酸盐型、混合型和碳酸盐型3类。各类矿石在一个矿

图 7-10 宜昌磷矿条带状磷矿石

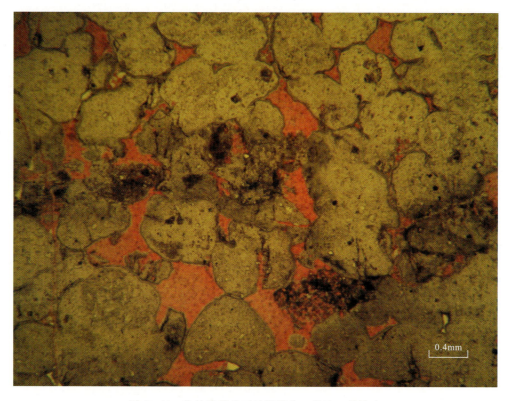

图 7-11　宜昌胶磷矿石显微照片　薄片　单偏光
隐晶质胶磷矿组成椭圆状团粒，粒间为方解石充填
（方解石经茜素红染色，呈红色）

图 7-12　宜昌胶磷矿石显微照片　薄片　单偏光
隐晶质胶磷矿组成团粒，粒间有方解石和絮状碳质充填，使矿石呈黑色

第七章 化工原料非金属矿产

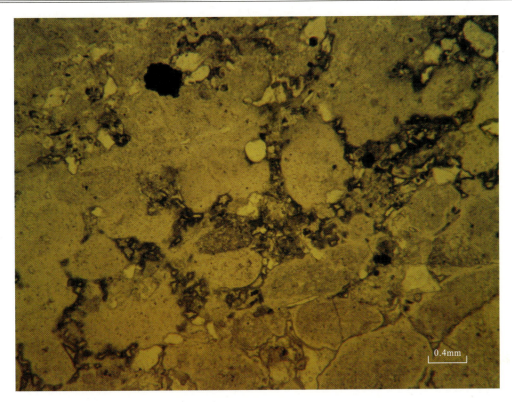

图 7-13 宜昌磷矿石显微照片 薄片 单偏光
胶磷矿的团粒间可见有棱角次棱角状石英碎屑散布

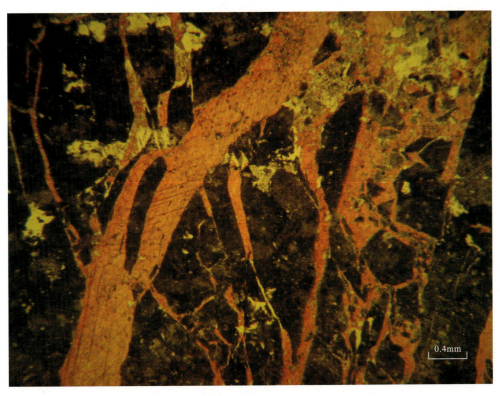

图 7-14 宜昌磷矿显微照片 薄片 单偏光
胶磷矿被方解石网脉状穿插（方解石经茜素红染色呈红色）

图 7-15　宜昌磷矿显微照片　薄片　单偏光
磷矿层中粉砂质泥岩夹层，由伊利石等粘土矿物和石英粉砂碎屑组成

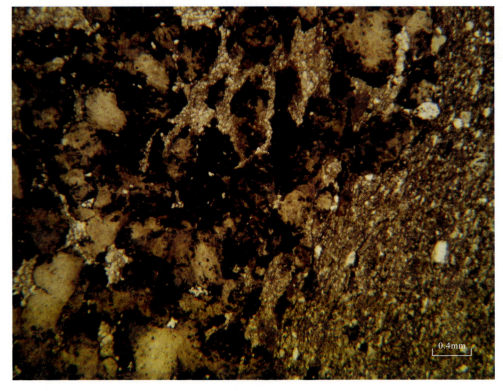

图 7-16　宜昌磷矿显微照片　薄片　单偏光
由胶磷矿团粒组成的条带与粉砂质泥岩条带相间

图 7-17　宜昌胶磷矿石显微照片　薄片　单偏光
隐晶质胶磷矿形成团粒紧密堆积几无孔隙,形成富矿

区(段)均可见到,常分层交替出现,一般硅质矿石在下,钙(镁)质矿石在上,可以分层圈出,但难以分层开采。所以混合矿石工艺类型绝大多数应属钙(镁)硅质,少部分为硅钙(镁)质。

矿石中磷酸盐矿物的嵌布粒度为 $10\sim2500\mu m$,而粒度在 $200\sim2000\mu m$ 细粒级的不及 15%,所以磷酸盐矿的嵌布粒度应属中粒级(图 7-18)。石英-粘土和铁质矿物的嵌布粒度属中—细粒级,而碳酸盐矿物也属中粒级,但大于 $1000\mu m$ 占 45.7%,所以在嵌布粒度曲线图上碳酸盐矿物的曲线包围磷酸盐

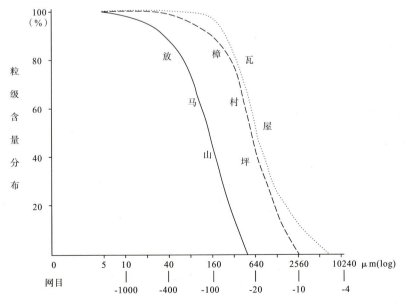

图 7-18　湖北省磷块岩矿床典型矿区磷盐矿物嵌布粒度特性曲线
(据陈彰瑞,1991)

矿物,磷酸盐矿物的曲线又包围石英-粘土和铁、碳质矿物。在粒度分布方面各类矿物显示出明显的差异性(陈彰瑞,1991)。所以要使磷矿物与碳酸盐矿物分离,如果单从粒度来考虑,磨矿粒度至－100目即可,但要使磷矿物与石英、粘土类矿物和铁碳矿物分离,磨矿粒度还应减小,但预计至－200目完全可以实现。

由于在磷矿物颗粒中包裹有微粒(粒径10～50μm或更小)碳酸盐矿物、粘土矿物、硅质矿物和铁碳质矿物,不论磨矿粒度如何,都无法将包裹的矿物分离出来。但这部分脉石的含量小,不足以影响一级磷精矿的质量。

粘土类矿物有少许呈皮壳状包裹磷矿物,绝大部分是与磷矿物呈毗连镶嵌,由于两者硬度相差较大,只要磨矿粒度达到或接近磷酸盐矿物的嵌布粒度,两者基本可以分离。

磷矿物与绝大部分硅矿物和铁质矿物也呈毗连镶嵌,由于两者硬度相差不大,接触介面又曲折而紧密,磨矿粒度达到磷酸盐矿物的嵌布粒度,两者多难沿接触界面分离,所以在磷精矿中能较多地见到磷矿物与硅质矿物和铁质矿物的连生体,但其含量也不足以影响磷精矿的质量。

磷矿物与碳酸盐矿物(白云石、镁方解石)也呈毗连镶嵌,且接触界面多呈港湾状。由于碳酸盐矿物解理发育,磨矿时很容易沿解离面裂开,所以当磷酸盐的嵌布粒度小于磨矿粒度时,往往可见到磷酸盐矿物和碳酸盐矿物的连生体。

由于磷酸盐矿物在矿石中主要呈条带和条纹状嵌布,磷酸盐矿物和脉石矿物分带富集,这对于粗磨重介质选别磷酸盐矿物有利。

六、开发利用与资源保护

1. 开发利用状况

宜昌磷矿开采始于20世纪50年代,大发展于80年代,各种经济类型的磷矿山企业蓬勃兴起,极大地加快了磷矿资源的开发速度,目前已有磷矿山60多家。楚星等磷肥企业出品的磷肥在全国享有盛誉;以宜化、兴发为龙头的磷化企业目前能生产磷化工产品50余种,其中黄磷、五钠、磷酸等产品在全国磷化企业中排第一位,宜化将建成全国最大的磷化生产企业,兴发集团已跻身于全国化工500强的行列。磷矿业已成为宜昌市的经济支柱、外贸主力,为地方、省和国家的经济建设作出了重要贡献,为支援农业发展提供了大量产品,也有力地促进了山区人民脱贫致富和城镇化建设。

2. 宜昌磷矿业可持续发展的方向

(1)加强磷矿地质勘查,扩大磷矿资源储量,提高磷矿资源保证程度

宜昌市磷矿成矿地质条件有利,找矿远景巨大。自1955年发现磷矿起,探明资源储量迅速增长,至1990年查明的磷矿资源总量已名列国内磷块岩型矿床的前茅。21世纪初投入的磷矿普查和老矿山接替资源勘查成效明显,已新增3.5亿t以上的资源储量。

今后应继续采用"公商并举"的投资方式,增加磷矿地勘投入:一方面争取国家财政支持,开展公益性磷矿资源调查和评价,另一方面鼓励和指导民营矿山企业投资磷矿地质勘查。使宜昌磷矿资源的优势得以长期保持和不断得到扩大。

(2)切实贯彻"资源开发和保护并重"的原则

严格按照《宜昌市矿产资源总体规划》和《宜昌市磷矿资源开发专项规划》的要求,确定磷矿开采总量、矿山数,最低开采规模及矿山资源利用率。切实贯彻、严格执行磷矿采矿权投放和审批制度,对原矿外省销量和出口量进行调整。

(3)选贫为富,从根本上解决贫矿利用问题

据前述宜昌磷矿资源中,富矿($P_2O_5>30\%$)仅占8.29%,其余90%以上的资源都为中低品位矿石,因此中低品位磷块岩的利用是最终解决采富弃贫问题的关键。基于这一共识,国家历来重视磷矿选矿研究。自1969—1994年的25年间,化工部化工矿山设计研究院、地矿部矿产综合利用研究所、湖北

省地质局中心试验室等单位,国外日本丸红株式会社和美国戴维麦基公司,先后对宜昌、保康、荆襄磷矿的矿石进行了选矿试验。其中宜昌磷矿试验结果见表7-8。

表7-8 宜昌磷矿选矿试验结果

矿区名称	矿石类型	试验类型	选矿方法	入选品位 P_2O_5(%)	精矿品位 P_2O_5(%)	回收率(%)
丁家河磷矿东部矿段	混合胶磷矿石	实验室试验	浮选	18.32	30.28	83
丁家河磷矿西部矿段	硅钙(镁)质矿石	实验室试验	浮选	16.92	29.34	87
店子坪磷矿	硅钙(镁)质矿石	实验室试验	浮选	23.34	31.4	88
盐池河磷矿	硅钙(镁)质矿石	生产试验	重介质选矿	23.8	31.8	73.86
殷家沟磷矿	硅钙(镁)质矿石	实验室试验	浮选	23.34	31.4	88.38
兴神磷矿瓦屋矿区Ⅱ、Ⅲ矿段	混合型	实验室试验	浮选	22.12	29.81	83.93
树空坪磷矿	硅质磷块岩	实验室试验		18.04	31.41	88
瓦屋矿区Ⅰ矿段	硅钙(镁)质矿石	实验室试验	重介质-浮选	22.21	29.16	89

实验室及生产试验结果表明,磷矿石是可选的。1988年底地矿部矿产综合利用研究所和化工部地质研究所采用重介质选矿联合流程解决了宜昌磷矿的选矿工艺,半工业试验获得了如下指标:全层矿样入选,原矿品位(P_2O_5)23.02%,精矿品位32.96%,回收率75.54%。建立了花果树选厂,但选厂未能正式投产,因为选矿成本太高,重介质选矿直接生产成本是Ⅰ级品磷矿石坑口价的1.8～2.7倍,精矿不可能与富矿石进行价格竞争。为继续推进磷块岩的选矿,应从下述4个方面采取措施:①加大科技投入与技术创新力度,通过科技项目招标进一步研究选矿技术,改进工艺,降低选矿成本。据2009年信息,新建选矿厂选矿成本已大幅下降,虽精矿价格仍高于富矿,但已很接近。②根据国家产业政策及统筹协调的思想,促进大型磷化工集团与矿山企业联合,依靠磷化集团的资金,建大型选矿厂,通过扩大生产规模降低生产成本,同时也可将一部分选矿成本消化到磷化产品中。③推进磷矿山企业合并重组,改造成大型采选联合企业,使选矿在生产中得到实施,实行磷矿的全层开采或贫富兼采。④利用费税等经济杠杆,对开采和利用贫矿进行扶持,加收开采和利用富矿费税,使开采贫矿和富矿的效益得到平衡。

(4)对磷矿进行精深加工,不断提高产品技术含量和产品附加值

目前国际上磷化工产品已达到130多种,广泛应用于农业、国防、冶金、电子、机械、医药、轻工等各个方面。我国已能生产几十种,宜昌宜化、兴发等强势磷化企业能生产50余种,除传统的黄磷、五钠等产品外,还能生产磷酸脂系列产品、食品级磷酸、食品磷酸盐等高档产品,深加工的前景十分宽广。在磷肥生产方面要大力发展高浓度磷肥、磷复合肥的生产,控制低浓度磷肥产量。磷化应以黄磷为基础原料生产高、精、专、特的产品,特别是食品级、医药级产品。应推广湿法磷酸提纯技术,将对外供磷矿石改为供应商品磷酸。

对磷矿的共生、伴生矿产白云岩、含钾页岩及碘的综合利用问题应作出规划,进行可行性论证和前期技术准备,不断扩大宜昌磷化工企业的生产领域,为磷矿资源的深度开发利用树立示范。

随着磷矿选矿技术的采用和磷肥磷化企业规模的扩大,尾矿、磷矿渣及磷石膏等固体废料处理问题将日益突出。每生产1t磷精矿要排出0.8～5t矿渣,生产1t湿法磷酸要副产3.3t磷石膏,生产1t黄磷要产生8～10t磷渣和大量磷铁和磷泥。这些废料若不处理,将成为影响环境、制约企业发展的严重问题。应按照循环经济原则(减量、再用、循环)开展磷矿废料的资源化处理。用选矿尾矿制造蒸压砖等建材,用黄磷渣制水泥,用磷石膏制石膏板、水泥添加剂及硫酸,用磷铁和磷泥提取三聚磷酸钠和制磷肥。

应积极发展磷化工产业循环经济,市政府已确定以猇亭园区为产业核心区,以宜都、兴山、远安等县(市)为产业延伸区,以兴发、宜化、三新磷化等七家湖北省循环经济试点单位和骨干企业为支撑,建立磷

化工产业循环经济发展模式。

七、主要磷矿

1. 栗西磷矿

矿区分栗林河东侧矿段和栗西矿段两部分,都位于宜昌城区北,直距 63~64km。矿区距宜兴路樟村坪站 13~15km。

矿区位于黄陵背斜北部,矿体赋存于下震旦统陡山沱组地层中。栗林河东侧矿段规模小,资源储量只有 1051.8 万 t,主要矿量都在栗西矿段,资源储量为 18543.4 万 t。栗西段地质勘查由湖北省第七地质大队完成,1977 年 8 月提交《湖北省宜昌县宜昌磷矿栗西矿区详细普查报告》。

栗西矿段有矿体 2 个,主要矿体名称 Ph_1^3。主矿体长 4700m,宽 1700~3750m,厚 1.97~6.98m,倾角 5~15°,埋深 0~480m,层状矿体。矿石属硅钙(镁)质磷块岩,Ⅲ级品。矿石平均化学成分:P_2O_5:19.9%,酸不溶物 26.98%,SiO_2:25.09%,Al_2O_3:1.14%,CaO:26.42%,CO_2:11.48%,Fe_2O_3:1.8%,MgO:4.76%。矿区水文地质条件简单,水源地西叉河距矿区 1km,供水量 53446m³/d。目前为开采矿区,采用平硐开采。

栗西矿区为国家规划矿区。

2. 夷陵区店子坪磷矿

矿区位于宜昌市城区 345°方位直距 60km 处,距宜兴路樟村坪站 6km。

磷矿地处黄陵背斜北翼,矿体赋存于下震旦统陡山沱组中。由湖北省鄂西地质大队进行地质勘查,1985 年 6 月提交《湖北省宜昌磷矿店子坪矿区详细勘探地质报告》。查明磷矿资源储量 7765.7 万 t,属大型矿床。

矿区有矿体 1 个,矿体名称 Ph_1,长 6500m,宽 300m,厚 3.77m,倾角 5~10°,埋深 0~180m。矿石为硅钙(镁)质磷块岩,Ⅰ、Ⅱ、Ⅲ级品,其中 Ⅰ级品资源储量 1966.6 万 t。全区矿石平均化学成分:P_2O_5:23.74%,F:1.97%,酸不溶物 22.47%,SiO_2:6.46%,Al_2O_3:1.8%,CaO:35.79%,Fe_2O_3:1.77%,MgO:2.61%。矿石实验室浮选试验结果:入选品位 23.34%,精矿品位 31.4%,尾矿品位 6.3%,回收率 88%,为可选矿石。

矿区水文地质条件简单,最大涌水量 6664m³/d。水源地石门河距矿区 2km,供水量 6216m³/d,不能满足需要。平硐开采,顶底板一般属稳定类型,但在构造破碎带其稳定性明显降低。

店子坪磷矿为国家规划矿区。目前为开采矿区,由多家磷矿山企业开采(图 7-19),现已进行整合。

3. 夷陵区丁家河磷矿

矿区分为东部矿段和西部矿段,均位于宜昌城区北,直距 58~59km 处。

矿区位于黄陵背斜北翼靠东部位,磷矿赋存于下震旦统陡山沱组地层中。矿区由湖北省鄂西地质大队勘查,1985 年 6 月提交《湖北省宜昌磷矿丁家河矿区东部矿段初步勘探地质报告》,查明资源储量 7915.8 万 t;1975 年 12 月提交《湖北省宜昌磷矿丁家河矿区详细勘探储量报告》,查明磷矿资源储量 7763.6 万 t。

东段有矿体 2 个,主矿体名称 Ph_1^3,长 3400m,宽 2900m,厚 1.79~9.36m;倾角 6~12°,层状矿体。矿石属硅钙(镁)质磷块岩,Ⅰ、Ⅱ、Ⅲ级品,有 Ⅰ级品 757.5 万 t。全区矿石平均品位 P_2O_5:18.42%。矿石实验室浮选试验结果:入选品位 18.32%,精矿品位 30.28%,回收率 83%,为可选矿石。

矿区水文地质条件简单,水源地砦沟距矿区 2km,供水量不能满足要求。

丁家河西段有矿体 3 个,主矿体名称 Ph_1^3,长 1500m,宽 2050~3810m,厚 5.55m;倾角 3~12°,埋深 0~480m,层状矿体。矿石为硅钙(镁)质磷块岩,Ⅰ、Ⅱ、Ⅲ级品,有 Ⅰ级品 2621.3 万 t。全区矿石平均化学成分:P_2O_5:21.11%,F:1.89%,酸不溶物 22.39%,Al_2O_3:1.54%,CaO:34.69%,CO_2:8.69%,

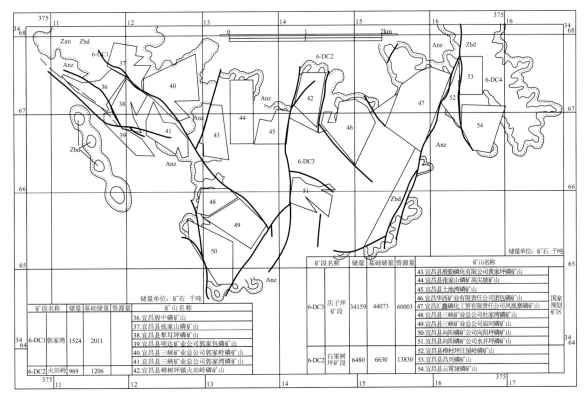

图 7-19　宜昌店子坪磷矿开采块段划分

（据宜昌市磷矿资源规划，2002）

$Fe_2O_3:1.85\%$，$MgO:3.73\%$。矿石实验室浮选试验结果：入选品位16.92%，精矿品位29.34%，回收率87%，属可选矿石。

矿段水文地质条件简单，最大涌水量6053m³/d，水源地丁家河距矿区1km，供水量13248m³/d，基本满足要求。

丁家河矿区为国家规划矿区。目前为开采矿区，平硐开采。

4. 远安桃坪河磷矿

矿区位于远安城西北直距41km处。

矿区地处黄陵背斜东北翼，磷矿赋存于震旦系陡山沱组中。湖北省第七地质大队勘查，1981年11月提交《湖北省宜昌磷矿桃坪河矿区详细勘探地质报告》，查明磷矿资源储量11441.6万t。

矿区有矿体1个，名称Ph_1^3，厚4.71m，倾角8～16°，埋深0～980m，层状矿体。矿石为硅-钙质、硅钙（镁）质、硅质矿石，Ⅰ、Ⅱ、Ⅲ级品，有Ⅰ级品2402万t。全区矿石平均化学成分：$P_2O_5:20.49\%$，$CaO:42\%$，$MgO:7\%$，$SiO_2:38\%$。

矿区水文地质条件简单，最大涌水量2007m³/d。水源地桃坪河离矿区2km，供水量691m³/d，满足要求。矿体需平硐开采，目前为开采矿区。

5. 兴山树空坪磷矿

矿区分为马家沟矿段和树空坪矿段，均在兴山县城70°方位直距35km处，距宜兴公路樟村坪站2～11km。

矿区位于黄陵背斜北翼西部，磷矿赋存于下震旦统陡山沱组中。马家沟矿段由中化地质矿山总局湖北地质勘查院勘查，2003年9月提交《湖北省兴山县树空坪磷矿区马家湾矿段2003年度矿产资源储量检测地质报告》，查明矿石资源储量3442.1万t。树空坪矿段由湖北省鄂西地质大队勘查，1988年12月提交《湖北省宜昌磷矿树空坪矿区详细勘探地质报告》，查明磷矿资源储量9283.0万t。

马家湾矿段有矿体1个,矿体名称Ph_1,长1060m,宽480m,厚1.24~4.75m;倾角5~10°,埋深0~120m,层状矿体。矿石为硅质、硅钙(镁)质磷矿石,Ⅰ、Ⅱ、Ⅲ级品,有Ⅰ级品1113.3万t。全区矿石平均品位25%。

矿区水文地质条件简单,水源地谭家河供水量15736m³/d,满足需要。目前为开采矿区,平硐开采。

树空坪矿段有矿体2个,主矿体名称Ph_1^3,长4400m,宽400~1200m,厚1.5~8.25m;倾角2~8°,埋深0~560m,层状矿体。矿石为硅质、硅钙(镁)质磷块岩矿石,Ⅰ、Ⅱ、Ⅲ级品,有Ⅰ级品684.7万t。全段矿石平均品位22.8%。实验室浮选试验结果:入选品位18.04%,精矿品位31.41%,尾矿品位4.6%,回收率85%。

矿区水文地质条件中等。目前为开采矿区,地下开采。

树空坪磷矿为国家规划矿区。

6. 夷陵区殷家坪磷矿

矿区位于宜昌市城区344°方位直距61km处。通公路。

矿区地处黄陵背斜北翼西部,磷矿赋存于下震旦统陡山沱组中。湖北省鄂西地质大队勘查,1988年12月提交《湖北省宜昌磷矿殷家坪矿区详细普查地质报告》,查明磷矿资源储量10533.3万t。

矿区有矿体1个,矿体名称Ph_1^3,长5500m,宽800~2000m,厚2.47~5.46m;倾角5~10°,埋深0~440m,层状矿体。矿石为硅(钙)镁质磷块岩,Ⅱ、Ⅲ级品。矿石平均品位21.3%。

矿区水文地质条件简单,水源地赵家河距矿区1km,供水基本满足要求。

殷家坪矿区为国家规划矿区,目前正在平硐开采。

7. 夷陵区樟村坪磷矿

矿区位于黄陵背斜北翼中部,分Ⅰ、Ⅱ、Ⅲ矿段。

Ⅰ矿段位于宜昌市城区348°方位直距60km处,距宜兴路樟村坪站3km。

矿段中有矿体1个,矿体名称Ph_1^3。矿体长2200m,宽300~900m,厚1.60~4.66m,倾角2~14°,埋深0~220m,层状矿体。湖北省鄂西地质大队勘查,1986年12月提交《湖北省宜昌磷矿樟村坪矿区Ⅰ、Ⅱ矿段详细勘探地质报告》,查明磷矿资源储量3025.5万t。

矿石为硅钙(镁)质磷块岩型,Ⅰ、Ⅱ、Ⅲ级品,其中Ⅰ级品315.8万t。全区矿石平均化学成分: P_2O_5:25.64%, F:2.14%,烧失量7.33%,酸不溶物18.33%,SiO_2:15.29%,Al_2O_3:1.48%,CaO:38.38%,CO_2:6.57%,Fe_2O_3:1.62%,MgO:2.93%,可溶性P_2O_5:4.75%。

矿区水文地质条件简单,最大涌水量2939m³/d。水源地黄柏河距矿区15km,供水量160704m³/d,满足需要。矿体平硐开采,回采率83.3%,贫化率3%。顶底板岩层属坚固岩类,区内地势较陡。目前正在开采。

Ⅱ矿段位于宜昌城区349°方位直距19km处,距宜兴公路樟村坪站2km。湖北省鄂西地质大队勘查,1986年12月提交《湖北省宜昌磷矿樟村坪矿区Ⅰ、Ⅱ矿段详细勘探地质报告》,查明磷矿资源277.0万t。

矿段中有矿体1个,矿体名称Ph_1^3。矿体长800m,宽160~300m,厚2.08~3.99m,倾角5~12°,埋深0~87m,层状矿体。矿石为硅钙(镁)质磷块岩,Ⅰ、Ⅱ、Ⅲ级品,有Ⅰ级品126.5万t。矿石平均品位28.73%。

矿区水文地质条件简单,最大涌水量421m³/d。水源地黄柏河距矿段15km,供水量满足要求。目前为开采矿区域,平硐开采。

Ⅲ矿段为樟村坪磷矿最主要的矿段,位于宜昌市城区350°方位直距60km处,通公路。湖北省第七地质大队勘查,1975年8月提交《湖北省宜昌磷矿樟村坪矿区第Ⅲ矿段详细勘探储量报告》,查明磷矿资源储量5837.6万t。

矿段有矿体2个,主矿体名称Ph_1^3。主矿体长3070m,宽630~1720m,厚6.43m,倾角5~10°,埋深0~200m,层状矿体。

矿石属硅钙(镁)质磷块岩,Ⅰ、Ⅱ、Ⅲ级品,有Ⅰ级品1056.6万t。矿石平均化学成分:P_2O_5:22.55%,F:1.998%,Fe_2O_3:1.95%,SiO_2:20.01%,Al_2O_3:1.64%,CaO:35.09%,CO_2:6.98%,MgO:2.91%。

矿段水文地质条件简单,最大涌水量864m³/d。水源地葫芦坪距矿区5km,供水量957m³/d,基本满足要求。顶底板岩层属稳定类型,矿体平缓而薄,延伸长,目前为开采矿区,平硐开采。

8. 夷陵区杉树垭磷矿

矿区位于黄陵背斜北翼中部,磷矿赋存于震旦系陡山沱组中(图7-20)。矿区分为东西两矿段。

西矿段,位于宜昌市城区325°方位直距70km处,距宜兴路樟村坪站8km。湖北省宜昌地质勘探大队勘查,2007年1月提交《湖北省宜昌夷陵区杉树垭磷矿西部矿段详查地质报告》,查明磷矿资源储量8539.2万t。伴生含钾砂页岩2348.9万t,伴生氟166万t。矿段有矿体2个。主矿体名称Ph_2,长3000m,宽2000~2700m,厚2.5~5.0m,倾角5~10°,埋深0~500m,层状矿体。矿石属硅钙(镁)质磷块岩,Ⅰ—Ⅲ级品。矿段水文地质条件简单,水源地西叉河距矿段1km,供水基本满足要求。目前为开采矿区。

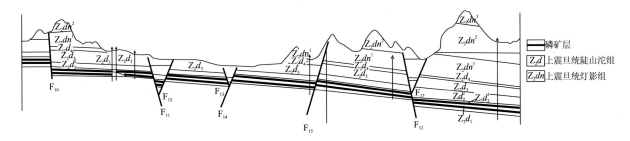

图7-20 夷陵区杉树垭磷矿矿区7勘探线剖面示意图(据湖北省宜昌地质勘探大队,2006,简化)

东矿段,有矿体1个,湖北省宜昌地质大队勘查,2007年11月提交《湖北省宜昌市夷陵区杉树垭磷矿区东部矿段详查地质报告》,查明磷矿资源储量12641.1万t。并提交共生含钾页岩16026.9万t,伴生氟238.0万t。目前为开采矿区。

9. 兴山兴-神磷矿区瓦屋磷矿

矿区位于兴山县城东北约40km处,地处神农架背斜东南翼,磷矿赋存在下震旦统陡山沱组中。矿区分Ⅰ矿段和Ⅱ、Ⅲ矿段两部分,总资源储量为5682.9万t。

(1) Ⅰ矿段

化工部地质勘探公司湖北地质勘探大队勘查,1989年提交《湖北省兴-神磷矿瓦屋矿区Ⅰ矿段勘探地质报告》。

矿段有矿体2个,主矿体名称Ph_1^3,长1900m,宽1400m,厚1.35~11.81m,倾角8~15°,埋深0~260m,层状矿体。矿石属硅钙(镁)质磷块岩,品级未分,平均品位22.46%。实验室重介质-浮选试验结果:入选品位22.21%,精矿品位29.16%,尾矿品位7.48%,回收率89%。

矿段水文地质条件简单,水源地鲜家河供水可满足要求。目前为开采矿区,进行地下开采。

(2) Ⅱ、Ⅲ矿段

化工部地勘公司湖北地质勘查大队勘查,1994年3月提交《湖北省兴-神磷矿瓦屋矿区Ⅱ、Ⅲ矿段勘探报告》。矿段有矿体2个,主矿体名称Ph_1^3,长3100m,宽800m,厚3.48m,倾角10~20°,埋深0~553m,层状矿体。矿石属硅钙(镁)质磷块岩矿石,Ⅱ、Ⅲ级品。矿石平均化学成分:P_2O_5:22.73%,Al_2O_3:5.91%,CaO:29.32%,Fe_2O_3:2.56%,MgO:1.54%。实验室浮选试验结果:入选品位22.12%,精矿品位29.81%,尾矿品位9.42%,回收率83.93%。

矿区水文地质条件简单,水源地鲜家河供水满足需要。目前为开采矿区,地下开采。

10. 黑良山磷矿

黑良山磷矿为近年来新发现的大型隐伏磷矿，由中化矿山地质总局湖北地质勘查院勘查（全国危机矿山接替资源找矿项目）。2007年预查，2008年普查，估算全矿区磷矿石333资源量5994万t，P_2O_5平均品位25.58%，其中Ⅰ级品2032万t，P_2O_5品位为32.8%；334资源量3656万t，P_2O_5平均含量25.14%，其中Ⅰ级品1466万t，含P_2O_5:33.29%。

矿区位于黄陵断穹北翼倾伏端，矿区地表分布为寒武系地层，产状平缓，倾角5～10°，采用钻探方法勘查伏于寒武系之下的震旦系陡山沱组磷矿。经施工21个钻孔，证实黑良山深部存在Ph_1、Ph_2两层磷块岩。两层相距5～15m。Ph_1层在下，共有3个矿体；Ph_2层在上，赋存1个矿体。Ph_1矿层的主矿体Ph_1^1东西长＞2600m，南北宽＞2000m，埋深667～1026m。矿体呈层状，走向东西，倾向北，倾角4～7°。厚2.02～5.65m，平均3.56m。矿石主要有用矿物为胶磷矿，脉石为白云石、伊利石、石英及燧石等，具胶状结构、粒状结构，块状构造、条带状构造。矿石类型分为：块状矿石、白云质条带矿石和泥质条带矿石3种。泥质条带矿石属硅酸盐型矿石，白云质条带矿石属碳酸盐型和混合型矿石，块状矿石属混合型矿石。

黑良山磷矿的发现，使宜昌磷矿矿集区的范围向北扩大了5～10km，资源远景比以前扩大。在成矿理论上提出，磷矿的成矿作用受古隆起构造的控制，矿床分布于古陆边缘浅海；由古陆向外，含矿层位逐次提高。同一含矿层位分布不均匀，间隔性富集与贫化。宜昌矿集区磷矿与神农架矿集区磷矿可能连成一片。

11. 远安荷花杨柳磷矿

矿区位于远安荷花镇旺家西，东距保宜公路10km。地处黄陵断穹北翼倾伏端。地表出露寒武系地层，地下隐伏震旦灯影组、陡山沱组及更老的地层。地层总体是向北缓倾斜的单斜构造。陡山沱组为含磷地层，自下而上分为4段：第一段（Z_1d^1）由中厚层状白云岩—含矿岩系（Ph_1）—厚层白云岩组成，厚20m；第二段（Z_1d^2）总厚约50m，由含磷层（Ph_2）—中厚层状与薄层状泥质白云岩互层—中厚层状夹薄层状含燧石扁豆体白云岩组成；第三段（Z_1d^3）底部含磷，不具工业价值，中、上部中厚层状白云岩夹薄层状泥质白云岩，顶部夹薄层硅质和燧石透镜体；第四段（Z_1d^4）为中厚层状夹薄层状白云岩。

经钻探证实，深部存在Ph_1、Ph_2、Ph_3三层磷块岩，相距0.9～8.36m，平均5.23m，矿体呈层状，走向北西-南东，倾向北，倾角6～12°。Ph_1为主矿层，由灰黑色泥质磷块岩和块状磷块岩及少量白云质磷块岩组成，矿体东西长＞4000m，南北宽＞3000m，埋深580～1000m，厚度2.39～6.66m，平均5.28m。P_2O_5含量22.33%～30.40%，平均26.51%。Ph_2为次矿体，长＞3000m，宽＞2000m，大致呈北东-南西向展布。Ph_3不具工业价值。

矿石由胶磷矿、白云石、伊利石、石英、燧石等组成，具胶状结构、粒状结构，块状构造，条带状构造。分3种矿石类型：块状矿石、白云质条带状矿石、泥质条带矿石。泥质条带矿石属硅酸盐型矿石，白云质条带矿石属碳酸盐型和混合型矿石，块状矿石属混合型矿石。

矿区由中化矿山地质总局湖北地质勘查院勘查（2006—2009年，湖北省矿产勘查基金项目）。本次勘查新增磷矿资源储量21749万t，平均品位25.48%。其中Ph_1为15689万t，P_2O_5品位为26.5%；Ph_2为6060万t，P_2O_5平均品位22.83%。

12. 夷陵区董家包磷矿

董家包磷矿位于宜昌磷矿北部，杉树垭磷矿区北侧，面积2.44km^2。矿区有简易公路与宜昌-兴山主干公路相接，交通方便。

矿区地处黄陵断穹北翼倾伏端，磷矿赋存于震旦系陡山沱组地层中。矿区有矿体2个，主矿体名称Ph_2，主矿体长840m，最小埋深72m，层状矿体。矿石属硅钙(镁)质磷块岩型，P_2O_5平均22.87%，含F：0.091%。探明资源储量(122b-333)1024.3万t。

矿区水文地质条件中等，正常涌水量4515m^3/d，最大涌水量6319m^3/d。目前宜昌明珠磷化工有限公司已建成年产30万t的矿山。

矿产资源开发利用

宜昌重点磷化工企业
—— 湖北柳树沟矿业集团

化工科技有限公司全貌

湖北柳树沟矿业集团位于湖北省宜昌市夷陵区樟村坪镇，创建于1987年。二十多年来，已发展成为以磷化工为主业，集采、选、加、肥-盐化一体化的规模重点磷化工业企业。集团以湖北柳树沟矿业股份有限公司为核心，下辖2个子公司、3个控股公司、1个参股公司。现有员工1200余名，其中管理人员120人，专业技术人员230人，生产工人900余人。拥有先进的采、选、加设备1000余台套，生产、安全、技术装备完善配套，集团综合实力不断增强。

公司总部大楼

在企业发展进程中，集团始终坚持资源有限、创新无限、科技强企、追求卓越的企业宗旨，奉行以人为本、安全发展、依法办矿、科学利用的管理理念，打造珍惜资源、保护环境、勇于创新、诚实守信的企业精神，先后荣获了"首届全国矿产资源合理开发利用先进矿山企业"、全国"金属非金属矿山安全标准化一级企业"、"第一批全国矿产资源开发整合先进矿山"、"湖北省安全生产红旗单位"、"全省国税百佳纳税人"等殊荣。

展望未来，柳树沟矿业集团将立足优势，转变方式，创新机制，以磷精细化工产品研发为发展方向，积极开发非磷产业，走多元化和循环经济发展之路，增强核心竞争力。竭力打造经济社会效益好的现代化企业集团，全面实现又好又快的发展。

宝石山选矿厂

丁西磷矿865井口及综合管理中心

矿产资源开发利用

宜昌华西矿业有限责任公司

公司办公楼

宜昌华西矿业有限责任公司座落在宜昌市夷陵区樟村坪镇。公司自1995年成立以来，遵循科学发展观，坚持规范办矿、规模办矿、科学管理，通过十几年的发展壮大，现已形成集磷矿石开采、运输、销售为一体的生产经营格局，旗下拥有华兴磷矿、黄石沟磷矿两座生产矿山，配套了专门的运输公司和销售公司。公司注册资本2000万元，资产总额2.7亿元，大中型机械设备700多台套，从业人员600余人。其中：地质、测量、采矿工程专业技术人员11名，持安全检查工操作证员工27名。年设计原矿生产能力40万吨，年产值可达2亿元，实现年销售收入1.5亿元；年上缴税、费近5000万元。

华兴磷矿位于栗西矿区东南矿段，距樟村坪集镇10公里，距宜昌城区110公里。矿区范围1.33平方公里，地质储量448万吨，年设计生产能力30万吨，是公司发展的重点矿山。该矿工业场区及井下系统完善。2008年，兴建了电子监控系统，可对作业现场实时监控，正在努力创建国家安全标准化一级企业。2010年11月贯通了近7000米的华兴磷矿533通风排水巷道，并依法有偿在该矿深部探矿6.25平方公里，现已转入详查阶段，探明资源储量达9500万吨，可设计年生产能力达120万吨规模的矿山。黄石沟磷矿位于丁西矿区西部矿段，距樟村坪集镇1.5公里，年设计开采能力10万吨，2009年创建达标为国家安全标准化三级企业。

公司坚持在"保护中开发，在开发中保护"，规范开采、综合利用，努力实现企业、社会、环境的协调发展。目前，正全力加大科技投入，大力实施"以矿为本、拓新挖潜、科技兴矿、文化强企"的发展战略，并向磷化工产业化方向发展。

652主井口

电子监控室

井下装运设备

磷矿货仓

矿产资源开发利用

宜昌高山明珠

——宜昌明珠磷化工业有限公司

明珠董家包磷矿工业区

宜昌明珠磷化工业有限公司位于宜昌市夷陵区西北的高山明珠樟村坪镇，公司始建于1975年，是樟村坪镇最早兴办的磷矿企业，也是夷陵区十佳贡献企业和纳税十强企业。经过30多年的发展，现拥有2个采矿矿山和1个探矿块段，年产磷矿石45万吨。初步形成了集磷矿石开采、运输、销售为一体的现代化新型矿山企业。

通过近10年努力，公司投资近6000万元、高起点、高标准建设的年产30万吨的接替矿山董家包磷矿，于2010年10月正式建成投产，标志着公司发展从此步入了一个崭新的阶段。同时，公司另一重要接替矿山仓屋垭矿区资源整合也已完成，整合后的矿权面积达$14.06km^2$，资源储量近1.3亿吨。丰富的后续资源储备，为公司的进一步发展壮大,和在"十二五"末实现年产过百万吨奠定了资源基础。

明珠董家包磷矿电子监控室

明珠办公楼

新规划的明珠小区

明珠新宿舍

矿产资源开发利用

磷矿开发的生力军
——湖北东圣化工集团有限公司

东圣集团远眺

东圣集团门楼

湖北东圣化工集团有限公司成立于1998年，现下辖九个子公司。公司依托磷矿资源优势，在开发中保护，在保护中开发，实现滚动发展，不断做大做强。目前已发展成具有年产200万吨磷矿石、60万吨磷酸二铵、50万吨磷酸一铵、40万吨复合肥、15万吨尿素、50万吨磷酸、120万吨硫酸的生产能力。总资产达到25亿元，在册员工达3000人，年销售收入过50亿元，利税过5亿元的磷化工业集团。

公司先后被授予"湖北省农业百强企业"、"全省纳税百佳企业"、"湖北省十佳成长型企业"、"重合同守信用企业"、"2010湖北企业100强"等荣誉称号，被列入"全省三个三工程"企业。东圣牌磷酸一铵被评为国家免检产品和湖北省名牌产品，"东圣"商标被评为中国驰名商标。

第二节 硫铁矿

一、概述

宜昌市已探明硫铁矿10处(表7-9),其中宜都尖岩河硫铁矿属中型矿床(硫铁矿矿床规模划分标准:大型矿石量≥3000万t,中型200～3000万t,小型<200万t),其余都为小矿,总资源储量为2942.2万t,占全省15.26%。另有铜家湾铜矿计算伴生硫3.1万t(未上表),硫铁矿点20余处(表7-10)。宜昌硫铁矿主要分布于兴山县、夷陵区和宜都市,分布面不是很广(图7-1)。2006年至2008年湖北省地质科学研究所曾对宜都市火石岭硫铁矿进行普查,地表矿化规模较小。

表7-9 宜昌市硫铁矿资源简况

矿区名称	资源储量(万吨)	矿床类型 矿石类型、品级	主要化学成分(%)	矿体特征	利用情况
夷陵区杉树垭硫铁矿	46.5	低温热液矿床,硫铁矿矿石Ⅰ级品	S:44.43	矿体数3;主矿体长560m,厚1.3～8.6m,倾角10～18°,似层状矿体	开采矿区
夷陵区交战垭硫铁矿	18.5	中低温热液矿床,浸染状硫铁矿矿石,Ⅲ级品	S:28.75 Cu:0.006 As:0.004 F:0.013	矿体数1;主矿体长312m,宽70～160m,厚0～93m,倾角80～85°,埋深0～160m,脉状矿体	开采矿区
夷陵区安家沟硫铁矿	92.1	中低温热液矿床,粉粒、块粒、角砾状黄铁矿石	S:28.75	矿体数7;主矿体长450m,宽130～235m,厚1.74m,倾角60～70°,埋深0～295m	开采矿区
夷陵区三岔银洞口硫铁矿	39.8	中低温热液矿床,浸染状、块状、角砾状黄铁矿石,Ⅰ、Ⅱ、Ⅲ级品	S:28.92	矿体数5;主矿体长492m,宽28～176m,厚1.09～1.33m,倾角59～62°,埋深0～172m,不规则状矿体	停采矿区
夷陵区莲蓬沟硫铁矿Ⅱ、Ⅲ号矿体	2.6	中低温热液矿床,浸染状、块状矿石,Ⅱ、Ⅲ级品	S:16.2	矿体数2;主矿体长180m,宽50m,厚2.00～3.00m,倾角12～85°,脉状矿体	近期不宜进一步工作
夷陵区莲蓬沟硫铁矿Ⅰ号矿体	0.3	沉积矿床,下寒武统结核状黄铁矿石,Ⅲ级品	S:11.29	矿体数1;主矿体长50m,宽26m,厚1.54～1.88m,倾角12～53°,埋深0～10m,透镜状矿体	近期不宜进一步工作
兴山广洞湾硫铁矿	105.7	热液矿床,黄铁矿石,Ⅱ级品	S:28.08	矿体数3;主矿体长806m,厚0.5～4.2m,倾角42～85°,脉状矿体	停采矿区
兴山罗家淌硫铁矿	69.3	低温热液矿状,块状矿石,Ⅰ级品	S:45.66 As:0.011 F:0.022 Pb:0.1 Zn:0.2	矿体数1;主矿体长400m,宽50～102m,厚2～56m,倾角6～10°,埋深0～58m,层状矿体	闭坑矿区(1993)
宜都尖岩河硫铁矿	2525.1	沉积矿床,下二叠统星散状、团块状黄铁矿石,Ⅲ级品	S:17.15	西矿体长1730m,宽425～1235m,厚1.46～1.80m;尖岩河矿体,长2415m,宽590～1250m,厚1.43～1.60m	开采矿区
宜都风鼓洞硫铁矿	39.4	Ⅱ级	S:25.33	小型	开采矿区
总计	2942.2				

注:DZ/T0210-2002硫铁矿地质勘查规范:硫铁矿边界品位8%,最低工业品位14%,最低可采厚度0.7～2.0m,夹石剔除厚度1～2m。

表 7-10 宜昌市未上表硫铁矿资源概况

行政区	矿区名称	行政区	矿区名称
兴山	水月寺洪水河村南驼岭硫铁矿	兴山	椴树垭硫铁矿
兴山	高岚简家河硫铁矿	夷陵区	董家湾硫铁矿
兴山	水月寺洪河村黄家坡硫铁矿	夷陵区	甘溪沟硫铁矿
兴山	宜兴矿业公司硫铁矿	夷陵区	樟村坪黄界硫铁矿
兴山	水月寺天娥硫铁矿	夷陵区	大山沟硫铁矿
兴山	水月寺水井湾硫铁矿	夷陵区	小洪村硫铁矿
兴山	郑家淌硫铁矿	夷陵区	下堡坪老木架硫铁矿
兴山	水月寺椴树垭陈国江硫铁矿	夷陵区	中柱山硫铁矿
兴山	水月寺史家湾硫铁矿	夷陵区	刘家湾硫铁矿
兴山	树空坪硫铁矿	夷陵区	风古洞硫铁矿
兴山	港城矿业开发公司硫铁矿	夷陵区	马鹿坪－刘家岩硫铁矿

本市硫铁矿有两种类型:热液矿床和沉积矿床。

热液矿床的特点是规模小、品位高,矿体长 180～806m,宽 28～235m,厚 0.93～3m,缓倾斜或陡倾斜,似层状或脉状矿体,埋深 0～295m,需地下开采。矿石类型有致密块状、浸染状、角砾状等,块状矿石含 S:44.43%～45.66%,浸染状、角砾状矿石品位可达到 28%以上,为Ⅰ级品或Ⅱ级品(Ⅰ级品 S>35%,Ⅱ级品 25%～35%,Ⅲ级品 14%～25%)。矿石成分单一。工业上对硫铁矿中 As、F、Pb、Zn 等含量都有限制,因为硫铁矿石中的砷在制硫酸时,会使触媒中毒,生成氧化砷结晶会堵塞管道,并使人中毒。氟在焙烧时生成氟化氢,使触媒粉碎,导致触媒阻力升高,转化率降低。酸洗时生成氢氟酸腐蚀砖衬里的磁环。铅锌焙烧过程中因熔点较低,易使焙烧炉产生结疤现象。所以都是硫铁矿的有害组分。本区硫铁矿中有害元素含量:Pb:0.1%,Zn:0.1%,As:0.004～0.011%,F:0.013～0.022%,除 Pb、Zn 稍高外,均在允许范围内。

沉积矿床与热液矿床相反,规模大、品位低。硫铁矿赋存层位主要为下二叠统,另外在下寒武统也发现有硫铁矿产出。本市下二叠统沉积矿床中矿体似层状产出,长达千米以上,宽数百米至千米以上,厚 1.46～1.80m。缓倾斜,埋深 0～500m。矿石为星散状、团块状黄铁矿石,品位低,为Ⅲ级品。但矿床规模大,可达到大型矿床的要求。

二、主要硫铁矿

1. 夷陵区杉树垭硫铁矿

矿区位于夷陵区 347°方位直距 73km 处。矿区距宜樟路樟村坪站 10km,通公路。

矿区地处黄陵背斜北翼,区内主要分布震旦系地层。勘查工作由夷陵区矿山规划设计研究院完成,1996 年 12 月提交《湖北省宜昌县杉树垭硫铁矿生产探矿地质报告》,查明硫铁矿资源储量 46.5 万 t。矿床属低温热液类型,共有矿体 3 个。主矿体长 560m,厚 1.3～8.6m;倾角 10～18°,似层状产出。矿石品位富,为块状矿石,含 S:44.43%,属Ⅰ级品。矿区水文地质条件简单,水源地窑坪湾溪距矿区 1km,

供水量可满足要求。目前地下开采,回采率71.4%,贫化率2%。

2. 夷陵区安家沟硫铁矿

矿区位于夷陵区335°方位直距48km处。矿区距宜兴路茅坪河站12km(直距),通公路。

矿区地处黄陵背斜核部北端,分布有前震旦纪老地层。地质勘查由湖北省第七地质大队完成,1992年6月提交《湖北省宜昌县安家沟硫铁矿详查地质报告》,查明硫铁矿资源储量92.1万t。

矿床属中低温热液类型构造断裂充填脉状矿,多矿体产出,有矿体7个。主矿体长450m,宽130m~235m,厚1.74m,倾角60~70°,埋深0~295m,脉状矿体。矿石为粉状、块状及角砾状黄铁矿石,含$S:28.75\%$。

矿区水文地质条件简单,最大涌水量493m^3/d。水源地安家沟。平硐开采,坑道在浅部含矿构造内掘进,需加强支护,以防顶板坍落及风化带裂隙水的大量溃入。目前为开采矿区。

3. 宜都市尖岩河硫铁矿

矿区包括夏家湾和尖岩河井田,为煤矿的共生矿产。矿区位于宜都市194°方位直距29km处。矿区距焦枝线枝江站40km,通铁路。

矿区位于仁和平向斜东端,分布有泥盆系、石炭系、二叠系、三叠系地层,矿体赋存于下二叠统煤系地层中。矿区由湖北省第七地质大队勘探,1973年12月提交《湖北省宜都夏家湾矿区黄铁矿、煤矿详查报告》,查明硫铁矿资源储量2525.1万t,属大型矿床。

矿床为煤系地层中的沉积矿床,矿体呈层产出,夏家湾井田有矿层3层,主矿层长1730m,宽425~1235m,厚1.46~1.80m,倾角16~22°,埋深0~500m。矿石为星散状及团块状黄铁矿石,硫品位较低,含$S:17.15\%$。

尖岩河井田矿体长2415m,高590~1250m,厚1.43~1.60m,倾角8~11°,埋深0~167m,层状矿体。

夏家湾井田水文地质条件简单,最大涌水量35744m^3/d。水源地白岩溪水库供水量3000m^3/d,可满足要求。矿区可露天和地下开采,矿层顶板稳定性差,可考虑与煤同时开采或先硫后煤的原则。尖岩河井田水文地质条件复杂,最大涌水量为82180m^3/d。

矿石实验室浮选试验结果:夏家湾井田硫入选品位15.99%,精矿品位36.28%,尾矿品位1.79%,回收率93%;尖岩河井田硫入选品位12.49%,精矿品位36.16%,选矿回收率79.39%。

第三节 重晶石矿

一、概述

宜昌市查明重晶石矿3处(表7-11),均为小型矿床(重晶石矿规模划分标准:大型矿石≥1000万t,中型1000~200万t,小型<200万t),总资源储量141.8万t,占湖北省的8.41%;另有重晶石矿产地10余处(表7-12),分布于兴山、秭归、五峰、长阳、夷陵区、宜都等地。

本市重晶石矿属中低温热液充填交代脉状矿床,规模小,品位较高。矿体长195~1355m,厚0.65~5.8m,脉状产出,一般为陡倾斜。矿石品位$BaSO_4:75.19\%~89.57\%$,可达到Ⅱ级品要求(Ⅰ级品$BaSO_4≥90\%$,Ⅱ级品50%~90%)。矿石中含$SiO_2:0.33\%$,$Fe_2O_3:0.07\%$,$Al_2O_3:0.19\%$,水溶物为0.3%,均符合化工用重晶石的要求。本区重晶石矿多赋存于奥陶系地层中,显示出一定的层控特征。

表 7-11 宜昌市重晶石矿资源简况

矿区名称	资源储量（万吨）	矿床类型 矿石类型、品级	主要化学组分（%）	矿体特征	利用情况
宜都邓家桥重晶石矿	11.3	中温热液裂隙充填交代、脉状矿床	$BaSO_4$：85.87	矿体数 3，主矿体长 286m，厚 2.00m，倾角 52~82°，埋深 0~50m，脉状矿体	开采矿区
宜都市潘湾重晶石矿	11.4	中温热液裂隙充填交代、脉状矿床	$BaSO_4$：75.19	矿体数 3，主矿体长 195m，厚 3.00m，倾角 80°，埋深 0~50m，脉状矿体	开采矿区
五峰县水田冲重晶石矿	119.1	中温热液裂隙充填交代、脉状矿床	$BaSO_4$：89.57 SiO_2：0.33 Fe_2O_3：0.070 Al_2O_3：0.019 水溶物含量 0.300	矿体数 4，主矿体长 1355m，厚 0.60~5.80m，倾角 63~80°，埋深 0~75m，脉状矿体	开采矿区
总计	141.8				

注：DZ/T0211-2002 标准，重晶石矿一般工业指标：原生矿边界品位 $BaSO_4 \geq 30\%$，最低工业品位 $BaSO_4 \geq 50\%$；最低可采厚度 0.80~1.50m，夹石剔除厚度 1~2m。

表 7-12 宜昌市其他重晶石矿产地

行政区	矿点名称	行政区	矿点名称
五峰	长乐坪肖家台重晶石矿	宜都	王畈三等坡重晶石矿
五峰	苏家河重晶石矿	宜都	王畈龙潭河重晶石矿
五峰	田家坡重晶石矿	兴山	朱家铺重晶石矿
夷陵区	湖北明兰公司明宇重晶石矿	秭归	怀抱石重晶石矿
夷陵区	湖北明兰公司明德重晶石矿	长阳	大堰重晶石矿
夷陵区	杜家坪重晶石矿	长阳	都正湾重晶石矿

二、主要重晶石矿

1. 宜都潘湾重晶石矿

矿区位于宜都 232°方位直距 30km 处。矿区距宜-五路毛湖淌站 8km，通公路。

矿区地处五峰背斜中段南翼，分布有寒武系、奥陶系地层，发育有北西向、东西向断裂构造。重晶石矿产于奥陶系地层中。矿区由湖北省鄂西地质大队勘查，1982 年 12 月提交《湖北省宜都县邓家桥、潘湾重晶石矿矿区储量简报》，查明重晶石矿资源储量 11.4 万 t。

有矿体 3 个。主矿体长 195m，厚 3.00m，倾角 80°，埋深 0~50m，脉状矿体。矿石品位 $BaSO_4$：75.19%，符合 Ⅱ 级品要求。矿区水文地质条件简单，可露天和地下开采，目前为停采矿区。

2. 宜都邓家桥重晶石矿

矿区位于枝城 239°方位直距 17km 处。矿区距宜-五路望佛山站 0km，通公路。

矿区地处五峰背斜东段北翼，出露寒武系地层，发育有东西向和北西、北东向断裂构造。重晶石矿赋存于寒武系地层中。矿区由湖北省鄂西地质大队勘查，1982 年 12 月提交《湖北省宜都县邓家桥、潘湾重晶石矿区储量简报》，查明重晶石矿资源储量 11.3 万 t。

矿区有矿体 3 个。主矿体长 286m，厚 2.00m，倾角 52～82°，矿体埋深 0～50m。矿石品位 $BaSO_4$：85.87%。矿区水文地质条件简单，可露天和地下开采。目前为闭坑矿区。

3. 五峰水田冲重晶石矿

矿区位于渔洋关西 3km 处。矿区距宜-五路渔洋关站 3km，通公路。

矿区地处五峰背斜中段南翼，次级褶皱发育。区内分布有寒武系、奥陶系、志留系、泥盆系地层，北西、北东东方向断裂构造发育，矿体均赋存于奥陶系下统南津关组中下部灰岩中。矿区由湖北省第七地质大队勘查，1961 年提交《湖北五峰水田冲矿区初查报告》，查明重晶石矿资源储量 119.1 万 t。

矿区有矿体 4 个。主矿体长 1355m，厚 0.60～5.80m；倾角 63～80°，矿体埋深 0～75m，脉状矿体。矿石化学组成：$BaSO_4$:89.87%，SiO_2:0.33%，Fe_2O_3:0.07%，Al_2O_3:0.019%，水溶物含量 0.30%。

矿区水文地质条件不清，据矿体埋藏条件，可进行露天和地下开采。由渔洋关镇矿业公司等 4 家矿山开采。

4. 五峰田家坡重晶石矿

矿区位于五峰、长阳、宜都 3 县（市）交界处附近，有五峰-长阳、五峰-宜都两条公路可通矿区，交通方便。

矿区地处长乐坪-肖家隘背斜中段南翼，区内为一南西倾斜的单斜构造。出露有奥陶系下统南津关组、分乡组、红花园组、大湾组地层。矿区断裂构造非常发育，共发现大小断裂 18 条。

通过初查，共发现重晶石脉体 22 条，矿脉长 25～460m，厚 0.70～4.20m，陡倾斜，倾角 50～86°。重晶石矿脉的主要围岩为红花园组及分乡组，岩性以深灰色厚层状微晶生物碎屑灰岩、鲕状灰岩、页片状泥岩为主。重晶石脉分布密集成带出现，形成两个平行脉带。

重晶石矿石成分简单，初步划分为重晶石矿石和萤石重晶石矿石两种。前者矿物成分主要是重晶石，含少量方解石和萤石。重晶石含量一般 80% 以上，质纯者可达 90%～98%（一般还含 2% 左右的 $SrSO_4$）。后者矿石中含有较多的萤石（15%～20%）及少量方解石。萤石呈细脉状、团块状、粒状充填在重晶石的裂隙中。

1980—1981 年，湖北省第七地质大队对矿区进行了地质勘查。

5. 长阳大堰重晶石矿（据毛伟，2012）

矿区位于长阳县大堰乡。重晶石矿以脉状形式产于奥陶系地层中，脉带长上千米，单脉长一般几百米。脉宽一般 1.5～2.5m，走向和倾向上膨缩明显，呈"藕节"状。矿脉陡倾斜，倾角 70°～85°。矿石中重晶石含量 60%～70%，其余为萤石和方解石。有 4 家矿山在开采。

第四节 电石用灰岩矿

宜昌市查明并上资源储量表的电石灰岩矿一处——长阳晒纸坪电石灰岩矿。矿区位于长阳县城北 12km 处，距长江航道红花套码头 20km，通公路。其他庙河等灰岩矿已作为电石灰岩开采。

晒纸坪电石灰岩矿由中南冶金地质勘探公司 607 队勘查，1989 年 7 月提交《湖北省长阳县晒纸坪电石灰岩矿勘探地质报告》，查明电石用灰岩矿 212.1 万 t，占湖北省的 1.80%，属小型矿床（电石灰岩规模划分标准：大型≥5000 万 t，中型 5000～1000 万 t，小型＜1000 万 t）。矿体长 456m，厚 35.3～44.71m，层状矿体，矿体赋存于中石炭统地层中。矿石化学成分：CaO:55.34%，$Al_2O_3+Fe_2O_3$:0.3%，MgO:0.19%，SiO_2:0.32%。对照电石用灰岩标准（CaO 边界品位≥52%，工业品位≥54%，MgO≤1%，SiO_2≤1%，R_2O_3≤1%，S≤0.1%，P≤0.06%），本区电石灰岩矿石（S、P 无资料）应为优质资源。

电石灰岩通过电炉还原法制得电石，电石与水作用可发生乙炔气体，为有机合成工业的重要基本原料。乙炔气可制取聚氯乙烯、氯丁橡胶、氰氨基钙、醋酸、醋酸乙烯、乙醇及其衍生物、氰化物、双氰胺和丙酮等。电石与氮气作用生成石灰氮可作肥料。由电石产生乙炔用于金属的切割与焊接。近年来由于乙炔的化学性质十分活泼,以乙炔为原料的精细化工产品发展很快,在医药、香料、增塑剂、食品添加剂等生产中对乙炔都有需求。电石为固体物料,运输方便,制得的乙炔浓度高,至今仍普遍使用。国内除西藏外,均有电石厂家生产。宜昌晒纸坪电石灰岩矿质量较好,对其开发值得关注。宜化已开发宜昌灰岩生产电石,具年产30万t的规模,用以制造乙炔,作为生产PVC的原料。电石渣主要成分为氢氧化钙,与石灰一致,可替代石灰压砖、脱硫、中和酸性废液、制造水泥、环氧丙烷等,进行循环利用。

第五节 化工用白云岩矿

区内查明化工用白云岩一处——夷陵区丁家河磷矿共生化工用白云岩矿。矿体呈层状,赋存在震旦系陡山沱组的下部,长1500m,宽550m,厚31.76m,倾角5°,矿体埋深0~90m。矿石化学成分:$MgO:20.84\%$,$CaO:29.63\%$,$SiO_2:3.58\%$,$Fe_2O_3:0.19\%$,$Al_2O_3:0.29\%$,为优质白云岩资源。矿区由湖北省第七地质大队勘探,1975年2月提交《湖北省宜昌磷矿丁家河矿区详细勘探储量报告》,查明化工用白云岩矿资源储量2299.1万t,属中型矿床(中型矿床标准:1000~5000万t),占湖北省的94.25%。矿区水文地质条件简单,最大涌水量6053m³/d。水源地丁家河距矿区1km,供水量13248m³/d,可基本满足要求。

化工用白云岩用来制取轻质氧化镁、碳酸镁、硫酸镁。国外用来制碱,用碱与碳酸镁及石棉混合,可制作贵重绝缘材料。本市丁家河白云岩矿为磷矿的共生矿产,可考虑借助于已有磷化工的实力,拓展开发,使白云岩与磷矿实现综合开发、综合利用,生产下列产品。

1. 轻质氧化镁

轻质氧化镁用于制造陶瓷、搪瓷、耐火坩埚和耐火砖等。用作磨光剂、粘合剂、油漆及纸张的填料,氯丁橡胶及氟橡胶的促进剂与溶化剂,与氯化镁等溶液混合后,可制氧化镁水泥。也可用于制药、玻璃、染料、酚醛、塑料等行业。轻质氧化镁是由白云岩通过纯碱法或碳化法制得。其中碳化法的主要工艺流程为:煅烧、消化、碳化、热分解、脱水、再煅烧,经粉碎后得产品。

2. 轻质碳酸镁

白云岩与煤粉碎后,经混配,在高温下煅烧,然后加水化灰,再碳化(CO_2)、压滤,并用蒸汽直接热解后,再压滤、干燥、粉碎即可制得轻质碳酸镁的成品。轻质碳酸镁是橡胶制品优良填充剂和增强剂,能提高橡胶制品的产量与质量。由于具有不燃烧和质地轻的特点,可用作绝热、耐高温的防火保温材料。石棉轻质碳酸镁是优良的绝缘材料,用于造船和锅炉制造等部门,也可以用来制造高级玻璃制品、镁盐、颜料、制药、油漆和日用化学品等。

第六节 含钾砂页岩矿

宜昌市含钾砂页岩资源丰富,已查明有6个矿区,其中大型矿床1处(矿床规模划分标准:大型资源储量≥1亿t,中型0.2~1亿t,小型<0.2亿t),中型矿床3处,小型矿床1处,总资源储量32905.0万t,占全省70.67%(表7-13)。含钾页岩矿均为磷矿的共生矿产,分布于夷陵区和兴山的磷矿区中。

宜昌磷矿含磷岩系赋存于陡山沱组下部,为一套白云岩—含钾页岩—磷块岩—白云岩建造。主要含3个磷矿层,以下磷矿层为主。下磷矿层又含3个分层,分别为含钾页岩所隔。含钾页岩矿呈层状,长2150~5000m,宽400~2000m,厚1.5~9.02m,缓倾斜,倾角3~12°。含钾页岩化学组成:$K_2O:8.65\%~9.51\%$,$P_2O_5:5.6\%~6.2\%$。

表 7-13 宜昌市含钾砂页岩矿简况

矿区名称	资源储量（万吨）	矿床类型 矿石类型、品级	主要化学组分(%)	矿体特征	利用情况
夷陵区杉树垭磷矿西部矿段共生含钾页岩矿	2348.9	沉积矿床（上震旦统），含钾页岩			未利用
夷陵区杉树垭磷矿东矿段共生含钾页岩矿	16026.9	沉积矿床（上震旦统），含钾页岩			
夷陵区丁家河磷矿西矿段共生含钾页岩矿	6752.2	沉积矿床（上震旦统），含钾页岩	K_2O:9.51	矿体数1；主矿体长2150m，宽1100～2000m，厚9.02m；倾角3～12°，埋深0～490m，层状矿体	未利用
夷陵区樟村坪磷矿Ⅲ矿段共生含钾页岩矿	5641.9	沉积矿床（上震旦统），含钾页岩	K_2O:9.01 P_2O_5:5.6	矿体数3；主矿体长1950m，宽1150～1800m，厚5.30～11.23m；倾角5～8°，埋深0～184m，层状矿体	未利用
夷陵区殷家坪磷矿共生含钾页岩矿	86.9	沉积矿床（上震旦统），含钾页岩	K_2O:8.65 P_2O_5:6.2	矿体数1；主矿体长5000m，宽800～2000m，厚3.38～7.13m；倾角5～10°，埋深0～440m，透镜状矿体	
兴山树空坪磷矿树空坪矿段共生含钾页岩矿	2048.2	沉积矿床（上震旦统），含钾页岩	K_2O:8.45 P_2O_5:21.86	矿体数2；主矿体长4400m，宽400～1200m，厚1.5～8.25m；倾角2～8°，埋深0～560m，层状矿体	
总计	32905.0				

宜昌磷矿磷钾矿共生，是得天独厚的优势，因为磷钾都是生产化肥的主要原料。我国土壤又大部分缺磷缺钾，对磷钾复合肥有很大的需求。按照全国农业发展规划要求，我国氮、磷、钾肥的消耗结构应达到1∶0.4∶0.3的目标，而目前这一比例为1∶0.27∶0.01，钾肥差距巨大，磷肥也有较大差距。我国又是钾矿紧缺的国家，由于钾盐不敷需求，正在积极开发含钾页岩等其他钾矿产。

利用含钾页岩矿制造钾肥的技术关键是使矿石中不溶性钾变成可溶性钾，需要通过高温熔融或低温酸浸来实现。宜昌丁家河磷矿共生含钾页岩经松滋县磷肥厂小型熔融磷钾复合肥工业生产试验，有效钾转化率为87.54%～99.54%。

目前国内由于用含钾页岩制钾肥成本高，因此只限于综合利用回收钾肥。用含钾岩石制取钾肥尚无正式工业指标，综合回收钾肥对含钾岩石的要求为：含钾砂岩、页岩（江苏，平县）：边界品位K_2O：7%，贫矿7%～11%，富矿＞11%；含钾页岩（蓟县）：K_2O＞9%，Na_2O＜1%，MgO＜2%，Al_2O_5±15%，SiO_2＜7%。

宜昌磷矿共生含钾页岩矿资源储量巨大，初步试验能实现钾的有效转化，生产磷钾复合肥，磷钾都可就地取材，市场又有需求，因此应积极进行开发的可行性论证，包括采矿方法的研究，加工技术的进一步扩大试验和经济效益分析，使共生钾矿早日得到开发利用，为发展现代农业提供更多的优质化肥。

第七节 化肥用橄榄岩矿

宜昌市查明化肥用橄榄岩矿1处——夷陵区梅子厂铬铁矿共生化肥用橄榄岩矿。

矿区位于宜昌市城区296°方位直距38km处,距宜-邓路太平溪站6km。

矿区地处黄陵背斜核部西南端,太平溪超基性岩的中部。矿区由湖北省第十地质队勘查,1991年12月提交《湖北宜昌太平溪岩体梅子厂矿区铬铁矿储量报告》,查明化肥用橄榄岩矿资源储量(矿石)3985.6万t(其中一级品614.3万t,二级品3371.3万t),属中型矿床(化肥用橄榄岩矿规模划分标准:大型≥1亿t,中型0.1~1亿t,小型<0.1亿t)。是湖北唯一查明的化肥用橄榄岩矿。

矿床属超基性岩岩浆矿床,有矿体1个,长1000m,宽80~460m,厚65~160m,倾角60°,埋深0~460m。矿石为块状橄榄岩,多发生蚀变(图7-21、图7-22)。矿石化学成分:MgO:44.44%,Co:0.011%,Ni:0.2%,CaO:0.68%,SiO_2:38.54%(化肥用橄榄岩的工业要求:MgO边界品位≥32%,工业品位≥40%,CaO<3%~5%,SiO_2含量不作规定,但要查明其含量;可采厚度≥2m,夹石剔除厚度2m)。

图7-21 夷陵区太平溪紫黑色蛇纹石化橄榄岩

矿区水文地质条件简单,可露天和地下开采,现为开采矿区。

橄榄石具有多种用途,可作耐火材料、铸造型砂、冶炼金属镁的熔剂和制钙镁磷肥,本市橄榄岩是以化肥用矿石标准进行评价的。宜昌橄榄岩矿与内蒙古索伦山、陕南商南的橄榄岩矿齐名,镁含量高,规模大,已成为我国商业矿石产地。

用橄榄岩生产钙镁磷肥的基本方法为:将磷矿石和橄榄石按一定比例配合后,置高炉(电炉或平炉),在高温下熔融。熔融物经过水淬冷却,成为无定形玻璃体细粒。经干燥、磨细即得成品。钙镁磷肥是一种弱碱性肥料,属枸溶性磷肥。适用于酸性、微酸性土壤和贫瘠缺磷的砂土,对于棉花、水稻、玉米

图 7-22 夷陵区太平溪深绿色蛇纹岩化橄榄岩

均有肥效,对豆科作物尤为显著。可作基肥或种肥使用。

目前宜昌橄榄岩矿主要用作碱性耐火材料(矿石质量要求:$MgO>40\%$,$MgO/SiO_2>1.1$,$CaO<0.8\%$,$Al_2O_3<1.5\%$,$R_2O_3<10\%$,耐火度$>1750℃$)和冶金熔剂(矿石质量要求:$MgO>38\%$,$Al_2O_3\leqslant1.6\%$,$Ni\leqslant0.05\%$,$S\leqslant0.26\%$,$P\leqslant0.05\%$)。炼钢时用橄榄岩作为炉渣调节剂,可降低炉料熔点和炉渣粘度。用橄榄岩代替白云石处理铁矿中的SiO_2,产出炉渣少,烧结温度低,焦耗也减少。宜昌科博耐火材料公司用太平溪橄榄岩制造铸造用和冶金用镁橄榄石材料。"镁橄榄石高档保温材料"研发项目已得到国家创新基金的支持。

第八节 化肥用蛇纹岩矿

化肥用蛇纹岩矿实际上是超基性岩经强烈蛇纹石化形成的蛇纹岩,同时其质量又符合制钙镁磷肥要求。本市化肥用蛇纹岩矿与橄榄岩矿均赋存在太平溪超基性岩体中。已查明矿区3个(表7-14),均为中型矿床(化肥用蛇纹岩矿规模划分标准矿石):大型≥1亿t,中型1~0.1亿t,小型<0.1亿t),资源储量总计8476.6万t,占湖北省57.31%。

矿区地处黄陵背斜核部西南端,太平溪超基性岩体中部。大别期太平溪超基性岩体北西西-南东东方向侵入,岩体呈岩墙状,长12.7km,宽0.8~1.35km,面积约14km²,是华南地区出露面积最大的超基性岩体。岩性为纯橄榄岩、辉橄岩、橄榄岩,经后期强烈蛇纹石化,均可变成蛇纹岩。其中经地质勘查符合化肥用蛇纹岩的部分即为矿体。夷陵区大坪蛇纹岩矿由湖北省地质局401队勘查,为单一的蛇纹岩矿,1965年9月提交《宜昌太平溪大坪蛇纹岩矿详查报告》,查明蛇纹岩矿资源储量1928.3万t;天花寺矿区和梅子厂矿区由湖北省第七地质大队勘查,分别于1971年12月提交《湖北宜昌太平溪天花寺矿区5—10线铬铁矿储量报告》,查明共生蛇纹岩矿资源储量2660.0万t,以及《湖北宜昌太平溪岩体梅子厂矿区铬铁矿储量报告》查明共生蛇纹岩矿资源储量3888.3万t。

表 7-14　宜昌市化肥用蛇纹岩矿简况

矿区名称	资源储量（万吨）	矿床类型、矿石类型、品级	主要化学组分（%）	矿体特征	利用情况
夷陵区大坪蛇纹岩矿	1928.3	超基性岩蚀变矿床，块状蛇纹岩	MgO:37.85 SiO$_2$:40.94 CaO:0.62	矿体数1；长1000m，宽100~240m；埋深0~110m，透镜状矿体	闭坑矿区
夷陵区天花寺铬铁矿共生蛇纹岩矿	2660.0	超基性岩蚀变矿床，块状蛇纹岩	MgO:38 耐火度1450℃ SiO$_2$:34.67 CaO:0.7	矿体数1；长900m，宽130~445m，厚20~150m；倾角60~65°，埋深0~445m，透镜状矿体	开采矿区
夷陵区梅子厂铬铁矿共生蛇纹岩矿	3888.3	超基性岩蚀变矿床，块状蛇纹岩	MgO:37.91 SiO$_2$:37.62 CaO:0.76	矿体数1；长1000m，宽80~460m，厚65~160m；倾角60°，埋深0~160m，透镜状矿体	开采矿区
总计	8476.6				

这一类型的蛇纹岩矿的矿体均以透镜状产出，矿体长900~1000m，宽80~460m，厚20~160m，陡倾斜，倾角60~65°，埋深0~460m。水文地质条件简单，可露天和地下开采。矿石为块状蛇纹岩，由蛇纹石（叶蛇纹石、纤维蛇纹石、利蛇纹石）及残留的橄榄石、辉石等组成，含有少量磁铁矿、钛铁矿、铬铁矿、水镁石、菱镁矿等，有时含透闪石、云母、滑石等。矿石化学成分：MgO:37.85~38%，SiO$_2$:34.67~40.94%，CaO:0.62~0.76%；耐火度1450℃。

蛇纹石有多种用途，可用作制造钙镁磷肥、提取镁化合物、高炉和烧结炉的装入料及装饰石材，本市的蛇纹岩是以制作化肥用途来勘查评价的。制钙镁磷肥蛇纹岩的工业要求是：

①边界品位 MgO≥25%，工业品位 MgO≥32%；

②SiO$_2$ 含量不作规定，但要查明含量，供生产时配料参考；

③CaO<3%~5%。CaO 含量过高会影响配料和增加磷矿粉的消耗；

④矿石块度，电炉法生产时不作规定，高炉法生产时矿石块度要求30~50mm；

⑤伴生镍达0.2%即可回收。

对照本市蛇纹岩，完全符合要求。

用蛇纹岩制作钙镁磷肥的工艺为：60%~65%磷矿粉加35%~40%的蛇纹岩及适量焦炭，入高炉熔炼，可生产含有效 P$_2$O$_5$:12%~18%，SiO$_2$:30%~40%，CaO:1.5%左右的钙镁磷肥产品。

蛇纹岩作为高炉助熔剂，可降低磷矿石的熔点，使熔料的流动性良好。蛇纹岩属高硅高镁矿石，用其生产钙镁磷肥与用橄榄石、白云岩、菱镁矿、硅石相比具有以下优点：

①节能：用蛇纹石比用白云岩每吨磷肥可节约焦炭15kg左右，因为它降低了炉料熔点，炉温控制在800~900℃时即能熔化，平均节能15%~20%。

②提高产率：蛇纹岩的烧失量只有12%左右，而白云岩达40%，使用蛇纹岩可提高产率3%~4%。

③延长炉龄：用蛇纹岩比用白云岩可提高炉龄一倍以上，降低成本。

④可综合回收镍、钴等伴生元素。如江苏东海县磷肥厂用许沟蛇纹岩制造钙镁磷肥后，炉渣中镍、钴、铬相对富集10~15倍，而且还发现了铂族元素。该厂每年从炉渣中提取硫酸镍、碳酸钴获得良好的经济效益。

宜昌市化肥用蛇纹岩资源丰富，矿石品质优良，开采技术条件良好，应作为重要资源而鼓励开发。

矿产资源开发利用

开发宜昌橄榄石矿

——宜昌科博耐火材料有限公司

宜昌科博耐火材料有限公司是一家集矿山开采、科研、生产、产品销售及应用于一体的耐火材料生产企业。

公司现拥有年开采15万吨生产能力的矿山基地、年产12万吨镁橄榄石系列耐火材料产品的加工基地。科研和技术开发已获得二十多项国家专利，其中数项获得国家及省部级奖励。公司产品现远销三十多个国家和地区。

开发兴山优质铁铝榴石矿

——兴华天然磨料有限责任公司

宜昌兴华天然磨料有限责任公司是原中南冶金地质研究所宜昌兴华天然磨料工业公司改制后成立的民营股份制企业，位于湖北省宜昌市兴山县水月寺镇马粮坪村。开采当地所产的铁铝榴石矿生产磨料——"兴华"牌石榴石。产品经《中国磨料磨具质量监督检验中心》检测，认为产品硬度大，密度高，韧性优良、耐磨度好，化学性质稳定，是当前国内市场上最好的自由研磨与有机结合剂磨具用的天然石榴石优质磨料。

第九节 碘矿

宜昌市磷矿中伴生有碘矿,经地质勘查查明3处(表7-15),其中2处为中型矿床,1处为小型矿床(碘矿规模划分标准:大型碘元素≥5000t,中型5000~500t,小型<500t),全市伴生碘资源储量2957t。碘及其化合物在照相、印刷、医药、冶金、化工、农业及环境卫生部门有广泛用途。

表7-15 宜昌市伴生碘(固体)矿简况

矿区名称	资源储量(t)	矿床类型 矿石类型、品级	主要化学组分(%)	矿体特征	利用情况
夷陵区樟村坪磷矿Ⅲ矿段伴生碘矿	674	沉积矿床(晚震旦世),磷块岩伴生碘	I:0.002 P_2O_5:22.55	矿体数2;主矿体长3070m,宽630~1720m,厚6.43m,倾角5~10°,埋深0~200m,层状矿体	未利用
夷陵区丁家河磷矿伴生碘矿	1852	沉积矿床(晚震旦世),磷块岩伴生碘	I:0.001 P_2O_5:21.11	矿体数3;主矿体长4500m,宽2050~3810m,厚5.55m;倾角3~12°,埋深0~480m,层状矿体	未利用
兴山树空坪矿区马家湾矿段伴生碘矿	431	沉积矿床(晚震旦世),磷块岩伴生碘	I:0.001 P_2O_5:24.36	矿体数3;主矿体厚4.05m;倾角5~15°,层状矿体	未利用
总计	2957				

宜昌市碘矿区分布于黄陵背斜北翼上震旦统地层中,该区是宜昌市磷矿集中产区,其中樟村坪磷矿Ⅲ矿段、丁家河磷矿、树空坪磷矿马家湾矿段计算了磷矿中伴生碘的资源储量。根据伴生碘产出的地质条件,宜昌市碘矿资源储量有扩大远景。

伴生碘矿体赋存形式决定于主元素磷矿体的特征,层状产出,长3070~4500m,宽630~3810m,厚4.05~6.43m,缓倾斜,倾角5~15°,埋深0~480m。矿区水文地质条件简单至中等,平硐开采,碘随磷矿石采出,碘以分散状态赋存于磷块岩中(据研究主要以IO^-、IO_3^-形式被胶磷矿吸附,部分IO_3^-类质同象进入磷酸盐晶格)。矿石化学组成:I:0.001%~0.002%(是地壳丰度值20~40倍),P_2O_5:21.11%~24.36%。大约每采出100t磷矿石,其中包含着1.4kg碘。总体而言碘的品位偏低,能否经济回收利用,取决于生产过程中综合回收的难易程度。

樟村坪磷矿和丁家河磷矿的伴生碘矿由湖北省第七地质大队勘查,1975年2月提交了《湖北省宜昌磷矿丁家河矿区详细勘探储量报告》,1975年8月提交了《湖北省宜昌磷矿樟村坪矿区第Ⅲ矿段详细勘探储量报告》,分别提交了伴生碘资源674t和1852t。碘的储量计算采取有多少算多少的原则进行,丁家河磷矿中碘分布于3个层位,Ph_1^3矿层1731t,Ph_1^2矿层56t,Ph_2矿层65t,碘主要储量集中在磷的主矿层中。

我国沉积型磷块岩矿床通常都伴生有碘,四川王家坪和贵州息烽磷矿据生产矿石测定,平均为I:0.003%,贵州瓮福英坪矿段磷矿石中含碘高达0.0078%。不少磷肥厂在磷矿石加工过程中综合回收碘都获得了成功。成都磷肥厂从生产普钙的副产氟硅酸液中回收碘,1987年9月生产1t精碘试剂成本为5849元,低于直接从海藻、卤水中提碘的成本。四川什邡黄磷厂用离子交换树脂提碘,经扩大实验和试生产证明该法技术可行,经济合理,精碘纯度可达99.5%。贵州瓮福英坪矿段磷矿采用焙烧消化富集磷矿石,在尾气中提碘(图7-23)。用100t含碘0.0073%的磷矿石通过煅烧、尾气吸收、过滤、离子交换等工序,制得了精碘5.031kg,碘回收率68.92%。

从海带中提取碘的工艺则为:将海带晒干灼烧成灰,加水搅拌过滤;滤液通氯气直至溶液由无色变成黄色;加入等量四氯化碳,萃取;对萃取液进行减压蒸馏,回收四氯化碳,收集固态物,即为成品碘。一

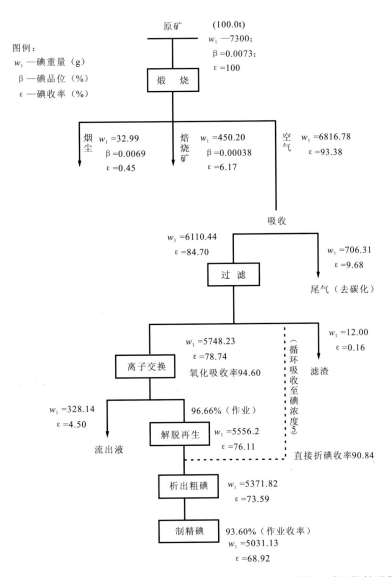

图 7-23 以轻柴油为燃料时,从低浓度(浓度小于 1g/L)吸收液提取碘的物料平衡图

般每 100g 海带可提取 24mg 碘,为获取 5kg 碘则至少需消耗 20t 海带。由此可见从磷矿中提取伴生碘是值得的。

宜昌市磷矿中伴生碘资源储量丰富,虽含量不高,但碘的回收是在磷矿石加工过程中顺便进行的,预计可取得资源利用效益和经济效益,应作为宜昌磷化工发展规划中的一个重要的课题来研究。连同磷矿中共生的白云岩、含钾页岩矿产的利用问题一起推进,将使全国闻名的宜昌磷化工产业在资源综合利用方面又达到一个新的高度。

第十节 泥炭矿

泥炭又称草炭或泥煤,是成煤作用初级阶段产物,由植物残骸在水下缺氧环境中经厌氧细菌不完全分解形成。泥炭是由有机质和矿物物质组成的复合体,常呈黑色、褐色、棕色,具纤维状或颗粒状结构,含纤维量 30%～90%,比重 1.3 左右,发热量 1200～4000 大卡/千克。干燥泥炭的最高热值可达 5000 大卡/千克。典型的泥炭是在沼泽地中形成。

宜昌市的泥炭矿时代属于二叠纪，常位于煤层的浅表部分，由于性质与泥炭相似，且划归泥炭类矿产。鉴于泥炭有发热量，多将其视为燃料矿产，目前泥炭广泛用于化工行业提取腐殖酸，制造泥炭蜡、酚、甲醇、丙酮等，并可制作污水净化剂、石油吸附剂等，因此将其归为化工原料非金属矿产。

宜昌市已查明泥炭矿7处，均为小矿（泥炭矿规模划分标准：矿石大型≥1000万t，中型100～1000万t，小型<100万t），都是二叠系煤矿的共生矿产，总资源储量290.5万t，占湖北省泥炭矿的80.60%（表7-16）。

表7-16 宜昌市泥炭矿简况

矿区名称	资源储量（万吨）	矿床类型、矿石类型、品级	主要化学成分（%）	矿体特征	利用情况
长阳含煤区落雁山勘探区伴生泥炭矿	41.9	沉积矿床	腐殖酸总量57.22	矿体数1	开采矿区
长阳马鞍山煤矿伴生泥炭矿	39.6	沉积矿床（下二叠统）腐殖酸用泥炭土	腐殖酸总量26.25	矿体数1	开采矿区
长阳云海泥炭矿区	19.9	沉积矿床腐殖酸用泥炭土	腐殖酸总量42.24 $Q_{b.d}$ 21.736MJ/kg	矿体数1	计划近期利用
松宜矿区猴子洞、黑岩子、枫香树、丁家坡、陈家河井田共生泥炭矿	72.7	沉积矿床（下二叠统）	腐殖酸总量35.7 灰分47.4 硫分2.27 水分18.6	矿体数1，倾角10～18°，层状矿体	开采矿区
长阳野竹山泥炭矿	97.1	沉积矿床（下二叠统）腐殖酸用泥炭土	腐殖酸总量25.35 $Q_{b.d}$ 16.4MJ/kg	矿体厚1.18～0.2m，倾角5～20°，层状矿体	开采矿区
宜都松宜煤矿区猴子洞矿区	13.2	沉积矿床（下二叠统）腐殖酸用泥炭土	腐殖酸总量34.93	矿体数1，层状矿体；倾角18～20°	开采矿区
宜都松宜煤矿区尖岩河矿区	6.1	沉积矿床（下二叠统）腐殖酸用泥炭土	腐殖酸总量35.6	矿体数1，层状矿体；倾角20～25°	开采矿区
泥炭矿总量	290.5				

宜昌市泥炭矿工作做得较多的是松宜矿区猴子洞、黑岩子、枫香树、丁家坡、陈家河井田。地质勘查由中南冶金地质研究所完成，2006年8月提交《湖北省松宜矿区猴子洞、黑岩子、枫香树、丁家坡、陈家河井田泥炭报告》。查明泥炭矿资源储量72.7万t，可作为零星小矿边采边探使用。

国内泥炭矿主要产地有辽宁新宾北四平、吉林柳河姜家店、黑龙江红旗林场、山东历城东郊、河南辉南北云门、陕西榆林孟家湾大营盘、四川若尔盖务其里、广东遂溪和云南晋城等地。泥炭（干基）的主要成分：有机质30%～90%（腐殖酸10%～60%），灰分10%～70%，氮、磷、钾含量较多，一般含氮1%～3%，氧化钾0.1%～2%，有时含油率达2%～10%，沥青质高者可达12%。泥炭用途广泛，除利用其中腐殖酸等作为肥料和化工原料外，还可作为建材压制成隔热隔音的泥炭纤维板，代替木材作为建筑材料。

泥炭矿目前只有暂行的工业要求，根据这一要求，泥炭矿有机质含量应大于30%～35%。再根据不同用途，确定其他指标：

①优质腐殖酸类肥料,灰分＜40%,腐殖酸40%～70%;
②普通泥炭肥料,灰分40%～70%,腐殖酸15%～40%;
③优质建材,灰分10%～25%,纤维含量＞60%;
④普通建材,灰分25%～40%,纤维含量40%～60%;
⑤优质燃料,灰分25%～30%,发热量＞10.46MJ/kg;
⑥普通燃料,灰分＞35%,发热量＞8.37～10.46MJ/kg;
⑦可采厚度平均为≥0.5m(夹层剔除厚度0.1m);
⑧露采剥离系数平均为≤2.5。

本市泥炭矿据已有化验数据,属普通泥炭肥料。泥炭的化工建材应用是近几年发展起来的,尚有较大前景。因此本市在今后找矿过程中应注意泥炭矿。

第八章 冶金辅助原料非金属矿产

宜昌市已查明的冶金辅助原料非金属矿产有萤石、熔剂用石灰岩、冶金用白云岩、冶金用砂岩、耐火粘土和矽线石6种(图8-1)。其中石灰岩、白云岩和砂岩资源丰富、矿石品质好，资源集中在大中型矿床中，属宜昌市的优势矿产资源。此外，矽线石矿虽为伴生矿产，但资源总量较大，也值得注意。宜昌市

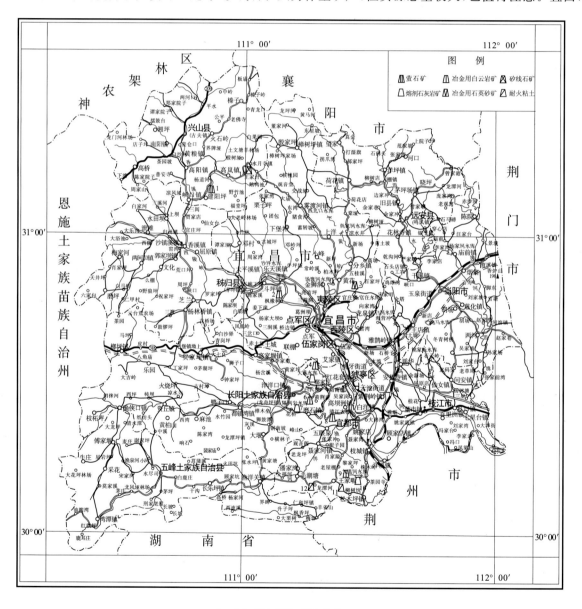

图8-1 宜昌市冶金辅助原料非金属矿产分布图

萤石矿：1. 林贯槽。**熔剂用石灰岩矿**：7. 马鞍山；5. 鄢家沱；10. 松木坪。**冶金用白云岩矿**：2. 石牌；4. 鄢家沱；6. 马鞍山；8. 毛家沱；9. 松木坪。**冶金用砂岩矿**：3. 官庄。**矽线石矿**：13. 老林沟。**耐火粘土矿**：11. 松木坪；12. 尖岩河

的冶金辅料非金属矿产与本市丰富的铁矿资源相配套,为宜昌市发展钢铁产业提供了资源保证。

第一节 萤石矿

宜昌市查明的萤石矿只有一个,即兴山县林贯槽萤石矿。其他萤石矿点有:兴山马蹄沟萤石矿、兴山田家坡萤石矿及兴山石门垭萤石矿。萤石矿的一般工业指标是:边界品位$CaF_2 \geq 20\%$,最低工业品位$\geq 30\%$;富矿$CaF_2 \geq 65\%$。

林贯槽萤石矿位于兴山县城122°方位直距11km处。矿区距宜兴路杉树坪站0km处。矿床为低温热液充填型,单一型萤石矿,含矿率(CaF_2)为43.36%。资源储量(CaF_2)5000t,占全省0.14%,为小矿(普通萤石矿规模划分标准(萤石):大型$\geq$100万t,中型20～100万t,小型<20万t)。矿石为粗晶块状矿石(图8-2)。矿床主要为热液成矿作用形成,常呈陡倾斜脉状产于沉积岩的断裂构造中。其形态受断裂控制,呈单脉、复脉状,或透镜状,长数十米至百米,厚数米,规模小。

根据YB/T5217—2005《萤石块矿》的规定,萤石块矿最低品级标准含CaF_2:65%,因此萤石矿需经选矿后方能为成品。

图8-2 兴山萤石矿块状矿石

第二节 熔剂用石灰岩矿

一、概述

宜昌市已查明3个大型熔剂石灰岩矿(熔剂用石灰岩矿资源储量规模划分标准:矿石$\geq$5000万t大型,5000万t～1000万t中型,<1000万t小型):长阳马鞍山石灰岩白云岩矿、宜都鄢家沱石灰岩白云岩矿、宜都松木坪石灰岩白云岩矿,资源总量为27608.7万t。占湖北省该矿种的总资源量39.49%。这些矿床都为熔剂石灰岩矿和冶金白云岩矿共生矿床,其共生白云岩亦可达到大中型规模。其他熔剂

用石灰岩矿产地尚有长阳白氏坪等。矿区集中分布于宜都市和夷陵区(表8-1),这与当时为配合铁矿开发,要求在交通方便处找矿的方针有关。

表8-1 宜昌市熔剂用石灰岩矿简况

矿区名称	资源储量（万吨）	矿床类型 矿石类型、品级	矿石主要化学组分(%)	矿体特征	利用情况
长阳马鞍山石灰岩白云岩矿西矿区	3458.9	沉积矿床(中石炭统),普通一、二、三级品及高镁品级未分。	CaO:52.54 酸不溶物0.97 MgO:0.51 P:0.005 S:0.01 SiO_2:0.55	矿体数1;长1820m,宽150～225m,厚40～60m;倾角20～54°,埋深0～105m;层状矿体。	未利用
长阳马鞍山石灰岩白云岩矿东矿区	10937.6	沉积矿床(中石炭统),普通一、二、三级品及高镁品级未分。	CaO:53.33 酸不溶物0.89 MgO:0.3 P:0.007 S:0.04 SiO_2:0.56	矿体数1;长1880m,宽110～595m,厚27.55～89.52m;倾角20～54°,埋深0～130m;层状矿体。	未利用
长阳马鞍山石灰岩白云岩矿合计	14396.5				
宜都市鄢家沱石灰岩白云岩矿V矿段	2369.4	沉积矿床(中石炭统)普通一级品	CaO:55.15 酸不溶物0.56 MgO:0.27 P:0.022 S:0.044 SiO_2:0.039	矿体数1;长1571m,宽100～210m,厚40～65m;倾角66～85°,埋深0～200m;层状矿体。	停采矿区
宜都市鄢家沱石灰岩白云岩矿Ⅱ矿段	1751.5	沉积矿床(中石炭统)普通一、二、三级品,以一级品为主	CaO:55.17 $SiO_2+Al_2O_3$:0.49 MgO:0.3 P:0.002 S:0.015	矿体数1;长1900m,宽140～192m,厚16.28～70.14m;倾角60～75°,埋深0～178m;层状矿体。	停采矿区
宜都市鄢家沱石灰岩白云岩矿Ⅰ、Ⅵ矿段	2569.7	沉积矿床(中石炭统)普通一级品	CaO:55.15 酸不溶物0.56 MgO:0.27 P:0.022 S:0.044 SiO_2:0.039	矿体数1;主矿体长981m,厚34.32～42.74m;倾角56～69°;层状矿体。	停采矿区
宜都市鄢家沱石灰岩白云岩矿合计	6690.6				
宜都市松木坪石灰岩白云岩矿	6521.6	沉积矿床(中石炭统)普通一级品,占99.8%	CaO:55.22 酸不溶物0.53 MgO:0.29 P:0.009 SiO_2:0.001	矿体数3;主矿体长1360m,宽100～800m,厚30.99～49.21m;倾角12～20°,埋深0～90m;层状矿体	未利用
合计	27608.7				

注:DZ/T0213—2002标准,黑色冶金熔剂灰岩边界品位CaO≥48%,工业品位CaO≥50%,MgO≤3.0%,SiO_2≤4%,P≤0.04%;有色冶金熔剂灰岩边界品位CaO≥50%,工业品位CaO≥53%,MgO≤1.5%,SiO_2≤2.0%

本市熔剂石灰岩矿均产自中石炭统地层。石炭系地层在境内分布普遍。下石炭统大塘组(长阳组)岩性为灰、灰黑、绿灰色粉砂岩、页岩、石英砂岩,有时夹煤线及灰岩透镜体,中石炭统黄龙组上段灰、浅灰色中至厚层状灰岩,局部地区夹白云质灰岩或石英砂岩透镜体;下段厚层至块状白云岩,时夹白云质灰岩,底部为砾状灰岩和砂页岩。熔剂石灰岩矿即赋存于黄龙组上段,白云岩矿则赋存于下段,两者在空间上共生。

矿区一般位于背斜构造的靠近转折端的翼部,发育有次级褶皱。鄢家沱矿区位于长阳背斜的东部转折端的北翼,马鞍山矿区位于马鞍山向斜的两翼,松木坪矿区则产于仁和坪向斜东端的次级褶皱构造的翼部。

矿体为厚层状,长 1360～1900m,宽 100～800m,厚 27.55～89.52m,产状缓倾斜至陡倾斜,矿体均有地表露头,埋深 0～200m,适合露天开采。

矿石质量好,普通一级品占的比例大,矿石化学组成:CaO:52.54%～55.22%,MgO:0.27%～0.51%,酸不溶物 0.53%～0.97%,P:0.002%～0.022%,S:0.01%～0.044%。作为熔剂用石灰岩,CaO 的含量越高越好。根据 CaO>54%、>52%、>50% 的含量,可划分一、二、三级品。MgO 如含量适当,可降低炉渣的熔点和粘度,增大流动性,对脱硫脱磷有利,如含量过高,则影响 CaO 的熔剂有效性。磷和硫因在冶炼时都转入铁中,会影响钢铁的质量,因此要求尽量低。对照本市熔剂石灰岩成分,多数应属优质资源。

二、主要矿区

(一)长阳马鞍山石灰岩白云岩矿

矿区位于长阳县城南西直距 10～13km 处。矿区距长火公路平洛站 9～12km,通公路。

矿区地质勘查由冶金地质勘探公司鄂西矿务局 609 队完成,1960 年 5 月提交《湖北长阳马鞍山矿区石灰岩白云岩矿床储量地质报告书》。据勘查,总资源量为 14396.5 万 t,属大型矿床。主要资源储量集中在东矿区(占 75.08%)。东矿区矿体长 1880m,宽 110～595m,厚 27.55～89.52m,倾角 20～54°,埋深 0～130m,层状矿体。矿石化学成分:CaO:53.33%,酸不溶物 0.89%,MgO:0.3%,P:0.007%,S:0.04%,SiO_2:0.56%。矿石品级:一、二、三级品。矿区水文地质条件简单,距水源地平洛河 3km,供水量 7862m³/d,基本满足要求。矿区可露天开采,剥采比 0.66。顶底板岩石稳定,剥离系数小,可用 6m 高度多台阶平行采矿法开采。裂隙溶洞较发育对开采不利,矿床至今尚未开发利用。

(二)宜都鄢家沱石灰岩(白云岩)矿

矿区位于宜都城区 316°方位直距 19km 处。矿区距长宜路红花套站 10km,通公路。矿区地质勘查由中南冶金地质勘探公司 607 队完成,1971 年提交《湖北宜都鄢家沱石灰石、白云石矿床地质勘探总结报告书》,1980 年提交《湖北省宜都县鄢家沱石灰岩矿区 Ⅱ 矿段勘探地质报告》。

矿区位于长阳背斜东端北翼,区内分布有奥陶系、志留系、泥盆系、石炭系及二叠系地层,矿体赋存于中石炭统地层中。矿区分为 Ⅴ 矿段,Ⅱ 矿段,Ⅰ、Ⅵ 矿段 3 部分,资源储量分别为 2369.4 万 t、1751.5 万 t、2569.7 万 t,合计 6690.6 万 t,属大型矿区。

矿区规模最大的矿段 Ⅰ、Ⅵ 矿段有矿体 2 个。主矿体长 981m,厚 34.32～42.74m,倾角 56～69°,矿体呈层状。矿石化学组成:CaO:55.15%,酸不溶物 0.56%,MgO:0.27%,P:0.022%,S:0.044%,SiO_2:0.39%。矿石品级属普通一级品。

矿区水文地质条件简单,最大涌水量 5125m³/d,矿区距水源地清江 1km,可满足供水要求。矿床可露天开采,剥采比 1.74。顶底板岩层质软易风化,抗压强度小。西部和中部有溪河横贯矿区,对开采有较大影响。曾有乡镇企业作为石灰石开采,现已停采。

(三) 宜都松木坪石灰岩白云岩矿

矿区位于宜都市区179°方位直距28km处。矿区距枝柳支线松木坪站1km，通铁路。

矿区地处仁和平向斜东端，区内分布有志留系、泥盆系、石炭系、二叠系地层，矿床赋存于中石炭统地层中。矿区由中南冶金地质勘探公司607队勘探，1974年5月提交《湖北省宜都松木坪矿区补充地质勘探报告书》，查明松木坪石灰岩白云岩矿为一大型熔剂用石灰岩矿，提交资源储量6521.6万t。

矿区内共有矿体3个，主矿体长1360m，宽100～800m，厚30.99～49.21m，倾角12～20°，埋深0～90m，层状矿体。矿石化学组成：CaO：55.22%，酸不溶物0.53%，MgO：0.29%，P：0.009%，SiO_2：0.001%。矿石品级99.8%，属普通一级品。

矿区水文地质条件简单，最大涌水量43868m³/d。供水水源地陈家河距矿区1km，但供水量408m³/d，不能满足要求。矿层可露天开采，剥采比1.07。至今尚未开发利用。

第三节 冶金用白云岩矿

一、概述

冶金用白云岩矿主要用作耐火材料，部分用作熔剂。用白云岩制成的耐火砖有稳定性白云石砖和抗水性白云石砖两种，均为碱性砖。广泛用于砌筑转炉、电炉、化铁炉炉衬。炼铁和炼钢时，白云岩作为熔剂，起中和酸性炉渣、降低渣中FeO的活度，减轻炉渣对炉衬的侵蚀作用。作耐火炉衬用白云岩矿石要求MgO含量高（边界品位≥18%，工业品位≥20%），酸不溶物（$SiO_2+Fe_2O_3+Al_2O_3+Mn_3O_4$）含量要低（≤3.0%，其中$SiO_2$≤1.5%）。熔剂用白云岩DZ/T0213-2002标准：MgO边界品位≥15%，工业品位≥16%；$Al_2O_3+Fe_2O_3+Mn_3O_4+SiO_2$的含量≤10%，其中$SiO_2$≤4%。以往勘查根据矿石$MgO$的含量>20%、19%、17%、16%分别将矿石划分为特级品、Ⅰ、Ⅱ、Ⅲ级品。

本市已查明冶金用白云岩矿5个，其中大型矿床（资源储量≥5000万t）3个，中型矿床（5000～1000万t）1个，小型矿床（<1000万t）1个，总计资源储量28571.9万t，占湖北省该矿种资源量的33.90%。矿区主要分布在宜都市和夷陵区（表8-2）。其他冶金用白云岩矿有长阳秀峰桥白云岩矿、长阳津洋口白云岩矿、长阳春光白云岩矿、宜都官当白云岩矿等。

白云岩矿主要赋存在3个层位中：上震旦统、上寒武统和中石炭统。上震旦统灯影组为碳酸盐岩建造，由白云岩、鲕状白云岩、硅质条带或硅质结核白云岩、白云质磷块岩、泥质白云岩及硅质岩、角砾状白云岩所组成；上寒武统雾渡河组（原属三游洞群中部），其岩性主要为一套灰色、灰白色厚层至块状白云岩，夹少量灰质白云岩（图8-3）及硅质结核、硅质条带；中石炭统黄龙群下段为厚层至块状白云岩，时夹白云质灰岩。夷陵区石牌白云岩矿、宜都毛家沱白云岩矿分别赋存在上震旦统和上寒武统地层中。赋存于中石炭统中的白云岩矿均为白云岩石灰岩共生矿，如前述的马鞍山、鄢家沱、松木坪等矿区。

白云岩矿为沉积矿床，矿体层状产出，长200～2300m，宽90～960m，厚8～63m，缓倾斜至陡倾斜，埋深0～220m。矿石化学组成：MgO：18.87%～21.32%，CaO：31.49%～33.13%，酸不溶物1.67%～3.17%，P_2O_5：0.043%，SO_3：0.108%，SiO_2：1.15%～2.24%，Al_2O_3：0.146%～0.23%，Fe_2O_3：0.76%，矿石品级：特、Ⅰ、Ⅱ、Ⅲ级品。

矿床开采技术条件良好，可露天开采，剥采比0.09～1.74。水文地质条件简单，供水可得到满足。宜昌市白云岩矿尚未开发利用。

表 8-2 宜昌市冶金用白云岩矿简况

矿区名称	资源储量（万吨）	矿床类型 矿石类型、品级	矿石主要化学组分（%）	矿体特征	利用情况
夷陵区石牌白云岩矿	12429.5	沉积矿床（上震旦统），熔剂用白云岩矿石特级品、Ⅰ、Ⅱ、Ⅲ级品	MgO:21.32 P_2O_5:0.043 SO_3:0.108 Al_2O_3:0.23 FeO_3:0.76 SiO_2:1.92	矿体数2；主矿体长780m，宽710～960m，厚61.49～63.11m；倾角8～14°，埋深0～37m，层状矿体	未利用
长阳马鞍山石灰岩白云岩矿东矿区	4138.7	沉积矿床（中石炭统），熔剂用白云岩矿石特级品、Ⅰ、Ⅱ、Ⅲ级品	MgO:18.87 CaO:33.13 酸不溶物3.17 SiO_2:2.27	矿体数1；主矿体长1880m，宽130～595m，厚19.63～28.62m；倾角20～54°，埋深0～230m，层状矿体	未利用
长阳马鞍山石灰岩白云岩矿西矿区	2507.2	沉积矿床（中石炭统），熔剂用白云岩矿石特级品、Ⅰ、Ⅱ、Ⅲ级品	MgO:19.47 CaO:33.7 酸不溶物1.05 SiO_2:1.15	矿体数1；主矿体长1820m，宽155～275m，厚25～40m；倾角20～54°，埋深0～175m，层状矿体	未利用
长阳马鞍山石灰岩白云岩矿总计	6645.9				
宜都鄢家沱石灰岩白云岩矿Ⅰ、Ⅵ矿段	1016.8	沉积矿床（中石炭统），熔剂用白云岩矿石Ⅰ级品、Ⅱ级品	MgO:19.23 CaO:32.13 Al_2O_3:0.146 FeO_3:0.19 酸不溶物1.95 SiO_2:1.7	矿体数2；主矿体长728m，宽90～283m，厚17～28m；倾角67～75°，埋深0～220m，层状矿体	未利用
宜都鄢家沱石灰岩白云岩矿Ⅱ矿段	634.0	沉积矿床（中石炭统），熔剂用白云岩矿石Ⅰ、Ⅱ、Ⅲ级品	MgO:18.73 酸不溶物2.55 SiO_2:2.24	矿体数1；主矿体长1900m，宽95～192m，厚9.05～35.77m；倾角60～75°，埋深0～178m，层状矿体	未利用
宜都鄢家沱石灰岩白云岩矿Ⅴ矿段	1603.9	沉积矿床（中石炭统），熔剂用白云岩矿石特、Ⅰ、Ⅱ、Ⅲ级品	CaO:31.49 MgO:19.95 酸不溶物1.67 SiO_2:1.15	矿体数1；主矿体长1528m，宽110～220m，厚7.81～37.39m；倾角53～82°，埋深0～216m，层状矿体	未利用
宜都鄢家沱石灰岩白云岩矿总计	3254.7				
宜都松木坪石灰岩白云岩矿	275.8	沉积矿床（中石炭统），熔剂用白云岩矿石特、Ⅰ、Ⅱ、Ⅲ级品	MgO:19.09 CaO:31.89 酸不溶物2.47 SiO_2:1.99	矿体数4；主矿体长200m，宽700～800m，厚12.93m；倾角25°，埋深0～118m，透镜状矿体	未利用
宜都毛家沱白云岩矿	5966.0	沉积矿床（上寒武统），熔剂用白云岩	MgO:19.94 CaO:31.40 SiO_2:3.3 Al_2O_3:0.76 Fe_2O_3:0.38	矿体数1；主矿体长2300m，宽200～400m，厚93.98～140.25m；倾角12～14°，埋深0～80m，层状矿体	未利用
总计	28571.9				

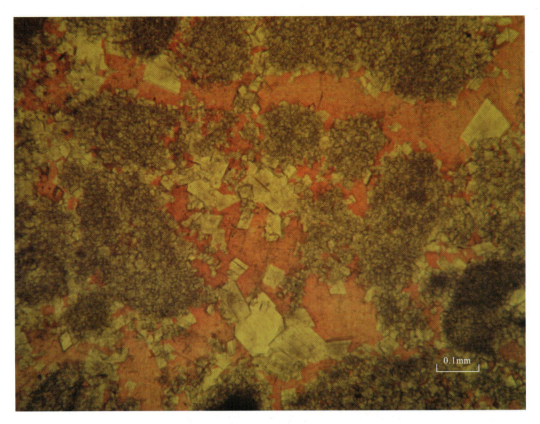

图 8-3 灰质白云岩显微照片 薄片 单偏光
岩石由自形粒状白云石及充填其间的他形方解石组成
（经茜素红染色，方解石呈红色）

二、主要矿区

(一)夷陵区石牌白云岩矿

矿区位于宜昌市城区 279°方位直距 17km 处，距长江航道宜昌码头 23km（运距），通水路。

矿区地处黄陵背斜西南缘，出露有奥陶系、寒武系、震旦系地层，矿体赋存于上震旦统地层中。矿区由中南冶金地质勘探公司鄂西矿务局 609 队勘探，1961 年提交《湖北宜昌石牌矿区熔剂白云岩储量地质报告书》，共查明熔剂白云石资源储量 12429.5 万 t，属大型矿床。

矿区有矿体数 2 个，主矿体长 780m，宽 710～960m，厚 61.49～63.11m，倾角 8～14°，埋深 0～37m，层状矿体。矿石化学组成：MgO：21.32%，P_2O_5：0.043%，SO_3：0.108%，Al_2O_3：0.23%，Fe_2O_3：0.76%，SiO_2：1.92%。矿石品级：特级品 8852.9 万 t，占 71.22%；Ⅰ级品 2659.8 万 t，占 21.40%；Ⅱ级品 691.4 万 t，占 5.56%；Ⅲ级品 225.4 万 t，占 1.81%。矿石主要由白云石组成，含少量其他杂质（图 8-4、图 8-5）。

矿区水文地质条件简单，最大涌水量 2520m³/d。供水地石牌溪离矿区 1km，供水量 10368m³/d，可满足需要。矿体可露天开采，剥采比 0.09，剥离系数小，以阶梯逐层开采为宜。矿层和夹层呈互层，对开采不利。

(二)宜都毛家沱白云岩矿

矿区位于宜都市区 270°方位直距 10km 处。矿区距清江航道宜都码头 10km，通水路。

第八章 冶金辅助原料非金属矿产

图 8-4 夷陵区石牌冶金用白云岩矿石

图 8-5 白云岩显微照片 薄片 单偏光
矿石由自形半自形粒状白云石紧密镶嵌组成

矿区地处长阳背斜东南端,出露有寒武系、奥陶系、志留系地层,矿体赋存在上寒武统地层中。矿区由原宜都行署地质局综合地质队勘探,1959年提交《宜都县毛家沱白云岩矿区勘探报告》,探明熔剂白云岩资源储量5966.0万t,属大型矿床。另有地质储量3389.0万t。

矿体长2300m,宽200~400m,厚93.98~140.25m,倾角12~14°,埋深0~80m,层状矿体。矿石化学组成:MgO:18.94%,CaO:31.4%,Al_2O_3:0.76%,Fe_2O_3:0.38%,SiO_2:3.3%。

矿床位于侵蚀基准面以上,矿体可露天开采。矿床范围内溶洞较多,并有黄土砾石充填对开采不利。矿区未做水文地质工作。

第四节 冶金用砂岩矿

冶金用砂岩矿为冶金用硅石矿的一种,在冶金工业中用作制酸性耐火砖——硅砖,冶炼硅质合金及作为冶炼各种金属的熔剂。硅砖有良好的抗酸性渣侵蚀的能力,对氧化钙渣、氧化铁渣的侵蚀也有一定的抵抗力。硅砖的最大优点是荷重软化起始温度高(一般在1620℃以上),因此广泛用于砌筑焦炉、电炉、加热炉、玻璃熔窑和耐火材料烧成窑等炉衬。矿石工业要求SiO_2含量要高,Al_2O_3、Fe_2O_3、CaO、S、P等含量要低。冶金用硅石矿原料要求:硅砖用特级品SiO_2≥98%,Ⅰ级品≥97.5%,Ⅱ级品≥96%;硅铁用Ⅰ级品≥97.5%,Ⅱ级品≥96%;硅铝用≥98.5%;结晶硅用≥98%。

宜昌市已查明的冶金用砂岩矿有夷陵区官庄砂岩矿,总资源储量2700.7万t,属大型矿床(矿床规模划分标准:大型资源量≥2000万t,中型2000~200万t,小型<200万t)。另有未上表的五峰天堰硅石矿、马岩墩硅石矿、兴山古夫硅石矿(图8-6)。宜昌市冶金用砂岩矿资源储量占全省100%。

图8-6 兴山古夫硅石矿块状矿石

夷陵区官庄砂岩矿位于宜昌市城区78°方位直距13km处。矿区距焦枝线官庄站2km,通铁路。

矿区地处黄陵背斜东翼南段,出露有上志留统纱帽群和中泥盆统云台观组石英岩及石英砂岩、上泥盆统黄家磴组石英砂岩和砂质页岩及写经寺组赤铁矿、页岩和泥灰岩。硅石矿主要赋存于云台观组,黄家磴组下部亦有可利用的石英砂岩。矿区由冶金部中南地质勘探公司607队勘探。1980年提交《湖北省宜昌县官庄矿区硅石矿勘探地质报告》，共查明冶金用砂岩矿资源储量2700.7万t，属大型矿床。

矿区分为一、二两个矿段，各矿段简况见表8-3。

表8-3　宜昌市夷陵区官庄砂岩矿简况

矿段名称	资源储量（万吨）	矿床类型 矿石类型、品级	矿石主要化学成分(%)	矿体特征	利用情况
二矿段	424.8	滨海相沉积，石英砂岩型硅石矿床（泥盆系） 矿石品级：特级品、Ⅰ级品、Ⅱ级品	SiO_2:98.06 Al_2O_3:0.78 CaO:0.065 P_2O_5:0.012	矿体数2；主要矿体长700m，宽95～100m，厚度14.00～22.00m；倾角9～15°，埋深0～15m，层状矿体	停采矿区
一矿段	2275.9	滨海相沉积，石英砂岩型硅石矿床（泥盆系） 矿石品级：特级品、Ⅰ级品、Ⅱ级品	SiO_2:98.06 Al_2O_3:0.78 CaO:0.068 P_2O_5:0.012	矿体数2；主要矿体长900m，宽220～300m，厚度17.10～31.52m；倾角9～15°，埋深0～62m，层状矿体	停采矿区

注：划分品级以制铁合金和工业硅用为标准

矿床属滨岸相沉积石英砂岩型硅石矿床，层状矿体，矿体长700～900m，宽80～200m，厚14.00～31.52m，矿体产状平缓(倾角9～15°)。矿石自然类型为石英砂岩型硅质岩，矿物成分主要为石英，具中细粒结构，次要矿物有少量玉髓、云母等(图8-7)。

图8-7　夷陵区官庄冶金用石英砂岩矿块状矿石

矿石化学成分：SiO_2:97.92～97.96%，Al_2O_3:0.78%，CaO:0.065～0.068%，P_2O_5:0.012%。矿石品级：特级品、Ⅰ级品、Ⅱ级品。

矿区水文地质条件简单，最大涌水量 29197m^3/d。水源地蜘蛛洞距矿区 2km，供水量 48000m^3/d，满足供水要求。矿体可露天开采，剥采比 0.22～0.49。剥离系数小，利用自然排水，露采边坡角 60°为宜。

选矿试验结果：手选半工业试验，为易选矿石。SiO_2 入选品位 97.59%，精矿品位 99%，回收率 85%。经宜钢冶炼硅铁实验二次破碎结果：矿石破碎至 60～100mm 块度，块矿回收率 85%；若破碎至 40～60mm 块度，块矿回收率为 75%。

官庄硅石矿的地质勘查始于 1958 年，当时目的是寻找宁乡式铁矿的配套资源。1959 年为满足宜昌平板玻璃厂对硅石的需要，对风洞和矿段加密了地表采样和深部控制。1978 年，为满足冶金部在宜昌古老背拟建一铁合金厂所需的硅石资源，再度进行勘查评价，根据冶金部《关于湖北宜昌官庄硅石矿工业指标的批复意见》，计算得硅铁用硅石矿资源储量 2700.7 万 t。

该矿在 20 世纪 60—70 年代，曾被宜昌平板玻璃厂和宜昌钢铁厂零星开发利用，目前为停采矿区。

第五节　耐火粘土矿

耐火粘土指耐火度大于 1580℃，由粒度 0.005mm 以下的高岭石族矿物、铝的氢氧化物及少量水云母组成的粘土。宜昌市经地质查明的耐火粘土矿有两处：宜都市尖岩河煤矿共生耐火粘土矿和宜都市松木坪石灰岩白云岩矿共生耐火粘土矿，其规模分别属大型和小型（耐火粘土矿规划分标准：矿石 大型≥1000 万 t，中型 1000～200 万 t，小型＜200 万 t），总资源储量为 1288.4 万 t，占湖北省的 10.26%。

宜都市尖岩河煤矿共生耐火粘土矿产于下二叠统地层，据中南冶金地质研究所 2004 年 9 月提交《松宜煤矿尖岩河检测区 2003 年度资源储量检测报告（调整说明）》，有耐火粘土资源储量 1100.4 万 t。区内有矿体 1 个，厚 0.41～4.1m，倾角 20～25°，似层状矿体。矿石含 Al_2O_3：42%。矿区水文地质条件简单，最大涌水量 35744m^3/d；供水地白岩溪水库，距矿区 1km，供水量 3000m^3/d，满足要求。

松木坪共生粘土矿产于下二叠统，由武钢公司鄂西矿务局 609 队勘查，1959 年 12 月提交《湖北宜都松木坪矿区最终储量报告书》，提交 D 级储量 188.0 万 t。矿区有矿体 1 个，矿体长 1150m，宽 220～760m，厚 1.0～1.5m，倾角 15～20°，埋深 0～156m，透镜状矿体。矿石含 Al_2O_3：38.66%，CaO：0.4%，Fe_2O_3：0.75%，烧失量 14%，耐火度 1710℃。矿石属硬质粘土。矿区水文地质条件简单，最大涌水量 43868m^3/d；供水地陈家河距矿区 1km，供水量 408m^3/d，不满足要求。矿体可露天和地下开采。

第六节　矽线石矿

矽线石与蓝晶石、红柱石同属蓝晶石类矿物，为无水铝硅酸盐，化学成分 $Al_2O_3 \cdot SiO_2$（或写作 $AlSiO_5$）。矽线石在高温下（1100～1650℃）煅烧转变为莫来石（$3Al_2O_3 \cdot 2SiO_2$）和熔融游离二氧化硅（方石英玻璃），同时产生不同程度的体积膨胀。莫来石具有耐火度高（＞1800℃）、机械强度大和耐酸、碱等性能，并具有重负荷下抗高温的能力。因此可用作高级耐火材料，制作高炉、热风炉、混铁炉和浇注设备关键部位的耐火砖和不定形耐火材料。此外，还用作制造高铝轻质硅铝合金，用于飞机、汽车、火车、船只等关键部件的工业制造，并可烧制耐烧蚀技术陶瓷。

宜昌市的矽线石矿主要作为铁铝榴石矿的伴生矿产产出，分布于兴山、夷陵区变质岩系中的铁铝榴石矿中。石榴石矿中矽线石的含量 1%～10%，在老林沟矿区平均达 6.6%，计算得伴生矽线石 50.26 万 t。矽线石肉眼观察为灰白色、弯曲纤维状集合体或呈针柱状，常围绕石榴石、石英等矿物分布，手摸有针刺感。镜下为无色透明，结晶粗大者为长柱状，一般为针状、纤维状，常集合成木筏状、束状、毛发状，与云母细粒石英、蓝晶石等紧密共生。石榴石矿矿山选矿过程中，矽线石集中分布在磁选尾矿中，通过再磨-浮选可以得到回收。

全市矽线石矿的资源远景据中南冶金地质研究所预测，矿物量总量可达 100 万 t 以上，具有相当规模，因此是值得重视的一种矿产资源。矽线石矿的详细地质、矿物特征和选矿试验结果见第九章第二节。

第九章　建材及其他非金属矿产

宜昌市建材及其他非金属矿产种类多样，资源丰富，品质优良，是除磷矿以外的又一优势突出的矿产，其中石墨、石膏、石榴石、水泥用灰岩、玻璃用砂岩、高岭土、饰面石材等矿产都已得到不同程度的开发，水泥、玻璃、石墨制品、陶瓷、石材等产业已成为宜昌市重要的支柱产业之一。

各类矿产的分布见图9-1，矿产分布遍及全市，石墨石材等主要分布在北部，玻璃砂岩、石膏、高岭土、水泥灰岩等主要分布在东部。

第一节　石墨矿

一、概述

工业上将石墨矿分为晶质（鳞片状）石墨矿和隐晶质（土状）石墨矿两种类型。前者石墨晶体直径大于 $1\mu m$，呈鳞片状；后者石墨晶体直径小于 $1\mu m$，呈隐晶的集合体，在电子显微镜下才能见到晶形。

宜昌市产品质石墨矿，已查明晶质石墨矿中型矿床3处、小型矿床1处（晶质石墨矿规模划分标准：矿物量大型≥100万t，中型20～100万t，小型<20万t），总资源储量（晶质石墨）155.2万t，占湖北省石墨矿资源储量的90.34%，是我国知名的晶质石墨矿产地（表9-1）。宜昌市石墨矿以品位高、品质优著称，是中南地区唯一的鳞片石墨大矿，在全国五大鳞片石墨矿中，品位居第一位，储量居第三位，因此属宜昌市的优势矿产。凭借石墨资源优势，已建成恒达石墨采选加工企业，是目前国内最大的石墨加工企业之一，产品已广泛应用于石油、化工、发电、钢铁及汽车制造业。我国石墨矿的储量、产量、出口量目前均属世界第一位。至2008年底，已查明晶质石墨基础储量5749万t，主要分布在黑龙江、山东、内蒙古、湖北等省（区）。

宜昌市石墨矿集中分布于夷陵区北部及兴山与夷陵区毗邻地带，产于前震旦纪水月寺群地层中，属于区域变质矿床。矿体呈浸染状层状或似层状，石墨为中粗粒晶质鳞片石墨，专属围岩为片岩和片麻岩，由古老碳质层区域变质（包括混合岩化作用）形成。

二、成矿地质条件

我国区域变质型石墨矿床占全国已知石墨矿的80%，产于前寒武纪的古老变质杂岩如片岩、片麻岩、大理岩、变粒岩、麻粒岩、斜长角闪岩中。地质情况复杂，常伴随花岗岩、伟晶岩等岩浆活动，混合岩化广泛发育。已知石墨矿有黑龙江柳毛、内蒙古兴和、江西金溪、云南元阳、山东南墅、湖北三岔垭等，均分布于古老的地盾区或隆起区。

宜昌市前震旦系水月寺群分布于黄陵背斜的核部，属下元古界钙碱性火山岩建造和含碳陆屑-碳酸盐岩建造。地层出露于雾渡河至兴山三阳一线以北的白果树湾、水月寺、盐池河、巴山寺等地，以及美人沱至潭家垭一带，分布面积约 $624km^2$。全群为区域动热变质岩系，未见底，顶部被南华系不整合覆盖，厚5300m。

经近年来地质工作，查明石墨矿产于水月寺群中上部水月寺变质岩群中。水月寺变质岩群自下而上分为野马洞组、黄良河组和周家河组。

第九章 建材及其他非金属矿产

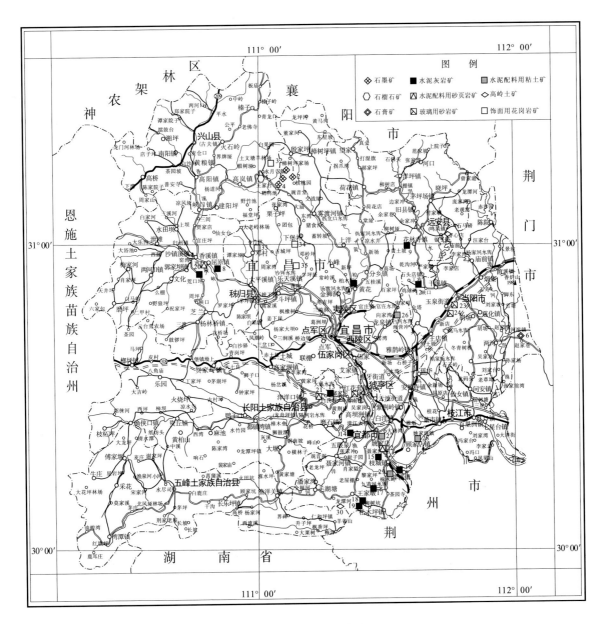

图 9-1 宜昌市主要建材及其他非金属矿产分布图

石墨矿：1.三岔垭；2.潭家河；3.二郎庙；4.东冲河

石榴石矿：5.老林沟

石膏矿：6.高店子

水泥灰岩矿：7.长石碚；8.马槽背；9.朱家包；10.黄花；11.万家畈；12.孙宾寨；13.白氏坪；14.毛家沱；15.磴子岩；16.洋溪；17.九道河；18.狮子岩；19.杨树坪

水泥配料用页岩矿：20.狮子堡；21.白氏坪；22.大湾

玻璃用砂岩矿：23.狮子岗；24.岩屋庙；25.马王山

水泥配料用粘土矿：26.周家岗；27.丰家店；28.石林；29.大堰

高岭土矿：30.尖岩河；31.庙前

饰面花岗岩矿：32.砂尖寨；33.新寨坡；34.下堡坪葡萄树；35.小寨

表9-1 宜昌市石墨矿简况

矿区名称	资源储量晶质石墨（万吨）	矿床类型 矿石类型、品级	矿石主要化学组分（%）	矿体特征	利用情况
夷陵区二郎庙石墨矿	36.6	前震旦纪沉积变质矿床，晶质石墨石，品级未分	C:7.49 Fe_2O_3:3.2 SiO_2:58.18	矿体数2；主矿体长2600m，宽90～300m，厚7.29m；倾角40～70°，埋深0～360m，似层状矿体	开采矿区
夷陵区潭家河石墨矿	20.0	前震旦纪沉积变质矿床，晶质石墨石，品级未分	C:7.96 Al_2O_3:13.13 CaO:1.74 Fe_2O_3:7.45 K_2O:3.515 MgO:3.05 SiO_2:59.71	矿体数2；主矿体长3750m，宽35.0～230.0m，厚1.00～17.13m；倾角42～80°，埋深0～280m，层状矿体	可供进一步工作
夷陵区三岔垭石墨矿	88.4	前震旦纪沉积变质矿床，晶质石墨石，Ⅰ级品（固定碳≥10%）	C:11.47 Al_2O_3:14.3 CaO:0.72 Fe_2O_3:5.11 挥发分2.85 K_2O:3.7 MgO:1.7 Na_2O:1.56 灰分85.33 SiO_2:56.48	矿体数6；主矿体长1178m，宽55～240m，厚1.13～36.95m；倾角45～60°，埋深0～280m，似层状矿体	开采矿区
兴山东冲河石墨矿	10.2	前震旦纪沉积变质矿床，晶质石墨石，品级未分	C:5.97 Al_2O_3:14.52 CaO:1.43 Fe_2O_3:7.11 K_2O:3.16 MgO:2.79 SiO_2:58.65	矿体数2；主矿体长920m，宽70～160m，厚6.71m；倾角51～85°，埋深0～130m，似层状矿体	近期不宜进一步工作
总计	155.2				

注：DZ/T0207-2002标准，原生鳞片石墨矿石边界品位固定碳含量2.5%～3.5%，工业品位3%～8%；可采厚度：露天开采2～4m，夹石剔除厚度1～4m；剥采比不大于3∶1至4∶1

周家河组：混合岩化黑云斜长片麻岩、斜长角闪岩、白云石大理岩、含石墨片岩、含石墨斜长片麻岩、石英岩。其中含石墨片岩可构成富矿、含石墨斜长片麻岩则构成贫矿。

黄良河组：石榴石英斜长角闪岩、含石墨黑云片岩、含石墨斜长片麻岩、含矽线石蓝晶石片麻岩。

野马洞组：混合岩化黑云斜长片麻岩、角闪岩。

黄良河组和周家河组为赋矿地层。

据谭冠民、莫如爵（1994）研究，宜昌石墨矿原岩为浅海火山盆地粘土-碳酸盐-基性火山岩建造，主要变质时期为中条期，特征变质矿物有红柱石、堇青石、十字石、石榴石、紫苏辉石等，变质相为角闪岩相，低压、中温变质相系。混合岩化作用广泛，条带注入为主，局部阴影状，钾交代为特征，塑性变形明显。同构造期混杂花岗岩，热接触变质明显。

石墨按碳的来源分生物和非生物两种成因。生物成因是指石墨由有机质直接变成，嵌留在片岩、片麻岩、板岩、千板岩、生物灰岩、变质无烟煤中的有机碎片提供了有机成因的证据。石墨的无机成因主要是通过CO和CO_2还原出碳来实现。

关于区域变质石墨矿碳源问题，据南墅和柳毛石墨矿石墨的碳同位素测定结果，石墨碳的同位素比值与围岩大理岩的碳酸盐的碳同位素比值绝然不同。据与国内若干石灰岩、煤、油田现代有机物沉积对比，石墨碳相当于有机碳。

三、矿床地质特征

宜昌市已查明的4个石墨矿，均位于圈椅淌背斜东翼，自北而南依次为三岔垭矿区、潭家河矿区、二郎庙矿区、东冲河矿区(见图 9-1)。

矿体赋存于下元古界水月寺群中岩组区域变质岩系中,层状、似层状产出。矿体长 920~3750m,宽 35~300m,厚 1.00~36.95m,倾角较陡(40~85°),埋深 0~360m。矿石属晶质石墨类型。矿石平均化学组成:C:5.97%~11.47%,Al_2O_3:13.3%~14.52%,CaO:0.72%~1.74%,Fe_2O_3:3.2%~7.45%,K_2O:3.16%~3.7%,Na_2O:1.56%,MgO:1.7%~3.05%,SiO_2:56.48%~59.71%,挥发分 2.85%,灰分 85.33%。

四、石墨矿的开发利用

由于石墨具有许多优良的性能,因而广泛应用于冶金、机械、石油、化工、轻工、国防等工业部门。

冶金工业:除大量用于浇铸和拉丝外,主要用作石墨坩埚和高温电炉中的石墨砖,用以熔炼有色金属、合金等贵重金属材料。在炼钢工业中,常用石墨作为钢铁保护渣。

电气工业:广泛用来生产电极、电刷、电弧、碳棒、水银整流器的正极,电话零件,拉钨钼丝润滑剂,高电阻物、电视机显像管的涂料等。

铸造业:做铸件模子的涂料。

机械工业:常作为机械润滑剂。

化学工业:由于石墨具有良好的抗酸、碱、盐、有机溶剂腐蚀等化学稳定性,是一种防腐蚀的超级材料,广泛用于制造各种设备、器件。石墨还可以作橡胶、塑料的填充剂。

原子能和国防工业:高纯度高密度的石墨作原子能反应堆的中子减速剂、防原子辐射的外壳、火箭发动机尾喷管、卫星用无线电连接信号和导电结构材料。

此外轻工业中铅笔、玻璃、造纸、油漆、油墨等也需要石墨。

随着科技的发展,石墨有了许多新的用途,如锂电池中的电极材料、石墨炸弹等。

由此可见,宜昌石墨矿开发利用的前景是极其宽广的。

三岔垭石墨矿于 1979 年组建,1980 年 4 月建成投产,设计规模为年产石墨精矿 2000t。因资金和市场销路问题,于 1983 年停产。1989 年矿山复建。目前三岔垭石墨矿属中科恒达石墨股份有限公司。恒达石墨集团采用管束式干燥机,同时引进国外石墨烘干分级、超细粉碎、柔性石墨卷材等先进设备和技术,开发石墨系列产品。目前已形成石墨采选-化学提纯-石墨密封产品深加工一条龙生产线,生产各种高质量的系列产品。石墨产品系列、盘根产品系列、填片产品系列、机械密封产品系列、微粉石墨等 8 种高端石墨材料,列为国家重点新产品。

三岔垭石墨矿选矿采用浮选法,生产试验结果:组分碳 C,入选品位 12.27%,精矿品位 92.56%,尾矿品位 2.15%,回收率 84%。矿石松散易磨,剥离较好,浮选速度快。同时精矿中石墨片径大,最大片径 2.4mm,平均 0.6mm,80 目以上片径者占 88.80%,属大鳞片石墨和中鳞片石墨(石墨鳞片划分标准:大鳞片片径 1.0~2.0mm,精矿中>100 目的石墨片占 30%以上;中鳞片片径 0.5~1.0mm,精矿中>100 目的石墨片占 10%~30%;小鳞片片径<0.5mm,精矿中>100 目的石墨片占 10%以下)。

鳞片石墨产品按固定碳含量分为:LD 低碳石墨含 C:50.0%~79.0%,LZ 中碳石墨 C:80%~93%,LG 高碳石墨 C:94.0%~99.0%,LC 高纯石墨 C:99.9%~99.99%。

石墨的提纯方法有化学提纯和高温提纯两种。化学提纯是用碱或酸处理石墨精矿,使其杂质溶解,然后洗涤,除去杂质,最终产品含碳量可达 99%以上。高纯石墨用作膨胀石墨、密封材料和润滑剂基料;高碳石墨用作填充料、润滑剂基料、涂料、电碳制品、电池、铅笔原料;中碳石墨用作坩埚、耐火材料、铸造涂料;低碳石墨用作铸造涂料。

可膨胀石墨及其制品是石墨深加工的主要途径之一。可膨胀石墨是由天然晶质鳞片状石墨,经酸性氧化剂处理后得到的石墨层间氧化物,亦称石墨酸、酸化石墨、氧化石墨。膨胀石墨则是由可膨胀石墨经高温瞬间膨胀而生成蠕虫状的石墨膨体,又称膨体石墨、柔性石墨。膨胀石墨仍然保持天然石墨的性质,并且具有良好的成型可塑性、理想的柔韧延展性和密封性。

可膨胀石墨目前主要采用酸浸氧化法和电解氧化法来制备。酸浸法是用强氧化剂硫酸、硝酸、高氯酸、氯酸钾或高锰酸钾等混合液,在常温常压下将石墨浸泡0.5~2小时左右,反应生成可膨胀石墨,然后进行脱酸、水洗及烘干。

可膨胀石墨通过电能、气体燃料、微波红外、激光等热源加热膨胀形成膨胀石墨,除渣、压延后制成石墨纸或板材,进而生产石墨密封圈、石墨盘根、石墨缠绕垫片等产品。

宜昌市石墨矿开发已达到较高水平,今后应进一步在黄陵背斜核部变质岩分布区开展石墨矿地质勘查,使宜昌市石墨产业有更丰富的资源储量作为依托。扩大宰金坪石墨矿的开采规模,扩建改造三岔垭石墨矿,集约开发潭家河、二郎庙石墨矿。进一步确立石墨开发产业化在全市经济发展战略中的重要地位,积极采用中外合资、合作等形式,提升石墨产品档次,优先生产机电、冶金行业密封、滑润石墨制品,大力开发氟化石墨、石墨乳、石墨复合材料,"高容量锂离子电池天然石墨基复合负极材料"的研发项目已获国家创新基金支持。

五、主要石墨矿

夷陵区三岔垭石墨矿目前为宜昌市最主要的石墨矿,矿区位于夷陵区338°方位直距70km处,距宜樟路樟村坪站11km(直距),通公路。

该矿探明规模属中型。经与国内三大优质鳞片石墨矿(南墅、兴和、柳包)比较,该矿具有以下三大特点:一是原矿品位高,矿石平均含石墨11.47%,最高达25.38%;二是片径大,最大片径2.4mm,最小0.1mm,平均0.6mm,80目以上片径者占88.88%;三是可选性好,粗精矿经二次再磨、五次精选,便可获得含碳量90%以上的产品。

矿区由湖北省非金属地质公司勘查,1979年6月提交《湖北宜昌三岔垭石墨矿区地质勘探总结报告》,查明石墨矿资源储量(晶质石墨)88.4万t,其中富矿(图9-2)占79.98%。三岔垭石墨矿是我国为数不多的优质鳞片石墨矿之一,近年来开发的石墨系列产品填补了湖北省乃至我国的空白,具有广泛的发展前景。

图9-2 宜昌三岔垭石墨矿石

矿床位于圈椅淌背斜东翼,赋存于下元古界水月寺群中岩组区域变质岩系中。区内共圈定6个矿体,其中Ⅰ、Ⅱ、Ⅲ号矿体为工业可利用矿体,Ⅳ、Ⅴ、Ⅵ号为暂时不能利用的矿体。主矿体Ⅰ号矿体长1178m,宽55~240m,厚1.13~36.95m,倾角45~60°,埋深0~280m,似层状矿体,资源储量占总量的75.49%(图9-3)。由于矿体本身的尖灭再现,或断层及岩浆岩切割分离,一个矿体常分为若干个矿段。Ⅰ号矿体共分成10个矿段。

矿石属晶质石墨矿石,分为石墨片岩(可利用的富矿石)和含石墨黑云母斜长片麻岩(暂不能利用的

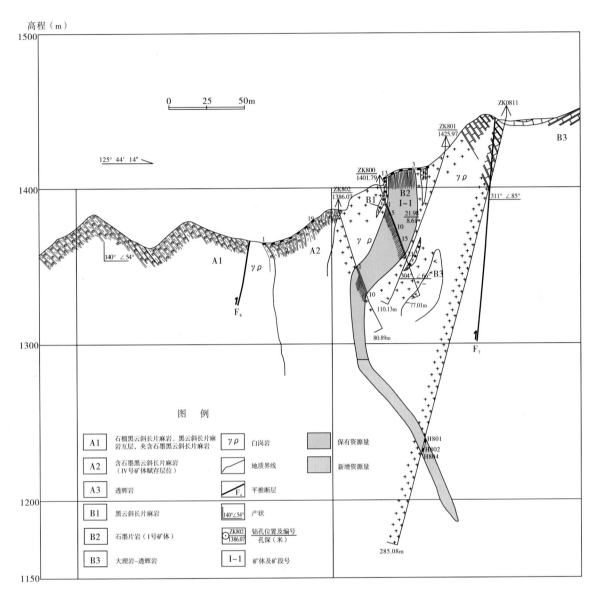

图 9-3 夷陵区三岔垭石墨矿区 8 勘探线地质剖面图(据张清平等,2007)

贫矿)。矿石平均化学组成:固定碳 11.47%,Al_2O_3:14.3%,CaO:0.72%,Fe_2O_3:5.71%,挥发分 2.85%,K_2O:3.7%,MgO:1.7%,Na_2O:1.56%,灰分 85.33%,SiO_2:56.48%。

矿区水文地质条件简单,水源地土地河距矿区 1km,供水量 $17280m^3/d$,满足需求。

矿区露天开采,回采率 95%,贫化率 3%。花岗岩是 Ⅰ 号矿体的主要顶底板,其稳固性较好。

三岔垭石墨矿最早发现于 1960 年,1965 年建材部地质总公司中南公司 401 队进行了矿点踏勘,1966 年通过地表工程和物探,对矿床工业价值进行初步评价,1973—1978 年进行勘探,1979 年提交报告。从此进入了矿山建设和生产发展阶段。2006—2007 年中国建材湖北勘查总队对三岔垭矿区石墨矿 Ⅰ-1、Ⅰ-5、Ⅲ-5 矿段深部进行普查(全国危机矿山接替资源找矿项目),新增矿石 333 资源量 124.76t,334 资源量 21.03 万 t。

变宜昌石墨矿为高端石墨材料——中科恒达石墨股份有限公司

矿产资源开发利用

金昌石墨矿远眺

中科恒达石墨股份有限公司成立于2009年7月，是集石墨研发、采选、深加工和进出口贸易于一体的高新技术企业。公司拥有高品质的天然大鳞片晶质石墨资源，现有金昌石墨矿、精英石墨矿采矿权和谭家沟石墨矿探矿权，探明储量1375万吨。

公司正在建设"石墨高新科技工业园"和"石墨基础材料工业园"，将开发高纯石墨、球形石墨、负极材料、金刚石碳源等高科技产品。公司将高标准建设"新型石墨材料湖北省工程研究中心"，并与清华大学、山东理工大学等高校加强"产学研"合作，对高新科技石墨产品进行系统研发，实现石墨产业升级。

公司将以石墨产业为核心，以高新技术石墨产品研发为主线，以石墨高新科技园建设为突破口，创建中国一流、世界知名的高端石墨材料研发中心和石墨科技成果转化基地。

石墨纸生产线

高碳石墨　　可膨胀石墨　　金昌石墨矿石墨选矿厂

　　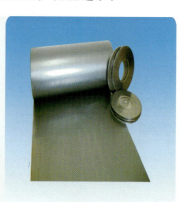

石墨坩埚　　石墨盘根　　石墨纸

第二节 石榴石矿

一、概述

宜昌市石榴石矿资源远景很大,但地质工作程度不高,经地质勘查,资源储量列入平衡表的有两个矿床,即兴山县水月寺老林沟石榴石矿和夷陵区彭家河石榴石矿(表9-2),均由中南冶金地质研究所勘查。老林沟和彭家河石榴石矿均达到中型规模(石榴石矿规模划分标准:矿物大型≥500万t,中型500~50万t,小型<50万t),总资源储量414.9万t,占湖北省独立铁铝榴石矿的100%。我国石榴石矿资源丰富,查明基础储量162万t(至2008年),位居世界前列。主要分布在湖北、河北、江苏、四川、山东、内蒙古、吉林等省(区)。

表9-2 宜昌市石榴石矿资源概况

矿区名称	资源储量矿物(万吨)	矿床类型矿石品级	石榴子石含量(%)	矿体特征	利用情况
夷陵区彭家河石榴石矿	187.3	变质矿床	32.65~37.02	矿体数5,主矿体长1250m,厚6.9m;倾角74°	未利用
兴山县老林沟石榴石矿	227.6	变质矿床	18.27~35.76	矿体数5,主矿体长400m,厚5.61m;倾角60°,似层状矿体	开采矿区
总计	414.9				

宜昌市所产的石榴子石属铁铝榴石($Fe_3Al_2Si_3O_{12}$),伴生有矽线石。铁铝榴石破碎后形成锋利的棱角,且具有高硬度,可作为天然研磨材料,广泛应用于木材、石材、玻璃、透镜的研磨。石榴子石可单独使用,也可作为主要原料,制成砂轮、砂布、砂纸、磨砂器等产品。用石榴子石作磨料,磨件光洁度高,砂痕少而浅,磨面细而均匀,加工质量好,价格低廉,且不产生游离SiO_2,环保。

石榴子石还可用作建筑工业材料:作建筑饰面材料;用于压力滤池的底层过滤材料(其顶部是无烟煤,中部是石英砂,底部是石榴子石);用以净化水质、消除污染;建造机场跑道及高速公路。

二、成矿条件和资源远景

宜昌市石榴石矿分布区位于扬子准地台中段北缘,黄陵断穹北部,北接神农架断穹,西连秭归台褶束,东邻远安台褶束。断穹主体由太古界—下元古界水月寺群中深变质岩和岩浆杂岩组成,构成基底构造层,其周边为震旦系及其后地层呈裙边分布,不整合覆盖于变质岩系之上,构成盖层构造层。以北西向雾渡河大断裂为界,南北地层差异较大,南区为崆岭群地层,时代归元古代,北区为水月寺群地层,时代属晚太古代至早元古代。断裂以北西、北西西向最发育,石榴石矿区主要分布在雾渡河断裂和白果树-盐池河断裂间,并形成老林沟-清凉寺、夏家河-坦荡河、彭家河-交战垭3个矿带(图9-4)。预测铁铝榴石矿物资源储量总计1000万t,伴生矽线石100万t。

三、主要石榴石矿

(一)兴山老林沟石榴石矿

矿区位于兴山县水月寺境内,区内有宜昌-秭归干线公路通过,东距宜昌市80km,西至兴山县城

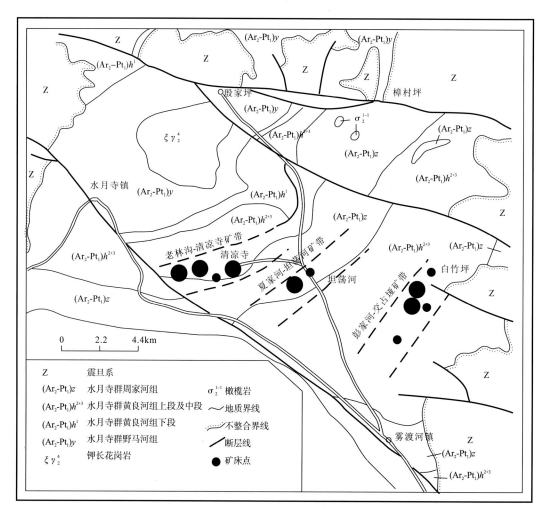

图9-4 宜昌市石榴石矿分布图

50km。有简易公路直通矿山,运距7km,交通比较方便。矿区由中南冶金地质研究所勘查,1999年12月提交《湖北省兴山县水月寺镇老林沟矽线石-石榴石矿区地质勘探报告》,查明石榴石资源储量(矿物)227.6万t。伴生有矽线石矿50.26万t(矿物)。

1. 矿床地质

(1)含矿岩层

石榴石矿赋存在上太古界至下元古界水月寺群黄良河组上段中部的变质岩层中,即$(Ar_2-Pt_1)h^{3-1}$至$(Ar_2-Pt_1)h^{3-7}$层中,共有3层矿,自下而上分别称为Ⅰ矿层、Ⅱ矿层和Ⅲ矿层(图9-5)。

(2)矿层特征

Ⅰ矿层赋存于$(Ar_2-Pt_1)h^{3-2}$层中,为云母、十字石、石英石榴石矿层,夹含石榴石、矽线石、十字石斜长片麻岩。其中符合工业要求的矿体有2个,主矿体长200m,厚1.0~5.75m,石榴石平均含量18.27%。

Ⅱ矿层赋存于$(Ar_2-Pt_1)h^{3-4}$层中,是矿区内主要矿层,也是相对较富的一个矿层。整个矿层东段比西段厚。矿层东西长2000m,厚50~18m,东段倾向南,西段倾向北、倾角均较陡(60~80°)。矿层中的矿石以片麻状、条带或条纹状、块状石榴石矿矿石为主。夹层为云母片岩、片麻岩或角闪岩。矿石中石榴石含量为24.52%~22.5%,其中Ⅱ-2矿体含矽线石4.20%。

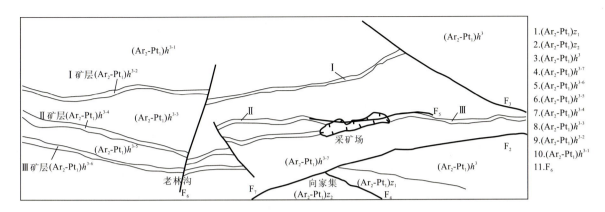

图 9-5 宜昌市兴山老林沟石榴石矿地质示意图

1.周家河组上段:混合岩化二长片麻岩;2.周家河组下段:混合片麻岩、片岩;3.黄良河组上段(未分);4.黄良河组上段:长英质混合片麻岩夹片岩;5.黄良河上段:石榴石矿层(Ⅲ矿层);6.黄良河上段:混合片麻岩、片岩;7.黄良河组上段:矽线石、十字石、石英、石榴石矿层(Ⅱ矿层);8.黄良河组上段:混合岩化片麻岩、片岩;9.黄良河组上段:石英石榴石矿层(Ⅰ矿层);10.黄良河组上段:花岗质混合片麻岩;11.断层及编号

Ⅲ矿层赋存于$(Ar_2-Pt_1)h^{3-6}$层中,由石榴石矿、含石榴石石英岩、含石榴石斜长云母片岩、片麻岩组成。矿体长1800m,厚0.7~30.03m,矿体东段N533至ⅡTC6矿体厚大,且品位相对较富(图9-6)。矿石中石榴石的含量为28.40%~43.12%,含矽线石1.87%~5.89%。

图 9-6 兴山老林沟石榴石矿Ⅲ矿层露头

矿区各矿层大多裸露地表,由于矿石抗风化能力强,常形成陡坎(图9-7)。

图9-7 兴山老林沟石榴石矿在地表常形成陡坎

2. 矿石矿物成分、结构构造特征

(1)矿物组成

经过对矿区内的Ⅰ、Ⅱ、Ⅲ号矿层中各矿体样品的光片和薄片鉴定结果,3个矿层中矿石的矿物组成及结构、构造特征都基本相同。矿石中的有用矿物主要是石榴石、矽线石。伴生矿物为蓝晶石、十字石、黑云母、白云母、斜长石、石英、金红石、磷灰石、绿泥石、斜方辉石等。金属矿物见有磁铁矿、钛铁矿、磁黄铁矿及褐铁矿等,各矿物含量及粒度见表9-3。

根据矿区内各矿层中矿物组成和结构构造特点,本矿区内矿石属于云母石英片岩型及云母斜长片麻岩型矿石的过渡型。根据矿物共生组合表明,矿石系含铁较高的泥质碎屑岩原岩经过晚太古代-早元古代角闪岩相至麻粒岩相区域动力热流变质作用形成,属于类孔兹岩系。

表 9-3 矿石矿物组成表

矿物名称	含量范围(%)	平均含量*(%)	一般粒度(mm)
石榴子石	15～70	42.4	3～5
矽线石	<1～25	6.6	0.01×0.05～0.1×0.5
蓝晶石	0～10	1.3	0.3～1.0
十字石	0～15	4.1	0.1～1.0
黑云母	3～15	5.2	0.1～0.5
白云母	1～20	8.7	0.1～0.6
石英	15～40	24.1	0.1～2.0
斜长石	0～15	2.1	0.1～1.0
金红石	<1～3	1.0	0.02～0.06
钛铁矿	<1～3	2.0	0.01～0.04
斜方辉石	0～3	0.5	0.3～0.6
绿泥石	<1～8	1.0	0.1～0.6
其他	<1	1.0	0.01～0.1
合计		100	

*:据岩矿鉴定样品平均

(2)矿物特征

矿石主要有用矿物是石榴石,伴生矽线石分布不均匀,也有一定含量,个别地段相对含量还较高,可考虑综合利用。

石榴子石:在矿石中分布不均匀,含量15%～70%。以变斑晶形式产出,粗粒凸出于矿石表面,或稀疏分布,或密集成石榴石团块,或成条带状分布,或与石英颗粒相互包容成港湾状。石榴石粒度范围0.1～12mm,一般3～8mm。

野外观察Ⅰ矿层中石榴石矿石的颗粒较Ⅱ、Ⅲ层中稍粗。石榴石肉眼观察为红褐色、红棕色、微带紫色,也有灰色甚至紫黑色的。半透明至不透明,金刚光泽。晶形以半自形为主,个别见四角三八面体的完好晶体(图9-8、图9-9、图9-10)。

图 9-8 具条带状构造的石榴石矿石

图 9-9　粗粒石榴子石其间有白色矽线石分布

图 9-10　矿石中石榴子石有时聚集成团块

镜下观察见石榴石晶形多不完好,边界浑圆状,形态比较复杂。石榴石裂纹发育,常见一组垂直于片理。石榴石常产于由云母、矽线石、十字石、蓝晶石等组成的片理之间,片理不与石榴石相交而在其周围环绕(图9-11、图9-12)。

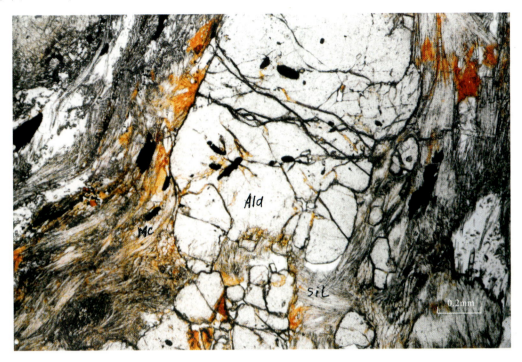

图9-11　石榴石矿显微镜照片　薄片　单偏光
Ald铁铝榴石、Sil矽线石、MC云母

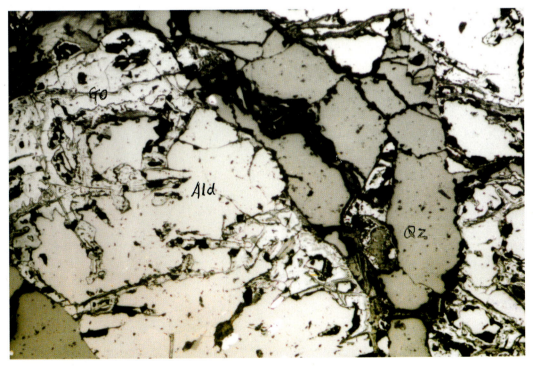

图9-12　石榴石矿显微镜照片　光片　单偏光
Ald铁铝石榴石、Qz石英、Go沿裂隙的次生氧化物(针铁矿)

石榴石中含有大量包体,包体种类有钛铁矿、磁铁矿、金红石、石英、矽线石、蓝晶石、黑云母等。主要包体为石英、金红石和钛铁矿,合计占包体的90%以上。金红石、钛铁矿的包体比较细小,一般0.01～0.05mm,呈乳滴状。石英包体比较粗,粒径0.1～0.3mm,形态也非常复杂,多为港湾状、蠕虫状。石榴石中的包体分布还具有一定规律性,或成定向排列,并同片理方向一致,形成残缕构造,或成弯曲旋转,出现"S"型包体构造。

矿区内各层石榴石矿石的物性(密度、韧性、硬度等)经国家磨料磨具质量监督检验中心检测,认为是较理想的自由研磨或有机结合剂磨具用的石榴石(见表9-4)。

表9-4 老林沟石榴石物性测定结果

送样名称	石榴石磨料		报告编号		L94-03-01/04	
生产厂家	湖北省兴山县兴华矿产实业公司		分析编号		9403-242/244-005	
委托单位	兴华矿产实业公司		技术标准		ABJ43006-88	
送检方式	自送		送样日期		1994年3月4日	
送样编号	/		报告日期		1994年3月7日	
送检项目	粒度组成 磁性物含量 韧性 莫氏硬度					
检测结果						
委托编号	样品规格	检测项目	检测方式	标准要求	检测结果	鉴定结论
	100#	颗粒密度	GB2482-83	≥3.95(g/cm³)	4.04(g/cm³)	符合标准
	100#	磁性物含量	GB2486-85	≤0.1450%	0.140%	符合标准
	60#	韧性	韧压法	/	73%	优良
		莫氏硬度	压痕法	/	7.8	优良
备注	该铁铝石榴石颜色褐红或棕红,密度大,硬度较高,韧度适中,是较理想的自由研磨或有机结合剂磨具用的石榴石磨料。					
主任	周波	审核	刘敏	检测	理化	

测定单位:国家磨料磨具质量监督检验中心

石榴石磨粒、磨粉和微粉形态显微镜观察,破面呈平面或弧面,其韧口锋利且有很好的刃口保持度,其微粉和精微粉颗粒具有同样尖锐的刃口(图9-13)。石榴石矿物颗粒中虽然含有较多包体,在生产磨粒过程中,一般不可能将石榴石中的包体完全分离出去,但经过近几年各厂家使用,这种含有一定数量的包体的石榴石磨料,并不影响其磨削效果,产品深受各厂家欢迎。至于深加工生产微粉,超细粉碎可使矿物中的包体解离出来而分离。由于金红石和钛铁矿是本区石榴石中的主要包体,在石榴石用作高纯磨料时,应考虑除钛的问题。

石榴石X衍射分析、单矿物化学分析及电子探针分析结果见图9-14和表9-5。

由图9-14知,石榴石X衍射强线为:2.882(7)、2.578(10)、1.598(6)、1.537(8),可确认为铁铝石榴石(Almandine),等轴晶系,晶胞参数为11.5242Å。

石榴石的主要化学成分为SiO_2、Al_2O_3、FeO、Fe_2O_3及少量MgO、CaO、MnO、TiO_2等。结果同铁铝石榴石组成相符。

依据2号样品分析结果计算石榴石矿物分子式为:

$$(Fe_{2.49}Mg_{0.16}Ca_{0.07}Mn_{0.04})_{2.76}(Al_{1.87}Fe_{0.16})_{2.03}Si_{3.10}O_{12}$$

说明其中三价阳离子以Al^{3+}为主,含少量(Fe^{3+}),二价阳离子则以Fe^{2+}为主,含少量Mg^{2+}、Ca^{2+}、Mn^{2+}等离子。

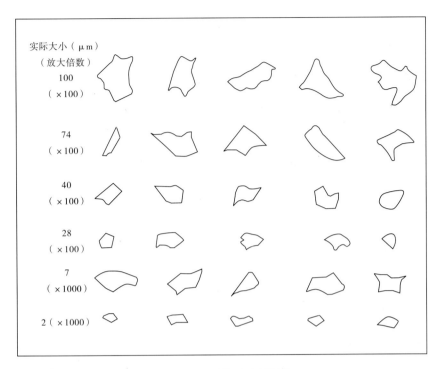

图 9-13 石榴石碎屑形状

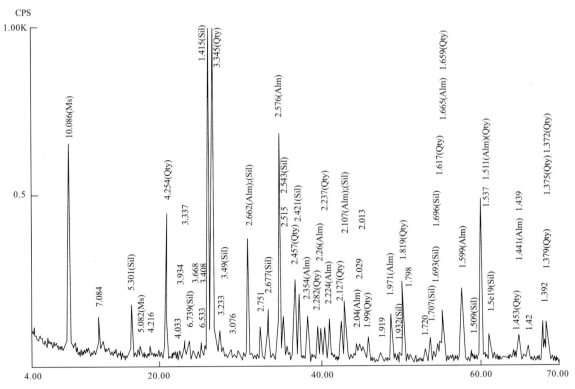

图 9-14 石榴石矿石 X 衍射谱图

分析结果：1.铁铝榴石(Alm) 2.矽线石(Sil) 3.石英(Qty) 4.云母(Ms)

表 9-5 石榴石化学成分(%)

序号	矿物名称	SiO$_2$	Al$_2$O$_3$	Fe$_2$O$_3$	FeO	MgO	CaO	MnO	K$_2$O	Na$_2$O	TiO$_2$
1	铁铝榴石	37.15	21.76	5.06	30.27	1.91	2.07	0.63			
2	铁铝榴石	36.76	18.90	2.58	35.45	1.25	0.67	0.46			
3	铁铝榴石	49.73	19.35		29.52	0.03	1.02		0.22	/	0.13
4	铁铝榴石	49.48	20.10		29.39	0.22	0.78		/	0.04	0.04
5	铁铝榴石	48.80	18.77		30.62	0.17	1.14		0.14	/	0.36
6	铁铝榴石	47.14	19.92		31.58	0.13	1.19		/	1	/

注:1,2号样为化学分析;3~6号样为电子探针分析,据中南地质研究所科研报告

矽线石:肉眼观察为灰白色,弯曲纤维状集合体或呈针柱状,常围绕石榴石、石英等矿物粒间分布。镜下为无色透明,结晶大者呈长柱状、针状、纤维状,常集合成"木筏"状、束状、毛发状与云母、细粒石英、蓝晶石等紧密共生。

矽线石粒度 0.01mm×0.05mm 至 0.1mm×0.5mm,分布不均匀,含量<1%至25%,平均6.6%。

矽线石经扫描电镜分析,结果见表 9-6。

表 9-6 矽线石扫描电镜分析结果表(%)

编号	矿物	SiO$_2$	Al$_2$O$_3$	MnO	CaO	K$_2$O	Na$_2$O	TiO$_2$	FeO
B-1	矽线石	36.50	62.85	/	0.16	0.03	0.03	0.38	0.05
B-2	矽线石	36.30	63.02	0.01	0.09	0.06	/	0.32	0.2
B-3	矽线石	35.78	63.69	/	0.38	0.15	/	/	/

依据表 9-6 数据,本区矽线石的化学组成与理论成分接近。

矽线石的平均含量镜下统计为 6.6%,全区化学物相分析结果平均只有 4%左右。该区矽线石经中南冶金地质研究所及郑州综合利用研究所进行可选性试验,在实验室都获得成功,但后来在兴华公司石榴石选厂建立了一条生产线利用该选厂选石榴石的尾矿对矽线石进行综合回收,由于设备和生产线调试等原因影响,至今未达到目标。随着今后选矿技术的不断提高和科学技术的进步,矽线石的综合利用将能获得成功。

蓝晶石:该矿物含量少,颗粒细小,肉眼难于分辨,镜下为无色,多以不规则粒状产出。粒度0.5~1.0mm,含量1.3%,局部富集,见有灰白色粗大柱状晶体,粗粒者包裹有许多蠕虫状石英、金属矿物、十字石等。与石英、云母、矽线石共生。

十字石:粒度 0.1~1.0mm,含量 4.1%,短柱状、不规则粒状产出。常分布于石榴石周围,与蓝晶石、斜方辉石、矽线石等共生,沿片理分布。

黑云母:粒度 0.1~0.6mm,含量 5.2%,片状。与矽线石、白云母交错丛生,沿边缘及裂隙充填交代石榴石,被叶片状绿泥石交代。经风化向水黑云母过渡。

白云母:粒度 0.1~0.6mm,含量 8.7%,片状。与黑云母、矽线石、十字石等组成片理,与细粒石英共生分布于石榴石之间。

石英:粒度 0.1~2.0mm,含量 24.1%。他形粒状相互镶嵌组成条带分布于石榴石、云母、矽线石间,港湾状、蠕虫状被石榴石、蓝晶石、十字石等包裹。野外宏观观察,石英常呈较粗大集合体同石榴石相互构成细条纹状、条带状构造,有的石英集中成大小不等的集块,有的成短脉状产于矿层中。当石英同石榴石组成细条带或条纹状构造则矿石富,如呈集块体或短脉产于石榴石矿石中,则贫或达不到工业指标。同其他岩石一起构成夹石。

斜长石：粒度 0.1~2.0mm，含量 2.1%，局部含量较高，呈板状晶形与石英交生。产于石榴石、云母、矽线石之间，被绢云母、黝帘石交代。

金红石：粒度 0.01~0.06mm，含量 1.0%，柱状或不规则粒状集合体产于石榴石之间，与钛铁矿组成页片状连晶被石榴石包裹。

钛铁矿：粒度 0.01~0.04mm，含量 2%，细小板状、不规则粒状集合体产于石榴石之间，乳滴状，与金红石组成片状连晶被石榴石包裹。

(3) 矿石结构、构造

本区石榴石矿石主要结构为斑状变晶结构，石榴石结晶颗粒粗大，形成变斑晶，其他颗粒相对较小，成为基质。基质由具有不同形态的矿物结晶颗粒组成，分别组成鳞片变晶结构（黑云母、白云母）、纤维变晶结构（矽线石）、粒状变晶结构（石英、十字石等）。

矿石无论宏观和微观都具有片状和片麻状构造。宏观上还形成条带状构造、集块构造等，由于石榴石含量高，使矿石的片状构造不甚典型，多以块状形态出现。

由于本区矿石的上述结构、构造特征，石榴石在粒度较粗的情况下即可解离。据中南冶金地质研究所有关研究报告的结果，石榴石在 $-0.1\sim+0.074$mm 的粒级中，解离度为 94.44%，在 $-0.074\sim+0.043$mm 粒级中，解离度为 100%。但在同样粒级中，矽线石的解离度分别为 73.33% 和 85.71%，在 $-0.043\sim+0.03$mm 粒级中，矽线石的解离度才能达到 97.77%。说明矽线石的解离要比石榴石困难。报告还指出：矿样磨细以后产生大量矿泥，粒度小于 0.03mm 的矿泥含量达 61.36%，在矿泥中存在多量的矽线石，如采取脱泥方法，则大量矽线石在脱泥时被流失。如不脱泥则在矽线石浮选时应加入适量的矿泥调整剂，才能取得较好的效果。

3. 石榴石矿成因研究

(1) 含矿变质岩系类型及原岩恢复

1) 含矿变质岩系类型

该区石榴石矿产于晚太古代-早元古代黄良河组上段 $(At_2-Pt_1)h_3$，为片岩、片麻岩组合。就整个黄良河组而言，是由一套含石墨、石榴石、矽线石等富铝矿物的片岩、片麻岩、大理岩、石英岩组成，具有沉积变质岩的特征，属孔兹岩系 (Khon dalite)。

2) 含矿变质岩系原岩恢复

根据各类岩石的地质产状、岩相、矿物组合、副矿物特征及化学组成，应用各种恢复原岩的图解判断原岩组成结果如下。

①含石墨云母片岩—黑云母斜长片麻岩：岩石具条纹条带状构造，石墨中见微古植物残留。副矿物以锆石、黄铁矿、磷灰石为特征。锆石颜色杂，经磨蚀，重结晶自形锆石中常见浑圆状深色锆石核心。稀土总量高，轻稀土富集、重稀土亏损。根据原岩理想矿物计算，原始沉积物中粘土为水云母，一般不出现高岭石。岩石化学投影落入泥质岩、泥质砂岩区，其原岩应为粘土岩、粘土质粉砂岩。

②黑云母斜长片麻岩、变粒岩、角闪云母斜长片麻岩：岩石中含石墨、斜长石较高，暗色矿物含量较少。岩石成层性良好，条带构造发育，具平衡镶嵌粒状结构、局部可见变余砂屑结构。副矿物以榍石、磷灰石、锆石、磁铁矿为主。锆石色杂，经磨蚀。稀土元素总量高，且轻稀土富集、重稀土亏损。化学成分投影一般落入杂砂岩、粉砂岩、粘土质砂岩区，少数投入火成岩区。原岩应为长英质杂砂岩、粉砂岩、粘土质砂岩及少量中酸性凝灰质粉砂岩。

③榴线英岩：为含云母较少的石榴石矽线石石英片岩，呈薄层状或透镜状产出，与石榴石英岩及含高铝矿物的片岩呈渐变关系。矿物组合简单，普遍含石墨，具平衡镶嵌粒状结构。副矿物含量低，见锆石、钛铁矿。锆石呈浑圆状，颗粒小，具远源沉积特征。化学成分投影落入高铝粘土岩和粘土岩区。原岩为粘土岩。

3) 矿区矿石原岩恢复

老林沟矿区共有 3 层石榴石矿，呈似层状与云母片岩相间，在剖面上具有韵律性，是原始沉积韵律层的反映。矿物组合以铁铝榴石、矽线石、蓝晶石、十字石、白云母、黑云母、石英为特征,是泥质岩变质的产物。反映基性火山岩成分的普通辉石很少,未见基性斜长石。副矿物有钛铁矿、磷灰石、锆英石、金红石等。矿石化学分析结果见表9-7。

表9-7 矿石化学成分(%)

样品名称	SiO_2	Al_2O_3	TiO_2	P_2O_5	K_2O	Na_2O	CaO	MgO	FeO	Fe_2O_3
矿石1	52.30	20.47	0.44	0.098	1.30	0.23	1.09	1.30	19.43	2.00
矿石2	52.58	21.96	1.45	—	0.66	0.21	0.44	0.59	18.71	2.98
粘土岩平均*	51.00	19.73	0.75	0.176	2.75	0.89	3.54	2.23	1.43	3.17

* 据维纳格拉多夫,1962;测试单位:中南冶金地质研究所测试中心

由上表可知,矿石中最主要的成分为SiO_2、Al_2O_3和FeO,三者之和占总量的92.3%~93.25%。其余成分依次为Fe_2O_3、K_2O、MgO、CaO、Na_2O等。与粘土岩平均成分比较,一个显著的特点是富含FeO。化学成分在尼格里al-alk和C关系图解上,落在正常粘土岩范围,由于该图解中不含f_m因素,因此未能反映成分的富铁特征。在西蒙南图解上(图9-15)则明显看出,由于f_m值高使投影点落在泥岩的一个特殊区域,并且由于Si值较大,暗示原岩中含有石英粉砂。据此可以推断矿石的原岩是富铁的粉砂质泥岩。根据矿物标准成分计算,原岩应由水云母、高岭石、铁绿泥石、石英、菱铁矿等组成。这种特定的化学组成是本区矿石形成的物质基础,含铁和铝高是生成铁铝榴石的必要条件,含铝高是形成矽线石的必要条件,若要形成含铁铝榴石30%,并有矽线石伴生的矿石,其含FeO必须大于10%,并有足够的铝和硅与之匹配。

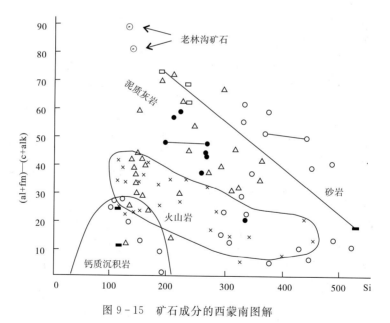

图9-15 矿石成分的西蒙南图解

晚太古代晚期和早元古代初期鄂西地区发生一定程度的克拉通化,出现了原始大陆和边缘海盆,在地壳相对较为稳定的条件下沉积了泥质岩、泥质粉砂岩、碳酸盐岩及石英砂岩。在局部地段和一定的时限内,沉积物中铁质富集,形成了富铁粉砂质泥岩层,即是现今石榴石矿的原岩。

(2)成矿变质相和变质反应

1)变质矿物共生组合和变质相

原岩经吕梁期(23.32~21.72亿年前)动力热流变质作用形成石榴石矽线石云母片岩型矿石,其矿物共生组合经镜下鉴定有8种类型(表9-8)。

表9-8 矿石矿物共生组合类型

序号	矿物共生组合	在共生图解中位置	典型标本号
1	铁铝榴石+十字石+黑云母+斜长石+石英	2区	157-1
2	矽线石+铁铝榴石+白云母+石英	4+6区	Ⅲ-采4
3	铁铝榴石+矽线石+斜长石+黑云母+石英	1+2区	ⅢT-12
4	白云母+黑云母+铁铝榴石+石英	5区	153-1
5	铁铝榴石+黑云母+石英	3区	ⅢK_0-3
6	铁铝榴石+长石+黑云母+石英	3区	N-35
7	铁铝榴石+十字石+白云母+黑云母+石英	4+5区	154-1
8	铁铝榴石+蓝晶石+白云母+石英	4区	N-5-1

由表9-8可知,石英在各类型中均有出现,SiO_2 为过剩组分。FeO与MgO及 Al_2O_3 在铁铝榴石、十字石及黑云母中发生类质同象,因此 MgO、Fe_2O_3 为类质同象组分。$(Al,Fe)O_3$、CaO、$(Fe,Mg)O$ 和 K_2O 四种有效惰性组分构筑 ACF 和 A'KF 共生图解如图9-16所示。由于矿石平均成分投影点很靠近 AF 边和 A'F 边,于是出现的矿物共生组合均为靠近相应边的各三角形区,远离该边区域的矿物出现很少。

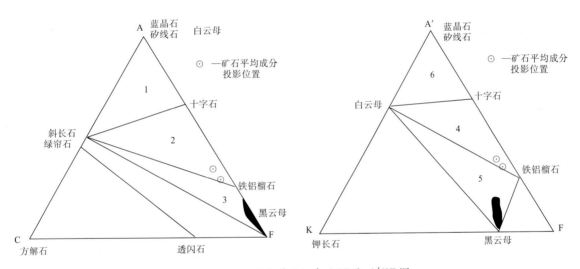

图9-16 矿石矿物共生组合 ACF 和 A'KF 图

由矿石的矿物共生组合、指相特征矿物和界定变质相的变质反应可确定该区变质相属低角闪岩相至高角闪岩相。绿泥石、硬绿泥石、叶蜡石已消失,十字石普遍存在,白云母和石英是矿石的主要成分说明变质相以低角闪岩相为主;另一方面由白云母与石英反应生成矽线石和钾长石的情况已经出现,表明温压条件已向高角闪岩相过渡。

2)矿石形成温压条件

根据变质反应平衡温压方程可计算该区矿石形成的 P、T 条件(图9-17)。有关的平衡方程如下。

① $Al_2SiO_5(And) \Leftrightarrow Al_2SiO_5(Ky)$
  (红柱石)   (蓝晶石)
  $P(kb) = 9.565 \times 10^{-3} T - 0.43$ $T = 560 \sim 620 ℃$

② $Al_2SiO_5(And) \Leftrightarrow Al_2SiO_5(Sil)$
  (红柱石)   (矽线石)
  $P(kb) = -0.0125T + 5.3$ $T = 630 \sim 800 ℃$

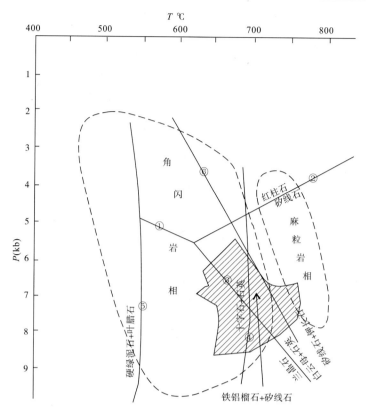

图 9-17 矿区动热变质 $P-T$ 图解

(角闪岩相界线据特钠,1968;图中阴影线区表示成矿温压范围)

③ $Al_2SiO_5(Ky) \Leftrightarrow Al_2SiO_5(Sil)$

（蓝晶石）　　　（矽线石）

$P(kb)=0.024T-9.5$　$T=630\sim800℃$

④ $6Fe_2Al_9O_7(SiO_4)_4(OH)+11SiO_2 \Leftrightarrow 4Fe_3Al_2(SiO_4)_3+23Al_2SiO_5+3H_2O$

（十字石）　　　　　　　（石英）　（铁铝榴石）　　（矽线石或蓝晶石）

$T=700℃$　$P(kb)=2\sim10$

⑤ $2Fe_2Al[Al_3(SiO_4)_2O_2](OH)_4+5Al_2Si_4O_{10}(OH) \Leftrightarrow 2Fe_2Al_9O_7(SiO_4)_4(OH)+16SiO_2+8H_2O$

（硬绿泥石）　　　　　　（叶蜡石）　　　　（十字石）　　　　（石英）

$T=550℃$　$P(kb)=2\sim10$

⑥ $KAl_2(AlSi_3O_{10})(OH)_2+SiO_2 \Leftrightarrow Al_2SiO_5+KAlSi_3O_8+H_2O$

（白云母）　　　　　（石英）（矽线石）（钾长石）

$P(kb)=0.0364T-19.2$　$T=600\sim800℃$

老林沟矿区高铝矿物以矽线石为主,并与蓝晶石共存,未见红柱石,因此变质温压条件应沿反应线③变化,同时十字石与铁铝榴石普遍共存,温压条件又应符合反应线④。由③、④计算出交点的温压数值为 $P=7.3kb,T=700℃$,即为矿区动力热变质的中心条件,其变化范围如图 9-17 中阴影线所示,$P=5.5\sim8.5kb,T=600\sim750℃$。

3)有用矿物形成的变质反应

A. 石榴石

构成原岩的水云母、高岭石、绿泥石、石英、菱铁矿等在变质初期,石英发生重结晶,水云母脱水转化成白云母,高岭石与石英反应形成叶蜡石。进而,白云母和绿泥石作用形成黑云母。当温度达到 500℃,压力 4kb 时即可有铁铝榴石生成：

$$2Fe_{4.5}Al_3Si_{2.5}O_{10}(OH)_8 + 4SiO_2 \Leftrightarrow 3Fe_2Al_2Si_3O_{12} + 8H_2O$$
（绿泥石）　　　　　　（石英）　（铁铝榴石）

$$3FeCO_3 + Al_2Si_4O_{10}(OH)_2 \Leftrightarrow Fe_3Al_2Si_3O_{12} + SiO_2 + H_2O + CO_2$$
（菱铁矿）　（叶蜡石）　　　　（铁铝榴石）　（石英）

$$KAl_3Si_3O_{10}(OH)_2 + K(Fe,Mg)_3AlSi_3O_{10}(OH)_2 + 3SiO_2 = (Fe,Mg)_3Al_2Si_3O_{12} + 2KAlSi_3O_8 + 2H_2O$$
（白云母）　　　　　（黑云母）　　　　　　（石英）　（铁铝榴石）　（钾长石）

当温压升至角闪岩相,有十字石晶出时,石榴石又可按图 9-17 中反应线④方式生成,这种铁铝榴石与矽线石或蓝晶石共生。

由上可知,该区石榴石在变质过程的不同阶段均可形成,随着温压递增,后阶段形成的不断替代前阶段形成的,最后在变质高潮时期,形成粗大变斑晶。其中富含的其他矿物包体,或排列成与片理一致的残缕状,或出现 S 形弯曲,说明这种石榴石是同构造期的产物。

不同变质阶段产出的铁铝榴石化学组成和晶胞参数将发生有规律的变化:随着温压升高,矿物中 FeO+MgO 的含量逐渐增加,CaO+MnO 的含量相应降低,晶胞参数也随之减小。该区铁铝榴石成分见表 9-9,在变质程度关系图上的投影见图 9-18。

表 9-9　铁铝榴石化学组成中不同元素含量比值

样号	FeO	MgO	CaO	MnO	(FeO+MgO)/(CaO+MnO)
A-1	29.52	0.03	1.02	—	28.97
A-2	29.39	0.22	0.78	—	37.96
A-3	31.58	0.13	1.19	—	26.65
A-4	30.62	0.17	1.19	—	25.87
A-5	30.27	1.91	2.07	0.63	11.91
A-6	35.45	1.25	0.67	0.46	32.48

晶胞参数均为 1.15240±0.01715nm（宜昌地质矿产研究所测）；化学组成测试单位：中南冶金地质研究所测试中心

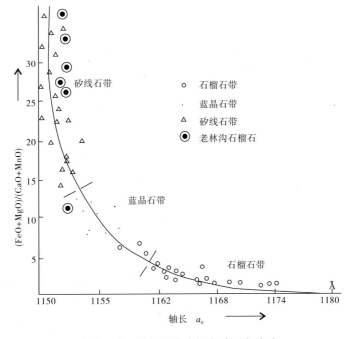

图 9-18　石榴石成分与变质程度关系

由表 9-9 和图 9-18 可知,该区铁铝榴石属泥质岩系高级变质矽线石带的产物。FeO、MgO 含量高,CaO、MnO 含量低,晶胞参数小,晶体结构堆积紧密,使之具有高硬度(7.5~7.8)、高密度(4.04)和良好的韧性。

综上所述,老林沟石榴石矿的成因可小结如下:

①老林沟石榴石矿的原始物质是在晚太古代至早元古代鄂西原始陆块边缘海中,通过正常沉积方式形成,变质为孔兹岩;

②形成矿石的原岩为富铁粉砂质泥岩,其特殊的化学组成是成矿的物质基础,铁铝含量均高是形成矿石必不可少的条件;

③低角闪岩相至高角闪岩相的变质温压条件是使该区石榴石品质优良的主要原因之一。

B. 矽线石

该区矽线石形成方式有如下 3 种:

①由红柱石或蓝晶石相变而成,结晶较粗,长柱状或束状产出;

②由十字石和石英反应而成,这时矽线石与十字石、铁铝榴石紧密共生,或与云母交错组成片理;

③在高角闪岩相条件下,由白云母和石英反应而成,形成的矽线石多呈毛发状,并有钾长石出现。

4. 开发利用

(1)开采技术条件

矿区地处鄂西南高山-半高山地区,石榴石矿露头所处海拔标高最高为 1180m,最低为 1020m。通过矿区唯一一条较大的常年流水河谷即老林沟由北东经矿区向南注入香溪河后汇入长江。所有矿体均赋存在老林沟河谷标高之上,对矿体开采不会造成影响。

矿区构造简单,基本为单斜层。区内小规模挠曲、断层,据外围及区内硫铁矿开采情况,也不至于对开采造成影响。所有岩层均系片岩、片麻岩类岩石,稳固性好,富水性差。矿区水文地质条件属简单类型。矿区可采用露天开采方法进行开采。

(2)选矿提纯试验

1)铁铝榴石的选别

铁铝榴石是具弱磁性矿物中的磁性较强的一种矿物,不仅实验室利用磁选方法可回收铁铝石榴石获得较满意结果,在工业生产上用磁选铁铝榴石矿物也可以获得满意的效果。

由于铁铝榴石的比重较其他共生的硅酸盐矿物大,因而除了磁选之外,重选也是获得铁铝石榴石精矿的一种较好的选别方法。要想获得高质量的铁铝石榴石精矿,还可以采用重选-磁选联合选别方法。

中南冶金地质研究所选矿室对老林沟石榴石矿利用磁选方法进行选别,其结果如表 9-10。

从表 9-10 看出:分级磁选与不分级磁选对于回收铁铝榴石而言差别不大,均能获得较好质量的精矿,两种方法的回收率只相差 3 个百分点左右,不分级磁选损失在铁铝石榴石精矿中的矽线石量达到 8.63%,是分级磁选精矿中的 2.5 倍,采用分级磁选对以后浮选矽线石有利。

表 9-10 不分级与分级磁选结果表

选别流程	产品名称	产率(%)	品位(%)		回收率(%)		备注
			铁铝榴石	矽线石	铁铝榴石	矽线石	
不分级	精矿	45.45	93.74	2.88	81.12	8.63	不分级磁选与分级磁选在 -1.2mm +0.5mm 选别条件相同
	尾矿	54.55	18.18	25.42	18.88	91.37	
	原矿	100.00	52.52	15.18	100.00	100.00	
分级	精矿	46.85	95.06	1.09	84.79	3.52	
	尾矿+矿泥	53.15	15.03	26.35	15.21	96.48	
	原矿	100.00	52.52	14.52	100.00	100.00	

2) 矽线石的浮选

该方案是将原矿用三盘磁选机磁选,可获得铁铝榴石精矿,磁选石榴石矿物的尾矿和矿泥再进行磨细后进行浮选粗选、扫选、精选获得矽线石精矿。由于尾矿中尚包含有一些含铁硅酸盐类矿物,如角闪石、蛭石等,为了消除这些矿物对以后浮选的干扰和提高浮选时的入选品位,所以在进行尾矿磨细以后进行浮选之前再增加一次磁选,从而达到提高矽线石选别指标的目的。该两种选别流程结果见表9-11。

表 9-11 两种浮选选别方案综合对比结果表

选别方案	产品名称	产率(%)	品位(%)		回收率(%)	
			矽线石	铁铝榴石	矽线石	铁铝榴石
磁选 磨矿 浮选	铁铝榴石精矿	46.85	1.09	95.06	3.52	84.79
	矽线石精矿	8.89	74.33		46.31	
	精尾 4	5.06	56.36		19.96	
	精尾 3	0.95	39.70		2.58	
	精尾 2	1.79	32.10	15.03	4.03	15.21
	精尾 1	2.93	20.15		4.13	
	中矿	2.65	37.90		7.04	
	尾矿	30.88	5.70		12.33	
	原矿	100.00	14.28	52.52	100.00	100.00
磁选 磨矿 磁选 浮选	铁铝榴石精矿	46.85	1.09	95.06	3.52	84.79
	矽线石精矿	7.65	85.20		45.28	
	精尾 4	2.55	71.95		12.75	
	精尾 3	1.55	56.05		6.05	
	精尾 2	1.79	33.79	15.03	4.21	15.21
	精尾 1	2.11	13.87		2.04	
	中矿	1.61	35.77		4.00	
	尾矿 1	12.94	17.35		15.60	
	尾矿 2	22.95	4.11		6.55	
	原矿	100.00	14.39	52.52	100.00	100.00

从表 9-11 看出:磨矿以后不经过磁选除去角闪石等含铁硅酸盐矿物即进行浮选,所获得的矽线石精矿含矽线石只有 74.33%。磨矿后经过磁选除去角闪石等含铁硅酸盐暗色矿物再进行浮选,所获得矽线石精矿含矽线石为 85.20%,两者差值较大,后者要比前者高 11 个百分点。而两种方案的回收率基本相同,都在 46% 左右。

磨矿后不经过磁选即进行浮选,不仅矽线石多损失了 10% 左右,而且得不到合格的矽线石精矿。磨矿后磁选以后进行浮选,所得矽线石精矿其合格率较高,能得到合格的矽线石精矿产品。

矿区内石榴石矿石中的矽线石含量虽然较低,分布也不均匀,难于圈定出独立的矽线石矿体或高含量区段,但利用磁选后的尾矿砂和矿泥采用磨矿-磁选-浮选工艺流程对矽线石进行综合利用回收,可以获得一定的资源和经济效益。

(3)矽线石-石榴石矿石的工业生产情况

兴山县生产铁铝石榴石精矿的厂家有兴华公司石榴石选厂、裕兴公司石榴石选厂。两个选厂所用的原矿都采自老林沟矿区的Ⅱ矿层。两个选厂所采用的选矿工艺流程也基本相同。主要利用铁铝石榴石矿物比重较大的特点采用重选工艺回收石榴石精矿。精矿产品不仅供应国内有关单位和厂家,而且部分产品销往国际市场。其工艺流程是:将石榴石原矿经颚式破碎机破碎后矿粉进入球磨机进行球磨,球磨后的矿浆经一次摇床获得一次石榴石精矿,所得的尾矿再进二次摇床进行重选后,将两次重选所得到的石榴石精矿合并入地炉进行烘干,将烘干后的石榴石精矿进行磁选除去精矿中的磁铁矿、自然铁,然后过筛分级包装出厂。通常三吨原矿即可获得一吨铁铝石榴石粗精矿产品。

兴华公司石榴石厂为了综合回收矿石中的矽线石产品,于1996年还建了一条回收矽线石的生产线,采用选别石榴石后的尾矿和矿泥利用前述磨矿-磁选-浮选工艺流程回收矽线石精矿。该生产线断续经过近两年的探索和调试,由于设备和调试中存在一定问题,目前尚未正式投入生产运行。

(4)石榴石微粉生产

为进行石榴石矿的深加工,中南冶金地质研究所成立了"宜昌中研研磨材料有限公司",生产石榴石微粉。以优质石榴石粒度砂为原料,采用先进球磨机磨矿,经过新工艺除磁,表面处理水洗,溢流法分级等工艺,生产水性强、粒度分布窄、清洁度好、纯度高的优质石榴石研磨材料(符合JIS标准)。产品应用于单晶硅、多晶硅、光学玻璃、水晶玻璃、显像管玻壳、镜片、水晶工艺品、宝石玉器的切割和研磨。

(二)夷陵区彭家河石榴石矿

1. 矿床地质

矿区位于白竹坪背斜东南翼。出露地层由水月寺群黄良河组(上段)和周家河组中深度变质岩系组成,其中周家河组为矿区内石榴石含矿层及工业矿层的主要层位;构造和岩浆活动比较简单。

矿区由6个长度及厚度不等的矿层组成,矿层长200～1250m,厚1.2～15.2m,倾向80°～130°,倾角40°～85°。矿石含石榴石14.58%～37.56%。其中I_2为主矿层,长1250m,厚2.2～14.46m,倾向115°～120°,倾角68°～80°。石榴石品位32.65%～37.02%。全区在矿权范围内探获石榴石矿物资源量(332+333)187.30万t。

2. 矿石特征

矿石中主要有用矿物为石榴石、矽线石;脉石矿物为长石、石英、云母;少量矿物有透辉石、绿泥石、蓝晶石、十字石、磁铁矿等;微量矿物有钛铁矿、金红石、磷灰石、锆英石、尖晶石等。

石榴石在矿石中呈斑点状和条带状分布,分布一般比较均匀。I_1—I_5矿层中石榴石主要由铁铝榴石分子组成,II_1矿层的石榴石中镁铝榴石分子占到1/3以上,可认为是一种向镁铝榴石过渡的铁铝榴石。矽线石是矿石中伴生的有用矿物,矿中的含量为0%～12%,大部分具柱状、长柱状和针柱状晶形,结晶完好,边界清楚,应能予以回收。少部分毛发状产于石英间,难以回收。

3. 开采技术条件

矿区地形地貌简单,地形有利于自然排水。水文和工程地质条件简单。矿区环境地质类型属良好—中等。

第三节 石膏矿

一、概述

石膏是一种重要的非金属矿产,其主要成分为硫酸钙,纯石膏的理论化学成分为$CaO:32.5\%$,$SO_3:46.6\%$,$H_2O:20.9\%$。石膏按其成分分为石膏($CaSO_4 \cdot 2H_2O$)、硬石膏($CaSO_4$)、半水石膏($2CaSO_4 \cdot H_2O$)、钾石膏$K_2Ca(SO_4)_2 \cdot H_2O$、多水钾石膏$K_2CaSO_4 \cdot 6H_2O$共5种。按其产出形式可分为:

透石膏,又称透明石膏,通常无色透明,有时略带淡红色,呈玻璃光泽;

纤维石膏,纤维状集合体,乳白色,有时略带蜡黄色和淡红色,丝状光泽;

雪花石膏,又称结晶石膏,细粒状集合体,呈白色;

普通石膏,致密块状集合体,常不纯净;

土状石膏,又称粘土质石膏或泥质石膏,呈土状,柔软。

纤维石膏、透明石膏、雪花石膏常呈白色或无色透明,俗称白膏;普通石膏、土状石膏呈深浅不同灰色,俗称灰膏或青石膏。

石膏用途较为普遍,特别是用于近几年来发展的新型建筑材料。同时也用于化工(制硫酸)、轻工(造纸、牙膏、化妆品)及玻璃、塑料、油漆生产中。医药方面主要用于骨科、牙科、中药。农业上也常用石膏、烧石膏和磷石膏,在碱土地带的农田施用石膏作为肥料,北方各省使用石膏改良碱土。

石膏、硬石膏矿石各类用途的质量要求:

水泥缓凝剂农用:石膏 $CaSO_4 \cdot 2H_2O \geqslant 55\%$;硬石膏 $CaSO_4 \geqslant 55\%$

石膏建筑制品:石膏 $CaSO_4 \cdot 2H_2O \geqslant 75\%$

模型:石膏 $CaSO_4 \cdot 2H_2O \geqslant 85\%$

医用、食品:石膏 $CaSO_4 \cdot 2H_2O \geqslant 95\%$

硫酸:石膏 $CaSO_4 \cdot 2H_2O$ 及硬石膏 $\geqslant 85\%$

纸张填料:白度>95%

油漆填料:硬石膏 $CaSO_4 \geqslant 97\%$

不同用途对其中杂质的要求也不同:纸面石膏板对石膏的 K^+、Na^+、Cl^- 含量有限制;制硫酸时对 MgO 含量有限制;医用、食品用石膏对 As、S、Se、Cr^{3+}、F^-、Cl^-、$MgCl_2$ 有限制;建筑、医用、食品对石膏中放射性元素的含量有一定的限制。

宜昌市石膏矿资源丰富,已查明大型石膏矿一处(当阳市高店子石膏矿)(表9-12),另有未上表矿产地多处(表9-13)。宜昌市石膏矿主要分布在当阳市,产于古近纪地层中,为内陆湖泊沉积矿床;兴山、秭归的石膏矿则产于三叠纪地层中。我国至2008年底共查明石膏矿基础储量62.6亿t,居世界第一位。主要分布在山东、湖北、内蒙古、青海、江苏、安徽等省(区)。

表9-12 宜昌市石膏矿资源简况

矿区名称	资源储量矿石(万吨)	矿床类型 矿石类型、品级	矿石主要化学组分(%)	矿体特征	利用情况
当阳市高店子石膏矿谢家岗矿段	13576.2	内陆湖泊沉积矿床(老第三纪);透明石膏为主,雪花膏、泥质石膏次之;品级未分	$CaSO_4 \cdot 2H_2O$:77.4	矿体数10;主矿体厚3.72m,倾角3~15°,层状矿体	停采矿区
当阳高店子石膏矿毛家岗井田	7129.0	内陆湖泊沉积矿床(始新世);石膏、硬石膏;品级未分	$CaSO_4 \cdot 2H_2O$:72.53 CaO:28.54 H_2O:15.48 SO_3:39.11	矿体数9;主矿体长1475m,宽975~1000m,厚2.37~3.40m;倾角3~15°,埋深0~190m,层状矿体	开采矿区
当阳高店子石膏矿严家冲矿段	2300.2	内陆湖泊沉积矿床(始新世);石膏、硬石膏;品级未分	$CaSO_4 \cdot 2H_2O$:85.44	矿体数1;层状矿体	计划近期利用
当阳市高店子石膏矿总计	23005.4				

注:DZ/T0207-2002标准:层状石膏、硬石膏矿工业品位 $CaSO_4 \cdot 2H_2O + CaSO_4 \geqslant 55\%$;矿体可采厚度:露采2m,地下开采1m;夹石剔除厚度露采2m,地下开采1m。

表 9-13　宜昌市未上表石膏矿产地

行政区	矿区名称	行政区	矿区名称
兴山县	凤凰石膏矿	当阳市	串心店石膏矿
秭归县	杨家湾石膏矿	当阳市	百家冢石膏矿
秭归县	戴家湾石膏矿	当阳市	田家畈石膏矿
当阳市	邓子河石膏矿	当阳市	八字门石膏矿

二、石膏矿开发利用

1. 开发利用现状和产品目标

宜昌市石膏矿已开采。1979 年当阳县河溶镇政府在高店子建井，1980 年建成投产，1984 年后产量达到 5 万 t 左右。1991 年由应城石膏矿设计建设的年产 15 万 t 的Ⅱ号矿井投产，目前实际年产量为 8 万 t。矿石主要以原矿销往河南、安徽、江西、湖南及省内襄阳、荆州等地，取得了较好的社会经济效益。近年来，宜昌市已发展了石膏制品产业。

根据宜昌市石膏资源的储量及矿石特征，宜开展下列方面的开发利用。

(1) 制作石膏板等石膏建筑制品

石膏消费型式在发达国家由于高层建筑发展快，石膏主要用于建筑材料，消费量占 90%，而我国尚不足 10%，因此具有很大发展前景。石膏建筑制品防火、隔热、吸音、收缩率小、自重轻、抗震性好，又可钉、可锯、可粘结，应用量会越来越大。

按其生产方法石膏板分为有纸石膏板、无纸石膏板及石膏空心板等。有纸石膏板是以石膏为夹心，表面用纸板作护面制成。无纸石膏板是以石膏为胶结材料，以各种纤维（如木纤维、麦杆、芦苇杆等）作增强材料制成的板材。

有纸石膏板：将石膏煅烧成烧石膏，与掺和料（木屑、粉煤灰、矿渣、矿物棉等）混合成料浆。将料浆注在纸上，而后经成型、硬化、切割、烘干、修磨等工序制成成品。北京石粉厂生产的纸石膏板的主要技术指标为：厚度 12mm、抗压强度长向 62MPa，抗拉强度 1.1MPa，体积密度 $700\sim800kg/m^3$，隔墙隔音性能 35.5dB，导热系数 $0.779w/m\cdot k$。

无纸石膏板：制作工艺分圆网抄取法和长网抄取法两种。首先将石膏、纤维和水按一定比例混合成料浆，经旋转的金属网金属挂网抄取后再经成型、硬化、干燥、修边等工序而制成。目前石膏板生产是连续化的流水生产线，整个生产周期仅 1～2 小时，宜于工业化大量生产。

隔墙板和内墙板：利用石膏、火山灰质硅酸盐水泥和砂、木屑、石灰岩碎屑按一定比例配制而成。中科院上海硅酸盐研究所研究出石膏板加工新工艺，在加工石膏板时，不加任何纤维补强材料，而加该所研制的石膏增强剂，可制成一种轻质高强石膏板。

(2) 石膏是生产各种水泥必不可少的原料

除制作普通硅酸盐水泥（需掺入 3.5% 的石膏），还可以制作硬石膏水泥（无水石膏水泥）、石膏水泥、快凝石膏矿渣水泥、石膏矾土膨胀水泥、石膏矿渣水泥等水泥品种。

硬石膏水泥：将石膏煅烧至 600～700℃ 时，加入各种催化剂（CaO、$CaCl_2$）和普通水泥，粉磨即成。

石膏水泥：以烘干（100℃）的石膏作为主要原料，加催化剂（各种硫酸盐），磨成细粉，再煅烧而成。

快凝石膏矿渣水泥：用高强半水石膏与水淬高炉渣（比例 1:4）掺入适量的碱性激发剂（0.25%～1% 的生石灰，或 1%～3% 煅烧白云石，或 1%～8% 水泥熟料），均匀拌合而成。

石膏矾土膨胀水泥：以矾土为主要原料，配制一定比例的石膏磨细而成。

石膏矿渣水泥：用干燥的粒状高炉矿渣、消石灰或生石灰、5% 的天然石膏混磨而成。

石灰火山灰质水泥：用 10%～15% 的石灰、3.5% 的石膏和火山灰质材料——煤渣、粘土、粉煤灰、煤矸石、页岩灰、硅藻土等混磨而成。

赤泥硫酸盐水泥：用 45%～50% 干燥铝残渣赤泥、25%～30% 的干燥粒状高炉矿渣和 10%～15% 硬石膏混磨而成。

(3) 用作轻工（造纸、食品、化妆品、纺织、文化用品）及医药（骨科、牙科模型及接骨）的原料或材料

这类应用要求石膏有较高的纯度（≥95%），因此要预先进行选矿。目前我国石膏矿选矿方法一般

采用手选、重介质选矿和光电选矿,还可以采用浮选和电选。

重介质选矿:介质是60%的磁铁矿和40%的硅铁,相对密度约为2.46。入选矿石粒度为10~100mm,含膏率60%左右。介质消耗约230g/t,精矿中石膏含量为82%。重介质密度的选定非常重要。石膏相对密度为2.3g/cm³左右,脉石矿物白云石、页岩、硬石膏(D:2.9~3.0g/cm³),相对密度均大于2.3,因此,在相对密度大于2.3,小于2.6的介质中分选时,石膏可浮起,而硬石膏脉石则下沉。

光电选矿:以矿粒表面的光反射性差异为依据的选矿方法。石膏和脉石存在颜色差异,石膏为白色,脉石多呈暗色,它们对自然光反射性能不同。光电选矿设备类型有英制李特克斯611型光电分选机(原矿粒度9.5~31.8mm,含膏率63.1%~71.4%;精矿含膏率80%,回收率82.7%±5.44%),目前已有新一代李特克斯811型光电选矿机,效果更好。我国苏州非金属矿山设计院和应城石膏矿联合研制的FIS-1型石膏光电选矿机已获成功。

(4)制作石膏晶须

近年来国内外在研究针状结晶的α型半水石膏时发现,如经过稳定处理,可制成一种单晶纤维,是一种新型的无机纤维——石膏晶须,它可代替石棉作水泥制品的增强纤维,也可代替纸条或玻璃纤维,还可使沥青、石蜡等固态材料改善软化性,增强油漆、涂料等流态材料的成膜强度和耐久性。石膏晶须制作工艺为:把粉末状的二水石膏与水混合,浓度控制在20g/L~30g/L,放入蒸气反应锅,在105~150℃温度下(通常125℃等温3~5分钟较合适),边搅拌边进行水热反应,粉状二水石膏在液相中逐步脱水转化,成为一个方向成长的针状结晶α型半水石膏,再经过滤、脱水和稳定处理后即得石膏晶须。

(5)低品位的石膏矿用于农业作肥料和改良土壤

利用石膏、烧石膏、硬石膏磨碎或煅烧磨碎作为肥料。据应城石膏矿研究,用普通石膏代替纤维石膏用于花生种植,可解决目前纤维石膏不足的情况。主要经济指标:用量30千克/亩,增产幅度2.8%~3.1%。应城石膏矿、湖北蕲春、江西铜鼓等12个县将普通石膏粉用于种植水稻,其效果不亚于纤维石膏。在缺硫的土壤上增产幅度一般为5%~15%(石膏用量7.5~15千克/亩)。

石膏用于农业可为作物提供Ca、S养料,并促进有机质分解,其中硫素可促进微生物对土壤中含氮物质的分解,同时加速氨化作用的进行。

2. 宜昌市石膏产业发展方向

宜昌市石膏资源丰富,矿石质量良好,矿区地形条件较为平坦,交通方便,为石膏的开发提供了有利的资源条件;市内水泥、玻璃、橡胶、塑料等工业比较发达,为石膏的利用开辟了广阔的出路;石膏建材等制品的发展又能消化大量矿渣、煤矸石、粉煤灰、麦杆、芦苇杆,有利于宜昌市循环经济的建设和发展。另外,宜昌市的农业也较发达,水稻、棉花、水果等种植业的发展和科学进步,也为石膏在农业中的应用提出了需求。因此大力发展宜昌市的石膏产业既有条件又有需要。今后宜昌石膏开发利用的主要方向:①改变只生产矿石或粗加工的现状,延长生产链,建立石膏利用工业化体系。将石膏地勘-开采-选矿-磨矿和制品加工业链接起来,成龙配套,统一经营,使加工接近产地,生产就近消费。应将石膏产业的发展作为宜昌市建材业发展的一个重要方向,联合水泥等其他产业,建设石膏加工业。②高起点建设,采用大型化和现代化设备,改变目前石膏矿山技术装备水平落后、劳动强度大、生产效率低的状况。推广应用大型设备,如潜孔钻、大吨位装载机,实现爆破工程机械化、喷锚支护技术,合理开采,提高效率降低成本。石膏制品加工业生产线建设应采用国内最先进的工艺流程和设备,提高产品质量,环保节能。③多方面、多渠道融资,以建立现代化大石膏产业为目标,生产高品质产品以满足当地产业发展和城镇化建筑不断增强的需要。按照新型工业化的模式进行资源配置,将石膏产业作为构建宜昌市循环经济体系的重要环节。

三、当阳高店子石膏矿

当阳高店子石膏矿是以雪花石膏和透明石膏为主要类型的大型工业矿床,总资源储量23005.4万t

(石膏矿规模划分标准：矿石大型＞3000万t，中型1000～3000万t，小型＜1000万t)，占湖北省石膏矿资源储量的10.21%，在全国43个大型矿床中资源量排序靠前。

矿区位于当阳市与荆门市接壤处，属当阳市河溶镇和荆门市草场乡所辖。矿区西距当阳市26km，东距荆沙公路五里镇站14km，汉宜公路从矿区南部通过，交通方便。

矿床处于江陵凹陷北缘，石膏矿赋存在古近系马槽组第四段红层中。含膏岩系厚200～350m，其中有30～60个膏层，单层厚一般1～3m，最厚可达12m。膏层间距一般为3～4m，埋深仅30～90m，分布面积约80km^2。其中地质详查工作区15km^2，探明二水石膏矿石储量2.5亿t。矿石以雪花石膏、透明石膏为主，少量泥质石膏和硬石膏。矿石品位($CaSO_4$)：65%～85%，最高为92%，其中品位大于75%者占总量的一半。

矿区由湖北省非金属地质公司勘查，于1993年、1986年、2007年分别提交谢家岗矿段、毛家岗井田、严家冲矿段地质勘查报告。

1. 谢家岗矿段

位于当阳市区119°方位直距24km处，距汉宜路十里铺站18km，通公路。

该矿段有矿体10个，主矿体Ⅷ膏组厚3.72m，倾角3～15°，层状矿体。矿石以透明石膏为主，雪花石膏、泥质石膏次之，品级未分。矿石平均品位$CaSO_4 \cdot 2H_2O$：77.4%。查明资源储量13576.2万t，尚有E级储量5191.1万t。

矿区供水地洪门冲水库能满足供水需要，矿体需地下开采。目前为停采矿区。

2. 毛家岗井田

位于当阳市区118°方位直距28km处，距汉宜公路河溶站8km(运距)，通公路。

矿区有矿体9个，主矿体Ⅷ膏组长1475m，宽975～1000m，厚2.37～3.40m，倾角3～15°，埋深0～190m，层状矿体。矿石为石膏、硬石膏类型，品级未分。矿石化学组成：$CaSO_4 \cdot 2H_2O$：72.53%，CaO：28.54%，H_2O：15.48%，SO_3：39.11%。查明资源储量7129.0万t。

矿床水文地质条件中等，最大涌水量2400km^3/d。供水地为刘家冲水库，矿体需地下开采，回采率50%。砂岩与泥岩互层时顶底板稳定性差，应锚固或支撑处理。工程地质条件属复杂类型。

目前为开采矿区，由当阳市石膏矿开采，实际生产能力8万t/年。

3. 严家冲矿段

矿段位于当阳市东。有矿体1个，层状产出。由湖北省非金属地质公司勘查，2007年提交报告《湖北省当阳市高店子矿区严家冲石膏矿资源储量结算地质报告》，查明资源储量2300.2万t，计划近期利用。

第四节　水泥用灰岩矿

一、概述

宜昌市水泥用灰岩矿资源极为丰富，质量尚佳，是优势明显的矿种。已查明大型矿床2处，中型矿床5处，小型矿床6处(矿床规模划分标准：大型矿石量＞8000万t，中型1500～8000万t，小型＜1500万t)，总资源储量52003万t(表9-14)，占湖北省水泥灰岩资源量的13.32%。其他未上表水泥灰岩矿产地有：夷陵区阴岩、罗家畈，宜都五眼泉响水洞、白鸭垴窝家冲，当阳玉泉干溪、柳林、峡口，秭归鸡鸣寺、茅坪小岩口等地。据市境地质条件，灰岩地层时代遍及早古生代、晚古生代直至第三纪，分布面积极为普遍，因此水泥用灰岩资源前景不可估量。依托丰富的水泥用灰岩矿，宜昌市已建立起相当发达的水泥工业。

表 9-14 宜昌市水泥用灰岩矿资源概况

矿区名称		资源储量（万吨）	矿床类型 矿石类型、品级	矿石主要化学组分(%)	矿体特征	利用情况
夷陵区万家畈石灰岩矿		1647	沉积矿床,早二叠世	CaO：53.51，MgO：0.93，SiO_2：1.86	矿体数1；厚42.53~57.13m；倾角11~14°,层状矿体	开采矿区
夷陵区黄花场石灰岩矿		8876	沉积矿床,早奥陶世	CaO：51.17，Cl：0.007，K_2O：0.3，MgO：1.02，Na_2O：0.04，$fSiO_2$：2.24，SiO_2：4.68，SO_3：0.03，铝氧率(P)1.46,硅酸率(N)3.34,	矿体数2；主矿体长1103m,宽927m,厚35.25~42.29m；倾角8~10°,埋深0~55m,层状矿体	开采矿区
远安朱家包石灰岩矿		809	沉积矿床,早三叠世	CaO：52.07，Al_2O_3：1.17，MgO：0.61，Fe_2O_3：0.54，SiO_2：3.563	矿体数3；主矿体长300m,宽200m；倾角8~12°,层状矿体	计划近期利用
秭归县长石碚石灰岩矿		795	沉积矿床,早三叠世	CaO：52.46，MgO：0.62，SiO_2：3.69，铝氧率(P)1.94,硅酸率(N)3.69	矿体数1；长890m,宽60~380m,厚8.90~23.91m；倾角0~20°,层状矿体	开采矿区
秭归新滩马槽背石灰岩矿		561	沉积矿床,早奥陶世	CaO：50.34，Na_2O+K_2O：0.53，MgO：0.97，SiO_2：6.13，SO_3：0.058,铝氧率(P)1.54,硅酸率(N)3.05	矿体数4；主矿体长640m,宽90~270m,厚度64.45~72.95m；倾角20~30°,埋深0~63m,层状矿体	开采矿区
长阳白氏坪阳坡石灰岩矿		1163	沉积矿床,早奥陶世	CaO：51.45，Cl：0.001，K_2O：0.22，MgO：1.42，Na_2O：0.05，SiO_2：1.92，SO_3：0.01,铝氧率(P)1.81,硅酸率(N)2.55	矿体数1；主矿体长1083m,宽66~137m,厚40.5~50.81m；倾角40~50°,埋深0~45m,层状矿体	开采矿区
宜都狮子岩石灰岩矿		3586	沉积矿床,中石炭世	CaO：54.89，MgO：0.29，SiO_2：0.85	矿体数1；矿体长1380m,宽450m,厚52.98m；倾角13~15°,层状矿体	计划近期利用
宜都毛家沱石灰岩矿		5576	沉积矿床,早寒武世	CaO：50.49，K_2O：0.258，MgO：2.1，Na_2O：0.097，SiO_2：1.49，SO_3：0.048,铝氧率(P)1.37,硅酸率(N)1.28	矿体数1；矿体长2980m,宽60~184m,厚53.62~67.74m；倾角22~27°,埋深0~84m,层状矿体	开采矿区
秭归和尚堡石灰岩矿		3756		CaO：51.28，K_2O+Na_2O：0.27，MgO：0.9		
宜都蹬子岩石灰岩矿		971	沉积矿床,早三叠世	CaO：50.5，MgO：0.75	矿体数2；主矿体长450m,宽250m,厚50~100m；倾角15~20°,层状矿体	开采矿区
枝江洋溪石灰岩矿	老鸦山矿段	960	内陆湖相沉积矿床,第三纪	CaO：51.85，K_2O：0.46，MgO：0.51，Na_2O：0.13，SiO_2：4.48，SO_3：0.039,铝氧率(P)1.77,硅酸率(N)3.76	矿体数1；矿体长940m,宽65~220m,厚11.50~42.42m；倾角22~27°,埋深0~68m,层状矿体	开采矿区
	棺材垄矿段	140	内陆湖相沉积矿床,第三纪	CaO：49.72，K_2O：0.36，MgO：0.44，Na_2O：0.05，SiO_2：4.28，SO_3：0.043,铝氧率(P)2,硅酸率(N)4.08	矿体数1；矿体长500m,宽55~200m,厚11.5~30.44m；倾角5~10°,埋深0~48m,层状矿体	停采矿区
	合计	1100				

续表 9-14

矿区名称	资源储量（万吨）	矿床类型 矿石类型、品级	矿石主要化学组分（%）	矿体特征	利用情况
宜都杨树坪石灰岩矿东矿段	14775	沉积矿床，早三叠世	CaO：52.5，Cl：0.026，K_2O：0.25，MgO：0.05，Na_2O：0.03，SiO_2：3.61，SO_3：0.008，铝氧率(P)1.71，硅酸率(N)2.38	矿体数5；主矿体长700m，宽500～700m，厚219～241m，倾角10～20°，埋深0～245m，层状矿体	开采矿区
宜都九道河石灰岩矿	6089	沉积矿床，早奥陶世	CaO：50.04，MgO：1	矿体数3；主矿体长2080m，宽150～340m，厚72.7～95.8m，倾角22～33°，层状矿体	停采矿区
当阳孙宾寨石灰岩矿	2199	沉积矿床，早三叠世	CaO：51.84，Cl：0.007，K_2O：0.18，MgO：0.94，Na_2O：0.053，SiO_2：3.37，SO_3：0.008，铝氧率(P)1.91，硅酸率(N)3.4	矿体数2；主矿体长454m，宽250～430m，厚85.60～89.30m，倾角10～20°，埋深0～155，层状矿体	开采矿区
总计	52003				

二、矿床地质特征及矿石特征

1. 矿床地质特征

本市石灰岩矿多为海相沉积矿床，仅枝江洋溪石灰岩矿为内陆湖泊沉积矿床。矿层产出的时代有：早寒武世、早奥陶世、中石炭世、早二叠世、早三叠世、第三纪，据目前查明的资源储量评价，以早三叠世、早奥陶世为主，次为早寒武世和中石炭世。

据我国沉积石灰岩矿床研究（章少华，1994），化学和生物化学沉积石灰岩矿床是最重要的石灰岩矿床类型，可分为泥晶石灰岩和鲕粒石灰岩矿床。泥晶石灰岩矿床是这种成因的典型矿床。这种类型的矿床分布广泛，几乎各石灰岩地层中均有产出，是我国最重要、最具工业价值的水泥石灰岩矿床类型之一。我国大多数水泥石灰岩矿床是这种成因。其特点是矿床规模大，走向上可延伸几千米；厚度较大，有几米、几十米、甚至上百米，质量较纯，CaO含量高，MgO含量低，常含泥质、石英、燧石等，矿体形态简单，呈层状或似层状，矿石呈灰色—深灰色，有机质含量高时呈黑色，泥晶结构、块状构造。有的经重结晶作用后，泥晶灰岩变成粉晶灰岩。泥晶灰岩由于孔隙小，高镁溶液不易流通，因此不易发生白云岩化作用，这对形成水泥石灰岩矿床是有利的。泥晶颗粒细小，它的来源有二，一是海水中pH值、盐度、温度及CO_2分压等化学条件发生变化，海水中$CaCO_3$饱和，发生化学沉积；二是生物遗体的分解或粒屑机械磨蚀而成。

泥晶灰岩在很多环境中均可形成，但一般在水能量较低的环境中较发育。不同环境中沉积的泥晶灰岩在构造上有区别：盆地中心的泥晶灰岩呈薄层状，有时夹有页岩、蒸发岩和燧石层。盆地边缘沉积的泥晶灰岩多具纹理，常见底栖生物化石。开阔海台地沉积的泥晶灰岩虫孔发育。局限海台地沉积的泥晶灰岩纹理、叠层构造、鸟眼构造都较发育。蒸发台地沉积的泥晶灰岩有时与白云岩、石膏互层出现，矿石质量较差。

鲕粒灰岩也是化学和生物化学形成的，但它的形成与波浪、水流作用关系密切。在鲕粒灰岩中，常具有许多流水搬运的标志，如大型的交错层理。鲕粒是在潮汐沙坝和潮汐三角洲地区形成的。鲕粒灰岩矿床规模也较大，厚度为几米至几十米，层位稳定，以层状为主。

2. 矿石特征

(1) 矿石化学组成

各矿区矿石化学组成见表 9-15。总体特点是 $CaO \geqslant 48\%$，$MgO \leqslant 3.0$，$K_2O + Na_2O \leqslant 0.6$，$SO_3 \leqslant 1.0\%$，$fSiO_2 \leqslant 4.0\%$。

表 9-15 宜昌市水泥灰岩矿化学成分(%)

矿区名称	CaO	Cl⁻	铝氧率(P)	硅酸率(N)	K_2O	MgO	Na_2O	$fSiO_2$	SiO_2	SO_3	Al_2O_3	Fe_2O_3
夷陵区万家畈矿区	53.51					0.93			1.86			
夷陵区黄花场矿区	51.17	0.007	1.46	3.34	0.3	1.02	0.04	2.24	4.68	0.03		
远安朱家包矿区	52.07					0.61			3.563		1.17	0.54
秭归县矿区	52.46		1.94	3.69		0.62			3.69			
秭归马槽背矿区	50.34		1.54	3.05	K_2O+Na_2O 0.53	0.97			6.13	0.058		
长阳白氏坪阳坡矿区	51.45	0.001	1.81	2.55	0.22	1.42	0.05		1.92	0.01		
宜都狮子岩矿区	54.89					0.29			0.85			
宜都毛家沱矿区	50.49		1.37	1.28	0.258	2.10	0.097		1.49	0.048		
宜都蹬子岩矿区	50.5					0.75						
枝江洋溪老鸦山矿段	51.85		1.77	3.76	0.46	0.51	0.13		4.48	0.039		
枝江洋溪棺材窿矿段	49.72		2	4.08	0.36	0.44	0.05		4.28	0.043		
宜都杨树坪矿区	52.5	0.026	1.71	2.38	0.25	0.05	0.03		3.61	0.008		
宜都九道河矿区	50.04					1						
当阳孙宾寨矿区	51.84	0.007	1.91	3.4	0.18	0.94	0.053		3.37	0.008		

注：铝氧率 $P = Al_2O_3/Fe_2O_3$；硅酸率 $N = SiO_2/(Al_2O_3+Fe_2O_3)$；$fSiO_2$ 为游离 SiO_2。

石灰岩矿化学成分的质量要求见表 9-16、表 9-17。

表 9-16 普通硅酸盐水泥用石灰岩质量要求(%)(据 DZ/T0213-2002)

类别	CaO	MgO	K_2O+Na_2O	SO_3	$fSiO_2$	
					石英质	燧石质
Ⅰ级品	$\geqslant 48$	$\leqslant 3.0$	$\leqslant 0.6$	$\leqslant 1.0$	$\leqslant 6.0$	$\leqslant 4.0$
Ⅱ级品	$\geqslant 45$	$\leqslant 3.5$	$\leqslant 0.8$	$\leqslant 1.0$	$\leqslant 6.0$	$\leqslant 4.0$

表 9-17 其他水泥用石灰岩质量要求(%)

水泥类型	CaO	$CaCO_3$	MgO	K_2O+Na_2O	SiO_2	Fe_2O_3
特种硅酸盐水泥	>48			<0.25		
高铝水泥	>54		<2	<0.3	<1.0	<0.4
白水泥		>98				<0.3
低钙铝酸盐耐火水泥	>54				<1.0	

硅酸盐水泥是由碾压粉末状的熟料制成的。熟料是由石灰岩和粘土混合物煅烧而成的块状物体。在煅烧过程中发生一系列化学反应，生成硅酸三钙 $C_3S(3CaO,SiO_2)$、硅酸二钙 $C_2S(2CaO,SiO_2)$、铝酸三钙 $C_3A(3CaO·Al_2O_3)$，铁铝酸四钙 $C_4AF(4CaO·Al_2O_3·Fe_2O_3)$。熟料的化学成分取决于原料的矿物成分。为了保证获得最佳组合，就要控制钙、铁、铝、硅氧化物之间的比例关系。

硅酸率(N)——$SiO_2/(Al_2O_3+Fe_2O_3)$ 一般应控制在 1.8~2.6。硅酸率过低，熟料中液相过多，煅烧时易出现结大块，结圈、结窑等现象，影响窑的正常生产；过高则熟料中硅酸盐矿物多，熔剂矿物少，煅烧困难。

铝氧率(P)——Al_2O_3/Fe_2O_3 应控制在 1.0~2.5 之间。铝氧率过高或过低，熟料液相粘度增加或降低，造成 C_3S 生成速度慢或易结大块，不利操作。

宜昌市灰岩矿质量符合制普通硅酸盐水泥，但硅酸率偏高。

(2)矿石矿物组成及结构构造

水泥灰岩的岩石种类有细晶灰岩、微晶灰岩、粒屑灰岩、生物碎屑灰岩等（图 9-19~图 9-22），其矿物组成基本相同：方解石含量一般大于 90%，以泥晶($d<0.004m$)、微晶(<0.03~$0.004mm$)、粉晶(<0.06~$0.03mm$)结构为主，部分具团粒结构和鲕状结构，被粒度较粗的细晶(0.25~$0.06m$)方解石胶结。白云石的含量一般 $<3\%$，稀疏散布于方解石间。石英的含量为 1%~3%，常为棱角状、次棱角状碎屑，或他形产于方解石间。碳泥质的含量为 1%~3%，微细的碳质和泥质混杂聚集成尘状、粒状、条带状、絮状散布，使矿石呈灰色至深灰色。矿石多含微细星点状产出的黄铁矿。

三、宜昌市水泥灰岩的开发利用

宜昌市水泥灰岩开发利用程度较高，已建立起华新(宜昌)、弘洋、昌耀、黄花、葛洲坝等 30 多家水泥生产厂家，2006 年建成的华新(宜昌)水泥有限公司，提高了宜昌市水泥灰岩开发利用的规模化、现代化水平。该公司建有 3500t/d 和 2500t/d 两条新型干法熟料水泥生产线，年产优质水泥 350 万 t。同时认真执行环保"三同时"原则，安装了 4 台静电、布袋收尘器、窑尾安装了粉尘在线监测设备。建设了废水中和、隔油沉淀系统。对各种噪声采取消音、隔声等措施。厂区绿化率在 55% 以上。基本上达到了现代水泥厂环保的要求。

葛洲坝当阳水泥有限公司拥有 5000t/d、1200t/d 新型干法水泥熟料生产线各一条，年产水泥 260 万 t，成为鄂西又一大型水泥熟料生产基地。

宜昌矿山和水泥生产结构调整和产品优化应继续进行，6 万 t/年规模以下水泥用灰岩矿山原则上应实施停产关闭或整改扩产。水泥矿山应采用高效率水平台阶式开采，推广采用排微差、挤压、预裂等爆破开采。使用大口径切削回转钻机，大体积吊装机及大载重汽车提高效率。

已有中小型水泥生产能力应进行整合，坚决淘汰落后产能，采用新型干法生产，发展散装水泥、特种水泥，促进产品升级换代，节能减排，使宜昌市水泥生产不断向低碳方向发展。

四、宜都杨树坪石灰岩矿

宜都杨树坪石灰岩矿位于宜都市南 30km，距支柳支线松木坪站 2km。矿区由湖北非金属地质公司勘查，1979 年提交《湖北省宜都县杨树坪石灰岩矿区东矿段勘探报告》，查明资源储量 14775 万 t，另有西矿段 D 级储量 9896 万 t，为一大型矿床。

矿区位于一倒转向斜的东端。矿区出露地层有第四系、下侏罗统香溪群、下三叠统大冶组和二叠系。侏罗系不整合覆于大冶组之上，矿区断裂构造发育，全区共见大小断层 7 条，矿层被错断、位移，断层以北北东向张扭性平移断层为主，矿区节理较发育（图 9-23）。

矿层产于下三叠统大冶组中、上部，由乳白色厚层—巨厚层石灰岩、中厚层花斑石灰岩、薄层泥质石灰岩组成。矿层底板为大冶组下部的薄层石灰岩夹页岩等。顶板为侏罗系下统香溪群砂页岩。矿层呈单斜岩层产出，总体走向为 260°~290°。有矿体 5 个，主矿体长 700m，宽 500~700m，厚 219~241m，倾

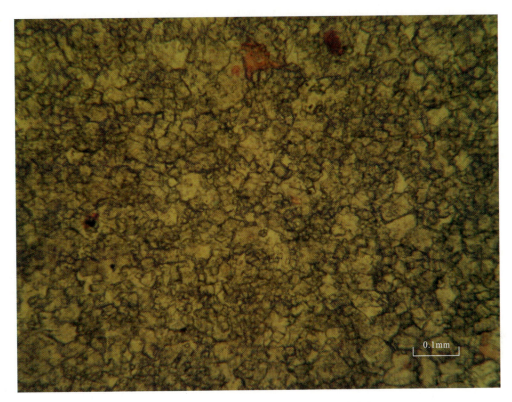

图 9-19 细晶灰岩显微照片　薄片　单偏光
矿石由不规则粒状方解石紧密镶嵌组成

图 9-20 微晶细晶砾屑灰岩显微照片　薄片　单偏光
微晶方解石组成长条状砾屑,被细粒亮晶方解石胶结

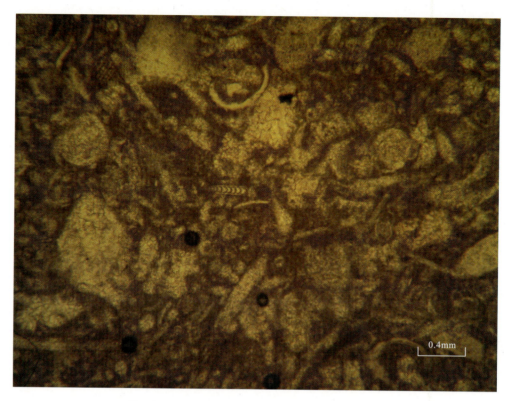

图 9-21 生物碎屑灰岩显微照片　薄片　单偏光
微晶细晶方解石组成生物碎屑结构

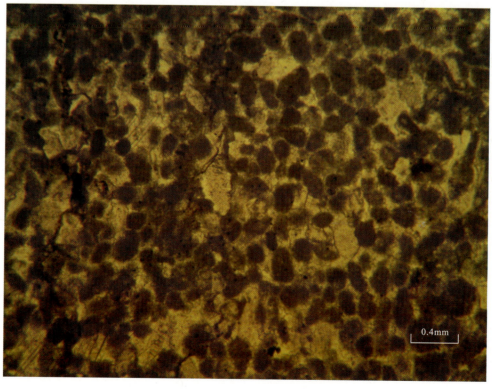

图 9-22 微晶细晶球粒灰岩显微照片　薄片　单偏光
微晶方解石组成球粒结构,被细粒亮晶方解石胶结

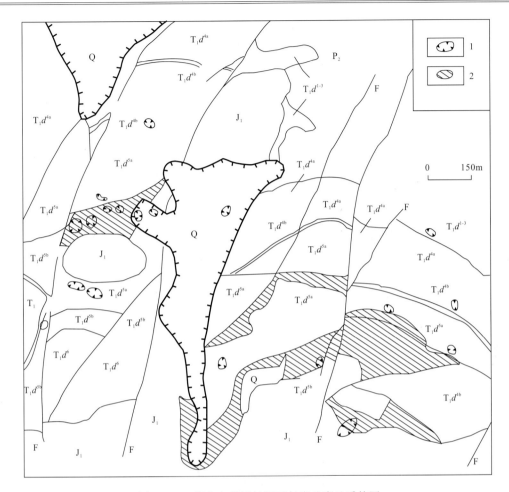

图 9-23 湖北宜都杨树坪石灰岩矿床地质简图

(据孙祁)

Q-第四系；J_1-下侏罗统；T_1d^{1-3}-下三叠统大冶组下部(未细分)；T_1d^{4a}-大冶组上部中厚层石灰岩；T_1d^{4b}-薄层泥质灰岩；T_1d^{5a}-厚层石灰岩；T_1d^{5b}-条带石灰岩；T_1d^6-厚层石灰岩；P_2-上二叠统；1-地表溶洞及洼地；2-岩溶发育区；F-断层

角 $10\sim20°$，埋深 $0\sim245m$，层状矿体(图 9-24)。矿石化学组成：$CaO:52.5\%$，$Cl^-:0.026\%$，$K_2O:0.25\%$，$MgO:0.5\%$，$Na_2O:0.03\%$，$SiO_2:3.61\%$，$SO_3:0.008\%$；铝氧率(P)为 1.71，硅酸率(N)为 2.38。

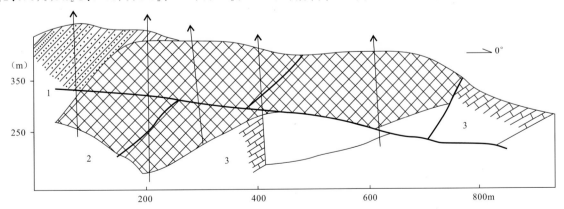

图 9-24 湖北省宜都杨树坪石灰岩矿床剖面

(据湖北非金属矿地质公司)

1-侏罗系砂页岩(矿层顶板)；2-矿层；3-底板

矿区水文地质条件简单,水源地鸽子滩距矿区2km,供水量9600m³/d,可满足要求。矿区可露天开采,剥采比0.19。顶板岩石疏松稳定性差。岩溶发育,对开采及矿石质量均有影响。

孙祁对该矿床的岩溶地质特征进行了较为详细的研究(图9-25、图9-26)。地表岩溶主要表现为层间裂隙、溶沟、溶槽、溶洞。层间裂隙长10~20cm,深1~4.4m。溶沟、溶槽宽1.5m,长1~2m。溶洞有15个,高度为5~11m者6个,65m者1个,其余均在3m左右。属半充填和无充填,充填物为黄色粘土和石灰岩、砂岩碎块。地表岩溶率为2.93%~32.04%。地下岩溶主要表现为地下溶洞,查见者47个,最大高度为22.86m,岩溶能见率为80.95%,岩溶率为4.81%。充填物为黄褐色粘土、亚粘土和石灰岩、砂岩碎块。充填物情况并不随深度增加而减弱,浅部少数溶洞与地表连通。岩溶由于受可溶岩层产状的控制,沿几个特定层位构成岩溶发育带。岩溶的分布具有以下规律:①分布在质量相对较纯的石灰岩地段。根据CaO/MgO、$SiO_2+R_2O_3$的变化曲线划出了4段强可溶岩,即T_1d^6和T_1d^{5b}顶部、T_1d^{5a}中部、T_1d^{5a}底部、T_1d^{4a}中部。其岩性为质纯厚层石灰岩。这4段的底部或其间常夹有泥质较高的岩层,起相对隔水作用。②分布在构造发育的地段。③分布在可溶岩与非可溶岩接触地段。④当同时具备岩溶发育的岩性、构造和补给、排泄条件时,更加促使岩溶强烈发育。

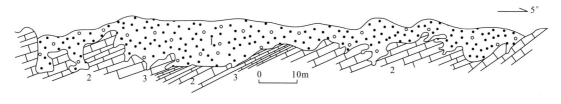

图9-25 湖北宜都杨树坪石灰岩地表岩溶素描图
1-第四系浮土;2-中厚层及巨厚层石灰岩;3-页片状薄层泥质石灰岩

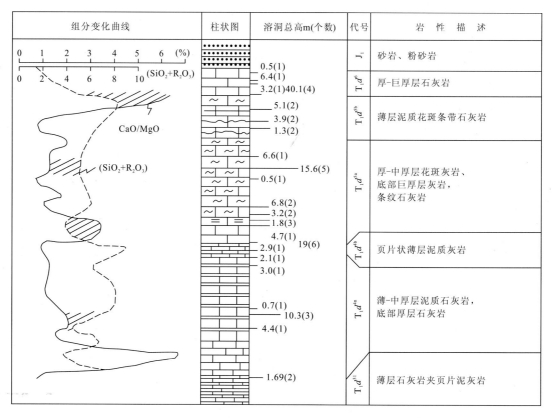

图9-26 宜都杨树坪石灰岩矿区可溶岩划分

矿产资源开发利用

开发宜昌水泥灰岩的新型建材企业——华新水泥(宜昌)有限公司

　　华新水泥（宜昌）有限公司成立于2002年，现有3500t/d和2500t/d两条新型干法水泥熟料生产线，年产优质水泥350万吨。公司倡导环保高效生产理念，科学发展，创领前瞻，连续八年获全国水泥品质指标检验大对比全优单位，2007年荣膺全国金属非金属矿山安全标准化一级企业。

公司全景图

厂区图片

公司认真执行环保"三同时"原则，建设了废水中和、隔油沉淀系统，循环利用废水，对各种噪声采取消音、隔声措施。厂区绿化率在55%以上。

矿产资源开发利用

开发宜昌灰岩产品辐射全国
—— 葛洲坝当阳水泥有限公司

公司办公楼

葛洲坝当阳水泥有限公司是中国葛洲坝集团股份有限公司下属大型水泥生产企业，拥有国际领先水平的5000t/d、1200t/d新型干法水泥熟料生产线各一条，年产水泥260万吨。其主导产品"三峡牌"P.C32.5、P.O42.5、P.O52.5等级水泥，立足湖北市场，辐射湘、渝、川等省，广泛用于高速公路、铁路等重点工程、商品混凝土搅拌站和民用市场，深受用户喜爱。

公司位于当阳市玉泉办事处三桥村，占地面积40万平方米，固定资产8亿元。公司所在地及周边地区石灰石资源储量丰富，品质优良，可供年产200万吨的水泥生产企业开采40年。

公司秉承"依法、从严、精细"的治企方针，贯彻"诚信守约、追求卓越"的质量理念，推行清洁生产模式，发展循环经济，取得了ISO9001质量体系认证。公司先后获得"全国建材行业先进单位"、湖北省、宜昌市、当阳市"重合同守信用单位"等荣誉称号

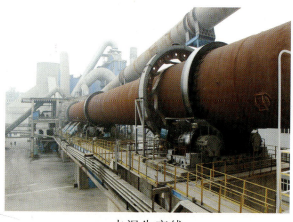

水泥生产线

水泥生产线

中央控制室

第五节 玻璃用砂岩矿

一、概述

宜昌市玻璃用砂岩矿资源丰富,已查明中型矿床两处,小型矿床一处(表9-18),未上表矿10处(表9-19)(玻璃用砂岩矿床规模划分标准:矿石<200万t小型;200~1000万t中型;≥1000万t大型),总资源储量1229万t,占湖北省该矿种资源储量的43.05%。主要矿床类型有两种:产于中泥盆统的石英砂岩和产于白垩系的砂岩矿。前者分布面积分布很广,SiO_2含量高,除用于做玻璃外,还用于冶金辅料、提炼金属硅等;后者主要分布于地处江汉盆地边缘的当阳,矿石中SiO_2含量不是很高,含较多的Al_2O_3,矿石松散,适合制作玻璃。宜昌市已规模开发当阳石英砂岩矿,建成当阳玻璃厂,成为全国重要的玻璃生产企业和宜昌市的支柱产业。

表9-18 宜昌市玻璃用砂岩矿资源概况

矿区名称	资源储量(万吨)	矿床类型 矿石类型、品级	矿石主要化学组分(%)	矿体特征	利用情况
宜都市马王山砂岩矿	117	沉积矿床,中泥盆世,品级未分	SiO_2:97.55 Al_2O_3:1.19 Fe_2O_3:0.12	矿体数1;矿体厚度26.92m;倾角50~88°,层状矿体	可供进一步工作
当阳市百步梯砂岩矿狮子岗矿段	527	机械沉积矿床,晚白垩世	SiO_2:89.49 Al_2O_3:5.52 Fe_2O_3:0.8	矿体数2;主矿体长460m,宽250m,厚14.38m;倾角3~10°,层状矿体	开采矿区
当阳市岩屋庙砂岩矿	585	陆相碎屑沉积矿床,晚白垩世	SiO_2:90.5 Al_2O_3:4.89 Fe_2O_3:0.62	矿体数4;主矿体长600m,宽500m,厚29.43m;倾角15~20°,层状矿体	停采矿区
总计	1229				

表9-19 宜昌市未上表玻璃用砂岩矿

产地	名称	产地	名称
兴山	峡口镇刘草坡郑东硅石矿	兴山	南阳硅石矿
兴山	建阳坪矿山公司硅石矿	兴山	南阳硅灰石矿
兴山	高阳茶园村硅石矿	兴山	湘供硅石矿
兴山	永生硅石矿	兴山	营盘开发公司硅石矿
兴山	南阳石英砂矿	兴山	郑东硅石矿

二、玻璃砂岩矿地质特征

玻璃砂岩矿区分布于扬子准地台鄂中褶断区远安台褶束之荆当盆地西部,远安地堑的南倾伏端。白垩纪时,地处江汉盆地西部。区域地层从古生界至新生界均有出露,矿区周围30km范围内未见岩浆岩分布。区域内的矿产主要有石膏、石灰岩、白云岩、石英砂、方解石、煤和铜等,是建材矿产开发有利区域。

矿区出露地层有上白垩统红花套组、跑马岗组及第四系,自上而下依次是:

①第四系(Q):砾石、粘土、砂土及砂质粘土,厚度一般小于5m。

②上白垩统跑马岗组（K_2p）：上部灰褐色、绿色厚层粉砂岩与紫红色泥岩、粉砂岩互层；中下部为棕红色中厚层状细砂岩与紫红色泥岩，厚度大于 20m。

③上白垩统红花套组（K_2h），自下而上又分为 3 段：

第三段（K_2h^3）：鲜红色、褐红色块状含粘土细粒长石石英砂岩夹含钙质铁质细粒长石石英砂岩，厚度大于 35m。

第二段（K_2h^2）：自下而上又分 5 个岩性层，其中第 1—4 层为石英砂岩矿赋存层位。

第 5 层（K_2h^{2-5}）：棕黄色、褐黄色块状含粘土含砾石细粒长石石英砂岩，夹 3～5 层不连续的砂砾层，厚度 15～22m。

第 4 层（K_2h^{2-4}）：灰白色含粘土细粒长石石英砂岩，厚度 20～25m。

第 3 层（K_2h^{2-3}）：黄色、浅黄色、灰白色块状含粘土细粒长石石英砂岩，中细粒长石石英砂岩，厚度 40～50mm。见铁质结核，以椭圆形、球形为主，大小 1～30cm。

第 2 层（K_2h^{2-2}）：黄色、浅黄色含粘土细粒长石石英砂岩，见斜层理。以黄、红、白色构成条纹或条带，厚度 20～28m。

第 1 层（K_2h^{2-1}）：褐黄色含粘土中细粒—细粒长石石英砂岩，厚度 42～48m。

第一段（K_2h^1）：赭色、鲜红色块状含粘土细粘长石石英砂岩，厚度大于 20m。

下伏地层为上白垩统罗镜滩组（K_2l）：呈整合接触。

矿层长 460～600m，宽 250～500m，厚 14.38～29.43m；倾角平缓（3～20°）；层状矿体。矿石呈半固结形态，易采易选，采选成本低，是全国五大优质硅质砂矿基地之一。矿石化学成分：SiO_2：89.49%～90.5%，Al_2O_3：4.89%～5.52%，Fe_2O_3：0.62%～0.8%。

矿床属陆相沉积矿床，国内同类型的矿床在江苏宿迁、四川永川、新疆库车、乌市等地有分布。

三、开发利用

1. 玻璃工业对硅砂原料的要求

普通玻璃是由包括石英砂、石英砂岩、石英岩、脉石英或其他含 SiO_2 高的矿物与岩石和长石、白云石、石灰石、芒硝及纯碱等原料，在高温下熔融成透明的玻璃液而制成。由于生产方法和玻璃的用途不同，各国生产的玻璃成分有少量波动（表 9-20）。

表 9-20 各国平板玻璃主要成分

国家与玻璃品种	化学组分（%）							
	SiO_2	Al_2O_3	Fe_2O_3	CaO	MgO	Na_2O	K_2O	SO_2
美国普通窗玻璃	72.00	1.30	—	8.20	3.50	14.00	0.30	0.30
美国抛光平板玻璃	71.60	1.00	—	9.80	4.30	13.30	—	0.20
美国吸热玻璃	70.70	4.30	0.80	9.40	3.70	9.80	0.70	—
英国浮法玻璃	72.50	1.00	0.10	8.90	3.10	13.30	0.50	—
前联邦德国	72.00	0.30	0.05	13.70	—	13.30	—	0.60
日本	72.50	1.60	0.09	7.70	4.00	14.00		
前苏联	72.80	1.00	—	8.70	3.60	13.40	—	0.50
法国	73.00	0.10	0.10	8.90	3.90	13.60	0.05	0.30
捷克斯洛伐克	72.40	0.97	0.07	8.20	3.60	0.25	14.20	0.30
西班牙	71.78	0.84	0.11	9.14	3.49	14.07	0.08	0.32
中国*	72.07	2.33	0.19	6.53	3.78	14.51	14.51	0.28

* 为 17 个大、中型平板玻璃厂的平均值

由表 9-20 知,玻璃中 SiO_2 的含量为 71.6%～73%,所以只要成分配比适合,易于选矿,玻璃原料原矿中 SiO_2 的含量不一定要很高。我国各种玻璃用硅质原料的成分要求见表 9-21～表 9-23。当阳玻璃厂对当阳硅质原料矿的要求与内蒙古通辽玻璃厂、沈阳玻璃厂的要求相近似。

表 9-21 中国特种玻璃和工业技术玻璃及平板玻璃用硅质原料的化学成分

矿石品级	化学成分(%)					说明
	SiO_2	Al_2O_3	Fe_2O_3	TiO_2	Cr_2O_3	
1	>99	<0.5	<0.05	<0.05	10ppm	用于制造特种玻璃
2	>98	<1.0	<0.1	—	—	用于制造工业技术玻璃
3	>96	<2.0	<0.20	—	—	用于制造一般平板玻璃
4	>89	<6.0	<0.35			与商品级矿石掺合达到 3 级品以上质量要求时,方可适用

注:DZ/T0207-2002 标准:优等品 $SiO_2 \geqslant 98.5\%$,一级 $\geqslant 98.00\%$,二级 $\geqslant 96.00\%$,三级 $\geqslant 92.00\%$,四级 $\geqslant 90\%$

表 9-22 中国器皿玻璃用硅质原料的化学成分要求

矿石品级	化学成分(%)				说明
	SiO_2	Al_2O_3	Fe_2O_3	Cr_2O_3	
1	>99	<1.0	<0.05	<10ppm	仪器器皿玻璃(不包括晶质玻璃)用
2	>96	<2.0	<0.10	—	一般器皿玻璃和无色玻璃用
3	>90	<4.0	<0.35	—	一般瓶罐玻璃用

表 9-23 中国各主要玻璃厂对硅质原料质量要求

玻璃厂名称	所用硅质原料矿区名称	质量要求				
		品级	SiO_2(%)	Al_2O_3(%)	Fe_2O_3(%)	粒度(mm)
秦皇岛玻璃厂	河北省雷庄甲山石英砂岩矿		97	0.20	0.80	0.1～0.75
上海耀华玻璃厂	江苏省苏州市胥口清明山石英砂岩矿	一级	>98	<1	<0.1	0.1～0.75
		二级	>96	<2	<0.1	0.1～0.75
洛阳玻璃厂	河南省渑池县方山石英砂岩矿	特级	>98	<0.5	<0.5	0.1～0.75
		一级	>97	<1.0	<1.0	0.1～0.75
		二级	>96	<1.2	<1.5	0.1～0.75
杭州玻璃厂	浙江省长兴县范湾石英砂岩矿		>96	<2	<0.2	0.1～0.75
昆明玻璃厂	云南省昆明市白眉村石英砂岩矿		99.10	0.33	0.08	0.1～0.75
内蒙古通辽玻璃厂	内蒙古自治区哲盟科尔沁左翼后旗甘旗卡硅砂矿		92	1.8～5.8	<0.35	<0.6
沈阳玻璃厂	内蒙古自治区衙门口营硅砂矿		89	<5.5	<0.4	0.1～0.75 占 85%

2. 宜昌市玻璃硅砂原料的开发

以当玻集团为主体的三峡新材公司是湖北玻璃行业唯一一家上市公司和高新企业,属中国建材百强之列。主要从事浮法玻璃、玻璃深加工制品及新型建材产品的科研、生产和销售。公司现拥有 450t/d、600t/d 浮法玻璃和 600t/d 自法玻璃基片 3 条玻璃原片生产线,年产优质浮法玻璃 1000 多万重量箱。玻璃深加工生产线 4 条,年加工玻璃制品 300 万 m^2,深加工比例达 15%,矿山年产硅砂矿 30 万 t。

宜昌市玻璃工业除新增生产线外,还应在原有基础上开发光功能玻璃、电功能玻璃等新产品,采用成型与表面改性一体化新技术,发展适应建筑业、汽车业、信息产业所需要的玻璃深加工产品。

四、当阳岩屋庙石英砂岩矿

岩屋庙石英砂岩矿位于湖北省当阳市西南郊区,距市区约7km,有公路直达,交通便利。

1. 矿区地质

矿区所处大地构造位置为荆当盆地西部,远安地堑的南倾伏端。远安地堑呈北西向延伸,宽度10～15km,东侧为远安断层,西侧为通城河断层。地堑内分布地层为白垩—第三系的陆相"红层含膏岩系";两侧分布地层为石炭至侏罗系的石灰岩及含煤碎屑岩系。区域构造线总体为北西走向。

矿区内出露地层有上白垩统的红花套组、跑马岗组及第四系(图9-27)。

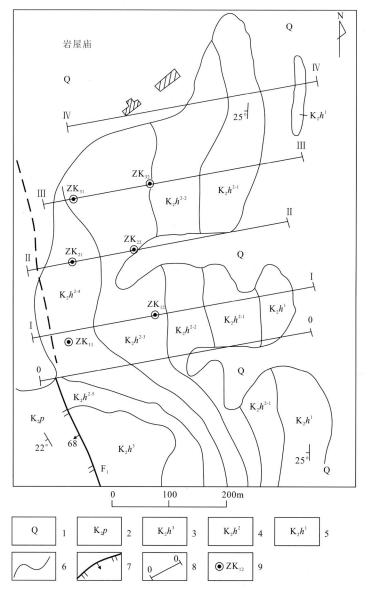

图9-27 岩屋庙石英砂矿矿区地质图

(据涂秉峰,1995)

1.第四系;2.白垩系上统跑马岗组;3.白垩系上统红花套组第三段;4.白垩系上统红花套组第二段;5.白垩系上统红花套组第一段;6.地质界线;7.正断层;8.勘探线及编号;9.钻孔及编号

红花套组(K_2h):褐红色及鲜红色巨厚层和块状含粘土细粒长石石英砂岩、灰白和棕黄色含粘土中细—细粒含长石石英砂岩组成,依据岩性分为3段,并将含矿层位第二段划分为5个岩性层(表9-24)。

表9-24 红花套组(K_2h)地层的划分

段	层	代号	厚度(m)	岩性特征
第三段		K_2h^3	>100	鲜红色、褐红色块状含粘土细粒长石石英砂岩
第二段	第五层	K_2h^{2-5}	13.5~22.1	灰白、浅黄色块状含砾含粘土细粒长石石英砂岩
	第四层	K_2h^{2-4}	21	浅黄、灰白、白色块状含粘土细粒长石石英砂岩
	第三层	K_2h^{2-3}	44~50	浅黄、褐黄色块状含粘土中细—细粒长石石英砂岩,含团块状铁质结核
	第二层	K_2h^{2-2}	20~27	浅黄、棕黄色块状含粘土细粒长石石英砂岩
	第一层	K_2h^{2-1}	42~50	棕黄、黄色块状含粘土中—细粒长石石英砂岩
第一段		K_2h^1	>50	赭色、褐红色块状含粘土细粒长石石英砂岩

跑马岗组(K_2p):灰黄、褐黄、褐红色细砂岩、粉砂岩、粉砂质粘土岩组成,厚度大于50m,在矿区内与红花套组为断层接触。

第四系(Q):厚2~10m。

矿区构造总体上为一单斜构造,地层倾向西或西偏南,倾角一般为15~20°,局部达25°。矿区西南部有F_1断层,呈北北西向延伸,断面产状250°∠65°,断层西盘为跑马岗组,东盘为红花套组。此外,矿区岩层中节理较发育,按产状特征大致分为两组:310°∠72°和260°∠61°,力学性质多为张扭性,少量为压扭性,沿走向弯曲延伸明显,由于沿节理贯入的热液或其他介质溶液影响,节理两侧砂岩多呈玉髓胶结,由于差异风化,地表多呈突起的脉状。少部分节理内充填有褐铁矿薄膜。

2. 矿床特征

玻璃用砂岩矿赋存于红花套组第二段中,总体呈层状,产状与地层基本一致。沿走向延伸大于600m,出露宽度200~300m。依据岩性特征划分为4个矿层,其界线与地层基本一致。各矿层厚度(m):K_2h^{2-1}:0~17.60;K_2h^{2-2}:20.00~27.0;K_2h^{2-3}:21.8~37.0;K_2h^{2-4}:13.50~18.50。

其中K_2h^{2-3}层中部含有夹石,K_2h^{2-1}层地表出露于东山坡,风化淋滤严重。

依据矿石颜色、结构构造、矿物成分等特征,划分出矿石的自然类型见表9-25。

表9-25 矿石类型的划分及特征

矿石类型	颜色	结构构造	矿物成分	分布层位
含粘土细粒(长石)石英砂岩	灰白色 浅黄色 棕黄色	细粒砂状结构,孔隙式胶结,块状构造	碎屑:石英45%~57%,硅质岩屑15%~20%,长石5%~10%;胶结物:粘土7%~25%,褐铁矿0.5%~1.5%,玉髓3%~15%	K_2h^{2-4} K_2h^{2-3} K_2h^{2-2}
(含铁质结核)含粘土细中—细粒(长石)石英砂岩	浅黄色 棕黄色 黄褐色 灰白色	细粒—细中粒砂状结构,孔隙式胶结,块状、瘤状构造	碎屑:石英46%~57%,硅质岩屑15%~20%,长石2%~5%;胶结物:粘土13%~20%,褐铁矿0.5%~20%,玉髓1%~15%	K_2h^{2-3}
含粘土中—细粒(长石)石英砂岩	黄色 黄褐色	中—细粒砂状结构,孔隙式、基底式胶结,块状构造	碎屑:石英40%~51%,硅质岩屑18%~23%,长石4%~5%;胶结物:粘土13%~25%,褐铁矿0.5%~3%,玉髓3%~15%	K_2h^{2-3}

矿石化学成分：SiO_2：88%～92%，Al_2O_3：3.50%～6.50%，Fe_2O_3：0.27%～1.75%，各矿层平均化学成分见表9-26。

表9-26 各矿层平均化学成分(%)

矿层	SiO_2	Al_2O_3	Fe_2O_3	CaO	MgO	R_2O	TiO_2	Cr_2O_3	LOI
K_2h^{2-4}	90.46	5.13	0.70	0.145	0.215	1.59	0.239	0.0036	1.50
K_2h^{2-3}	90.29	5.09	0.67	0.150	0.220	1.79	0.248	0.0034	1.56
K_2h^{2-2}	90.50	4.97	0.71	0.140	0.170	1.50	0.228	0.0027	1.61
K_2h^{2-1}	91.64	4.14	0.58	0.150	0.120	1.46	0.184	0.0032	1.23

矿石中填隙物以粘土矿物为主，结构较疏松，在水中浸泡一段时间后，经擦洗可呈自然砂状，并与不易松散的铁质结核、玉髓胶结物等分离，有利于选矿。

矿床的成因属滨湖—三角洲冲积相沉积，矿区及其附近水流方向由北西向南东。矿体内层理发育程度差。由下向上呈现粗—细—粗的韵律变化，上部出现不连续的砂砾岩层，说明沉积环境为三角洲平原至河流入口处，沉积环境较为动荡，并处于氧化界面之上，形成褐铁矿胶结。

成岩阶段，由于压实、重溶等因素造成环境的变化，孔隙水逐渐呈饱和、过饱和溶液，其中稳定的自生矿物依次沉淀下来，充分填于碎屑孔隙中，由于溶液中铁离子成分少，褐铁矿胶结物多散布于以前形成的粘土矿物之间或之上。

成矿后，由于在矿体内发育节理裂隙并顺节理进入的酸、碱介质水溶液的活动，使节理两侧岩石发生部分重溶，形成以玉髓胶结为主的节理充填物。

综上述，除成矿环境及成矿物质来源对矿石质量起主要作用外，成岩作用及其后生变化亦为不容忽视的重要因素。

3. 选矿试验

原矿石中Fe_2O_3、Al_2O_3含量远高于指标要求，其中有害成分Fe_2O_3主要是褐铁矿。

褐铁矿呈胶结物形式存在于颗粒孔隙中，可分为以下3种情况：①褐铁矿与粘土矿物一起呈胶结物充填于碎屑颗粒孔隙中。由于填隙物以粘土矿物为主，褐铁矿大部分呈星点状散布于粘土矿物表面上，而粘土矿物与碎屑之间结合较为松散。故在选矿时该部分褐铁矿可随粘土矿物一道被清除。②褐铁矿主要与玉髓一起呈胶结物充填于碎屑颗粒孔隙中，与颗粒胶结紧密，洗选时不易清除，由于其质硬，在开采时可采用格筛摒弃。③胶结物以褐铁矿为主，形成铁质结核，由于其硬度大，亦可采用格筛（5mm方形网眼的筛）初选摒弃之。

电气石、石榴石、钛铁矿等含铁重矿物在矿石中含量甚少，因大部分具有弱磁性，选矿时可采用磁选除去。

Al_2O_3主要赋存于胶结物粘土矿物及长石、千枚岩屑、板岩屑等碎屑成分中。粘土矿物以高岭石为主，还有少量伊利石，占矿石总量5%～8%，洗选时大部分均可除去。长石碎屑以微斜长石为主，还有少量斜长石，一般含量为3%～6%，少数可高达10%，选矿时不易除去，由于长石碎屑的存在，进行生产配料时可不加入或少加入长石千枚岩屑、板岩屑，由于含量甚少，对矿石中Al_2O_3含量的高低影响甚微。

选矿试验工艺流程为"格筛—擦洗—分级—磁选"（图9-28），各矿层矿石试验结果见表9-27。

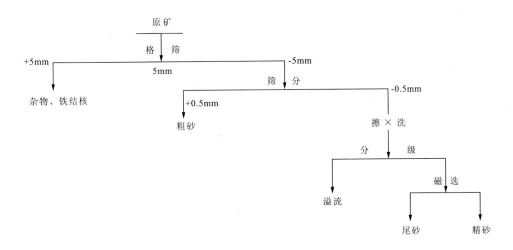

图 9-28 选矿工艺流程图

表 9-27 选矿试验精矿成分与粒度组成

矿层	化学成分(%)			各粒级(mm)含量(%)				
	SiO_2	Al_2O_3	Fe_2O_3	>0.5	0.5~0.315	0.315~0.25	0.25~0.1	<0.1
K_2h^{2-4}	95.00	1.88	0.074	0.00	36.38	24.15	39.43	0.04
K_2h^{2-3}	96.02	1.60	0.11	0.00	24.51	28.36	47.09	0.04
K_2h^{2-2}	96.60	1.27	0.11	0.00	60.64	2.54	36.52	0.30
K_2h^{2-1}	96.19	1.41	0.15	0.00	53.70	12.21	33.83	0.26

试验结果表明,K_2h^{2-2}、K_2h^{2-3}、K_2h^{2-4} 各矿层矿石选矿精砂质量基本符合浮法平板玻璃硅质原料质量要求,不足之处可通过原料配比予以调整,即针对选矿精矿 SiO_2 低、Al_2O_3 高的特点,经过配料试算,应掺入 20%~25% 的高硅精砂而不必加入长石。K_2h^{2-1} 矿层矿石经选矿后可作为一般平板玻璃硅质原料利用。

4. 开发利用前景

矿床规模较大,矿体基本裸露地表,矿石内部结构较松散,易采易选。该矿床处于当阳市郊,距玻璃厂约 13km,距当阳货站约 1km,有公路直达矿区,交通便利,水、电供应充足,建设场地宽敞。

从 1988 年至今,当阳玻璃厂在矿区西侧开采原矿,经"两擦两洗"的简单工艺选矿后,作为平板玻璃硅质原料利用,生产的平板玻璃质量良好。其洗选尾矿作为轻质加气砖原料综合利用,效果良好。

根据矿床开发的条件,可在矿床附近建设精砂的选矿厂,产品除就近供应当阳玻璃厂外,还可利用铁路外销。选矿厂建成后,其尾矿还可综合利用。尾矿成分见表 9-28。

表 9-28 尾矿的矿物和化学成分

矿层	矿物成分(%)				化学成分(%)						
	石英	长石	高岭石	伊利石	SiO_2	Al_2O_3	Fe_2O_3	K_2O	Na_2O	TiO_2	LOI
K_2h^{2-4}	25~50	7~20	35~45	5±	62.11	22.48	1.67	2.14	0.33	0.55	8.08
K_2h^{2-3}	30~45	5~15	40~60	5±	61.86	22.82	2.13	2.78	0.12	0.48	4.55
K_2h^{2-2}	15~25	—	55~65	5<	61.85	21.92	3.00	2.80	0.17	0.45	1.55
K_2h^{2-1}	25~40	4~20	35~55	55±	61.44	20.79	4.18	2.36	0.20	0.53	8.09

根据尾矿的成分及粒度,除可作为轻质加气砖外,并可作为一般普通陶瓷原料利用,当阳建陶厂已试制成功,但未批量生产。

尾矿中粘土矿物约占总量的 25%~30%,其成分以结晶较好的片状高岭石为主,可进行进一步提纯、增白试验,即分离粉砂及粘土矿物,经试验,分离出来的粉砂经处理后可作为石英地板砖材料。对后者可进行除铁增白试验,以了解粘土矿物能否作为高级陶瓷配料或刮刀涂布级高岭土。

综合上述,本矿床开发利用条件优越,其矿石经选矿后除精砂作为浮法玻璃硅质原料利用外,尾矿的综合利用前景广阔,从而达到矿床开发中一矿多用的目的。

第六节 水泥配料用砂岩矿

宜昌市查明的水泥配料用砂岩矿两处:宜都市大湾砂岩矿和宜都市大湾矿区粉砂岩矿西矿段,均为中型矿床(水泥配料用砂岩矿规模划分标准:矿石大型≥2000 万 t,中型 2000~200 万 t,小型<200 万 t),总资源储量 2540 万 t,占湖北省 10.84%。

大湾矿区粉砂岩矿西矿段为古近纪滨湖-浅湖相沉积矿床,有矿体 1 个,长 600m,宽 500m,厚 80~96m,倾角 12~18°,层状矿体。矿石成分:SiO_2:52.7%,Al_2O_3:7.8%,Fe_2O_3:3.59%。矿区由中国建材中心湖北总队勘查,1998 年 5 月提交报告,查明资源储量 1098 万 t。水文地质条件简单,可露天开采,计划近期利用。

大湾砂岩矿有矿体 1 个,长 600m,宽 360~580m,厚 20~102m,倾角 10~18°,层状矿体。矿石成分:SiO_2:53.7%,铝氧率(P):2.57,硅酸率(N):4.51,K_2O+Na_2O:2.25%,Al_2O_3:8.57%,CaO:15.23%,Fe_2O_3:3.34%,MgO:1.54%,抗压强度为 174~564kg/cm^2。矿区由湖北非金属地质公司勘探,1979 年提交勘探报告,查明资源储量 1442 万 t。矿区水文地质条件简单,露天开采,剥采比 0.06。目前由华新水泥(宜昌)有限公司开采。

第七节 水泥配料用页岩矿

宜昌市已查明水泥配料用页岩两处,秭归县狮子堡页岩矿和长阳白氏坪页岩矿,均为小型矿(水泥配料用页岩矿规模划分标准:大型≥5000 万 t,中型 5000~500 万 t,小型<500 万 t),总资源储量 339 万 t,占湖北省该矿种资源储量的 25.66%。

1. 秭归县狮子堡页岩矿

矿区位于秭归县城 140°方位直距 9km 处,距长江水道香溪码头 1km(运距),通水路。矿区由湖北非金属地质公司勘查,1985 年提交《湖北省秭归县狮子堡页岩矿区找矿地质报告》,查明资源储量(矿石)140 万 t。同时估算了下侏罗统香溪组砂岩矿 30 万 t,牛儿岭、长石碚、周家新坡堰第四系残坡积粘土矿 14 万 t,可作水泥配料使用。

页岩矿产于中三叠统地层中,矿体赋存于巴东组二段。矿区有矿体一个,长 200m,宽 50~195m,厚 95.25m,倾角 40°,层状矿体。矿石化学成分:SiO_2:49.75%,Al_2O_3:13.54%,Fe_2O_3:5.64%,铝氧率(P):2.4,硅酸率(N):2.59,塑性指数为 9.24~14.88(平均为 12.32)。由于硅酸率偏低,需配以硅质校正料,又因页岩塑性指数低,掺入校正料后势必降低生料塑化,为此,可采用页岩掺砂岩再配以塑性较高的粘土的办法来解决。

矿区水文地质条件简单,供水地长江距矿区 1km,供水可满足要求。露天开采,顶板岩石致密坚硬,稳定性好。矿体东西两侧标高接近最低开采标高,可不考虑开采边坡。

该矿近期尚难以利用。

2. 长阳白氏坪页岩矿

矿区位于长阳县城40°方位直距7km处,距汉恩路红花套站22km(运距),通公路。

矿区由湖北非金属地质公司勘查,1988年10月提交《湖北省长阳县白氏坪砂页岩(水泥原料)矿区详查地质报告》,查明矿石资源储量199万t。

页岩矿赋存于下志留统地层中,矿层1位于罗惹坪组下段。矿区有矿体3个,主矿体下矿层长610m,宽32~48m,厚29.80~41.70m,倾角50~60°,埋深0~50m,层状矿体。矿石化学成分:SiO_2:65.17%,Al_2O_3:15.91%,Cl^-:0.002%,Fe_2O_3:6.26%,K_2O:3.19%,MgO:1.889%,Na_2O:0.86%,SO_3:0.03%;铝氧率(P)为2.53,硅酸率(N)为2.95;塑性指数为9.08~11.47。矿石碱金属含量偏高(矿区平均4.05%),虽配料试算使用高碱矿石仍能使水泥生料中$R_2O<1\%$,但为保证水泥质量,生产工艺和配料选用应采取相应措施。

矿区水文地质条件简单,最大涌水量10266m^3/d。水源地R14泉,距矿区1km,供水量173m^3/d,不能满足供水。露天开采,剥采比0.05,边坡角45°,但岩石强度低,抗风化力弱,应注意防治。

该矿为长阳隔河岩水泥厂对口矿,计划近期利用。

第八节 高岭土矿

一、概述

高岭土是以高岭石族矿物为主组成的粘土或岩石的总称。高岭石分子式为$Al_4[Si_4O_{10}](OH)_8$,理论成分(%):SiO_2:46.54,Al_2O_3:35.90,H_2O:13.96。属层状铝硅酸盐矿物,密度2.609g/m^3,莫氏硬度2~2.5。宜昌市高岭土矿资源丰富,已查明中型矿床两个(庙前高岭土矿、尖岩河高岭土矿)(高岭土矿规模划分指标:矿石≥500万t大型,500~100万t中型,<100万t小型)。另有长阳茶园坪煤矿计算得伴生高岭土36.2万t(表9-29),未上表矿产地15处(表9-30)。全市查明高岭土矿资源储量413.6万t,占湖北省高岭土矿资源储量的29.41%。宜昌市高岭土矿属沉积型,产出层位为二叠系或现代沉积。其中二叠系中的高岭土属煤系地层高岭土。围绕着仁和坪向斜周缘分布,除尖岩河外,还有梯子口、江家湾、夏家湾、桃树等矿床(点)。我国至2008年底查明高岭土基础储量6.4亿t,主要分布在广东、广西、陕西、福建、江西、湖南等省(区)。

表9-29 宜昌市高岭土矿简况

矿区名称	资源储量(万吨)	矿床类型 矿石类型、品级	主要化学成分(%)	矿体特征	利用情况
宜都尖岩河高岭土矿	158.5	硬质高岭土、橡胶级高岭土沉积矿床(二叠系)	Al_2O_3:37.54,CaO:0.5,TiO_2:1.48,SO_3:0.68,MgO:0.8,SiO_2:93.87	矿体数1;矿床长600m,宽500m,厚1.9m;倾角18°;层状矿体	未利用
当阳庙前高岭土矿	218.9	沉积矿床硬质高岭土,未分级	Al_2O_3:25.4,SiO_2:63.8 白度60	矿体数2;主矿体长700m,宽100~300m,厚0.2~6.5m;层状矿体	开采矿区
长阳茶园坪煤矿(伴生高岭土矿)	36.2	沉积矿床(二叠系)未分级		矿体数1	开采矿区
总计	413.6				

注:据DZ/T0206-2002沉积硬质高岭土矿一般工业要求:$Al_2O_3>30\%$,$Fe_2O_3+TiO_2<2\%$(其中$TiO_2<0.6\%$)

表 9-30　宜昌市未上表高岭土矿资源概况

行政区	矿区名称	行政区	矿区名称
兴山县	红岩崖高岭土矿	宜都市	松木坪镇庙河正国高岭土矿
宜都市	松木坪镇金竹湾高岭土矿	宜都市	松木坪镇庙河胡家榜高岭土矿
宜都市	松木坪镇金竹园高岭土矿	宜都市	松木坪镇庙河三古洞口高岭土矿
宜都市	松木坪镇郑家垴高岭土矿	宜都市	王畈乡水洞河粘土矿
宜都市	松木坪镇王家窑高岭土矿	宜都市	王畈乡金竹淌粘土矿
宜都市	松木坪镇长冲高岭土矿	远安县	茅坪镇银子岗高岭土矿
宜都市	松木坪镇庙河西湾高岭土矿	远安县	宜昌方正陶瓷公司高岭土矿
宜都市	松木坪镇庙河忠珍高岭土矿		

二、高岭土矿地质特征

1. 煤系高岭土矿一般特征

据郑直等(1994)研究,我国含煤地层中总是夹有不少粘土岩。有的夹在煤层之中,有的形成煤层的顶底板。这些粘土岩致密坚硬,放在水中不吸水、不膨胀、不松散,状若灰岩,性脆,击之易碎裂,在刀刃状薄片处,略微透明,呈棕褐色色调,现油脂光泽。粗晶者具砂岩状外观,断口参差状;隐晶质者,半贝壳状断口,层面光滑如镜。一般为浅灰色或灰黑色,有时全黑;风化后灰紫色,但焙烧后一律成为坚硬雪白的块体。粘土岩以高岭石为主要成分,一般含量在90%以上,有时可达98%,含少量铁、钛及有机质。

煤系高岭土夹在煤层之中,也可以延伸到煤层之外,独立成为薄层,不随煤层分叉;厚度一般都很稳定,但也有变化,可形成串珠状透镜体。含有机质较多的高岭石粘土岩,见条带状水平层理。其由有机质与粗晶、细晶高岭石互层形成。在显微镜下可见到更细一级的微层理,其单层厚度常在0.05mm以下。

高岭石粘土岩的矿物成分除高岭石外,偶见埃洛石、地开石。在碎屑状类型中,石英、长石等含量较高。另外,有时见到少量硬水铝石、软水铝石、明矾石、伊利石、绿泥石、磷灰石、黄铁矿、菱铁矿、金红石、锆石等。矿石的结构构造大体分为隐晶质、微晶质、胶状、团粒状、巨晶、碎屑状和含豆鲕等。团粒状颗粒与碎屑不同,块状边角圆滑,表面有脑纹状沟,有的团粒压扁拉长,呈纺锤状、细条状,有的凸起成堆。这些团粒内部质地均一,而外部形态不固定,可作为胶体絮凝的佐证之一。这些团粒是均质体,或微显光性,出现扇形排列的显微晶体。巨晶高岭石呈手风琴状、弯曲的蠕虫状、蛹状及长板状等。长达6～7mm,横截面直径可达2～3mm,高岭石沿层面排列,有方向性。

矿层常位于沉积旋回的上部,有明显的沉积韵律。脑纹状、团块状结构可作为胶体絮凝的沉积标志。这些高岭石是形成于陆相淡水湖泊、泥炭沼泽中,介质中的有机质、有机酸对高岭石的形成和晶体的次生加大提供了有利的环境。

在我国石炭—二叠纪煤系高岭土中发现了凝灰质组分,残余火山碎屑结构,棱角状或熔蚀港湾状石英晶屑,六方双锥状假像石英、透长石和高透长石。这说明形成高岭石粘土岩的主要物质来源可能是火山碎屑。这些火山物质以各种方式沉积于陆相淡水湖泊、泥炭沼泽、冲积泛滥平原。有机质、有机酸给高岭石的形成提供了有利的生成环境。成岩作用及含煤地层沉积后经受的压力和增温作用,使高岭石进一步产生次生加大和结晶结构的变化。

2. 宜昌煤系硬质高岭土地质产状与成矿控制因素(据陈锦海,1990)

(1)地质产状

鄂西硬质高岭土赋存于下二叠统底部马鞍组中。马鞍组为碎屑岩含煤建造,总厚约11m,其中灰白色块状高岭石粘土岩,微含植物根系化石碎片,厚1m左右,是硬质高岭土矿石产出层位。马鞍组上覆地层为栖霞组瘤状灰岩,下伏地层是中石炭统黄龙灰岩,后者为假整合接触。

含矿层主要在煤层底板,在建始、长阳和宜都一带主要位于煤系上部主煤层(Ⅲ煤层)的底板和煤层的夹矸中。但在Ⅱ煤层或煤系底部的Ⅰ煤层底板也有出现(宜都尖岩河)。局部地区的Ⅲ煤层可相变为高岭石粘土岩或硬质高岭土矿。

在鄂西近 2 万 km² 范围内,高岭石粘土岩层位稳定,标志明显。含矿 1～2 层,一般为 1 层,矿层上覆为煤层。矿层呈似层状、透镜体状、藕节状。矿层底板为石英细粒砂岩,与马鞍煤组底部——中石炭统黄龙灰岩顶界的侵蚀面相距数米至十几米。矿层没有出现分叉或夹层现象。在远安、秭归、兴山和长阳等地,在马鞍组的底部,黄龙灰岩顶部侵蚀面上的岩溶凹斗中,出现呈鸡窝状的、纯白色的多水高岭石,规模小,数量有限。

矿层厚度变化大,总的发育规律东部厚西部薄,南部厚北部薄。仁和坪向斜东端尖岩河矿层厚 3.50m,松木坪厚 1.20m,陈家河厚 0.9m,至南翼的三溪口厚仅 0.4m。五峰、长阳、建始、巴东和秭归、兴山厚度变薄,一般在 0.4～1.20m。宜都毛湖堖、兴山黄粮坪,矿体都呈透镜体,各由 3～4 个透镜体组成,透镜体长约 300～500m,沿走向或倾向变化都比较大。

矿层是煤层的直接底板,它受煤系沉积基底地形起伏的影响,在矿井的采煤巷道中可以见到底鼓现象,即煤层底板突然向上鼓起,使矿层和煤层明显变薄。矿层与煤层,矿层与其底板石英砂岩或粉砂岩界线清楚。

煤层夹矸中的硬质高岭土,多数呈透镜体、扁豆体。在仁和坪向斜的中段桃树村以及马鞍山向斜南翼的迎风垴等地,煤层中夹有大量的黑色含炭质的硬质高岭土夹矸。

高岭石粘土岩和煤层一般存在互相消长关系,在矿层好的矿区,煤层就差,如长阳马鞍山向斜东头的水沟、迎风垴等地煤层厚度大(1～2.5m),矿层厚仅数十厘米。仁和坪向斜北翼西端的宜都毛湖堖,煤层厚仅 0.3～0.4m,矿层厚度一般在 1～1.20m。

(2)成矿控制因素与成矿环境

下二叠统含煤建造中的硬质高岭土,其矿层的发育程度,除了受母岩风化后所产生的硅铝质的来源控制以外,在沉积过程中还受到成矿时的基底地形的控制。这和煤层沉积所受的制抑因素是一致的。通过野外的观察发现,矿床的规模、形态、稳定性与沉积基底——中石炭统黄龙组石灰岩的顶部侵蚀面的岩溶地形关系密切,和叙永式高岭土矿床的形成有些类似。鄂西硬质高岭土矿床是在下二叠统马鞍组底部石英砂岩,将中石炭统黄龙灰岩的岩溶凹斗填平以后,在继承性凹陷处再接受高岭石的沉积。因此,在岩溶凹斗处就有高岭石粘土岩的沉积,在岩溶峰突起的地方,矿层变薄或尖灭(图 9 - 29)。

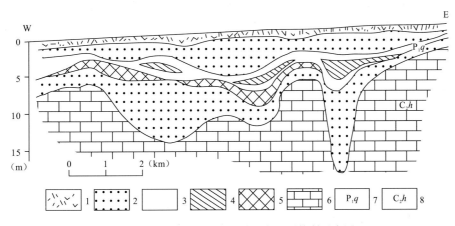

图 9 - 29 高岭土矿层沉积受基底地形控制示意图

(据陈锦海,1990)

1.钙质泥岩;2.石英砂岩;3.煤层;4.炭质泥岩;5.硬质高岭土矿;6.灰岩;7.马鞍煤系;8.中石炭统黄龙群

鄂西地区的中石炭统灰岩侵蚀面上的岩溶，其发育程度又受到沉积古构造的控制。在中石炭世，鄂西地区存在着北西—南东向继承性凹陷，这一凹陷控制着整个早二叠世马鞍期的含煤沉积。在凹陷带的两侧，沉积基底古构造隆起上或隆起与凹陷之间的斜坡上，马鞍煤组早期的石英砂岩很快将早期岩溶凹斗填平，没有留下"剩余"的空间，因而高岭石粘土岩的沉积厚度小，如长阳鱼峡口，硬质高岭土矿的矿层厚仅 0.1m。而北西向基底凹陷的部分，岩溶发育，规模亦大，但在总的岩溶凹斗中，由于其底部岩溶地形起伏不平，故形成的矿层变化多端，矿体常常呈透镜状、藕节状。在湖北松宜煤矿的龙坑子矿井井下，明显的可以见到煤层底板——白色的硬质高岭土矿层，向中石炭统黄龙灰岩古隆起的边缘逐渐变薄，乃至尖灭。

除了上述控制因素以外，沉积环境对成矿的影响亦很大。含煤建造中的高岭石粘土岩是在古陆上母岩经长期风化后，将铝、硅质的溶胶搬运带走，在合适的环境和一定的构造条件下堆积起来而形成的。其沉积环境是一个由海向陆过渡的三角洲环境。鄂西地区在中上石炭统经受了一段时间的风化剥蚀以后，地壳又复下沉接受沉积。早二叠世马鞍煤组，初期为一套分选性好，滚圆度良好的滨海石英砂岩，正是这一套滨海席状沙坝，将中石炭统黄龙灰岩侵蚀面上的岩溶凹斗填平补齐，规模较大的凹斗，尚未来得及全部补齐，海岸线又复抬升，滨海沙坝变为三角洲的陆上平原，接受了从古陆上搬运来的硅铝胶质物质，在酸性介质条件下沉淀下来。后经脱水、成岩作用变成硬质高岭土。所以在离古陆较近的地方，硬质高岭土的质量好，矿床规模也较大，如靠近江南古陆的松木坪、尖岩河等矿区，靠近黄陵古陆的兴山黄粮坪矿区。

3. 仁和坪向斜煤系高岭岩矿石特征及应用前景（据陈开旭、刘明忠、陈泽云等，2004）

（1）矿床地质特征

仁和坪向斜位于扬子地台八面山褶皱带武陵坳陷褶皱束的北端，属建松凹陷之次一级凹陷。二叠系梁山组煤系地层为本区高岭岩矿的含矿岩系，其主体岩性为石英砂岩夹碳质页岩、煤层和高岭岩矿层。

区域上含矿岩系存在 3 个沉积旋回，分别发育 3 层高岭岩矿。底部第一旋回由石英砂岩、高岭岩矿、煤层（Ⅰ煤层）及碳质泥岩组成。该旋回不稳定，仅发育于仁和坪向斜东扬起端和北翼东段，向西缺失，高岭岩矿层厚 0～2m，局部地段构成工业矿体，如夏家湾。中部第二旋回发育最好，由石英砂岩—高岭岩矿层过渡到煤层（Ⅱ煤层）、碳质页岩。该旋回是本区高岭岩矿的主含矿层位，区域上延伸稳定，高岭岩一般厚 0.4～2m，最厚可达 7.8m。上部第三旋回发育比较稳定，由石英砂岩、黄铁矿细砂岩、碳质页岩夹薄层高岭岩矿层、薄煤层（Ⅲ煤层）组成，但该旋回高岭岩厚度极薄，一般小于 0.2m，难以构成工业矿体。本区含矿岩系厚度变化较大，一般为 6～30m，由东向西逐渐减薄。

围绕仁和坪向斜周缘有一系列高岭岩矿点（床）出露，其中规模较大的矿床有夏家湾、梯子口，矿点有江家湾、捉乌咀、尖岩河、桃树、高家墩、杨有垴等。矿体形态一般为似层状、透镜状和藕节状。矿体底板均为石英砂岩。矿层与煤层或碳质页岩紧密共生，一般煤层为矿层的直接顶板，局部呈相变关系。矿体中偶夹有团块状或扁豆状砂岩。总体上向斜北翼矿层质量和稳定性好于南翼。

（2）矿石特征

1）矿石类型

本区高岭岩矿石主要为硬质高岭岩，次为软质—半软质高岭岩和含粉砂质高岭岩。硬质高岭岩多为灰、灰白、浅灰及灰黑色，致密块状，坚硬，硬度为 3.5 左右，遇水不软化、不崩解、不吸水、不膨胀，矿石体重为 2.25～2.41t/m^3；软质矿石呈灰黄色、土黄色、块状，多夹有煤线或碳质（最高碳质含量可达 8%），硬度极低，可塑性强，遇水膨胀，体重为 1.52～2.2t/m^3。含粉砂质高岭岩矿石特别类似硬质高岭岩矿石，仅砂质含量高。

2）矿物组成

矿石中主要矿物为高岭石，次要矿物有伊利石、石英、绢云母、褐铁矿、碳质等，微量矿物有白钛石、锆英石、电气石、金红石、赤铁矿、黄铁矿、绿泥石、锐钛石等（表 9-31）。

表 9-31 仁和坪向斜主要高岭岩矿床的物相组成

矿床	外观特征	主要矿物	次要矿物	微量矿物
夏家湾	灰黑色、厚板状、致密块状	高岭石(93%～95%)	伊利石、绢云母	石英、铁质、锆英石、褐铁矿、电气石
江家湾	灰白—灰色，致密块状灰色—烟灰色	高岭石(95%±)	石英、伊利石、炭质	白钛石、锆英石、电气石
桃树	条纹状致密块状	高岭石(90%～95%)	炭质、伊利石	白钛石、锆英石、褐铁矿、电气石、绿泥石
梯子口	灰色—灰黑色致密块状	高岭石(90%～95%)	石英、褐铁矿、伊利石、绢云母	白钛石、锆英石、电气石、金红石、赤铁矿、黄铁矿、绿泥石、锐钛石
捉乌咀	灰褐色—灰色斑块状—条纹状	高岭石(92%～94%)	炭质、伊利石、褐铁矿、绢云母	电气石、伊利石

用偏、反光显微镜鉴定、X 射线粉晶衍射法及差热分析(图 9-30)对矿石的物相分析表明,高岭石在矿石中含量为 90%～95%,粒径 0.005～0.015mm,多呈假六边形片状结构,呈隐晶至微晶片状集合体,局部(如江家湾矿区)见粗鳞片状,粒径 0.02～0.06mm,呈手风琴状连晶,连晶长达 0.1mm。

15 件样品 X 衍射分析表明:高岭石均为 1T 型高岭石,含粉砂质高岭岩中石英含量较高;软质高岭岩中含有较多的伊利石和绿泥石;硬质高岭岩几乎为纯的高岭石。桃树矿区 3 类高岭岩的 X 射线图谱中,硬质高岭岩(SPDH2)显示为典型的高岭石衍射图谱(图 9-31),从衍射峰(001)至(060)间出现三斜高岭石所有的峰,峰形尖锐、对称;(001)和(002)间出现 5～6 个衍射峰,(111)衍射峰分裂清晰或为一个肩。Hinckley(HL)结晶指数为 1.32～1.64,表明高岭岩中的高岭石属结晶程度高、有序度高的高岭石。

图 9-30 硬质高岭土差热曲线
(据陈锦海,1990)

伊利石一般呈细磷片状,粒径 0.03～0.06mm,含量 0.3%～0.5%,均匀分散。石英呈星散粉砂状,粒径 0.005～0.02mm 为主,少量为 0.04～0.07mm,含量 0.03%～0.5%。

3)矿石化学成分

对仁和坪向斜典型高岭岩矿床采样分析发现,不同矿石类型化学成分及微量元素存在一定的差异(表 9-32)。

①硬质高岭岩 Al_2O_3、SiO_2 含量稳定,Al_2O_3 变化范围为 37.72%～38.42%,SiO_2 为 43.68%～46.78%;Fe_2O_3 含量变化较大,为 0.23%～0.92%;TiO_2 含量较高,为 0.98%～1.49%;K_2O+Na_2O 含量较低,为 0.05%～0.53%;CaO 和 MgO 含量低,小于 0.25%;MnO 含量极低,为 2.71×10^{-6}～32.7×10^{-6};微量元素 $Cu(<30\times10^{-6})$、$Pb(<25\times10^{-6})$、$Zn(<20\times10^{-6})$、$Cd(<0.1\times10^{-6})$、$Tl(<30\times10^{-6})$ 等含量极低,As 元素一般低于 1.5×10^{-6},个别样品大于 3×10^{-6};灼失量较为稳定,一般小于 16%。

②粉砂质高岭岩成分与硬质高岭岩成分差异不大,由于含有较多的砂质,SiO_2 略高,为 44.94%～49.38%,Al_2O_3 具有降低的特征,最低仅为 33.63%。灼失量明显较低,低于 15%,K_2O+Na_2O 含量低于 0.2%。其他重金属含量不高。

③软质、半软质高岭岩矿石与其他两类矿石的成分相比具有明显的差异。Al_2O_3、SiO_2 含量差异不大,Al_2O_3 为 34.9%～38.4%,SiO_2 为 39.48%～44.58%;TFe 多大于 0.5%,且含量变化大(0.34%～

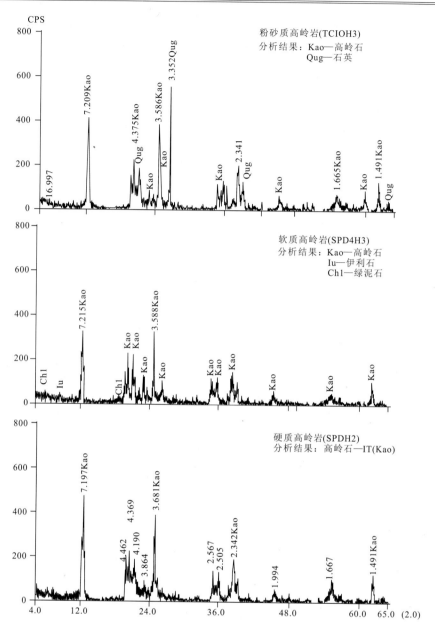

图 9-31 桃树矿区高岭岩的 X 射线图谱
（据陈开旭等，2004）

1.41%）；TiO_2 含量为 0.91%～1.72%；K_2O+Na_2O 含量明显较高，为 0.32%～0.85%，平均值大于 0.5%；CaO 和 MgO 含量亦较高，CaO 含量亦较高，CaO 为 0.09%～0.86%，MgO 为 0.14%～0.47%；MnO 较硬质矿石高，最高达 119×10^{-6}；微量元素 Cu（12.5×10^{-6}～75×10^{-6}）、Pb（15.5×10^{-6}～48.2×10^{-6}）、Zn（2.8×10^{-6}～53.2×10^{-6}）、As（1.53×10^{-6}～5.78×10^{-6}）等均较硬质高岭岩含量高；由于矿石中一般含有较高的碳质和水分，灼失量偏高，最高达 19%。

从 3 类矿石化学成分的 Al_2O_3/SiO_2 比值可以看出，含粉砂质高岭岩具有较低的 Al_2O_3/SiO_2 比值，说明矿石中存在较多游离态的 SiO_2，反映矿物组成中含较高石英；软质—半软质高岭岩与硬质高岭岩的 Al_2O_3/SiO_2 比值接近高岭石的理论值（0.85）。区内高岭岩水解率（$TiO_2+Al_2O_3+Fe_2O_3+F_2O$）/$SiO_2$ 变化范围为 0.73～0.95 之间，风化指数值（CIA=[$Al_2O_3/(Al_2O_3+CaO+K_2O+Na_2O)$]×100）高（95.92～99.76），反映源区受过比较强烈的化学风化作用。岩石中的高钛含量及钛主要以锐钛矿的形式存在，可能反映了成矿物质中有部分基性火山灰的加入。

表 9-32 仁和坪向斜高岭岩化学成分及微量元素分析

分析项目	单位	含粉砂质高岭岩 梯子口(1)、桃树(1)、高家墩(1)		软质—半软质高岭岩 捉乌咀(2)、江家湾(3)、桃树(3)		硬质高岭岩 梯子口(5)、高家墩(2)、桃树(3)、江家湾(3)	
		变化范围	平均值	变化范围	平均值	变化范围	平均值
SiO_2		44.94～49.38	46.91	39.48～44.58	43.01	43.68～46.78	44.65
Al_2O_3		33.63～38.49	36.28	34.9～38.4	36.95	37～38.42	38.00
TiO_2		0.65～1.71	1.20	0.91～1.72	1.23	0.98～1.4	1.14
灼失		12.82～14.48	13.74	14.38～19.56	15.97	13.70～15.58	14.48
TFe	10^{-2}	0.29～0.68	0.51	0.34～1.41	0.82	0.23～0.92	0.53
CaO		0.02～0.11	0.07	0.09～0.86	0.39	0.04～0.18	0.10
MgO		0.08～0.11	0.10	0.14～0.47	0.25	0.06～0.25	0.12
K_2O+Na_2O		0.08～0.16	0.11	0.32～0.85	0.55	0.05～0.53	0.17
SO_3		0.02～0.8	0.29	0.06～0.64	0.21	0.01～1.21	0.17
MnO		4.65～6.26	5.21	7.17～119	27.47	2.71～32.70	12.14
Cu		2.0～7.5	4.3	12.5～75	44.2	2.0～29.5	12.7
Pb		4.5～14.5	8.5	15.5～48.2	31.3	0.5～23.5	11.9
Zn	10^{-6}	5.8～6.2	6.0	2.8～53.2	19.7	3.3～18.6	9.3
Cd		0.02～0.04	0.03	0～0.34	0.08	0.01～0.09	0.03
As		0.22～1.12	0.65	1.53～5.78	3.72	0.32～1.38	0.94
Tl		<0.3～0.36		<0.3～0.62		<0.3～0.85	
Al_2O_3/SiO_2		0.68～0.86	0.78	0.83～0.88	0.86	0.79～0.88	0.85

综合上述,高岭岩的成矿地质地球化学特征,参照刘钦甫等对煤系高岭岩的成因分类,本区高岭岩的成因类型应属碎屑沉积型。

(3)应用前景分析

从本区 3 类高岭岩的特点对比可以发现,以硬质高岭岩和含粉砂质高岭岩的质量最好,软质高岭岩由于其有害成分较高,一般仅适用于建筑、陶瓷等传统领域。

本区硬质高岭岩的开发利用优势主要表现在以下方面。

①本区高岭岩不仅矿石纯度高(高岭石在矿石中的含量一般大于 90%),而且高岭石呈片状结构,不同于非煤系管状高岭土,这些特性使其加工工艺较为简单,如通过干法工艺就可获得高品质的超细煅烧高岭土。煅烧加工后产品品质好、纯度高,其白度相比矿石自然白度(31.3～59.4)也显著提高,一般大于 80%(表 9-33),最高可达 86%,并且产品具有补强性能强,产品耐气透性能好的特点。

表 9-33 矿石-1200 目超细煅烧高岭岩化学分析

样号	SiO_2	Al_2O_3	TiO_2	TFe	Na_2O	K_2O	CaO	MgO	灼失量	pH 值	白度(%)
	(10^{-2})										
01	51.12	44.03	1.45	0.44	1.32	0.14	0.09	0.16	0.23	7.01	84.5
02	51.96	44.50	1.01	0.30	1.28	0.16	0.11	0.14	0.41	6.91	83.4
03	52.49	43.76	0.75	0.38	1.60	0.15	0.20	0.12	0.32	6.86	83.5
04	50.41	43.00	0.28	0.58	1.81	0.14	0.41	0.63	0.42	6.50	81.5
05	49.62	42.56	1.48	0.36	2.00	0.15	0.50	0.17	0.45	6.71	84.4

②本区高岭岩的 Fe、Mg、Ca、Na、K、Mn、S、As 及重金属元素 Cu、Pb、Zn、Cd、Tl 等有害元素含量低。除软质—半软质高岭岩外，其他大多低于国内不同用途高岭石原料质量标准规定的下限值。Mn 含量极低，特别适合开发橡胶填料；低 Na、K 使其在尼龙纤维工业中具有良好的应用前景；S、As 及重金属元素 Cu、Pb、Zn、Cd、Tl 等对人体有害的元素含量低，使其在医药领域具有极大的开发优势，参照欧美（美国药典：USPXXI；德国标准：DIN58367）及日本（日本药局方 JPXI）对此类产品重金属含量的要求（欧美 $<40\times10^{-6}$，日本 $<20\times10^{-6}$），本区高岭岩原矿石（除软质矿石外）重金属含量即接近或低于欧美标准。

因此，综观本区高岭岩的矿物组成、结构构造、常—微量元素含量及煅烧后的白度实验，除 TiO_2 含量较高影响其在电子陶瓷、高压陶瓷等领域的应用外，大多可满足橡胶填料、塑料填料、造纸填料、各种涂料的质量要求。目前应用于药用包装制品（丁基橡胶）的超细煅烧高岭岩和应用于玻璃纤维（池窑玻纤）的超细高岭岩在鄂西地区已初步产业化，显示出本区高岭岩的深加工产品在药用包装、生物医药、精细化工等尖端领域亦存在极大的应用潜力。

三、高岭土矿的应用

高岭土由于具有多种物化技术特征，因此，具有极为广泛的应用（表 9-34）。

表 9-34 高岭土应用简表

应用范围	主要用途
陶瓷工业	主要用于日用陶瓷、建筑卫生陶瓷、电瓷（高压电瓷瓷瓶、瓷串子、低压电瓷接触开关、绝缘子等）、无线电瓷（各种无线电电子元件，如高频电瓷、各种电容器件、电阻器件、高频振荡元件等）、工业陶瓷（制作耐腐蚀容器、切削刀具、钻头等）、特种工业陶瓷及工艺美术瓷等，是陶瓷工业的主要原料
造纸工业	用作造纸的填料和涂料
橡胶工业	用作橡胶制品的填充或补强剂
搪瓷工业	白度高、粒度细、悬浮性能好的高岭土，用作搪瓷制品的硅酸盐玻璃质涂层
耐火材料工业	主要用于生产多熟料耐火材料、半酸性耐火材料及特种耐火材料（如熔炼光学玻璃、拉制玻璃纤维用的高岭土坩埚，可代替铂坩埚）
环保、化学工业	利用煤矸石生产聚合铝，处理工业与生活用水，制取矾（硫酸铝）、氯化铝和其他化学药剂
石油工业	用于制造各种类型的分子筛以代替人工合成分子筛
洗涤剂	人工合成分子筛、代替三聚磷酸钠制作洗衣粉
粘合剂	制作砂轮，用于油灰、嵌缝料、密封料方面
油漆涂料	用作填充剂，具有良好的遮盖能力
化妆品工业	与香精配制成各类化妆用品，白而光滑
塑料工业	与高分子化合物组成有机粘性复合体，耐磨、耐酸碱、抗老化
人造革工业	填充补强剂
玻璃纤维工业	作为增强材料与树脂复合成玻璃钢
水泥工业	一般用于制造白水泥
纺织工业	作纺织品的涂料、吸水剂、漂白剂等
汽车工业	汽车装燃料的陶瓷容器，用于控制燃料，制造轿车陶瓷部件
农业	用作化肥、农药（杀虫剂）的载体
建材	利用高岭土尾砂制造蒸压灰砂砖、人造大理石、墙地砖、沥青油毡等
其他	颜料、文具（铅笔、粉笔、蜡笔）、墨水、油墨、胶料、食物添加剂、动物饲料、吸附剂、过滤剂、铸造等

1. 高岭土的主要工艺技术特性

(1) 可塑性

高岭土中加入适量水可以塑造成各种形态的模体,干燥后不松散,不变形。高岭土的可塑性与矿物成分、分散程度、电解质的参与、分散与分散相介质的相互关系、颗粒形状等因素有关,颗粒细、分散度高,可塑性好。

(2) 黏结度和黏结力

高岭土的黏结度是指在空气中、在干燥状态下保持其一定机械强度的能力。黏结力是指高岭土具有接受某种数量贫瘠物质而不丧失其造模能力,并能在干燥后保持不变形和一定的机械强度的性能。高岭土的黏结度和黏结力主要取决于其中"粘土物质"的分散程度。分散程度愈高,黏结度和黏结力愈大。

(3) 吸附性

高岭土吸附性是指高岭土对各种气体和液体的吸附能力。这种能力与粘土物质及其分散程度有关。高岭土有一定的吸附性,但不如其他粘土矿物大。

(4) 悬浮性

高岭土中加入过量的水会出现悬浮状态,并形成较为稳定的悬浮体。不同的物质对悬浮体的作用不同,通常,苛性钠和弱碱金属盐类起稀释作用,而硫酸盐、氯盐类起凝聚作用。高岭土悬浮体的稳定性,比许多高度分散的粘土要小,因此可加入凝聚物质使高岭土聚凝而达到精选的目的。

(5) 烧结性和耐火性

高岭土经焙烧而变得致密坚硬的性质称为烧结性。高岭土从土坯烧结至最大密度,即获得小气孔率的温度称烧结温度。烧结温度的高低是决定陶瓷制器品种的重要指标之一。高岭土能抵抗高温而不变软(熔化)的性质,称耐火性。高岭土从烧结转为熔化时的温度称耐火度。高岭土的耐火度达 1750～1790℃。高岭土从土坯至烧结的物理化学过程如下:土坯加热从 100～110℃ 至 400℃ 时失去吸附水;400～600℃ 时失去结晶水;600～900℃ 时失去结构水,此时,有碳酸盐时析出 CO_2,有硫酸盐则析出 SO_2,并同时烧尽,脱出结构水后形成偏高岭石;950～1200℃ 时,形成富铝红柱石,并开始烧结成坚硬的制品。高岭土从烧结至熔化的温度间隔约 350～450℃,即要到 1550～1650℃ 时才能熔化。

(6) 烧成收缩率

经空气干燥后的高岭土土坯,在焙烧后所产生的体积变化,称烧成收缩率,一般为 3%～20%,比可塑性较高的各种粘土的收缩率小。

此外,高岭土还具有良好的绝缘性和化学稳定性。

2. 主要用途

(1) 在陶瓷工业中的应用

高岭土不仅是陶瓷坯料的主要原料,也是釉料的主要原料。在日用瓷方面,高岭土可用于制作各种杯、盘、碗、勺、盆、咖啡具、茶具、酒具等;在建筑陶瓷方面,可用于制作釉面砖、卫生瓷、锦砖(马赛克)等;在工业瓷方面,可用于制作各种耐酸泵、耐酸腐蚀容器、纺织瓷件、切削刀具、钻头等;在电瓷方面,可用于制作高压电瓷的瓷瓶、瓷串子,低压电瓷的接触器开关、熔断器、绝缘子等;在工艺美术瓷方面,可用于制作各种工艺美术制品;在无线电瓷方面,优质的高岭土可用于制作各种无线电电子元件,如高频电瓷、七五瓷、九五瓷、高氧化铝瓷、各种电容器件、电阻器件、高频振荡元件等。白度高、粒度细、悬浮性好的高岭土,还可制作搪瓷、日用瓷、建筑、美术瓷等的釉料。

(2) 在耐火材料工业中的应用

耐火材料是高温制造业不可缺少的材料。按高岭土质量的不同可用于制作冶金工业的耐火材料以及高级玻璃工业的耐火材料。在冶金工业方面,中、低级的高岭土可以制作耐火砖、高镁铝砖、各种熔炼炉(包括化铁炉、电炉、平炉、炼焦炉等)和热风炉的炉衬砖等。优质的高岭土可用于制作高温铸模模型和莫来石高温耐火材料。在高级玻璃工业中,优质高纯度的高岭土可制作各种高级光学玻璃、有机玻璃、水晶等的熔炼坩埚以及拔制玻璃纤维的各种拉丝坩埚,以代替价格昂贵的贵金属(铂、镍等)坩埚。

(3)在橡胶、塑料、造纸、油漆、日用化工等方面的应用

片状晶形、高白度、高细度的高岭土可用作某些工业制品的填充剂。在橡胶和塑料工业中,它可作填充剂、增强剂,增加制品的耐磨性。在造纸工业中,高白(亮)度的高岭土可用作纸张的填料;纯度、白(亮)度最优且具有片状晶形的高岭土可用作高级纸张的涂层剂。美国用于造纸工业的高岭土约占高岭土总消费量的70%。德国、捷克用于造纸的高岭土数量均超过总产量的一半,约占55%。在我国,优质高岭土只用于高级铜板纸、彩色画报纸、人民币纸等高级纸张的涂层,普通纸张则用滑石粉作充填料,这是因为滑石粉国内价格低于优质高岭土价格。在油漆、日用化工工业中,亮(白)度高、质地细腻的高岭土可用作油漆、颜料、化妆品的填料,质量较差的高岭土可用作铅笔、漂白粉、去垢剂和化工胶的填料。

(4)在水泥工业中的应用

自然白度中等、烧成白度80%以上的低级高岭土可作为白水泥的粘结剂、增白剂和充填剂,白水泥广泛用于高级建筑物室内外的饰面材料。

(5)在石油、化工方面的应用

高岭土是石油钻井泥浆的成分之一,还可用作生产人工合成分子筛的原料,以替代较为昂贵的化工原料,各种分子筛广泛用于化工、石油精炼、催化等方面。用高岭土作原料生产无机高分子化合物聚合氯化铝、聚合铝,用于废水处理等方面。

(6)在尖端工业方面的应用

优质高岭土是原子反应堆、喷气飞机和火箭中燃烧室、喷嘴的耐高温复合材料(金属陶瓷)的重要成分。由于高岭土、刚玉、金刚砂除了具有耐高温性能外,还能透过红外线辐射,而且又有较高的机械强度、抗热冲击性能,它们的混合物可制作各种形状的红外、远红外辐射的陶瓷元件。

(7)在其他行业中的应用

高岭土还可作为磨料制品和研磨材料中的粘结剂;农业上化肥、农药和杀虫剂的载体;加入PVC(聚氯乙烯)改善制品性能等。

3. 宜昌市高岭土开发利用的现状和发展方向

(1)开发利用的现状

宜昌市的高岭土矿已得到开发利用,目前主要利用方式有两种:一是煤系高岭土经煅烧后细磨,用作橡胶、塑料等填料;二是利用第四纪高岭土生产陶瓷。前者已初步产业化,后者以当阳为中心快速崛起,已建成的陶瓷产业集群有21家企业,投产建陶生产线49条,"三峡瓷都"雏形初现。其中湖北宝加利陶瓷公司日产瓷砖可达12万 m^2,天冠陶瓷年产450万 m^2 的聚晶微粉抛光砖生产线二期扩建正在进行,帝豪陶瓷一期、帝缘陶瓷均已建成;帝豪二期、泉州陶瓷工业园、晋城陶瓷正在建设中。当阳陶瓷快速发展的原因在于依托本地高岭土资源优势,抢抓沿海产业向内地转移的契机,利用龙头企业的优势,引进一批技术先进的企业。建陶产业连续两年被湖北省政府确定为全省重点扶持建设的52个产业集群之一,省发改委正式批准在当阳市建立"湖北当阳建陶陶瓷工业园"。

(2)开发利用的发展方向

①继续做强建筑陶瓷产业,打造名副其实的"三峡瓷都",使其成为我国陶瓷产业在中西部的生产基地,其产品在国际国内市场占有一定的份额。不断提升陶瓷生产的技术水平,增加品种,提高档次,节能、降耗、减排,与其他产业相互链接,构建宜昌循环经济示范区。

②开展高岭土选矿,生产纯度高的高岭土原料。进而生产无线电瓷(高频电瓷、电容电阻器件、高频振荡元件等)及造纸用涂布级高岭土,提高产品科技含量和附加值,使宜昌市高岭土的利用得到全方位的发展。

四、主要高岭土矿床

1. 宜都市尖岩河高岭土矿

矿区位于宜都市194°方位直距29km处,距焦枝线枝城站40km(运距),通公路。矿区由陕西煤田地质局勘查,1995年7月提交《湖北省松宜矿区尖岩河煤矿共生高岭土矿补充评价报告》,查明高岭土资源储量158.5万t。

矿体赋存于早二叠世煤系地层中,有矿体1个,矿体长600m,宽500m,厚1.9m,倾角18°,层状矿体。矿石为硬质高岭土、橡胶级高岭土,具隐晶微晶质结构、块状构造(图9-32)。矿石化学成分:Al_2O_3:37.54%,CaO:0.5%,K_2O+Na_2O:0.15%,MgO:0.8%,SiO_2:43.87%,SO_3:0.68%,Fe_2O_3:0.85%,TiO_2:1.48%。

矿区水文地质条件简单,最大涌水量35664m^3/d。水源地白岩溪水库距矿区1km,供水满足要求。矿层需地下开采。计划近期利用。

图9-32 宜昌早二叠世煤系地层中的高岭土矿矿石
具隐晶微晶结构,块状构造

2. 当阳市庙前高岭土矿

矿区位于当阳庙前镇天河村。矿区由湖北省煤炭地质125队勘查,2004年9月提交《湖北省当阳市庙前高岭土矿区矿产资源储量检测地质报告》,查明高岭土资源储量218.9万t,属大型矿床。

高岭土矿为沉积矿床,有矿体2个,主矿体"下矿层"长700m,宽100~300m,厚0.2~6.5m,层状矿体。高岭土矿石含Al_2O_3:25.4%,SiO_2:63.8%,白度为60。

矿区水文地质条件简单,可露天开采,目前为开采矿区,由当阳市鑫源投资公司开采。

第九节 水泥配料用粘土矿

宜昌市水泥配料用粘土矿资源丰富,已查明大型矿床1个、中型矿床1个、小型矿床2个(水泥配料用粘土矿规模划分标准:矿石量大型>2000万t,中型2000~500万t,小型<500万t),总资源储量4672万t(表9-35),占全省59.24%。另有未上表矿4处:夷陵区小溪塔黄土矿、宜昌市伍家岗粘土矿、宜都曹家山粘土矿和宜都许家店粘土矿。

表 9－35　宜昌市水泥配料用粘土矿概况

矿区名称	资源储量（万吨）	矿床类型 矿石类型、品级	矿石主要化学组分（％）	矿体特征	利用情况
夷陵区龙泉周家岗粘土矿	81	第四纪松散状沉积矿床	铝氧率(P)2.26 硅酸率(N)3.36	矿体数1；长1000m，宽80～160m，厚1～8.4m，倾角5～8°，埋深0～8m，层状矿体	开采矿区
宜都市车家店粘土矿	3679	第四纪松散状沉积矿床	铝氧率(P)2.3,硅酸率(N)3.26,CaO：0.6，Cl^-：0.004，MgO：1.15，SO_3：0.015，K_2O+Na_2O：2.25	矿体数1；长2000m，宽860～2000m，厚1.30～15.70m；倾角0°，埋深0～1.7m,似层状矿体	近期难以利用
宜都市大堰堤粘土矿	192	第四纪残坡积，冲积矿床	铝氧率(P)2.14,硅酸率(N)2.71,SiO_2：64.36，Al_2O_3：16.16，CaO：0.22，Fe_2O_3：7.55，MgO：0.81，SO_3：0.007，K_2O+Na_2O：1.91，粒度筛分＜4900孔为97.70％～98.50％，塑性指数15.97～22.15	矿体数1；长600m，宽80～280m，厚2.50～6.90m；埋深0～0.4m,似层状矿体	可供进一步工作
枝江市石林粘土矿	720	沉积阶地堆积矿床（全新世）	铝氧率(P)2.26,硅酸率(N)3.09,SiO_2：69.69，Al_2O_3：15.63，CaO：0.35，Fe_2O_3：6.91，MgO：0.87，SO_3：0.007，K_2O+Na_2O：1.72，粒度筛分＜4900孔为86.76％～98.26％，塑性指数19.07～25.60	矿体数1；长1400m，宽240～500m，厚4.10～21.13m；埋深0～0.8m;似层状矿体	近期难以利用
总计	4672				

大型矿床——宜都市车家店粘土矿，矿区位于宜都市区93°方位直距1km处，距长江水道宜都码头1km(运距)，通公路。

矿区由湖北非金属地质公司勘查，1979年4月提交《湖北省宜都县车家店粘土矿区总结勘探报告》，查明水泥粘土矿资源储量3679万t(其中有Ⅰ级品864万t)。

矿床为松散状第四纪沉积。有矿体1个，长2000m，宽860～2000m，厚1.30～15.70m，倾角0°，埋深0～1.70m,似层状矿体。矿石化学组成：CaO：0.6％，Cl^-：0.004％，MgO：1.15％，SO_3：0.015％，K_2O+Na_2O：2.25％；铝氧率(P)为2.3，硅酸率(N)为3.26。矿石不需选矿。矿层可分上、中、下三层：中矿层为大坝水泥配料品级，上、下矿层为矿渣大坝和普通硅酸盐水泥配料品级。

矿区水文地质条件简单，矿层底板最低标高高于最大洪水位8.12m,不受长江洪水影响。水源地长江距矿区1km,供水满足要求。可露天开采，剥采比0.06，开采边坡角45°。区内农田广布，并有两条灌溉渠道纵穿矿区，不利开采。该水泥粘土矿近期难以利用。

夷陵区龙泉周家岗粘土矿为已开采矿区。矿区距宜昌市区80°方位直距20km,距焦枝线支线官庄站10km(运距)，通公路。

矿区有矿体1个，长1000m,宽80～160m,厚1～8.4m,倾角0～5°,埋深0～8m,层状矿体。矿石铝氧率(P)为2.26，硅酸率(N)为3.36。

矿区水文地质条件简单,供水地白玲河距矿区1km,供水量31968m³/d,满足要求。矿区露天开采,剥采比0.01。

第十节 饰面石材

一、概述

凡有可拼性及装饰效果、坚固耐用、有一定块度、能出大块板材、可锯性和磨光性好,适于加工的岩石,均可作为饰面石材。天然饰面石材按商品分类可分为三大类:大理石类、花岗石类和板石类。其中大理石类不是岩石学的概念,而是产品的商品名称,包括大理岩、蛇纹石化大理岩、蛇纹岩、石灰岩及白云岩、生物灰岩等。同样,花岗石类包括花岗岩、辉长岩(图9-33、图9-34)、辉绿岩、玄武岩、闪长岩、安山岩、混合岩(图9-35)、片麻岩等。

图9-33 宜昌市夷陵区产中粒辉长岩

对饰面石材的一般工业要求是:①颜色、花纹美观稳定;②有碍装饰性能的色斑、色线或金属硫化物、氧化物以及空洞要小要少;③荒料(指矿山能采出的具有一定块度的直角六面体)块度一般要求大于0.5m³,对于各类品种及地方小规模开采者,块度也可小些。板料面积要在0.30m×(0.15～0.30)m以上,荒料率一般要求大于15%～20%;④具有较好的锯、磨、抛光、切割等加工技术性能。

宜昌市装饰石材矿产丰富,特别是花岗岩类,"三峡红"、"西陵红"、"三峡浪"等饰面石材产品是全国知名品牌;大理石类有木纹石、红洞石等品种。

图 9-34　宜昌市夷陵区产细粒辉长岩

图 9-35　宜昌市夷陵区产条带状混合岩

二、饰面用花岗岩矿及大理岩矿

1. 饰面用花岗岩

宜昌市已查明饰面用花岗岩矿4处(表9-36),其他还有未上表矿产地20余处(表9-37),共查明矿石资源储量665万 m^3,其中中型矿床1处,小型矿床3处(饰面用石材矿规模划分标准:大型≥1000万 m^3,中型1000~200万 m^3,小型<200万 m^3),占湖北省饰面花岗岩资源总量的49.11%。其中砂尖寨红色花岗岩,工艺名称为"三峡红",色彩艳丽,属豪华型高档建筑装饰材料,产品走俏国内外,已被列为重点开发项目。

表9-36 宜昌市饰面花岗岩矿概况

矿区名称	资源储量 (万 m^3)	矿床类型	矿石特征	矿床特征	开发利用状况
夷陵区下堡坪乡葡萄树花岗岩矿	274	岩浆矿床	成荒率22.33%,抗压强度1598.92kg/cm^2,抗折强度162.13kg/cm^2,品种为"三峡绿"	矿体数1;长400m,宽370m;透镜状矿体	计划近期利用
夷陵区新寨坡花岗岩矿	62	岩浆矿床	成荒率32.45%,抗压强度1509.19kg/cm^2,光泽度89	矿体数1;长960m,宽130m,厚5.15m;倾角56~85°;透镜状矿体	停采矿区
夷陵区小寨坡花岗岩	166	岩浆矿床	成荒率54.95%,抗压强度1736kg/cm^2,抗折强度172.9kg/cm^2,磨耗量0.56g/cm^2,光泽度64.4,品种为"三峡绿"	矿体数1;长400m,宽400m,倾角30~40°;透镜状矿体	可供进一步工作
兴山县砂尖寨花岗岩	163	岩浆矿床	成荒率55.93%,抗压强度1580.25kg/cm^2,抗折强度165.75kg/cm^2,磨耗量0.41g/cm^2,光泽度56,品种为"三峡红"	矿体数1;长700m,宽440m;不规则矿体	计划近期利用
总计	665				

注:根据DZ/T0207-2002,饰面石材矿地质勘查一般工业指标:荒料块度(m^3):Ⅰ类≥3,Ⅱ类≥1,Ⅲ类≥0.5;荒料率≥20%;板材率≥18m^2/m^3。

表9-37 宜昌市未上表饰面花岗岩矿概况

行政区	矿区名称	行政区	矿区名称
夷陵区	田家坪花岗石矿	夷陵区	太平溪茅垭花岗岩矿
夷陵区	袁家坪花岗石矿	夷陵区	下堡坪乡林海花岗岩矿
夷陵区	宜昌市天源采石厂	夷陵区	尖峰乡王家淌花岗岩矿
夷陵区	宜昌市奇仪源花岗岩矿	夷陵区	东垭花岗岩矿
夷陵区	宜昌市竹林湾花岗岩矿	夷陵区	富林花岗岩矿
夷陵区	邓村袁家坪花岗岩矿	夷陵区	樟村坪镇黄家庙花岗岩矿
夷陵区	大水田花岗岩矿	兴山县	宜昌茂银公司猴子包花岗岩矿
夷陵区	黄家沟花岗岩矿	兴山县	东冲河花岗岩矿
夷陵区	大垭花岗岩矿	兴山县	姜学根东冲河花岗岩矿
夷陵区	马卧泥花岗岩矿	兴山县	高岚镇花岗岩矿
夷陵区	黄家河花岗岩矿		

兴山县砂尖寨花岗岩矿位于兴山县城80°方位直距35km处,距宜兴路水月寺站13km(运距),通公路。矿区由湖北非金属地质公司勘查,1989年12月提交《湖北省兴山县砂尖寨花岗石矿区详查地质报告》,查明花岗石矿资源储量163万 m^3。

矿床地处黄陵背斜核部,区内出露下元古界水月寺群和扬子期中、酸性岩体。矿区位于圈椅淌花岗岩的西部(图9-36)。圈椅淌钾长花岗岩体平面上呈圆形,面积为 $21km^2$。岩性为红色黑云母钾长花岗岩。矿物组成为钾长石45%～60%,斜长石10%～20%,石英20%～30%,黑云母5%～8%,以及磁铁矿、萤石、绿帘石等;岩石化学成分:SiO_2:73.60%;Al_2O_3:12.52%,CaO:0.55%,MgO:0.27%,Fe_2O_3:2.12%,Na_2O:2.99%,K_2O:5.53%。其化学成分与耐酸石材的化学成分指标相比,Al_2O_3略低,Fe_2O_3偏高,SiO_2、MgO等基本合乎要求。矿石具中粗粒花岗结构,似斑状构造、块状构造。长石类矿物粒度2～5mm,钾微斜长石和条纹长石常形成粗大斑晶,粒度达6～8mm;石英他形镶嵌于长石之间,粒径2～3mm;黑云母呈鳞片状均匀分布。其工艺特征为在高粱红的背景上均匀嵌布少量白、黄、黑色斑点,属红色系列(图9-37,图9-38)。花色绚丽和谐,可拼性好。岩体节理不发育,实际荒料率高达40%,大于 $3m^3$ 的大块度荒料占大多数。矿石抗压、抗折强度、耐磨性等性能较好,板材率 $34m^2/m^3$,加工性能良好。

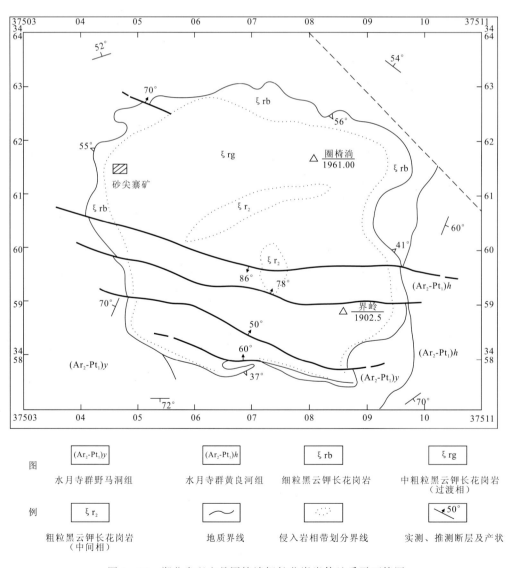

图9-36 湖北省兴山县圈椅淌钾长花岗岩体地质平面简图

图 9-37　红色中粒钾长花岗岩

图 9-38　红色中细粒钾长花岗岩

岩石的色斑呈现在地表及浅部花岗岩中，斑径 1～3mm，主要是斜长石的钠黝帘石化，部分为黑云母的绿泥石化。岩石的色线少见，宽度小于 2mm，由细小黑云母片局部线状聚焦而成。岩石中色斑色浅，分布较少，对板材之美观及装饰性影响不大。偶见沿裂隙充填的白色硅质细脉。

花岗岩的物理、加工技术性能测定结果：吸水率 0.09%～0.24%（平均 0.18%）；体重 2.53～2.65（平均 2.59）t/m³；耐磨性 0.38～0.42（平均 0.41）g/cm³；碱蚀量 0.04%～0.06%（平均 0.05%）；酸蚀性 0.13%～0.16%（平均 0.15%）；抗压强度 1018.5～1967（平均 1580.25）kg/cm²；抗剪强度一般 120～134kg/cm²，最大 340～360kg/cm²；抗折强度 154～170（平均 167.7）kg/cm²；肖氏硬度 113.00～89.00（平均 102.80）；加工技术性能板材率＞30m²/m³（不完全统计）；光泽度 81°～88°（平均 85°）。

经地质勘查确定矿体 1 个，长 700m，宽 440m，不规则状矿体。矿区水文地质条件简单，供水地爬岩河基本能满足供水要求。露天开采，剥采比 0.14。矿区计划近期利用。

2. 饰面用大理岩

宜昌市大理石资源丰富，但地质工作程度很低，只有少数做过粗略工作的矿山，如五峰渔洋关镇穿心店大理石矿（资源量为 61.7 万 m^3）和夷陵区太平溪农机厂古村坪大理石矿（资源量为 9.997 万 m^3）等。

3. 宜昌市饰面石材开发利用现状与发展方向

自 20 世纪 90 年代开始，宜昌市石材得到了一定规模的开发，至今已有石材企业 50 余家。其中较大的企业有晓峰石材公司、长江石材公司、黑旋风石材公司等。

晓峰石材建于 1991 年，为三峡地区最早的石材开采企业，现有 4 个加工分厂，3 个花岗岩矿山，1 个青石矿山，设备也较先进。产品有：三峡绿、三峡红、西陵红、芝麻绿、芝麻白、三峡黑、绿豹斑等，也生产青石（石灰岩）栏杆、路沿石等。每年生产花岗石 4 万 m^2，青石 6 万 m^2。夷陵区长江石材公司建于 1993 年，目前年产花岗石、大理石 2 万 m^2。

黑旋风石材有黑旋风锯片厂作为依托，也较有实力。

五峰柴埠溪石材厂自有矿山 3 个，主要生产大理石，品种有红洞石、青石、木纹大理石等。

总体上讲，宜昌市石材开发程度不高，相对于丰富的资源，在量和质上都有很大的发展空间。

今后的发展方向：①开展石材矿产专项地质调查评价，为制定宜昌石材开发长远规划提供依据。②扩大现有企业生产规模，进行生产矿山地质勘查，提供长远发展的资源保证。③采用科学开采工艺，限制和淘汰滞后工艺。全面推广大片径金刚石锯石机、串珠状金刚石链式锯石机、液压顶石机、桅杆式起重机等先进设备，大幅度提高成荒率。④减少荒料出市，大力发展板材加工。保证"三峡红"等名牌产品的质量，开发新品种，拓宽国内外市场，使宜昌成为湖北重点石材生产和出口创汇基地。

第十章 其他矿产

宜昌市其他矿产包括：制灰用灰岩、建筑用石料、陶粒页岩、建筑用砂以及滑石、石棉、透辉石、方解石、蛭石、水晶、玛瑙、工艺品原料、矿泉水等。这些矿产多为小规模民采，供当地使用，地质工作程度低。滑石、石棉、蛭石、水晶、玛瑙等矿仅见区域地质调查资料。

第一节 制灰用灰岩

制灰用灰岩产地见表 10-1。宜昌市制灰用灰岩矿目前主要提供原料或用传统的方法烧制石灰，用于建筑。进行深加工，延长产业链的前景很宽广。灰岩在 1000～1800℃ 煅烧后生成的石灰（CaO）具有多种用途。商业上分为高钙石灰（$CaO \geqslant 90\%$），钙质石灰（$CaO \geqslant 85\%$），镁氧石灰（$MgO \geqslant 10\%$）和高镁氧石灰（$MgO \geqslant 25\%$），最后两种实际上是由白云质灰岩或白云岩煅烧而成。一般石灰多用作建材。

表 10-1 宜昌市制灰用灰岩矿概况

行政区	矿区名称	行政区	矿区名称
兴山县	古夫镇氧化钙石灰石矿区	兴山县	兴山县水泥厂夏家湾石灰石矿区
兴山县	高阳镇杨守庆石灰石矿区	夷陵区	大湾制灰用石灰石矿区
兴山县	乔云勇石灰石矿区	宜昌市	桥边镇制灰用灰岩矿
兴山县	高阳镇后沟石灰石矿区	当阳市	长坂钙品公司制灰用灰岩矿

高品质的石灰是通过石灰石深加工而得，常用煅烧法制取：先将碳酸钙（$CaCO_3$:98%）与盐酸反应生成氯化钙，用氨水中和、过滤，加入碳酸氢钠反应生成碳酸钙沉淀，经脱水、干燥、煅烧而成。主要用于钢铁、农药、医药、有色冶炼、肥料、制革、环保等方面。每制 1t 钢需石灰 68kg，1t 电炉钢用石灰 30kg。制钢、铝时，要用石灰苛化 Na_2CO_3 溶液，回收 NaOH 供循环使用。还大量用于工业用水和饮用水的水质处理，吸收烟、二氧化硫、氟等消除大气污染。在纸浆和造纸工业中，石灰苛化 Na_2CO_3 废水回收 NaOH，漂白净化生产用水。在甜菜和蔗糖提炼过程中，用石灰净化糖浆。

第二节 方解石矿和透辉石矿

1. 方解石矿

宜昌市长阳、五峰、夷陵区、宜都等地分布有方解石矿（表 10-2），但规模小，只能小规模零星开采，或季节性开采。方解石主要用作制造碳酸钙的原料。碳酸钙是一种应用极为广泛的原料，分轻质碳酸钙和重质碳酸钙两种，轻质碳酸钙（轻钙）是用灰岩等通过化学方法制得。重质碳酸钙（重钙）则由方解石破碎、粉磨而成。用作制造重钙的方解石化学组成中要求 $CaO \geqslant 54.0\%$，$SiO_2 \leqslant 1.0$，$Fe_2O_3 \leqslant 0.3\%$。

表 10－2 宜昌市方解石矿概况

矿区名称	资源概况
长阳黄振、刘兴国方解石矿	资源储量 915 t，季节性零星开采
长阳季节性开采方解石矿	资源储量 37.8 万 t，季节性开采
五峰县高坪矿区	资源储量 88 万 t，已开采
五峰县蒿水坪矿区	资源储量 27.4 万 t，已开采
宜都市佛山矿粉厂	资源储量 4 万 t，已开采
宜都市王畈乡下堡村方解石矿	资源储量 20 万 t，已开采
宜都市五眼泉乡西湾方解石矿	
长阳都镇湾杨树坪方解石矿	
夷陵区梨树坳方解石矿	122b 基础储量 2.49 万 t

由于本区开采的多为方解石脉，方解石矿质量较好，杂质含量少，白度高，适宜加工成微粉和精微粉，用于造纸、涂料、轻工、医药。

长阳方解石矿开发较好，有 6 处进行了地质简测，获储量 67.5 万 t，基础储量 84.4 万 t。矿区多分布于都镇湾镇、大堰镇、磨市镇范围内，规模很小。已有储量不足以保证大规模生产的开采量，应积极进行地质勘查，扩大储量，提高资源保证程度。

方解石矿呈脉状产出，虽可露天开采，但不能使用大型的开采机械，开采能力受到限制。目前有誉峰生化科技有限公司投资方解石开发，已有矿山三座，年采方解石矿 6 万 t，有加工重钙超细微粉 5 万吨/年的能力，用作塑料助剂。

根据方解石矿的质量、市场需求，建议发展超细活性重钙产品。

2002 年国内重质碳酸钙的产量已达 320 万吨/年，基本满足国内塑料、橡胶、涂料、造纸、日化等领域的需求。国内重钙产品结构为：60～800 目细粉占 88%，1250 目以上（$d_{97} \leqslant 10 \mu m$）的超细粉占 12%。经过表面改性的活性重质碳酸钙产品约占总量的 10%。市场对重质碳酸钙填料品质要求很高，一般要求达到"双 90"，即要求微粉粒度不大于 $2 \mu m$ 者的不小于 90%，微粉白度不小于 90%。高质量的超细重钙满足不了高级纸张、降解塑料、胶粘剂等领域的需求，每年尚需进口。

因此长阳重钙产品应以超细活性重钙为主要目标，规模不宜太大，应着力于精深加工。

据长阳优势矿产开发利用规划，拟建年产 10 万 t 超细活性重钙粉生产线，应积极开展地质调查，新增 100 万 t 方解石基础储量。扩建新建方解石矿，达到总产 10 万 t 规模。在大堰新建超细活性重钙生产线，由粉碎机、雷蒙磨、冲击磨、气流磨及相应的分级设备组成。生产 1250 目以上的超细重钙粉 10 万 t，产品要达到造纸用涂层和胶粘剂用质量标准。建厂同时必须安装清除粉尘污染和噪声污染装置。

宜昌夷陵区梨树坳的方解石矿做过地质工作。矿区位于黄陵背斜东翼与荆当盆地交接部位，出露地层为三叠系大冶组灰—深灰色薄—中厚层状泥晶灰岩，并发育有东西向断裂带。断裂带长 600m，横穿矿区。破碎带宽 4～8m，为张性裂隙，沿破碎带发育有透镜状方解石矿体，不连续分布。可划分为 I_1、I_2、I_3 三个小矿体，都为近东西走向，倾向南，倾角 73～76°。I_1 矿体位于矿区西侧，长 72m，厚 3.2～5.2m，平均 4.2m，分布标高 630～650m，含矿率 85%。矿石为白色，微带黄色粗粒自形方解石。I_2 矿体位于矿区中部，长 200m，厚 3.8～4.3m，平均 4.0m，含矿率 60%，矿石多为半自形晶粗粒方解石。I_3 矿体位于矿区东侧，长 20m，厚 3.0～4.5m，平均 3.8m，含矿率 70%，矿石多为自形半自形方解石。含矿方解石矿 $CaCO_3 > 98\%$，为 I 级品。目前已求得 122b 级基础储量 2.49 万 t。

矿区水文地质条件简单，适合露天开采。计划以 0.5 万吨/年规模进行机械化开采。

2. 透辉石矿

透辉石在我国是 20 世纪 80 年代中期开发的矿种，主要用作陶瓷、玻璃原料。宜昌市透辉石矿产于夷陵区邓村,估算资源储量有72.3万t,目前以10万吨/年规模开采。透辉石矿赋存于崆岭群小鱼村组含透辉石大理岩中,规模大,矿体呈层状产出,层位稳定,开采条件良好。矿床由8个矿体组成。品位高,含矿率66.16%～80.73%(一般工业要求含矿率≥60%),厚5～90m。预计资源有1060万t。透辉石矿为灰白色、灰色,致密块状,成分以透辉石为主(含量90%～94%),透辉石柱状、板状、放射状、树枝状结晶,颗粒较粗,可达数厘米(图10-1)。矿石中含方解石3%～6%,透闪石1%～3%,以及少量蛇纹石、磷灰石、滑石。化学成分稳定。

图10-1 宜昌市透辉石矿矿石

透辉石是一种新型陶瓷原料,在生产陶瓷制品时,具有低温快烧、降低成本、节省能耗等特点。用粘土质原料生产釉面砖时,素烧温度为1280℃,而用透辉石作原料烧制釉面砖时,素烧温度为1070℃,并且素烧时间可从前者的60小时,缩短到29小时左右。釉烧温度也可从前者的1150℃降低至1040℃。从产品质量看,用透辉石烧制的釉面砖,其抗折强度、尺寸收缩率、白度、急变性等指标,均达部颁产品标准。

第三节 陶粒页岩矿

陶粒是一种新型建筑材料——人造轻质骨料,其原料为页岩等岩石或粘土。其中岩石包括粉砂岩、泥质岩、火山岩等,以及经它们变质而成的千枚岩、板岩等,常统称为陶粒页岩。

陶粒是用回转窑生产的一种人造轻质骨料,分普通型陶粒及圆球型陶粒。圆球型陶粒系陶粒原料经破碎、筛分、成形、焙烧而成。其外部具有坚硬的外壳,内部具有封闭式的微孔结构,具有体轻、高强、隔热、耐火、耐水、耐化学和细菌腐蚀以及抗冻、抗震等优良性能,广泛用于建筑业作轻质骨料,此外在化学、冶金、农业、园艺等方面也有应用。

宜昌市陶粒页岩资源极为丰富,但未作什么地质工作。宜昌宝珠陶粒开发公司在黄花附近有一陶粒页岩矿,开采能力3.6万吨/年,实际产量为0.45万t。其他陶粒生产公司的资源情况不明。

开采的矿石为志留系页岩。宜昌市志留系地层分布非常广泛,以砂页岩为主,其他时代地层中的砂页岩也广为分布,产地不胜枚举,因此如有需要,进行地质勘查,必能提交巨大的资源储量。宜昌市的陶粒页岩矿开发已起步,还应大力予以宣传、推广、支持,寻求与水泥等其他建材行业联姻,招商引资,建立大型陶粒生产企业,推进陶粒页岩的规模开发。

陶粒页岩矿的一般工业要求为:

化学成分:SiO_2:50%～70%,Al_2O_3:10%～20%,Fe_2O_3:5%～10%,$CaO+MgO$:3%～8%,K_2O+Na_2O:1.5%～3%,有机质为1%～2%。烧失量为5%～10%。

矿物组成:粘土矿物总量>40%,以伊利石、水云母、蒙脱石为主,次为高岭石。

颗粒度:小于0.005mm>50%,大于0.05mm<25%。

可塑性指数大于15,凡小于15的原料,膨胀性差。

耐火度1100～1230℃,最佳膨胀温度间隔>40℃。

烧胀性能:1050～1200℃温度范围内具有良好的膨胀性能,一般要求膨胀率大于2。粘土的熔融温度要低于1300℃,在焙烧时应有较大的软化温度范围,最好能大于70℃。

国外对陶粒原料的化学成分有明确要求(表10-3)。

化学成分中Na_2O、CaO、K_2O、MgO是熔剂氧化物,起助熔作用,含量过多,料球易发生粘结甚至熔融,含量太少膨胀性能变低。SiO_2、Al_2O_3是成陶的主要成分,在原料中约占3/4,含量过高,熔体粘度大,膨胀性能变低。含量过低,影响陶粒强度。

黄铁矿、赤铁矿、褐铁矿、白云石、方解石、石膏、碳等是发气物质,适量时能使主体物质发泡,尤其是白云石。

化学成分之间应有合适的比例:Al_2O_3/SiO_2为1:2～1:8,$(CaO+MgO)/(Al_2O_3+SiO_2)$为0.04～0.13,$(K_2O+Na_2O)/(Al_2O_3+SiO_2)$为0.02～0.06,$Fe_2O_3/(Al_2O_3+SiO_2)$为0.04～0.12,(有机碳)$C/Fe_2O_3$为0.04～0.20,$(Al_2O_3+SiO_2)/(Fe_2O_3+RO+R_2O)$为3.5～10。若成分不合要求,则需要配矿。

陶粒按容重分为一般容重陶粒（400kg/m³）,超轻容重陶粒（<400kg/m³）,特超轻容重陶粒（<200kg/m³）。人工轻骨料的质量规定见表10-4。

表10-3　国外对陶粒矿产原料化学成分的要求(%)

项目	丹麦	日本(近藤)	前苏联	前苏联
SiO_2	40～65	60～70	50～65	48～70
Al_2O_3	14～20	15～25	15～24	8～25
Fe_2O_3	2～9	5～10	5～12	
FeO				3～12
K_2O+Na_2O	1～5	3～4	1.5～4	0.5～7
CaO	0～5			
MgO	0～3	0～5	3～6	1～12
有机质	2～5			

表10-4　人工轻质骨料质量要求(JISA5002)

项目	细骨料(粒径5～2.5mm)	粗骨料(粒径5～20mm)
绝对干比重	1.8～1.3	1.0～1.5
烧失量	1%以下	1%以下
SO_3	0.5%以下	0.5%以下
NaCl	0.01%以下	0.01%以下
CaO	50%以下	50%以下
粘土块	1%以下	1%以下

我国陶粒生产厂家20世纪80年代,尚只有数十个,年生产能力57万m³。主要企业有:黑龙江省鹤岗市陶粒厂,生产400级以下轻容、超轻容陶粒及轻型砖制品。北京陶粒厂,生产陶粒粒径5～30mm,松散容重480～700kg/m³,吸水率每小时4.9%,抗压强度27.4～49.8kg/cm²,颗粒容重898～1366kg/m³。此外,还有北京土桥砖瓦厂、辽宁抚顺红砖一厂、辽宁本溪建材厂、天津粉煤灰陶粒生产线、新疆克拉玛依陶粒厂等,安徽地矿局用紫色页岩作原料,能生产300～400级陶粒(300～400kg/m³)。

由于陶粒为绿色环保新型建材,国家大力提倡使用,并可替代破坏环境土地的粘土砖,因此得到了很快的发展。目前陶粒生产厂家遍布全国各地,例如淮南金瑞陶粒、上海胜全陶粒公司、广东荣胜以及湖南、张家口、天津、深圳等地的陶粒生产企业。建筑业大量采用轻质陶粒制品已成发展趋势。

宜昌市陶粒企业发展也较快,现已有秭归珍珠陶粒、宜昌宝珠陶粒、黑珍珠陶粒、光大陶粒等多家企业,生产各种圆球型和碎石型高强超轻质页岩陶粒及空心砖、砌块等陶粒制品,产品已进入北京、天津、山东等建筑市场,还出口日本、新加坡、几内亚等国。陶粒产业的发展方兴未艾。

第四节 工艺品原料

根据我国和国际上的一般习惯,通常把可以作为装饰品、工艺品和纪念品的各种矿物岩石统称为宝玉石,再根据它们的工艺特点和经济价值的高低分为宝石、玉石和雕刻石。它们颜色鲜艳绚丽、光泽灿烂、质地细腻、坚韧,或有特殊结构构造和色彩,"柔和悦目"、"引人喜爱"。宜昌产的宝玉石原料主要属雕刻石中的装饰石类。

1. 含海绿石生物灰岩

产于秭归龙马溪的含海绿石生物灰岩夹于下志留统龙马溪组地层中(据张清才)。岩石具有红、黄、绿、白、黑多种色彩,混杂成花斑状,故又称五花石(图10-2)。其生物碎屑结构(主要为海百合茎)和五彩颜色较为奇异,因此可作为石雕工艺品的原料。目前已有产品在市场销售。

图10-2 含海绿石生物灰岩——五花石

2. 古生物化石

(1)角石化石

化石产于夷陵区黄花至远安县荷花一带奥陶系地层中,属锥管状直角石类、珠角石类和内角石类

(图10-3～图10-5)。化石形体大小相差很大,大者长可达1m以上,直径可达十多厘米,小者长仅十余厘米,直径2cm。

图10-3 角石化石

图10-4 角石化石

图 10-5 剥离后的角石化石

据徐光洪(1984)研究,鄂西奥陶系红花园组和宝塔组中盛产头足类化石。红花园组头足类化石异常丰富,计有 67 个属种,其中以内角石类占绝对优势,含少量塔飞角石类。这些头足类在红花园期生活在海水很浅的高能台地礁相,壳体为粗壮的圆锥形。宝塔组化石数量不亚于红花园组,有 17 个属种,以直角石占统治地位,主要有:*Sinoceras*, *Midelinoceras*, *Elongaticeras*, *Eosomiche Linoceras*, *Pseudoocerina* 等属。它们的壳体均为长圆锥形,表明当时沉积环境水体较深,水动力不大。

制作工艺品的主要是震旦角石(*Sinoceras*),属软体动物门、头足纲、外壳亚纲、鹦鹉螺超目、直角石科。壳直、呈长圆锥形,一般长数十厘米,大者可达到 1~2m。壳面上有美丽的波状横纹,横断面可见同心层状构造。震旦角石因其体态形似竹笋,纹饰美丽,又是奥陶纪的标准化石,具有较高的科研和观赏价值,历来受收藏者的青睐。

化石采集后经打磨、装饰包装,可成为一种不同一般的工艺品。现已小规模生产、销售多年,常被作为旅游纪念品进入外地市场,陈列于高档宾馆、饭店、机场的橱窗。

(2) 鱼化石

鱼化石主要产于当阳、宜都等地的老第三纪地层中。宜都过路滩始新统方家河组下段产海洋艾氏鱼(*Knightia yuyanga* Liu),当阳跑马岗东岳庙方家河组中产湖北骨唇鱼(*Osteochilus hubeiensis* Lei sp. nov)。鱼化石埋藏于泥岩、粉砂质泥岩中,多保存完整,骨骼清晰可见。经采集、装饰、包装后也是受欢迎的有档次的工艺品。

(3) 奇石、景观石、大型雕刻石

凡形态怪异,花纹奇特,色彩斑斓,具有欣赏价值的岩石、卵石、钟乳石等,都可称作奇石,可发掘作为天然的工艺美术品。

最为常见的是河流卵石。因宜昌市岩石种类复杂,原岩经风化剥落,经河流搬运、磨蚀,形成了多种奇石,其面上的花纹似日月、山水、云烟、枝叶、鱼虫、走兽、人物、令人随意遐想,被称为画面石。奇石采集后经修整、装饰、配以基座,即成为价格不菲的奇石工艺品,如同其他地方一样,宜昌市也已形成奇石市场,并已进入外地市场。

奇石中的另一类是采自原岩,其形态有致密块状、纤维状集合体、针状集合体、放射状集合体以及肾状、钟乳状、多孔状等,可以制成盆景出售。

景观石实际为大体积的奇石，一般体积为数立方米或数十立方米，放置公园、亭园、广场作为景观，或堆放成为假山等点缀环境。

宜昌的雕刻石目前开发的只是大型雕刻石，如灰岩、大理岩，雕刻成动物形态、艺术门柱或仿制"大卫"、"维纳斯"等经典雕塑作品。大型石材雕刻产品目前也逐渐盛行。

宜昌是否可开发印章石、砚石值得注意。宜昌市岩类齐全，应有合适材料产出，今后只要注意，定会有发现。

另外，水晶、玛瑙、石棉、滑石等矿产仅见于区域地质调查（表10-5）。

表10-5　宜昌市水晶玛瑙等矿产地

矿种	产地	概况
水晶	兴山县石门垭水晶矿	区域地质调查发现
水晶	兴山县场坝水晶矿点	区域地质调查发现
玛瑙	夷陵区丰宝山玛瑙矿	区域地质调查发现
石棉	夷陵区庙湾石棉矿	区域地质调查发现
滑石	夷陵区活鹿坪滑石矿点	区域地质调查发现

第五节　饮料矿泉水

饮料矿泉水系指可以作为瓶装饮料的天然矿泉水，必须是地下水的天然露头或人工开发的地下水源，水中含有不少于1000mg/L的溶解无机盐类，或者游离二氧化碳在250mg/L以上，或者含有对人体健康有益的成分，水的微生物特征和有害化学成分应符合标准。

宜昌市部分矿泉水产地见表10-6。

表10-6　宜昌市矿泉水资源概况

产地	资源简况
秭归屈原祠	不详
秭归庙垭温泉	水量129.3m³/d
秭归五龙地热温泉	不详
五峰山山冰泉饮品有限公司	生产能力1.8万t/年，实际产量0.12万t
五峰渔洋关圣母泉	不详
夷陵区龙泉镇矿泉水	水量1406m³/d
夷陵区鸦雀岭矿泉水	水量40m³/d
夷陵区龙洋猴王矿泉水	水量240m³/d
长阳龙王冲温泉	南泉水量603m³/d
长阳葫芦洞矿泉水	74.3～100m³/d
枝江瓮安白垩系矿泉水	不详

其中长阳龙王冲、葫芦洞矿泉水的资源情况如下：

(1)龙王冲温泉：位于渔峡口镇龙王冲附近，东距招来河6km清江边，也称盐池温泉。泉水产出于奥陶系临湘组地层中，矿泉分布于清江南北两岸，相距1000m，北泉眼洪水季节被淹没。泉水无色透明，有较浓咸味，强烈硫化氢味，水温44℃，泉水水化学类型为Cl-Na型（南泉）、K-Ca型（北泉）。南泉出水量为603.9t/d，北泉为2L/s。该温泉适合作为医疗用，现已开发利用。

(2)葫芦洞矿泉水：位于老资丘葫芦洞附近，该矿泉水赋存于三叠系碳酸盐岩岩溶裂隙构造含水层中，沿裂隙附近的含水层分布范围广，有多个出水点。矿泉水补给条件好，经过丰水期、平水期、枯水期分别采样测试和观测证明，矿泉水动态稳定，有可靠的水源保证，水源地环境良好。水质测试结果：锶含量0.7～0.9mg/L，含钠低，含偏硅酸和氟、溴、硼、钡、铁、锌、硒等多种稀有元素，属含锶低钠低矿化度的重碳酸锰型饮用天然矿泉水。矿泉水感观质量、微生物、污染物和放射性项目指标均符合国标要求，水温在17～17.5℃。一般日出水量在74.3～100m³，属中小型规模。

第六节 建筑用石料与砂

1. 建筑石料

宜昌市建筑石料矿主要产地见表10-7，主要用于建筑工程和铁路、公路建设，用作毛石、碎石、琢石和铺面石。碎石大量用于作为混凝土的骨料。据湖北省对高速公路用石料要求，每一批料都需进行岩矿鉴定。这些石料的岩性据中南所鉴定，主要有灰岩、灰质白云岩、白云质灰岩，次为花岗岩、闪长岩、片岩、片麻岩、变粒岩、砂岩、粉砂岩等(姚敬劬，2010)。作为普通混凝土和钢筋混凝土用碎石的技术条件见表10-8。

表10-7 宜昌市建筑用石料矿概况

行政区	矿区名称	行政区	矿区名称
秭归县	归州建筑石料用灰岩矿	宜都	高坝洲建筑石料用灰岩
夷陵区	黄花碎石厂建筑石料用灰岩矿	宜都	五眼泉建筑石料用灰岩
夷陵区	汉马岗建筑石料用灰岩矿	宜都	聂河镇建筑石料用灰岩
夷陵区	乐天溪镇建筑用灰岩矿	宜都	姚家店建筑石料用灰岩
夷陵区	龙泉建筑用灰岩矿	宜都	王家畈乡建筑石料用灰岩
夷陵区	小溪塔建筑用白云岩矿	宜都	枝城镇建筑石料用灰岩
夷陵区	乐天溪建筑用白云岩矿	宜都	松木坪建筑石料用灰岩
宜都	红花套建筑石料用灰岩	五峰	穿心店建筑用大理岩

表10-8 混凝土骨料碎石的技术条件

项目		混凝土结构情况		
		充水饱和的	未充水饱和的	
		受冰冻	不受冰冻	混凝土标号为150或150以上	混凝土标号低于150
孔隙率(%)		≤45%			
各级粒度数量		同卵石技术条件			
强度	a.石料充水饱和强度与所需混凝土标号之比的百分比(%)	200		150	不作规定
	b.碎石混凝土强度(按特定的试验)与所需混凝土标号的百分比(%)	不作规定		150	120
吸水率(以重量%计)		≥3		≥5	不作规定
硫化物和硫酸盐含量(以SO₃重量%计)		≤1			
污染程度		碎石不应被粘土、淤泥及有机物等污染			

注：对于铺路用三合土基层及波特兰水泥基层用碎石，一般就地取材，由各使用部门自行确定，这里只说明从碎石粒度和耐磨性两方面去考虑制定技术条件

体积较大的石料用于砌墙、砌坝(堰)、或用作路沿石。宜昌市黑旋风石料厂用砂岩、粉砂岩(图10-6)作为建筑砌块,实用美观。

图 10-6　粉砂岩,可制建筑砌块

2. 建筑用砂

宜昌市建筑用砂主要产地见表10-9。

表 10-9　宜昌市建筑用砂矿产地概况

行政区	矿区名称	行政区	矿区名称
兴山县	高阳建筑用砂矿	夷陵区	龙泉建筑用砂矿
兴山县	峡口镇建筑用砂矿	宜都	陆城镇建筑用砂矿
五峰	35个企业建筑用砂	当阳	曙光沙场建筑用砂矿
夷陵区	乐天溪建筑用砂矿	当阳	坝陵办事处群才砂场建筑用砂矿

建筑用砂一般对砂的矿物成分无严格要求。大量用的建筑砂主要为河床冲积砂,它的矿物成分除石英外,还含有多量的长石及少量的云母和磁铁矿等。由于石英、长石砂不仅质地疏松,同时矿物都较坚硬,具有较大的强度,在建筑上有广泛的用途。建筑用砂可作为混凝土的细骨料、制作灰砂砖的主要原料,以及与消石灰、粘土配合作三合土等。

建筑用砂对砂颗粒级配有专门要求。天然砂是粗细混杂的,在建材工业上采用细度模数(又称细度模量)来表示砂的粗细程度的指标。颗粒级配是表征砂粒粗细的搭配关系,优良的颗粒级配是指砂粒大小搭配后,孔隙率和总表面积能达到最小程度。骨料孔隙率和总表面积最小时,不仅所用的泥浆最少,同时因泥浆少,游离水相对减少,黏结力则相对增强。所以建筑用砂的颗粒级配的优劣,不但影响水泥的用量,也关系到混凝土的强度和耐久性。根据国家标准 GB/T14684—2001,砂的3个颗粒级配区的各筛级累计筛余值如表 10-10。

表 10-10　砂的颗粒级配区的各筛级累计筛余值标准

方筛孔尺寸	1级配区累计筛余值(%)	2级配区累计筛余值(%)	3级配区累计筛余值(%)
9.50mm	0	0	0
4.25mm	10～0	10～0	10～0
2.36mm	35～5	25～0	15～0
1.18mm	65～35	50～10	25～0
600μm	85～71	70～41	40～16
300μm	95～80	92～70	85～55
150μm	100～90	100～90	100～90

普通混凝土和钢筋混凝土用砂的技术条件见表 10-11。

表 10-11　混凝土用砂技术要求

项目	混凝土结构情况	
	在充水情况下冻结或标号为150以上的混凝土	标号为150或小于150的未充水的混凝土
单位容积重量(kg/m³)	≥1550	≥1400
各级粒度的数量	筛分曲线应在阴影范围内	筛分曲线应在最上最下两线之间
用水洗方法测定粘土淤泥的微尘等含量(按重量%计)	≤5	≤5
用膨胀法试验时体积膨胀的百分率(%)	≤5	≤5
硫化物和硫酸盐含量换算为三氧化硫(SO_3)(以重量%计)	≤1	≤1
云母含量(按重量%计)	≥0.5	≥0.5
有机物含量	a.按比色试验时,试验颜色深于标准颜色 b.按水泥砂浆强度试验时,则用原样砂的砂浆强度不低于先用石灰水洗再用清水冲洗的砂子砂浆强度	

主要参考文献

曹锐等.湖北秭归月亮包石英脉型金矿床地质特征研究.黄金,2007,2
陈超等.白果园黑色页岩型银钒矿床.矿床地质,1986,1
陈锦海.鄂西地区下二叠统底部含煤建造中的硬质高岭土.中国非金属矿工业导刊,1990,4
陈开旭等.鄂西仁和坪向斜煤系高岭岩的岩石特征及应用前景.中国地质,2004,3
陈泽等.中国磷矿选矿技术进展.化工矿产地质,1996,3
程晓明等.神农架冰洞山锌矿矿床模型.资源环境与工程,2009,4
程裕淇主编.中国区域地质概论.北京:地质出版社,1994
仇心礼.宜昌三岔垭石墨矿的开发利用及发展方向.非金属矿产,1993,1
崔吉让等.高磷铁矿石脱磷工艺研究现状及发展方向.矿产综合利用,1986,6
丁楷如等.锰矿开发与加工技术.长沙:湖南科学技术出版社,1992
东野脉兴.海洋中磷的循环与沉积作用.化工矿产地质,1996,3
傅家谟.鄂西宁乡式铁矿的相与成因.地质学报,1961,9
郭守国、何斌.非金属矿产开发利用.武汉:中国地质大学出版社,1991
侯宗林等.扬子地台周边锰矿.北京:冶金工业出版社,1997
湖北省地质矿产局.湖北省区域地质志.北京:地质出版社,1990
胡兆杨总编.非金属矿工业手册.北京:冶金工业出版社,1992
纪军.高磷铁矿石脱磷技术研究.矿冶,2003,2
金明信.湖北煤炭资源开发与环境保护.湖北地矿,1999,(增刊)
矿产资源工业要求手册编委会.矿产资源工业要求手册.北京:地质出版社,2010
李桂玲.宁乡式铁矿的选矿与利用研究.科技创业月刊,2007,4
李方会等.湖北省远安县凹子岗锌矿床基本特征.资源环境与工程,2009,4
廖士范.中国宁乡式铁矿的岩相古地理条件及其成矿规律的探讨.地质学报,1964,2
廖宗明等.鄂西地区铅锌矿赋矿层位及控矿构造研究.资源环境与工程,2008,6
刘建雄.我国磷矿资源分析与开发利用.化肥工业,2009,6
刘圣德等.湖北兴山白鸡河锌矿成因分析.资源环境与工程,2009,1
刘万峰等.湖北含磷鲕状赤铁矿选矿扩大试验研究.有色金属(选矿部分),2008,2
刘英俊等.元素地球化学.北京:科学出版社,1984
刘源骏等.一个大型黑色银钒矿床成矿作用及成矿环境的讨论.湖北地质,1996,2
卢家烂.湖北兴山白果园黑色页岩型银钒矿床中银钒的赋存状态研究.地球化学,1999,3
卢尚文.宁乡式胶磷铁矿用解胶浸矿法降磷的研究.金属矿山,1994,8
龙宝林.鄂西地区铅锌矿基本特征与找矿方向.地质与勘探,2005,3
罗镇宽等.中国金矿床概论.天津:天津科学技术出版社,1993
毛丕建、秦元奎.湖北省建始县宁乡式铁矿基本特征及开发利用.资源环境与工程,2007,5
彭三国、姚敬劬.湖北磷矿资源的保护.中国矿业,2005,12
钱大都主编.中国矿床发现史(湖北卷).北京:地质出版社,1996
秦元奎、姚敬劬.龙角坝铁矿磁性铁矿层的发现及其地质意义.资源环境与工程,2011,4

任觉世主编.工业矿产资源开发利用手册.武汉:武汉工业大学出版社,1993
苏欣栋.湖北黄陵背斜核部原生金矿类型及其地质特征.黄金,1987,5
孙宝岐等.非金属矿深加工.北京:冶金工业出版社,1995
孙炳泉.近年来我国复杂难选矿石选矿技术进展.金属矿山,2006,3
谭满堂等.鄂西地区南华系大塘坡期锰矿成因浅析——以长阳古城锰矿为例.资源环境与工程,2009,2
田成胜.湖北省夷陵区石墨矿地质特征及找矿前景分析.资源环境与工程,2011,4
涂秉峰.当阳市岩屋庙石英砂岩矿床特征及其开发利用.建材地质,1995,4
童雄等.难选鲕状赤铁矿石的选矿技术试验研究.中国工程科学,2005,9
汪力等.宜昌磷矿矿床地下水赋存条件的影响因素浅析.资源环境与工程,2008,5
王亚利.难选赤铁矿熔融还原炼铁及熔渣制备微晶玻璃.北京科技大学学报,2008,9
徐安武等.岩相古地理文集7.北京:地质出版社,1992
王永基.湖北省石榴石矿产资源与开发.湖北地矿,1999(增刊)
姚敬劢.老林沟石榴石矿成矿的原岩变质相和变质反应.地质与勘探,2000,3
姚敬劢、王六明、苏长国、张清才.扬子地台南缘及其邻区锰矿研究.北京:冶金工业出版社,1995
姚敬劢、张华成.宁乡式铁矿工艺矿物学特征及选矿效果预期.资源环境与工程,2008,5
姚敬劢.应重新规则开发宁乡式铁矿.国土资源管理,2005,5
姚培慧主编.中国铁矿志.北京:冶金工业出版社,1992
姚培慧主编.中国锰矿志.北京:冶金工业出版社,1995
姚培慧主编.中国铬矿志.北京:冶金工业出版社,1996
杨大伟.高磷鲕状赤铁矿还原焙烧同步脱磷工艺研究.矿冶工程,2010,1
杨刚忠等.宜昌磷矿北部地区中磷层(Ph_2)地质特征及富矿带展布.资源环境与工程,2008,4
杨刚忠等.宜昌磷矿田成矿地质特征及深部找矿模式探析.矿物岩石,2010,6
杨永强、翟裕生.沉积岩型铅锌矿床的成矿系统研究.地学前缘,2006,3
叶连俊.沉积矿床成矿时代的地史意义.地质科学,1977,7
于宏东.长阳火烧坪铁矿工艺矿物学研究.矿冶,2008,2
詹东金.宜昌石板滩铅锌矿成因探讨.资源与环境工程,2009,3
张乾等.鄂西白果园黑色页岩型银钒矿床地球化学特征.矿物学报,1995,2
赵一鸣等.宁乡式沉积铁矿床的时空分布和演化.矿床地质,2000,4
张裕书.宁乡式鲕状赤铁矿选矿研究进展.金属矿山,2010,8
邹宗相.资源利用及深度加工手册.北京:中国致公出版社,1998
郑超主编.宜昌年鉴.武汉:长江出版社,2006
庄汉平等.湖北兴山白果园黑色页岩型银钒矿床沉积环境与银钒初始富集.地质论评,1997,4
周宗章.宜昌磷肥工业发展的思路与对策.磷肥与复肥,2006,3